普通高等学校教材

园林花卉学

张桂玲　雷　琼　主编

化学工业出版社

·北京·

内容简介

本书分总论和各论两个部分，深入浅出地阐述花卉生产的理论知识和综合技能。全书除绪论外，共计14章，其中总论7章，内容涵盖了花卉的种质资源与分类、生长发育规律、环境因子、栽培设施、繁殖、栽培管理及应用；各论7章，分别为一二年生花卉、宿根花卉、球根花卉、兰科花卉、室内花卉、仙人掌类与多浆植物、水生花卉。

本书具有较强的系统性、知识性、实用性，书中数据图表翔实、花卉图片精美，增强了教材的可读性和直观性，可作为高等院校园林、园艺及相关专业学生的教材，也可作为从事园林园艺工作的科研人员和管理人员的参考书。

图书在版编目（CIP）数据

园林花卉学 / 张桂玲，雷琼主编. -- 北京 ：化学工业出版社，2025. 5. --（普通高等学校教材）.

ISBN 978-7-122-47957-0

Ⅰ. S68

中国国家版本馆CIP数据核字第2025CK2012号

责任编辑：刘兴春　刘　婧　　　文字编辑：丁海蓉
责任校对：宋　夏　　　装帧设计：刘丽华

出版发行：化学工业出版社
（北京市东城区青年湖南街13号　邮政编码100011）
印　　装：北京建宏印刷有限公司
787mm×1092mm　1/16　印张 $22\frac{1}{2}$　彩插2　字数560千字
2026年1月北京第1版第1次印刷

购书咨询：010-64518888　　　售后服务：010-64518899
网　　址：http://www.cip.com.cn
凡购买本书，如有缺损质量问题，本社销售中心负责调换。

定　　价：78.00元

《园林花卉学》编写人员

主　编　张桂玲　雷　琼

主　审　赵彦杰

编　委（按姓氏笔画排序）

王瑞霞（临沂大学）

田　伟（鲁东大学）

朱路英（鲁东大学）

刘一华（临沂大学）

齐尧尧（临沂职业学院）

李莹莹（菏泽学院）

张　凯（山东农业工程学院）

张桂玲（临沂大学）

徐宗大（山东农业大学）

温四民（临沂大学）

雷　琼（临沂大学）

薛佳桢（潍坊学院）

前言

在我国经济迅速发展的带动下，花卉业和园林行业也快速发展起来，如云南省、广东省和浙江省的鲜切花，广东省、上海市和福建省的盆花，东北地区和西北地区的种球和种苗，江苏省、山东省、浙江省、河南省的绿化苗木等都走向专业化发展道路，花卉种类和品种不断增加，城市绿化植物种类不断更新，苗木产值持续增加。花卉行业的发展为《园林花卉学》教材的编写提供了更多新的素材。

《园林花卉学》教材立足“立德树人”根本任务，以“专业教育＋课程思政”为编写理念，在系统传授专业知识的同时着力引导学生树立正确的生态价值观、文化观和历史观，是高等学校本科园林、园艺等专业核心课的教材，也可用作高等职业院校相关专业教材和参考书，同时也可作为高级花卉园艺师、花卉技师的培训教材，总学时 48～100h。本书除绪论外，分总论和各论两个部分，共计 14 章（总论部分 7 章、各论部分 7 章）。同时，对有发展前途的 115 种花卉进行了全面、系统、深入的介绍。不同学校可以根据课时安排和当地市场情况选择内容进行教学。园林花卉学内容广泛，受环境影响各地域花卉差别较大，因此本书编写过程中力求内容丰富，注重科学性、知识性、实用性和艺术性原则，便于学生更好地学习和深入理解。

本书由张桂玲、雷琼主编，赵彦杰担任主审。全书由 7 所院校共 12 位教师共同完成。具体分工如下：张桂玲编写绪论、第 1 章、第 5 章；徐宗大编写第 2 章；李莹莹编写第 3 章；温四民编写第 4 章，并绘制部分图例；朱路英编写第 6 章；薛佳桢编写第 7 章；雷琼编写第 8 章、第 9 章；刘一华编写第 10 章；王瑞霞编写第 11 章；田伟编写第 12 章；齐尧尧编写第 13 章；张凯编写第 14 章。常洁洁、王凯超、王淑杰、孔萍萍、万姝彤、董宜坪参与了部分图例的绘制。全书最后由张桂玲、雷琼统稿并定稿。

本书在编写过程中采用了《花卉学》等书籍中的部分插图，有些未标注出处，同时也参考了国内外一些文献资料、网站资源和部分图片，仅限于教学使用，在此表示衷心感谢！

限于编者水平及编写时间，书中难免存在不足和疏漏之处，敬请读者批评指正。

编者

2024 年 12 月

目录

绪　论 / 001

第 1 章　花卉的种质资源与分类 / 019

第 2 章　花卉的生长与发育 / 036

第 3 章　花卉与环境因子 / 050

第 4 章　花卉栽培设施及设备 / 068

第 5 章　花卉的繁殖 / 094

第6章　花卉的栽培管理与花期调控 / 122

第7章　花卉的应用 / 153

第8章　一二年生花卉 / 184

第9章 宿根花卉 / 211

第10章 球根花卉 / 231

第11章 兰科花卉 / 260

第 12 章　室内花卉 / 284

第 13 章　仙人掌类与多浆植物 / 319

第 14 章　水生花卉 / 336

参考文献 / 348

绪论

花卉是美好的象征，花卉业的发展是一项富有价值且美好的事业。我国花卉资源丰富，栽培历史悠久，文化内涵丰富，在世界园林及城市建设中起到举足轻重的作用。花卉业的发展不仅是人类经济发展的重要组成部分，也是人类精神文明发展不可或缺的部分。随着人类物质文化生活水平的不断提高，对花卉栽培和欣赏的要求也越来越高。人类已经在花卉新品种培育、栽培技术研发、花卉应用形式、切花采收及保鲜技术等方面开展了大量的研究工作，这将为生产新型的、优质的花卉产品提供更多技术支持。

0.1 花卉与花卉学的含义

0.1.1 花卉的含义

什么是花卉?《中国农业百科全书·观赏园艺卷》指出，花卉即观赏植物（ornamental plants)，二者含义相同。《辞海》中“花卉”一词解释为“可供观赏的花草”。从植物学角度上讲“花”指被子植物有性繁殖的器官，引申为具有观赏价值的植物，多数姿态优美、色彩艳丽、香气迷人；“卉”指各种草的总称。“花卉”就是指花花草草，即狭义的花卉仅指具有观赏价值的草本植物，如一串红、万寿菊、菊花等。广义的花卉除了具有观赏价值的草本植物外，还包括木本植物和观赏草类，如山茶、杜鹃、牡丹、玉带草、花叶芒等。

0.1.2 花卉学的含义

什么是花卉学（Floriculture)? 花卉学是研究花卉的分类、生长发育与环境、栽培设施、繁殖技术、栽培管理、室内外应用等理论与技术的一门学科，其理论体系是建立在生物科学、环境科学、艺术学等学科基础上，在研究和探索花卉学的同时还涉及植物学、植物生理学、植物生物化学、园林植物遗传育种学、园林植物保护学、土壤肥料学、环境生态学、园林美学等课程的内容和研究方法。

0.2 花卉在人类生产生活中的作用

我国坚持绿水青山就是金山银山的理念，坚持山水林田湖草沙一体化保护和系统治理，全方位、全地域、全过程加强生态环境保护，使我们的天更蓝、水更绿。花卉植物不仅是园林美化、绿化、香化的重要材料，也是生态环境保护的重要材料。花卉业的发展不仅能产生较高的经济效益，还能产生较好的环境效益和社会效益。

0.2.1 环境效益

花卉植物因姿态优美、芳香四溢、色彩丰富、韵味十足，给大自然增添了许多艺术美感，是生态园林城市建设、宜居宜业和美乡村建设的重要材料。花卉植物作为生命体，其生长发育的昼夜规律变化及四季规律变化，形成了花卉生命独有的韵律美和色彩美，每一刻都在诉说着生活的美好，如牵牛花沐浴着晨光悠然开放，太阳花沉浸在正午阳光里欢快歌唱，紫茉莉伴随着晚风轻轻展开，昙花借着月光摇曳绽放，犹如一幅动人的画卷。春兰夏荷香烂漫、秋菊冬梅争斗艳，则是一年四季交替的生动写照。草本花卉具有种类繁多、生长迅速、花色艳丽、花期一致、繁殖容易、装饰性强等优点，可以作为花坛、花境、花群、花丛、花台等园林景观的重要植物材料。

花卉作为生命体，在生态环境保护和生态平衡调节方面作用显著。花卉植物在其生命活动过程中直接或间接地影响周围的环境条件，其光合作用释放的氧气可以净化空气；其蒸腾作用释放的水蒸气改变周围环境的温湿度；其浓密枝叶在夏季遮挡太阳的直射光，减少太阳的直接辐射热和来自物体的反射热，从而降低环境的温度，增加空气的湿度，对缓解城市热岛效应，提高生活质量起到重要的作用；其呼吸作用吸收有毒气体，使有毒气体转变为无毒气体，在一定程度上起到净化环境的作用。

花卉植物不仅可以通过枝叶降低风速，还可以截留和吸附灰尘，如玉兰、木槿、女贞等。有些花卉能释放苯甲醇、芳樟醇、香茅醇等芳香性化合物，具有杀菌等功能，如紫藤、金银花、美人蕉、菊花等。

有些花灌木类与低矮的草本花卉结合形成防护林，起到防风、固沙、防止水土流失的作用。大面积的多种花卉混合种植形成花的海洋，称为“花海”，如向日葵、紫花鼠尾草、波斯菊等，在城市景观、沙漠坡地、旅游驻地等自然景观中，具有极高的观赏价值和生态效益，是目前全球备受瞩目的生态环境保护和可持续发展的高效新技术。

0.2.2 社会效益

花卉是人类生产生活中最美丽的自然产物。纵观人类的发展历史，花卉业的发展是伴随着国家的政治、经济、文化、历史、艺术和科技发展起来的，它与人类精神文化生活和社会进步息息相关。在人际交往活动中，可以用花来表达敬意和友谊，增进人类团结，促进人类科学文化交流，促进国家之间和平友好。“花语”是指人们用一种特定的花来表达人类的语言，表达一种特定的感情、精神和愿望。人类感情包括真挚的友谊、纯洁的爱情、崇高的敬仰等，如红豆代表相思，牡丹代表富贵，紫荆代表和睦。人类精神包括坚忍不拔、傲然不屈、神圣贞洁等，如竹的高风亮节，兰的幽谷雅逸，莲的出淤泥而不染。人类愿望包括幸福和平、自由独立、健康欢乐等，如菊花象征久长，桂花象征富贵。松、竹、梅被誉为“岁寒三友”；梅、兰、竹、菊被誉为“花中四君子”。不同国家有代表本国文化特色的国花，如荷兰郁金香、英国玫瑰、日本樱花等；不同城市有代表本市文化特色的市花，如北京月季和菊花、广州木棉、哈尔滨丁香、济南荷花等。

中国园林自古到今，文人雅士在绘画艺术、文学艺术等方面贡献之大。以花卉为题材的作品非常多，如著名画家郑板桥的兰竹画，著名画家赵孟坚的梅花、兰花、竹子、水仙等画，著名画家扬补之的梅花画。又如毛泽东《卜算子·咏梅》中写到“已是悬崖百丈冰，犹有花枝俏”；陶渊明《饮酒·其五》中写到“采菊东篱下，悠然见南山”；白居易《咏菊》中写到“耐寒唯有东篱菊，金粟初开晓更清”；李清照《醉花阴》中写到“东篱把酒黄昏后，有暗香盈袖”；李白《清平调词三首》中写到“名花倾国两相欢，长得君王带笑看”，借用牡丹的美来赞美杨贵妃的美；黄庭坚《咏水仙》中写到“借水开花自一奇，水沉为骨玉为肌。暗香已压酴醾倒，只比寒梅无好枝”；苏轼《海棠》中写到“只恐夜深花睡去，故烧高烛照红妆”。

近年来，对于国际友人的外事用花和人们的生活用花等的需求量日益增加。鲜花是馈赠亲友的高尚礼品，在赠送鲜花时应根据各国习俗和对象选择适宜的种类和品种。

0.2.3 经济效益

花卉产业被看作21世纪的“朝阳”产业，其不仅可以满足人们对生活、绿化、室内装饰的需要，还可以给生产者和经营者带来巨大的经济效益。2020年我国花卉总销售额2020.61亿元，零售市场规模达1869亿元，亿元以上花卉市场摊位数20662个，全国共有花卉企业79512家，花卉从业人员505.35万人。

花卉作为特殊商品具有较高的经济价值，逐渐成为出口创汇的主要产品之一。2018～2022年我国鲜切花、干切花、盆花和庭院植物的出口额呈现正增长，种苗在2017～2021年均呈现正增长，2023年受世界经济下行的影响各类花卉均呈现负增长（见表0-1）。花卉进口额2015～2018年鲜切花、盆花和庭院植物进口额均呈现正增长，2019～2020年受新冠疫情影响种球、鲜切花、种苗、苔藓地衣均呈现负增长；鲜切枝除了2016年、2022年和2023年外，其他年份均呈现正增长（见表0-2）。截至2023年年底，我国花卉出口总额4.38亿美元。主要出口商品为盆花（景）和庭院植物、鲜切花、鲜切枝（叶）和种苗，其中盆花（景）和庭院植物、鲜切花出口额占70%，出口到96个国家和地区，其中日本、韩国、荷兰、美国、越南、泰国、德国、新加坡、中国香港和澳大利亚排名前10位。26个省（区、市）参与出口贸易，其中广东省、云南省、福建省、浙江省、山东省位列前5位，占我国花卉出口总额的90%。

花卉生产不仅包括鲜切花、盆花、种球、种苗、苗木等生产，还包括温室大棚等设施设备、种植工具、机械、化肥、农药、花盆、包装材料等相关产业的生产，同时还带动了陶瓷工艺、塑料制品、玻璃生产、化学工业及大型包装运输业的发展，又是风景区和旅游区的重要资源，对旅游业的发展起到积极的促进作用。许多花卉同时又是药用植物、香料植物和经济植物。金银花、桔梗、龙胆、百合、芍药等草花可作药材；晚香玉、玫瑰、小苍兰、茉莉、栀子、白兰花、香叶天竺葵等重要的香料植物用于提取香精；万寿菊、菊花、百合、萱草等可作为食品工业和轻工业的重要原料；仙人掌可制作蜜饯。

表 0-1 2015～2023 年我国各类花卉出口额增幅变化情况

类别	同比增幅/%								
	2015 年	2016 年	2017 年	2018 年	2019 年	2020 年	2021 年	2022 年	2023 年
种球	7.86	10.95	12.18	−0.40	7.86	−7.77	26.81	−17.86	−19.99
鲜切花	−0.32	23.33	−1.68	2.57	10.76	0.29	5.39	12.22	−0.65
盆花和庭院植物	−59.53	3.55	6.71	15.07	29.46	16.92	13.03	0.05	−3.14
种苗	−4.19	−5.32	0.57	12.16	8.84	6.36	43.46	−4.45	−26.07
鲜切枝(叶)	6.66	14.51	−4.53	5.67	−2.19	−3.89	28.60	6.71	−18.39
干切花	−6.85	−26.18	4.47	33.25	28.86	104.45	113.83	12.03	−31.65
苔藓地衣	35.52	−16.31	14.64	57.23	21.45	−25.99	179.04	29.30	−40.57

数据来源：中国海关总署、国家林业和草原局、中国花卉协会。

表 0-2 2015～2023 年我国各类花卉进口额增幅变化情况

类别	同比增幅/%								
	2015 年	2016 年	2017 年	2018 年	2019 年	2020 年	2021 年	2022 年	2023 年
种球	10.42	9.96	13.61	−0.01	−2.40	−15.22	24.67	18.63	16.63
鲜切花	10.64	32.09	47.26	20.68	−2.23	−29.51	30.37	−15.09	34.76
盆花和庭院植物	7.46	9.62	25.20	9.46	−20.38	18.62	−54.09	−27.87	−18.91
种苗	39.12	−51.68	60.86	−10.01	−19.00	−23.66	732.11	−91.68	21.67
鲜切枝(叶)	36.34	−11.88	70.87	11.82	24.39	54.24	50.16	−22.40	−2.27
干切花	73.25	5.21	−7.83	−18.55	−23.33	11.55	2.96	−29.65	−15.12
苔藓地衣	171.35	−23.05	56.69	8.89	−15.42	−63.57	67.19	−14.90	17.28

数据来源：中国海关总署、国家林业和草原局、中国花卉协会。

0.3 我国花卉栽培历史

花卉发展历史是人类从事生产和实践的智慧结晶。我国花卉栽培历史极为悠久，从浙江余姚“河姆渡”文化遗址和古籍记载中均可以证实，7000 多年前刻有盆栽植物的陶片表明我们的祖先已经开始在容器中栽培花卉了。距今约 3200 年的殷墓之铜鼎内的梅核说明已经有野生梅子的食用。殷商时期（3000 多年前），甲骨文中出现“园、圃、枝、树、花、果、草”，说明那时有了园林的雏形。

根据现有历史资料，我们把花卉发展史分为以下几个阶段。

（1）第一阶段：花卉栽培的初始期——周、秦时期（公元前 1065 年～公元前 205 年）

春秋时期（公元前 770 年～公元前 476 年），吴王夫差在会稽建梧桐园，广植花木，已有栽植木兰、菊花、梅花、山茶、海棠、荷花的历史记载。春秋中叶的《诗经》总集中记录了 152 种植物，其中有芍药、荷花等花木种植的记载。

战国时期（公元前 475 年～公元前 221 年），在《楚辞·离骚》中有了种植规模的记载，如屈原就种植了 7.2km^2 的佩兰。屈原在《离骚》《九歌》中借用秋兰、木兰、秋菊、芙蓉、桂花、辛夷、橘树等多种花木来自比，抒发感情。

秦朝（公元前 221 年～公元前 206 年），秦始皇统一中国后，修建阿房宫，广种奇花异木，在上林苑种有柑、橘、橙、枇杷、柿子、厚朴、枣、杨梅、樱花、海棠、枫树、黄栌、木兰、女贞等花木。

（2）第二阶段：花卉栽培的渐盛期——汉、晋、南北朝时期（公元前 202 年～公元 581 年）

这一时期由于生产力的不断发展，花卉资源的交流跨越了地域，种植的花木种类更加丰富。

汉朝年间（公元 206～220 年），根据《西京杂记》记载，当时收集的果树和花卉已达 2000 余种，其中梅花品种有候梅、朱梅、紫花梅、同心梅、胭脂梅等。引种到上林苑的花卉有梅花、桃、黄栌、枇杷、杨梅、女贞等。当时的引种以实际应用为主，以观赏游玩为辅。《三辅黄图》中记载，汉武帝在长安兴建上林苑，种植各种热带、亚热带花木，如葡萄、荔枝、桂花、橄榄等。汉朝张骞出使西域，将石榴、葡萄、黄桃、胡桃等引入中原，极大地促进了中国与西亚园林植物的交流与发展。

西晋时期（公元 265～317 年），嵇含撰写的《南方草木状》记载了各种奇花异卉，如茉莉、睡莲、菖蒲、扶桑、紫荆等的产地形态、花期，并以经济效益为前提，将我国南方地区 81 种植物分为草、木、果、竹类，此分类方法比瑞典林奈的植物分类系统早 1400 多年，成为我国历史上第一部地方花卉园艺书籍。

东晋时期（公元 317～420 年），戴凯之在《竹谱》中记载竹类 70 余种；陶渊明的诗集有“九华菊”的记载，据陈俊愉院士考证，此系复瓣、白色、花朵较大的栽培品种。陶渊明“采菊东篱下，悠然见南山”表现出一派文人雅士向往的田园风光。

南北朝时期（公元 420～589 年），虽然战乱不断，但花木类民间交流频繁，园林建设不断兴盛，南京园林在这一时期发展飞快。南朝齐武帝时期已有了佛前供荷花的记载。中国与西方诸国频繁交流促进了我国寺庙园林和花卉的发展。这一时期的花卉由以实用为主转变为以观赏为主。《宋书·何尚之传》中写到“元嘉二十三年，帝于华林园内建造景阳山，意欲在湖中打造方丈、蓬莱、瀛洲三座神山，后遭到和尚固谏乃止。”后魏贾思勰《齐民要术》记载花木栽培技术已达到一定水平，如桃、梅、李、杏的移栽方法，“凡栽一切树木，欲记其阴阳，不令转移”，还提到木瓜的压条、石榴的扦插和梨树的嫁接技术等，说明当时已经掌握了花卉繁殖的主要技术，为以后花卉业的发展奠定了基础。

（3）第三阶段：花卉栽培的繁盛期——隋、唐、宋时期（公元 581～1279 年）

隋代时期（公元 581～618 年），花卉种植业有了较大发展，皇家园林内花卉栽培已具有较大规模。《洛阳名园记》记载，当时归仁园中“北有牡丹芍药四株、中有竹百亩”。隋炀帝即位后，在洛阳营造西苑，收集了海内的佳木异草，在《大业杂记》和《玉梅》中均有记载，“杨柳修竹四面茂盛，名花美草隐映轩陛”，辟地 100km 为西苑，诏天下进花卉，仅易州进牡丹就达 20 箱。

唐代（公元 618～907 年），花卉种类和栽培技术有了很大的发展。御苑沉香亭前栽有木芍药，即牡丹，说明当时已有了牡丹的栽培。受帝王林苑的影响，民间种花、赏花之风盛行。花卉种植技术、品种培育、嫁接技术都有了很大程度的提高，同时还出现了温室花卉栽培和盆景。多部花卉专著问世，如王芳庆著《园庭草木疏》、李德裕著《平泉山居竹木记》等。这一时期，梅花品种已经很多，并且形成了以杭州和成都为中心的两大观梅基地。著名山水诗人王维在《辋川集》中表现了诗中有画、画中有诗，介绍了园中以植物营造景观为主的景点，如因木兰而得名的“木兰柴”，因山茱萸而得名的“茱萸泮”，此外还有“宫槐陌”“竹里馆”等。

宋朝时期（公元 960～1279 年），花卉业空前繁荣，当时栽培的花卉种类已达 200 多种，当时关于花卉栽植的著作有30多种，如陈景沂著《全芳备祖》，范成大著《范村菊谱》和《范村梅谱》，欧阳修和周师厚著《洛阳牡丹记》，陆游著《天彭牡丹谱》，王观著《芍药谱》，刘蒙和史正志著《菊谱》，赵时庚著《金漳兰谱》，王贵学著《兰谱》，陈思著《海棠谱》等。这些专著记载和描述了许多名贵花卉品种，论述了引种驯化、优选以及通过嫁接等技术来保持优良品种特性的育种方法和栽培技术，如植树方面强调栽树需按原先生长的阴阳面，原根向南，栽也向南，而移树需扩穴挖坨，坨不可去土，以免伤根；繁殖方面芍药的繁殖已有播种、根插、分株等方法。花木的嫁接技术得到进一步推广。

（4）第四阶段：花卉栽培的渐衰期——元、明、清、民国时期（公元1279～1949年）

元代（公元1206～1368年），由于战争频繁，花卉生产趋于滞缓，但菊花栽培还很盛行，杨维桢《黄华传》中记载菊花136个品种。《农桑辑要》记录了桑树的嫁接技术，有“插接”、“劈接”、“搭接”和“靥接”。

明代（公元1368～1644年），是我国花卉的发展期，也是花卉栽培的第二个高潮时期，花卉专著达到50多部，如杨端著《琼花谱》、李时珍著《本草纲目》、周履靖著《菊谱》、陈继儒著《月季新谱》、王路著《花史佐编》、张应文著《兰谱》、张谦德著《瓶花谱》、黄省曾著《艺菊》、薛凤翔著《牡丹史》、曹璿辑著《琼花集》等，同时出版了一些综合性著作，如王世懋著《学圃杂疏》、王象晋著《群芳谱》、周文华著《汝南圃史》、陈诗教著《灌园史》、袁宏道著《瓶史》等。这些著作在花卉的栽培技术、品种选育等方面都有进一步的发展。花卉从业人数不断增加，花卉的商品化生产已经开始，《鸿雪姻缘图》和《帝景物略》中记载，仅北京市丰台区的十八村就有很多花卉生产专业户。水仙的种植历史在《崇明县志》中有详尽的记载。牡丹盛产于河南省洛阳市，明代栽培中心渐移向山东省和安徽省。苏州市的虎丘在明代就已形成一定规模的茉莉花集。杭州市盛产玫瑰，当地常采之做香囊。明代的私家园林都留有很多名胜古迹，如苏州市的拙政园、留园，北京的清华园、芍园，上海市的豫园，无锡市的寄畅园等，小桥流水、假山奇石、香荷垂柳，直到现在仍然是世界各地游客争先旅游的热门景区。

清朝（公元1616～1911年），清朝康熙、乾隆时期花卉园艺发展兴盛，花卉专著较多，如赵学敏著《凤仙谱》、李奎著《菊谱》、计楠著《牡丹谱》、陆廷灿著《艺菊志》、杨钟宝著《瓨荷谱》、朱克柔著《第一香笔记》、评花馆主著《月季花谱》等。有关花卉的重要综合性文献，如陈淏子著《花镜》、汪灏等著《广群芳谱》、马大魁著《群芳列传》、吴其濬著《植物名实图考》等。另有牡丹专著13部、菊花专著36部、兰花专著15部等，详细记述了很多观赏植物的形态、习性、栽培和应用等，在花卉的繁殖、移栽、管理、治虫、收种、储藏等方面均有系统论述。当时还对兰花栽培总结出“春不出、夏不日、秋不干、冬不湿”的栽培要领。开始商品化生产花卉，花卉产品不仅满足宫廷，也为市民所享用。如北京市丰台区的十八村（现黄土岗村）是当时北京花卉名产地，宣武门是北京最大的花市。江浙一带逐渐成为兰花栽培中心。另据乾隆《福建通志》记载，福建各府皆产杜鹃；漳州、泉州盛产水仙。晚清以后，由于列强的入侵，以及战乱灾荒等原因，花卉业日趋萧条，同时我国花卉栽培业遭受了极大损失，丰富的花卉资源和名花异卉被大肆掠夺，流向国外的植物种类约3000种，如大树杜鹃、梅花品种“黄香梅”、桃花品种“菊花桃”、山茶品种“黄河”、变色香水月季、名贵牡丹品种等。外国商人、传教士、医生、职业采集家和形形色色的探险家，从我国采集了大量植物标本和种子、苗木，从而极大地丰富了欧洲的园林。但是，他们为了满足自身的需要，也向我国输入大批草花和温室花卉，有百余种，我国的花农开始学习国外的栽培技术，在上海一带还出现了花卉装饰。

民国时期（1912～1949 年），由于军阀割据、日本入侵，我国的花卉业基本处于停滞状态，花卉业只在少数城市有局部的发展，如上海市以生产盆花、切花、种球、种苗为主；北京市丰台区、成都市西郊、重庆市江北区静观场、昆明市郊区、苏州市虎丘区、福建省漳州市、广东省顺德区陈村、山东省菏泽市、鄢陵姚家等，都有一定数量的花木种苗、盆花、盆景生产。花卉专著较少，主要有陈植的《观赏树木》和《造园学概论》、章君瑜著《花卉园艺学》、童玉民著《花卉园艺学》、夏诒彬著《种兰花法》和《种蔷薇法》、陈俊愉和汪菊渊著《艺园概要》和《成都梅花品种之分类》、黄岳渊和黄德邻著《花经》等。

新中国成立后（1949 年至今），我国的花卉事业受到了越来越多的重视，全国各地相继成立了园林管理部门和花圃，植物园和专类园如雨后春笋般出现。1958 年党中央提出改造自然环境，逐步实现园林绿化；1960 年中国园艺学会召开第一次全国科技会议和第一次梅花学术座谈会，确定了花卉生产化、大众化、科学化、多样化的发展方向。1966～1976 年因文化大革命，刚刚兴起的花卉业遭受巨大的挫折，花卉生产停滞，科研、教学中断，我国花卉业落后于发达国家几十年。党的十一届三中全会召开后，改革开放的春风吹遍全国各地，花卉业再度复苏，成为新兴产业，全国出现了多方位、多层次、多行业发展的新局面。1984 年中国花卉协会成立，1986 年评选十大名花活动，其中梅花、牡丹、菊花、兰花、月季、杜鹃、山茶、荷花、桂花、水仙被评为中国十大名花。1987 年全国花卉种植面积约 2.67 万公顷，产值 10 亿元（《中国林业年鉴》）；1989 年全国花木种植面积已达 4.00 万公顷，产值升为 12 亿元（中国花卉协会统计）。我国自 1987 年举办第一届中国花卉博览会后，花卉博览会陆续在北京、上海、广东等地举办。各地纷纷成立花卉产业协会，积极组织花卉生产。

花卉的生产经历了由露地生产转为保护地生产，由传统的保护地转为现代化的设施栽培，由传统的一般盆花转为高档盆花，花卉销售由国内市场转为国际市场。我国在花卉野生资源开发、新品种选育、栽培技术与栽培设施创新、繁殖技术研发等方面取得了可喜可贺的成绩。

花卉的科研教学事业蓬勃发展，1997 年在农业院校有观赏园艺，林业院校有园林，城建院校有风景园林，一些研究机构、科研院所、大中院校的研究人员积极开展花卉研究、学术交流，为国家培养了一批批花卉园林高级人才。

0.4 我国花卉产业发展状况及未来发展趋势

0.4.1 我国花卉产业发展状况

近年来，我国花卉业发展迅猛，花卉产业呈现可喜的发展势头，花卉种植面积占世界花卉种植面积的 1/3，已经成为世界上最大的花卉生产基地，花卉销售额和出口额不断扩大，在世界花卉贸易格局中已经占据重要地位。

（1）花卉生产组织方式更加灵活，种植面积和市场规模不断扩大，需求结构更加多样

花卉生产组织方式由单一个体生产向合作迈进。主要经营方式有个体经营、农村专业大户牵头经营、农村社区集体经营、专业花卉贸易公司经营和产业联合会经营等。全

国花卉种植面积由2012年的$1.1203\times10^6hm^2$增加到2023年的$1.3899\times10^6hm^2$，增加了31.43%；销售额由2012年的1207.72亿元增加到2023年的2167.95亿元，增加了67.31%；全国花卉企业数由2012年的68878家增加到2020年的79512家，增加了15.44%；亿元以上花卉市场摊位数由2012年的19688个增加到2020年的20662个，增加了4.95%（见表0-3～表0-5）。花卉的需求结构更加多样，花卉需求种类有观赏苗木、盆栽植物类、实用及药用花卉、鲜切花类、草坪、工业及其他用途花卉、苗木用花卉、种子用花卉、种植用花卉、干燥花等，其中观赏苗木和盆栽植物类需求量较大，占总需求量的71.44%。

表0-3 2012～2023年我国花卉种植面积统计情况

年份	全国种植总面积/10^4hm^2	保护地种植面积/10^4hm^2	露地种植面积/10^4hm^2
2012	112.03	10.65	101.38
2013	122.71	13.35	109.36
2014	127.02	12.94	114.08
2015	130.55	13.99	116.56
2016	133.04	11.62	121.42
2017	139.23	12.03	127.20
2018	146.12	13.36	132.76
2019	150.77	33.54	117.23
2020	147.24	15.35	131.89
2021	159.41	16.60	142.81
2022	149.42	15.49	133.93
2023	138.99	13.35	125.64

数据来源：农业部（2018年3月改为农业农村部，下同）、国家林业和草原局、中国花卉协会。

表0-4 2012～2023年中国花卉销售额和出口额情况

年份	销售额/亿元	出口额/亿美元
2012	1207.72	5.33
2013	1288.11	6.46
2014	1279.41	6.20
2015	1302.57	6.20
2016	1389.70	6.17
2017	1533.30	6.00
2018	1639.18	6.00
2019	2552.55	3.58
2020	2020.61	3.87
2021	2160.65	4.65
2022	2254.76	4.85
2023	2167.95	4.38

数据来源：农业部（现农业农村部）、国家林业和草原局、中国花卉协会。

✣ 表 0-5 2012~2020 年全国花卉企业数及花卉市场情况

年份	全国花卉企业数/家	500 万元以上大中企业数/家	花卉市场/个
2012	68878	14189	3276
2013	83338	15403	3533
2014	83803	15127	3286
2015	84978	15592	3220
2016	79512	14108	3029
2017	80868	13592	2980
2018	70758	13712	3051
2019	77787	18653	3447
2020	79512	15513	3282

数据来源：农业部（现农业农村部）、国家林业和草原局。

（2）花卉生产区域化布局已经形成

从花卉区域分布上看，形成了以云南省、江苏省、浙江省、广东省、广西壮族自治区、海南省为中心的热带、亚热带花卉产区，以江苏省、上海市、浙江省为中心的长江三角洲苗木产区，以北京市、山东省、河北省、河南省为中心的北方花卉产区，以辽宁省为中心的东北花卉产区。

从花卉种类结构上看，形成了以云南省、广东省、浙江省、福建省为主的鲜切花生产中心，以广东省、珠江三角洲、福建省、海南省为主的盆栽、观叶花卉生产中心，以江苏省、山东省、浙江省、河南省、四川省、湖南省等为主的绿化苗木基地，以东北地区和西北地区为主的球根花卉生产和繁育中心。在全国鲜切花生产经营中，切花类云南省占 48%，广东省占 12.8%；切叶类浙江省占 34.10%。全国盆花中广东省占 29.28%，江苏省占 10.43%。花卉品牌逐渐凸显，如天津市的仙客来、宜兴市的杜鹃、武汉市的荷花、长春市的君子兰、漳州市的水仙、菏泽市和洛阳市的牡丹等。

从花卉的销售来看，形成了以北京市为中心的华北市场，以沈阳市为中心的东北市场，以广东省为中心的华南市场，以上海市为中心的华东市场，以郑州市和武汉市为中心的中原市场。

（3）花卉产业链和流通体系逐渐形成

花卉产业由原来的盆花、切花生产向种球、种苗、干花、压花、药用、食用、美容、生态旅游等多元化迈进。花卉的信息和流通网络日趋完善，2020 年全国亿元以上花卉市场摊位数 20662 个，花卉冷链运输体系、航空运输体系、现代拍卖交易体系、“互联网＋智能”等新业态层出不穷，B2B、B2C、B2B2C 等模式全面发展，淘宝、京东、拼多多、美团、抖音等平台百花齐放，尤其是“直播带货”“一件直发”发展迅猛。

（4）花卉科技创新水平显著提升

花卉科技创新能力不断增强，国内拥有全国花卉标准化技术委员会、国家花卉工程技术研究中心，省级以上花卉科研机构 100 多个，设置相关专业的高等院校 100 多所，专业技术人员达到 30 多万人，研究方向主要涵盖了花卉种质资源挖掘与创新、花卉遗传育种、花卉繁殖与生态功能性植物开发、容器栽培、生长调节剂应用、花卉储藏与保鲜技术、古树名木保护复壮、园林树木健康鉴别及保护、花卉室内外应用技术及景观评价等，一批花卉科研成果获得省级、国家级科技奖。花卉新品种培育与选育重点开展了花卉重要观赏性状遗传规律及调控机制研究，创新花卉高效育种和新品种产业化共性及关键技术，建立高效的花卉分子育种技术（分子标记辅助选择、分子设计育种等）体系，一批花卉植物新品种获得授权和专利。据统计2011～2021年获得林业和农业植物新品种授权的观赏植物品种共2626个，2016～2020年制（修）订花卉国家和行业标准54项。另外，在国外先进栽培技术和栽培设施的引进和消化等方面做了大量的工作，吸引了较多的国外大型花卉生产公司到中国来投资，如美国的阳光集团、日本的庆成公司、韩国的锦湖集团，带动了中国花卉业的发展。花卉文化弘扬繁荣，花卉走进百姓家庭，爱花养花赏花成为新风尚。

0.4.2 我国花卉产业未来发展趋势

（1）以市场为导向，积极调整产业结构，深挖产业链条

以市场为导向，调整花卉生产布局，完善产业结构，合理控制花卉种植规模，深化花卉业供给侧结构性改革，不断提高鲜切花、盆栽植物、种球种苗、功能性花卉生产占比，促进花卉生产向专业化、规模化、机械化、特色化发展。

鲜切花因生产周期短、产量高、效益快等优点是花卉产业的重要组成部分，我国大部分省区地处热带、亚热带和温带，自然气候条件都能满足花卉生产的需要。云南、广州、福建、广西、四川、江西、湖南、湖北、浙江、江苏等省份都能在自然条件下生产花卉，河北省、河南省、山东省、山西省及西北、东北地区利用日光温室也能周年生产鲜切花，不仅供应国内消费，还可出口创汇，主要集中生产月季、香石竹、菊花、非洲菊、唐菖蒲、百合等。切花方面，需要继续开发除上述切花种类以外的切花、切叶、切枝、切果等来拓宽市场，多元化发展。盆花生产是花卉产业的第二重要组成部分，虽然出口量有限，但国内盆花消费水平日益增长，通过举办各类级别的花卉博览会，传统名贵花卉节如牡丹节、梅花节、兰花节等来吸引国内外客商和众多花卉爱好者，开展业务洽谈和合作，促进盆花的发展。种球和种苗主要分布在西北地区和东北地区，目前还存在质量不高和产量偏低现象，需要通过提高栽培技术和栽培手段提高产品质量。

健全花卉产业体系，延伸花卉产业链条，促进花卉一、二、三产业协调发展。深度挖掘花卉在生态环境修复、美丽城乡建设、膳食文化培养、医药卫生保健、生物科普教育等方面的价值。深入研究不同花卉在人类心理健康、情绪调节等方面的作用，推广园艺疗法、芳香疗法，积极推进花卉业与相关产业深度融合。深入研发功能性花卉及其精深加工，提升花卉产业附加值。

（2）重视花卉商品的品牌效应，以国内市场为重点，积极参与国际市场大循环

品牌是花卉企业对市场做出的承诺，是市场对产品的褒奖。“重视品牌、追求质量、讲究信誉”是在激烈的市场竞争中立于不败之地的重要保证。加强花卉质量监管，建立健全花卉标准体系，推进花卉标准升级，重点完善花卉产品质量检测标准。加强花卉流通领域监管，推进产地标识、产品溯源工作。强化花卉品牌打造，提升品牌竞争力、影响力和带动力。加快建立国内统一花卉大市场，形成供需互促、产销并进的良性循环，塑造市场化、法治化、国际化的营商环境。在稳定发展国内市场的基础上，瞄准欧洲、美洲、亚洲等经济发达的国家和地区，形成稳定的供应商，使我国的各种花卉产品逐步打入国际市场。积极参与花卉领域国际规则标准制定，参加国际重大展会活动，不断提升我国花卉的国际地位。

（3）重视花卉产业技术研发，推动花卉产业数字化发展

引导花卉生产使用容器育苗、设施栽培、自动化控制等技术，深入开展花卉新品种培育、生产栽培、市场流通、产品消费等领域核心技术攻关和全产业链机械装备引进及创新研发，培育一批既有专业技术知识又有经营管理能力的人才队伍，提高参与国际市场的竞争力。引进国外资金和技术，与国外投资商积极合作，高起点、共同开发，促进我国花卉业的高质量发展。

大力发展花卉产业信息化水平，推进云计算、大数据、人工智能、物联网等新数字技术在花卉产品研发、生产栽培、商品流通、消费服务、信息收集等方面的应用，推动花卉全价值链协同发展。引导花卉重点生产区、产业示范区、产业集群加快数字化基础设施建设，鼓励花卉龙头企业实现生产过程的数字化管理。运用大数据，做好花卉产业和市场行情信息收集、分析与发布。

（4）重视发掘利用民族花卉资源，培育具有自主知识产权的新品种

花卉品种的推陈出新是发展民族产业的根本，也是发展花卉企业的原动力，增强我国花卉育种的综合实力，确保花卉产业基础的稳固与安全。在种质资源领域，做好种质资源的收集、研究与数据管理工作，尤其是传统花卉、珍稀濒危花卉、特色花卉、潜在利用价值花卉等资源；探索建立种质资源信息共享和保护鉴定机制，推动建立国家级和省级种质资源数据库和平台。

在育种领域，将传统育种技术与现代生物育种技术有机结合，开展花卉育种核心技术攻关和花卉重点实验室建设，培育一批有创新能力的花卉种业主体，提高我国花卉育种的质量和水平。培育发展地方特色花卉品种，自主创新我国传统十大名花，丰富我国自育花卉品种的类型和数量。推进花卉新品种的应用，提升我国花卉自育品种的市场占有率。强化花卉知识产权的保护，切实维护育种者的合法权益，激发花卉新品种培育的积极性。

（5）加强社会化服务体系建设

加快花卉信息系统和公共服务平台建设，广泛开展信息交流和技术推广工作。优化现代商贸物流体系，培植一批具有世界影响力的现代花卉流通企业，推进流通领域数字化、智能化和标准化建设，鼓励各企业跨界融合，全面提升现代化水平。努力解决花卉市场流通领域的结构性问题，疏通花卉生产、流通、消费各个环节，促进产业链、供应链上下游有效衔接。

21 世纪是科技、信息、经济的发展空间，花卉新品种的培育和引进，生物工程技术的应用、野生花卉资源的开发利用、规模化生产栽培和无土栽培、城市水土保持、新自然主义生态种植、花文化及乡土植物等科研攻关项目的研究，以及加快高素质专业人才的培训，是我国花卉业快速发展，从而成为世界花卉大国的基础和保障。

0.5 世界花卉的发展状况及发展趋势

0.5.1 世界花卉的发展状况

花卉作为商品被大规模生产是在第二次世界大战以后开始的，到 20 世纪 70～80 年代，随着全球经济快速增长，特别是高科技的发展，花卉产业迅速崛起；90 年代后期，世界许多国家处于经济衰退时期，而花卉业仍以独特的生命力，始终保持旺盛的发展势头，现已成

为世界上最具活力的产业之一。

（1）花卉业已成为世界经济发展的重要产业，花卉产品已成为国际贸易的大宗商品，消费量逐年稳步上升

据联合国贸易组织统计，世界花卉市场年销售额每年以 10%～13%的速度递增，1985 年世界花卉销售额为 150 亿美元，1989 年接近 300 亿美元，1991 年达到 1000 亿美元，2000 年已达 2000 亿美元，2010 年已超过 3000 亿美元。根据 2022 年统计数据，世界花卉中鲜切花和盆花种植总面积为 $7.355\times10^6\,hm^2$，尤其是一些花卉种植大国。现代花卉产业已完全突破传统种植业，产业涉及栽培基质、肥料、农艺设施、化工、食品、药品等农业、林业、工业、商业、旅游业等多个行业，花卉经济日益繁荣，各国家和地区花卉生产和消费潜力巨大。

① 荷兰素有“世界花卉王国”之称，这既得益于荷兰冬季温暖、夏季凉爽的地理优势，又得益于荷兰先进的栽培管理技术和发达的市场流通体系，是世界上最大的花卉生产国和出口国。据统计（International Statistics Flowers and Plants 2022 Volume 70）2020～2021 年荷兰鲜切花和盆花的种植面积 $7870hm^2$，其中露地种植面积为 $3810hm^2$，保护地种植面积为 $4060hm^2$，从事鲜切花和盆花生产的企业数量为 3330 个，年产值 22.6 亿欧元；种球栽培面积 $21839hm^2$，从事种球生产的企业数量为 1580 个；苗木栽培面积 $17600hm^2$，从事苗木生产的企业数量为 4170 个，年产值 45.76 亿欧元。拍卖是花卉销售的主要方式，荷兰拍卖市场是全球最重要的花卉交易市场，其中阿斯米尔是世界上最大的拍卖市场，贡献了荷兰国内总交易量的 45%和总出口交易量的 70%。据统计 2021 年荷兰花卉总出口额 115.47 亿欧元，其中鲜切花 49.65 亿欧元，插穗和种苗 47.99 亿欧元，种球类 13.65 亿欧元，切枝切叶 4.18 亿欧元，产品主要销往德国、英国、法国、比利时、意大利、波兰、瑞士、俄罗斯、丹麦、瑞典等国家和地区。

② 美国作为世界上经济最发达的国家之一，其花卉产业也十分兴旺。由于美国花卉产业的快速扩展远远超过市场的成长和分布，哥伦比亚、厄瓜多尔等中南美洲国家的花卉进军美国，并快速支配了北美鲜切花市场。美国专家分析，当今花卉生产，特别是消费，仍将以美国为中心，因为他们拥有 3 亿多人口、位居世界之首的国内生产总值以及较高的国民收入，这些因素必将促进花卉的生产和消费（见图 0-1）。据统计 2017 年美国种球栽培面积 $3462hm^2$，从事种球生产的企业数量为 846 个；苗木栽培面积 $139596hm^2$，从事苗木生产的企业数量为 19394 个，年产值折合 52.13 亿欧元。据统计（International Statistics Flowers and Plants 2022 Volume 70）2021 年美国鲜切花和盆花的种植面积 $30884hm^2$，其中露地种植面积为 $22652hm^2$，保护地种植面积为 $8232hm^2$，从事鲜切花和盆花生产的企业数量为 39300 个，年产值折合 32.97 亿欧元。2021 年统计花卉进口总额为 25.84 亿欧元，其中鲜切花 14.82 亿欧元、切枝切叶 2.12 亿欧元、种球类 1.71 亿欧元、盆花 7.19 亿欧元，主要进口国家有哥伦比亚、加拿大、荷兰、墨西哥、厄瓜多尔、哥斯达黎加、危地马拉等。

③ 意大利是世界第四大花卉生产国。据统计（International Statistics Flowers and Plants 2022 Volume 70）2021 年鲜切花和盆花种植面积约 $12725hm^2$，其中露地种植面积为 $7282hm^2$，保护地种植面积为 $5443hm^2$，年产值 12.31 亿欧元，从事企业数量为 14093 个。2021 年花卉出口总额 10.21 亿欧元，其中鲜切花 1.19 亿欧元，切枝切叶等 1.64 亿欧元，种球类 0.16 亿欧元，插穗等 7.22 亿欧元。其中法国是意大利花卉的最大进口国，占其出口总额的 21.14%；其次是荷兰和德国，分别占 19.80%和 17.21%。进口总额约 5.56 亿欧

元，其中主要来自荷兰，占进口总额的 75.10%；其次是德国和西班牙，分别占 4.28%和 3.81%。意大利花卉消费总额中，鲜切花占 74%，盆栽植物约占 26%。最畅销的切花和盆栽植物有月季、百合、非洲菊、唐菖蒲、郁金香、雏菊、热带兰、小苍兰、六出花、火鹤花、杜鹃花、仙客来、一品红、秋海棠、天竺葵、丝兰、朱蕉等。

④ 德国既是花卉生产大国又是花卉消费大国，而且花卉消费量还在以每年 2%的速度增长。根据联邦食品和农业部及 AMI GmbH 数据，2020～2021 年德国鲜切花和盆栽花卉种植面积为 6263hm^2，其中露地种植面积为 4610hm^2，保护地种植面积为 1653hm^2，年产值 12.88 亿欧元，企业数量 3123 个。2021 年德国在花卉和观赏植物方面的支出约为 102 亿欧元，人均花卉消费为 123 欧元（见图 0-1），其中自产花卉占 45%，进口花卉占 55%。2021 年进口总额为 30.34 亿欧元，其中插穗及种苗等 13.68 亿欧元，鲜切花 12.82 亿欧元，种球类 2.23 亿欧元，切枝切叶类 1.61 亿欧元，主要进口国家中排名前三位的是荷兰、意大利和丹麦，分别占进口总额的 84.96%、3.38%和 3.31%。德国花卉出口总额为 9.07 亿欧元，其中插穗及种苗等 7.36 亿欧元，鲜切花 0.56 亿欧元，种球类 0.74 亿欧元，切枝切叶类 0.41 亿欧元，主要出口到荷兰、奥地利、法国、瑞典、丹麦等国家和地区。

⑤ 哥伦比亚靠近巴拿马运河，处于国际贸易交流渠道的十字路口，与世界重要的航运和港口运输服务商相连，凭借着具有较强优势的地理位置其花卉业在 20 世纪 70 年代中后期迅速崛起，花卉产品的 95%用于出口，占世界鲜切花出口份额的 14%，成为世界第二大花卉出口国。据统计（International Statistics Flowers and Plants 2022 Volume 70）2021 年鲜切花和盆花种植面积为 8900hm^2，年产值折合 14.60 亿欧元。2021 年花卉出口额折合 14.84 亿欧元（包括园林苗木），其中鲜切花类 14.60 亿欧元，出口范围覆盖 80 多个国家和地区。美国是哥伦比亚最大的花卉出口市场，占出口总额的 77.91%；其次是加拿大和荷兰，分别占 3.35%和 3.27%；再次是英国、日本和西班牙，分别占 2.89%、2.99%和 1.79%；其他占 7.80%。康乃馨、月季、兰花是最主要的三大花卉，康乃馨的出口量占农产品的 29%。

⑥ 以色列花卉产业发展在农业中占有极其重要的地位，其鲜切花出口额仅次于荷兰和哥伦比亚，居世界第三。以色列花卉种植在无土栽培、数字化和智能化管理、无人机应用等方面居世界领先地位。2015 年全国花卉公司 2400 余家，花卉种植面积约 2000hm^2，占全国农业种植面积的 1.0%，其中温室栽培约 1400hm^2，年产鲜切花超过 15 亿枝（平均每人每年生产 300 多枝），其中月季约占 2/3，其次是康乃馨、百合花等，出口额达 2 亿多欧元。除切花生产外，以色列还是世界四大优质花卉种苗生产和出口国之一，月季、香石竹等脱毒苗出口到全球几十个国家和地区，年出口量达几千万株，创汇上百万美元。

⑦ 比利时虽然是西欧面积较小、人口较少的国家，但它的盆栽出口额占全世界出口额的 10%，位居世界第三。据统计（International Statistics Flowers and Plants 2022 Volume 70）2021 年鲜切花和盆栽花卉种植面积 887hm^2，其中露地种植面积 516hm^2，保护地种植面积 371hm^2，企业数量 614 个，年产值超过 2.17 亿欧元。苗木类种植面积 5646hm^2，其中露地面积 5553hm^2，保护地面积 93hm^2，企业数量 807 个，年产值达 3.49 亿欧元。比利时仅杜鹃 1 项，年产 6000 万盆，出口额 0.33 亿欧元，占其花卉出口总额的 20%～30%，占欧洲盆栽杜鹃出口量的 80%以上。

⑧ 厄瓜多尔花卉业经历了 100 年的发展，凭借其良好的地理位置和气候条件，成为世界上重要的花卉出口国之一。据厄瓜多尔鲜花生产和出口商协会统计，2021 年鲜切花和盆花种植面积达 7464hm^2，其中露地种植面积为 885hm^2，保护地种植面积为 6579hm^2，年产

值折合 7.84 亿欧元。2021 年出口额折合 7.84 亿欧元，主要出口美国，占 43%左右，其次是欧盟占 22%，俄罗斯占 11%，白俄罗斯占 4%，加拿大占 3%，另外 17%运往了世界其他目的地。月季占出口鲜花总量的 77%，其次为夏季花卉、满天星、康乃馨、百合和其他鲜花，出口占比分别为 10.2%、7%、1.6%、0.7%和 3.5%。

⑨ 在非洲，虽然全球花卉出口额中，非洲国家的花卉出口仅占 7%的份额，但是近年来，非洲国家的花卉生产和出口正在稳步增长，除月季、菊花、香石竹等传统花卉外，非洲仙人掌、九重葛等观赏植物也打入欧洲市场，而且销量逐年增加。肯尼亚鲜花行销全球 60 多个国家，约 35%的鲜花出售给欧盟国家，是继荷兰、哥伦比亚和厄瓜多尔之后的世界第四大鲜切花出口国。据肯尼亚花卉委员会（Kenya Flower Council，KFC）数据称，肯尼亚鲜花出口量从 1988 年的约 1.1×10^4t 增加到 2017 年的 1.6×10^5t。同时，肯尼亚是欧盟月季的主要出口国，其市场份额约为 38%。育种者、种植者和批发商是肯尼亚的花卉产业链，该行业直接就业人数超 35 万人，间接就业人数 100 万人，支持了 300 多万肯尼亚人的生计。据肯尼亚生鲜农产品出口商协会（FPEAK）统计，2021 年花卉出口额 6.81 亿欧元，其中鲜切花出口额 6.13 亿欧元，占花卉总出口额的 90%，有 50%的鲜花通过荷兰拍卖会出售。

⑩ 在亚洲，日本作为重要的经济大国，是世界花卉生产先进国家之一，在产量和技术上都居于世界领先地位。日本的鲜切花和盆栽植物生产面积各占 1/2，据日本农林水产省统计部统计，2019 年切花、盆花、球根、花坛用苗的种植面积分别为 13800hm^2、1549hm^2、259hm^2、1327hm^2，年产量分别为 34.82 亿枝、2.05 亿盆、0.763 亿球、5.79 亿苗，其中鲜切花主要有菊花、香石竹、月季、百合、勿忘我、满天星、桔梗、龙胆、非洲菊和郁金香等，盆花主要有仙客来、热带兰、报春花和秋海棠等。从花卉产值来看，日本正在超过荷兰，成为世界第一大花卉生产国，但同时日本又进口了大量鲜切花和盆栽植物，使日本跻身世界最大的花卉生产、消费和进口国之一。传统插花和各种花事活动促使花卉的生产和消费急剧增长。日本海关的最新统计数据显示，2021 年日本花卉进口额折合 5.04 亿欧元，其中鲜切花 2.91 亿欧元，种苗类 1.05 亿欧元，切枝切叶类 0.61 亿欧元，种球类 0.47 亿欧元，主要从哥伦比亚、马来西亚、中国、越南、泰国、厄瓜多尔等进口，菊花进口量最大，其次是香石竹和月季，再次是百合、兰花和玫瑰。韩国近年来花卉产业发展迅速，已成为东亚地区花卉生产、出口及消费的主要国家之一，2020 年花卉种植面积 4249hm^2，其中鲜切花种植面积为 1224hm^2，盆栽花卉种植面积为 743hm^2，总产值 5.18 亿欧元，主要有盆栽仙人掌、君子兰、肯特椰子及切花百合、月季、菊花等，但其花卉进口的增长速度更快，主要为盆栽兰花。兰花是韩国人节日、生日和探望病人必不可少的礼品，全国养兰盛行，由于本国资源贫乏和生产成本高，每年需进口兰苗 1000 多万株，其中 80%来自中国台湾，20%来自日本和中国大陆，实际上从台湾进口的兰苗，大部分也是从中国大陆转手的。印度的鲜花出口额在全球 171 个出口国家中排名第 51 位，占全球花卉贸易的 0.06%。印度的东北地区具备天然的气候环境优势，被认为是大自然对印度的馈赠，这样的自然优势是该地区发展花卉产业的基础，奠定了这里的巨大潜力。据统计（International Statistics Flowers and Plants 2022 Volume 70）2020～2021 年印度鲜切花和盆花种植面积为 322000hm^2。2021 年出口额折合 8.29 亿欧元，其中鲜切花为 1.67 亿欧元，切枝切叶 4.11 亿欧元，插穗及种苗 2.46 亿欧元，种球 549 万欧元，鲜切花主要出口美国、英国、阿联酋、新加坡、马来西亚等国家。泰国是世界上兰花出口最多的国家，每年兰花出口量高达 2.37 万吨，约 6 亿枝，2018 年中国是进口泰兰最多的国家，约占其出口总量的 40%，目前泰国兰花产业不断发展壮大，兰

花的种类和颜色不断增多，品质较以前有了更大的发展和突破。

目前世界花卉产业发展仍然以发达国家为主导，同时一些发展中国家不断崛起。花卉种植面积较大的前 10 个国家分别为印度、中国、美国、日本、巴西、意大利、泰国、南非、墨西哥、哥伦比亚。花卉出口创汇较高的国家分别为荷兰、哥伦比亚、厄瓜多尔、肯尼亚、德国、比利时等。花卉消费形成了以欧盟（以荷兰、德国为中心）、北美洲（以美国、加拿大为中心）、东南亚（以日本、中国香港为中心）的三大花卉消费市场。四大传统花卉批发市场为荷兰的阿姆斯特丹、美国的迈阿密、哥伦比亚的波哥大和以色列的特拉维夫。

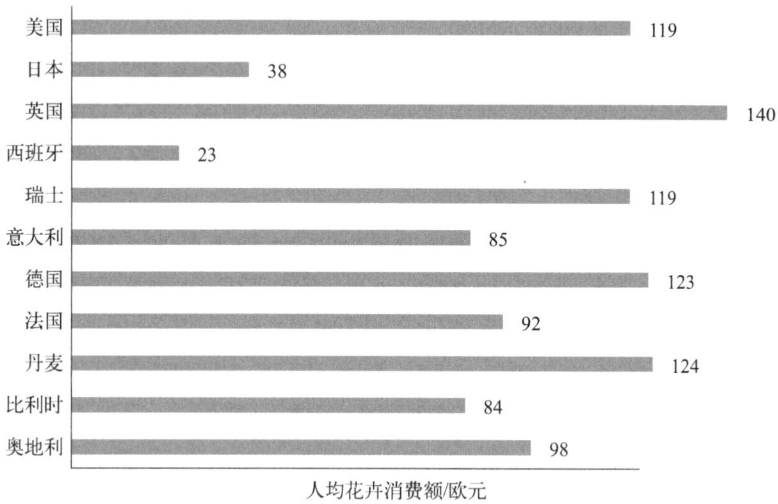

图 0-1 2022 年部分国家人均花卉消费情况

（2）花卉生产呈现区域化、专业化、专一化和产供销一体化

世界花卉生产总量长期保持增长势头，花卉生产的区域化、专业化特点突出。在适宜的地方生产适宜的花卉，如荷兰主要生产郁金香、月季、菊花、香石竹和种球，日本主要生产百合、菊花、香石竹和月季，以色列主要生产唐菖蒲和月季，哥伦比亚主要生产香石竹，泰国和新加坡主要生产热带兰花，中国主要生产梅花和牡丹，这样形成了花卉生产的区域化。另外，切花、盆花、种苗等生产者、销售者相互之间分工明确，互不参与，专业化程度较高，有利于集约化生产和大规模生产。各国花卉企业根据各自优势，选择 1～2 种花卉形成自己的品牌产品，这样投入少，成本低，便于提高人力、物力，提高产品质量和竞争力，形成了花卉生产的专一化。工厂化生产是科技进步的体现，通过流水作业进行大规模生产和连续生产，提高产品质量和产量。花卉企业各个环节组织配合较好，相互衔接顺畅，使花卉产品以最快的速度运送到客户手中，减少消耗，实现了产供销一体化。

（3）以科技为导向，新技术、新品种层出不穷

随着科学技术的发展，花卉生产在新品种培育、栽培技术、繁殖技术、病虫害防治技术、应用等领域新成果不断涌现。在栽培技术方面，利用无菌以及透气性能、吸水性能、保水性能好的介质制成育苗容器或快速膨胀模块，广泛应用于工厂化育苗和切花无土栽培中，特别是水培、雾培技术，更适于大规模、工厂化生产较耐水湿的切花与切叶。在种苗繁殖方面，利用植物组织离体快繁技术实现名贵花卉、珍稀品种、重要的球根花卉商品化优质种苗

的生产，如兰花、菊花、香石竹、非洲菊、满天星等；利用茎尖脱毒技术对容易感染病毒的花卉品种进行脱毒苗的批量生产。激素及化学物质目前已在促进生根、打破休眠、延缓生长、花卉整形、采后保鲜等方面取得了广泛的应用。花卉栽培设施新技术日新月异，荷兰、日本、以色列等发达国家的栽培设施已具备了技术成套、设施设备完善、生产技术规范、质量保证性强、产量稳定等特点，形成了集设施制造、环境调控、资料生产于一体的多功能体系，并在向高层次、高科技以及自动化、智能化和网络化方向发展，实现了周年生产、均衡上市。物联网、大数据、智能化已逐渐应用于温室的管理与控制中。

随着现代花卉及园艺科技的发展，世界各地将传统育种与分子育种技术相结合，在花色、花期、株型、重瓣性、抗病虫、抗逆性、延长切花寿命等育种方面取得了较多的成果，培育出数以万计的色彩丰富、花形美观、抗逆性强的花卉优良品种，使世界花卉五彩缤纷、生机勃勃。荷兰每年培育出数百个室内观叶植物和球根花卉新品种；法国的梅昂月季中心，每年人工授粉 10 万朵花，培育出的月季新品种，几乎占世界的 1/3。在花色育种方面，美国科学家将从矮牵牛中分离获得的蓝色基因导入玫瑰，获得了世界上独一无二的“蓝玫瑰”。日本通过基因工程技术培育出一种微型的土耳其风铃草，流行于花卉市场。他们还利用生物技术大量繁殖蝴蝶兰，用一节带花芽的茎培育出 2 万～3 万株兰花苗，获得了显著的经济效益。抗病毒植物基因工程方面，特别是无性繁殖的花卉，如仙客来、康乃馨、郁金香、百合等，通过研究明确了病毒的种类和危害症状，掌握了病毒分离和检测等先进的技术手段，大大加快了抗病育种进程。我国科学家在兰花研究方面解析了花色、花香调控关键基因，且首次将 14 种兜兰无菌播种成功，为兰花的功能基因验证和分子设计定向育种提供手段，有力推动兰花规模化和规范化生产。利用基因编辑技术 CRISPR/Cas 9 系统对花卉基因进行编辑，从而提高育种效率，缩短育种周期，目前已成功用于矮牵牛、牵牛花、菊花、百合、蝴蝶兰和夏堇等花卉上。

（4）建立了高效的花卉质量监控体系

健全严格的花卉质量监控体系是花卉业发展的重要因素。荷兰、哥伦比亚、日本等国家花卉业信誉度之高得益于严格的质量监控体系。以荷兰为例，荷兰花卉质量监控机构分政府和民间两大类。政府花卉质量监控机构是国家植物保护局及分支机构，主要负责对进出口植物材料签发检疫通行证，植物入关健康档案设立及全程跟踪检测；出口植物产品产地检疫，对病虫害检疫、农药含量等进行监控管理。民间花卉质量监控机构是农业部领导下的植物检验总局，它是一个私营基金会组织，主要负责检查花卉公司有关产品的健康状况、品种纯度、新鲜度和花形以及外表质量，同时，还负责检查公司的经营、管理和卫生等状况。不同花卉产品的质量标准由各花卉中介机构根据农产品质量法分别制定，由荷兰植物保护局、植物检验总局和国家新品种鉴定中心等机构执行。同时，荷兰还通过激烈的市场竞争来提高花卉生产企业的质量意识，各种花卉一进入拍卖市场，就完全处于市场的控制之下，由专业技术人员对产品按质分级。荷兰因具有严格的质量保证措施，其花卉产品在全球激烈的市场竞争中始终立于不败之地。

0.5.2 世界花卉的发展趋势

随着世界花卉生产规模的不断扩大，国际市场竞争日益激烈，各国都在发挥自身优势，积极采取应对政策，不断拓宽国际市场份额。

（1）在一定时间内世界花卉生产仍将以多种形式并存

第一种形式是利用先进的机械设备、高端的栽培技术和科学的管理手段进行自动化、专业化、信息化生产，极大地提高了生产力，缩短了生产时间，降低了生产成本，代表国家有荷兰、意大利、德国、美国等。

第二种形式是充分利用本国地理优势、劳动力优势和简易栽培设施来发展花卉生产，并快速打入国际市场。例如，哥伦比亚、厄瓜多尔、肯尼亚、津巴布韦等国家地处赤道附近，属于热带高原型气候，光照充足，雨水丰沛，生产工人每日工资仅 3～5 美元，大力发展花卉产业，并在很短时间内就跻身于世界鲜切花出口强国之列。

第三种形式是利用本国地理优势和气候优势，生产单一优势花卉品种。例如，泰国地处热带，其温度、湿度和光照条件最适宜兰花生长，生产者重视新品种和新技术引进，泰国政府大力支持和广泛宣传，使兰花生产实现了工业化。如今，泰国的兰花远销世界几十个国家和地区，成为世界上最大的兰花出口国。

尽管实现专业化、现代化、工厂化生产是世界花卉生产发展的总趋势，但是目前就各国的发展状况而言，以上几种生产形式在一定时间内仍将并存。

（2）花卉生产逐渐向发展中国家转移

花卉生产因土地、劳动力及其他生产资料成本的增加和环境压力的加大，发达国家的花卉业逐渐向低成本和低风险的发展中国家转移，从而促进了肯尼亚、墨西哥、秘鲁、厄瓜多尔、津巴布韦、毛里求斯等新兴花卉生产国的崛起。发展中国家因气候优势和劳动力优势，花卉产业快速发展，正好弥补北半球花卉生产的淡季，因此他们不仅快速打入国际市场，而且占有了一席之地，正受到全球日益广泛的重视。这些发展中国家从荷兰引进优质种苗和先进技术，再将生产的花卉产品出口到荷兰，然后转销世界各地。在美洲，来自厄瓜多尔的竞争，同样迫使哥伦比亚积极寻找新市场，扩大在全球的销售业务。目前，美国仍是哥伦比亚最重要的花卉市场，但美国在哥伦比亚花卉出口中所占的份额已从 82%降至 60%，而在欧洲市场所占的份额则由 12.9%增加至 18%，日本也是哥伦比亚正在着力开拓的一个新市场。

（3）新品种和新技术不断涌现，花卉产品向高档、优质方向发展

栽培设施节能技术、无土栽培技术、植物组织培养技术、激素和化学物质、分子育种等新技术的广泛应用，促使花卉产品向高档化、多样化、新奇化方向发展。如荷兰在花卉方面科技投入大，建有 7 个研究中心，品种选育和良种繁育处于国际领先地位，先后有 4500 多个切花品种和 1600 多个观赏植物品种投放市场。花卉育种目标除花色、产量、成活率、抗逆性、抗病虫、重瓣性、花期和其他栽培质量方面的性状外，还在耐低温、弱光的节能型品种方面进行攻关。利用细胞工程技术培育耐低温、耐弱光、开花早、抗病毒的菊花新品种。澳大利亚利用基因工程技术培育出蓝色月季。日本育出抗热、微型的仙客来新品种。美国育成茶香月季品种系统，色、香、姿俱佳，抗寒性较强。另外，美国用种子繁殖技术解决了百合感病退化难题，并缩短了百合的童期。法国以蔷薇育种为首，品种美丽强健。以色列、哥伦比亚、肯尼亚等后起之秀生产的花卉种类和品种并不多，但是已实行专业化生产，各公司均以几个品种花卉的量大、质优去占领国际市场，并随着市场的需求及时调整。各国家在强化新品种培育的同时，还重视野生花卉资源收集、引种、开发和利用。

世界花卉产品仍以鲜切花和盆花为主，其中鲜切花中观花类品种不断丰富，小花型观花类、新型切叶类和观果类备受消费者喜爱，而盆花类从粗放、低质、中大型向精细、高质、小型化桌面花延伸，从开花型到观叶、观果等扩展，从绿色叶到彩色叶类、多浆类扩充。兰

科兰属品种开发力度加大，新奇产品备受关注。花卉生产中新品种培育、生长调节剂应用、精准施肥、菌肥施用、栽培环境调控、大树高位修剪和挖掘移栽等技术和水平以欧美发达国家和地区最为先进。

（4）完整的花卉产品销售和流通体系正在建成并逐渐完善

发达国家的花卉产品销售和流通体系已经建成并逐渐完善。如荷兰，其花卉业拥有全世界最发达的电子订货系统和现代化服务体系，形成了覆盖全球的物流营销网络，在花卉的保鲜、包装、储藏、海关、冷链运输、出入境检验检疫、结算等环节实现了一体化和一条龙服务，确保了成交的鲜花在当天晚上或第二天出现在世界各地的花店里。

目前，发展中国家的花卉销售和流通体系虽远不及荷兰等发达国家，但正在逐步建立和完善，如肯尼亚已开通直达荷兰、德国的航线，为花卉出口创造了便利条件；为解决花卉产品出口中体积大、运费高等难题，政府在招商引资和贸易流通等方面都给予更大支持；还对花卉种植和产品运输等环节制定了一系列优惠政策。厄瓜多尔生产的花卉完全以外销为主，花农在花卉产品流通过程中十分重视保鲜处理，鲜花采收后立即插入净水和保鲜液中，并在包装运输前预冷数小时，再用冷藏车运往机场，以此来实现高品质上市，使产品在国际市场中更具竞争力。

第 1 章

花卉的种质资源与分类

近几十年来，由于人类生存环境的不断恶化，生态环境建设引起了各国的高度重视。我国推进美丽中国建设，坚持山水林田湖草沙一体化保护和系统治理，统筹产业结构调整、污染治理、生态保护、应对气候变化，协同推进降碳、减污、扩绿、增长，推进生态优先、节约集约、绿色低碳发展。这些政策的出台拉动了花卉产业的发展，花卉产业已经成为最具有活力的产业之一。花卉新品种的培育是花卉产业发展的动力源泉，而种质资源开发、研究和利用是新品种培育的物质基础。我国园林植物的种质资源种类丰富、特色鲜明，为世界园林花卉事业的发展做出了巨大贡献，被世界园艺学家称赞为“世界园林之母”，在花卉种业研发与创新方面取得了巨大成就，但与发达国家和地区相比还存在一定差距。2021 年 7 月，我国通过了《种业振兴行动方案》，提出了实施种质资源保护利用、创新攻关、企业扶优、基地提升、市场净化五大行动，这将为我国积极深入地开展种质资源的保护、收集、创新利用提供强有力的政策支持。

1.1 花卉的种质资源

花卉的种质资源是花卉材料中能将其特定的遗传信息传递给后代并能表达的遗传物质的总称，包括野生种、半野生种和栽培类型等。花卉种质资源的收集、保存、研究和创新利用对培育花卉新品种具有极为重要的意义。

首先，种质资源是花卉新品种培育工作的物质基础。育种目标的实现，主要取决于育种工作者掌握花卉种质资源的多少，掌握的种质资源越丰富，对种质资源的研究越深入，则利用它们选育新品种的成效就越大。大量的事实证明，育种工作者的突破性成就取决于关键性种质资源的发现和利用。

其次，种质资源是不断发展新花卉植物的主要来源。据不完全统计，全球植物约有 50 万种，其中 1/6 具有观赏性。这些花卉植物有许多还处于野生状态，尚待人们对其进行调查、收集、保存、研究和创新利用，以满足人们日益增长的物质文化生活的需要。

最后，适应生产的不断发展，需要发掘更多的种质资源。随着花卉生产的发展和人类欣赏水平的提高，人们对花卉品种不断提出新的要求。要使育种工作有所突破，就需要发掘更多的种质资源来供人们研究和利用。

1.1.1 世界栽培植物地理起源

1.1.1.1 起源学说

19世纪以来，众多的植物学家进行了广泛的植物调查，并进行了植物地理学、古生物学、生态学、考古学、语言学和历史学等多学科的综合研究，先后总结提出了世界栽培植物的起源中心理论。

栽培植物起源中心分为原始起源中心和次生起源中心。原始起源中心，又称初生起源中心，该起源中心是植物遗传类型多样、分布集中、具有地区特有性状并出现原始栽培种、近缘野生种的地区，是历史上形成的初生植物群集地，是野生种和变种的自然分布中心，同时蕴藏着大量的植物栽培种和品种。次生起源中心是栽培植物种被引入新的地理条件下发生突变或杂交后产生新的类型或品种，形成的栽培种和品种的次生植物群集地。

（1）德堪多栽培植物起源中心论

一般认为，瑞士植物学家德堪多（A. de Candolle，1806—1893）是最早研究世界栽培植物起源的学者。他在1882年出版的《栽培植物起源》一书中考证了247种栽培植物，其中起源于旧大陆的有199种，占总数的80%以上。他提出人类最早驯化植物的国家或地区可能是中国、西南亚和埃及。

（2）瓦维洛夫栽培植物起源中心学说

苏联植物学家瓦维洛夫（Vavilov，1887—1943）被认为是世界上研究栽培植物起源最著名的学者，他综合前人的学说和方法来研究栽培植物的起源问题。他在1926年出版了《栽培植物起源的研究》一书，并发表了“育种的植物地理基础”论文，提出了世界栽培植物起源中心理论（又称基因中心或多样性变异中心学说），把全世界的栽培植物分为8个初生栽培植物起源中心（见表1-1中的1～8号起源中心），论述了640余种主要栽培植物的起源中心地，证明栽培植物的起源中心包括在野生植物的自然分布区内。

（3）勃基尔栽培植物起源观

英国植物学家勃基尔（I. H. Burkill，1870—1965）在《人的习惯与栽培植物的起源》一书中，系统讲述了植物随人类的活动、生长和迁徙而不断迁移和驯化的过程，论证了东半球多种栽培植物的起源，并总结了瓦维洛夫方法学的主要缺点。同时他还提出有关植物驯化和栽培的一些重要观点，如“驯化由自然产地与新产地之间的差异而引起”。

（4）达林顿的栽培植物的起源中心

英国细胞学家达林顿（C. D. Darlington，1903—1963）将世界栽培植物的起源中心划为9个大区，分别是：

① 西南亚洲；

② 地中海以及欧洲亚区；

③ 埃塞俄比亚和中非亚地区；

④ 中亚；

⑤ 印度和缅甸；

⑥ 东南亚；

⑦ 中国；

✣ 表 1-1　栽培植物起源中心

编号	起源中心	主要地域范围	植物举例	已知起源的植物种属/个(种)
1	中国起源中心(东亚中心)	中国中部及西北山区	刚竹属、青篱竹属、簕竹属、桃、梅、李、杏、山楂、木瓜、榆叶梅、贴梗海棠、西府海棠、银杏、香榧、棕榈、苏铁、胡颓子、君迁子、香橙、宜昌橙、金柑、枳、柿、枇杷、杨梅、龙眼、荔枝、山茶、构树、桃金娘、香樟、杜仲、桑、乌头等	136
2	印度-缅甸中心；印度-马来西亚中心(南亚热带中心)	印度北部与西北部边缘、东北部的阿姆及缅甸等地，马来半岛、爪哇、婆罗洲、苏门答腊、菲律宾等地	落葵、海芋、枸橼、香橼、酸橙、椰子、玫瑰、檀香、印度橡皮树、虎尾兰、槟榔、面包果、依兰、红毛丹、山柰、散沫花、姜黄、慈竹	172
3	帕米尔起源中心(中亚细亚中心)	阿富汗、塔吉克斯坦、乌兹别克斯坦等地	杏、巴旦木、西洋梨、苹果、樱桃、核桃、阿月浑子等	42
4	东南欧起源中心(西亚中心)	小亚细亚内地、外高加索全部、伊朗、土库曼斯坦高地等地	罂粟、石榴、无花果、樱花、番红花、郁金香、鸢尾、丁香、白柳、七叶树、栎等	83
5	地中海起源中心	非洲东北部、小亚细亚西部及南部、意大利、希腊、叙利亚、巴勒斯坦、西班牙等地	荆豆、油橄榄、羽扇豆、三叶草、麝香草、薰衣草、突厥蔷薇、月桂等	84
6	非洲东部及埃塞俄比亚中心	埃塞俄比亚、阿拉伯山地等地	唐菖蒲、芦荟等	38
7	墨西哥及中美中心	墨西哥南部和中美洲的危地马拉、洪都拉斯等地	仙人掌、龙舌兰、凤梨、虎皮花、大丽花、万寿菊、百日草等	49
8	南美洲起源中心	秘鲁、厄瓜多尔、玻利维亚、智利、巴西、巴拉圭等地	西番莲、向日葵、粉美人蕉、金鸡纳树、球根酢浆草、番樱桃等	45
9	澳大利亚多样性地区	澳大利亚	木麻黄、桉树、金合欢、白千层等	—
10	南非地区	南非	天竺葵、龙须牡丹、蝶豆等	—
11	欧洲、西伯利亚地区	欧洲、俄罗斯	菊苣、红三叶草、夹竹桃、大米草、欧洲小檗、小冠花、欧乌头、毛地黄、毒鱼草、三色堇等	—
12	北美洲地区	北美洲	刺槐、红桧、糖槭、醋栗、长山核桃、北美商陆等	—

注：引自包满珠主编的《花卉学》(第三版)。

⑧ 墨西哥和北美中美亚区；

⑨ 秘鲁以及智利、巴西和巴拉圭亚区。

除了新增加的欧洲亚区以外，基本上与瓦维洛夫的划分相近。

(5) 茹可夫斯基栽培植物大基因中心

苏联科学家茹可夫斯基（Zhukovsky）1968 年提出大基因中心观念，他将瓦维洛夫确立的 8 个起源中心扩大到 12 个（见表 1-1）。1975 年在《栽培植物及其近缘植物中心辞典》一书中，按 12 个多样性中心列入 167 科 2297 种栽培植物及其近缘植物。书中认为在此 12 个起源中心中，东亚（中国-缅甸）、东南欧和中美洲三区是农业的摇篮，对栽培植物的起源贡献最大。

1.1.1.2 花卉起源中心

花卉的起源中心有着各自的发展历史，并随着时代的变化而转移。南京中山植物园张宇和经过研究提出园林植物有以下三大中心。

(1) 中国中心

中国是世界上野生植物种类最丰富的国家之一，又具有5000年以上的文明历史，对观赏植物的引种驯化、繁殖栽培、杂交选育由来已久。起源于中国的观赏植物有梅花、牡丹、芍药、菊花、兰花、月季、玫瑰、杜鹃、山茶、荷花、桂花、蜡梅、扶桑、海棠、紫薇、木兰、丁香、萱草等。中国中心经过唐、宋的发展达到鼎盛。从明、清开始，观赏植物的起源中心逐渐向日本、欧洲和美国转移，形成了日本次生中心。

(2) 西亚中心

西亚是古巴比伦文明和世界三大宗教的发祥地，起源于此的观赏植物有郁金香、仙客来、秋水仙、风信子、水仙、鸢尾、金鱼草、金盏菊、瓜叶菊、紫罗兰、番红花、突厥蔷薇等。西亚中心经过希腊、罗马的发展，逐渐形成了欧洲次生中心，是欧洲花卉发展的开始。

(3) 中南美洲中心

美国是欧洲次生中心的一部分。当地古老的玛雅文化，孕育了许多草本花卉，如孤挺花、大丽花、万寿菊、百日草等。与中国中心和西亚中心不同的是，中南美洲中心至今没有得到大力发展。

众所周知，从19世纪中叶到20世纪40年代，中国一直是欧洲、美国等发达国家和地区进行植物采集与开发的重要宝库。从20世纪后半叶开始至今，世界花卉资源开发的重点逐步转移到澳大利亚和南非，如原产于南非的非洲菊、唐菖蒲、马蹄莲、君子兰等，原产于澳大利亚的麦秆菊、红千层等，均成为世界花卉中的重要种类。随着人们对新、奇、特花卉种类和品种的不断追求，南非和澳大利亚有可能成为新兴的观赏植物起源中心。

1.1.2 我国花卉种质资源的特点

我国花卉种质资源因种类繁多、变异丰富，分布集中，以及特点突出、遗传性状好而享誉世界。

(1) 种类繁多、变异丰富

我国因地形复杂、气候多样、文化底蕴深厚，孕育了丰富的花卉种质资源。苏联植物学家瓦维洛夫认为，中国是世界八大栽培植物起源中心之一，也是栽培植物最古老、最大的中心，有极其多样的温带和亚热带植物。我国有维管束植物约3.57万种，仅次于马来西亚和巴西，居世界第三，被称为“世界园林之母”，主要分布在云南省、四川省、广西壮族自治区等热带和亚热带地区，其中云南省约1.1万种，四川省约0.9万种，广西壮族自治区约0.6万种，广东省约0.5万种，贵州省约0.4万种。我国木本植物有8000余种，尤以松柏类和竹类居多，古老孑遗植物类型丰富，如银杏、水杉、珙桐、金钱松等。

原产于我国且具有较高观赏价值的花卉种类较多。从表1-2中可以看出我国花卉种属占世界花卉种属比例超过50%的种类比较多，还有一些虽然种属比例较低，但具有较高观赏价值，如乌头属（*Aconitum*）、杓兰属（*Cypripedium*）、侧金盏花属（*Adonis*）、龙胆属[*Gentiana*（*Tourn.*）]、金丝桃属（*Hypericum*）、七叶树属（*Aesculus*）、银莲花属（*Anemone*）、瑞香属（*Daphne*）、卫矛属（*Euonymus*）、耧斗菜属（*Aquilegia*）、醉鱼草属（*Buddleja*）、苏铁属（*Cycas*）、冬青属（*Ilex*）、紫金牛属（*Ardisia*）、紫菀属（*Aster*）、秋海棠属（*Begonia*）、小檗属（*Berberis*）、凤仙花属（*Impatiens*）、百合属（*Lilium*）、忍冬属（*Lonicera*）、独蒜兰属（*Pleione*）、景天属（*Sedum*）、万代兰属（*Vanda*）、堇菜属（*Viola*）、安息香属（*Styrax*）、唐松草属（*Thalictrum*）、络石属（*Trachelospermum*）、万年青属（*Rohdea*）、蔷薇属（*Rosa*）、木兰属（*Magnolia*）、绣线梅属（*Neillia*）、芍药属（*Paeonia*）、雀梅藤属（*Sageretia*）等。另外，我国花卉类型丰富、变异广泛，如圆柏的变异类型有偃柏、鹿角柏、金叶柏、龙柏、球柏、塔柏等。杜鹃的变异类型根据是否落叶分为常绿杜鹃和落叶杜鹃；根据树形分为平卧杜鹃和大树杜鹃；根据分布地区分为高山杜鹃（7～8 月）、中山杜鹃（4～6 月）和低山杜鹃（2～3 月）；根据花色分为粉红杜鹃、朱红杜鹃、紫红杜鹃、玫瑰红杜鹃、金黄杜鹃、淡黄杜鹃、雪白杜鹃、斑点杜鹃、条纹杜鹃等；根据花香分为不香杜鹃、淡香杜鹃、幽香杜鹃、浓香杜鹃等。

表 1-2　我国园林植物种属占世界植物种属的比例

属名	世界大致种数/种	我国大致种数/种	占世界总种数比例/%	属名	世界大致种数/种	我国大致种数/种	占世界总种数比例/%	属名	世界大致种数/种	我国大致种数/种	占世界总种数比例/%
金粟兰	15	15	100	花椒	85	60	71	虎耳草	400	200	50
山茶	220	195	89	蜡瓣花	30	21	70	紫菀	200	100	50
猕猴桃	60	53	88	含笑	60	35	58.3	蔷薇	150	65	43
丁香	32	27	84.4	椴树	50	35	70	乌头	370	160	43
卫矛	150	125	83	落新妇	25	15	60	忍冬	200	84	42
石楠	55	45	82	蜡梅	6	6	100	飞燕草	300	113	38
油杉	12	10	83	爬山虎	15	10	66.7	铁线莲	300	110	37
绿绒蒿	45	37	82	马先蒿	600	329	54.8	栎	300	110	37
木兰科	90	73	81	花楸	85	60	71	银莲花	150	54	36
杜鹃花	900	530	58.9	李	200	140	70	百合	80	40	50
溲疏	50	40	80	菊花	50	35	70	芍药	35	11	31
毛竹(刚竹)	50	45	90	金莲花	25	16	64	凤仙花	600	180	30
蚊母树	15	12	80	苹果	35	22	63	冬青	400	118	30
报春花	500	294	58.8	木樨	30	26	86.6	兰	50	30	60
紫堇	200	150	75	栒子	95	60	63	日照花	12	9	75
苹	120	90	75	绣线菊	105	65	62	泡桐	9	9	100
槭	205	150	73	南蛇藤	50	30	60	紫藤	10	7	70
萱草	15	11	73	龙胆	400	230	58	翠菊	1	1	100
铃兰	1	1	100	山麦冬	6	6	100	独丽花	1	1	100
紫苏	1	1	100	桔梗	1	1	100	石莲	9	9	100
沿阶草	35	33	94.3	鹿蹄草	25	23	92	粗筒苣苔	20	18	90
开口箭	14	12	85.7	狗娃花	12	10	83.3	沙参	50	40	80
结缕草	5	4	80	独花报春	13	10	76.9	吊石苣苔	18	13	72.2
梅花草	50	36	72	堇菜	30	21	70	棕竹	10	7	70
蓝钟花	30	21	70	白及	6	4	66.7	獐牙菜	100	70	70
金腰	61	40	65.6	大百合	3	2	66.7	马先蒿	500	329	65.8
蜘蛛抱蛋	13	8	61.5	点地梅	100	60	60	黄精	50	30	60
瓦松	13	8	61.5	吊钟花	10	6	60	翠雀	190	111	58.4
荛花	70	40	57.1	虾脊兰	120	65	54.2	八角金盘	2	1	50
香蒲	18	10	55.6	射干	2	1	50	十大功劳	100	50	50
莲	2	1	50	吉祥草	2	1	50	石蒜	20	15	75

注：引自程金水《园林植物遗传育种学》。

（2）分布集中

我国花卉的分布区主要集中在西南、中南和东北地区。西南地区主要包括云南省、四川省、广西壮族自治区、贵州省等省区，该区域分布着大量的珍稀、濒危野生植物，如金花茶（*Camellia petelotii*）、大花黄牡丹（*Paeonia ludlowii*）、杏黄兜兰（*Paphiopedilum armeniacum*）、翘首杜鹃（*Rhododendron protistum*）。兰属全世界共有 50 余种，其中云南省分布着 30 种；百合属全世界共有 80 余种，我国有 40 种，其中云南省分布着 23 种；我国共有杜鹃花 530 种，其中有 400 种分布于云南省、四川省和西藏自治区等省区；报春花全世界共有 500 种，我国有 294 种，云南省、四川省和西藏自治区为分布中心。云南省是云南山茶的分布中心和栽培中心，该省也是世界上观赏植物宝贵的种质基因库。广西壮族自治区是金花茶的起源和栽培中心，南宁市设有金花茶基因库。广西壮族自治区也是我国苦苣苔科植物分布和特有中心之一，共计有 39 个属 159 种，其中特有属 6 个，特有种 66 种，其属数居全国第一。梅花的分布中心在四川省、云南省和西藏自治区，次生分布中心在湖北省、江西省、安徽省和浙江省，栽培中心主要在南京市和北京市。牡丹野生种主要分布在我国西北地区和西南地区，栽培种分布在河南省洛阳市和山东省菏泽市，目前栽培种有 500 个。

中南地区包括湖北省、湖南省、重庆市、陕西省等省份，该区域是野桂花（*Osmanthus yunnanensis*）、月季（*Rosa chinensis*）、珙桐（*Davidia involucrata*）、水杉（*Metasequoia glyptostroboides*）、紫斑牡丹（*Paeonia rockii*）等野生种的重要分布中心，该区域保留了许多园林植物近缘野生种及栽培类型，同时也保留了许多珍稀、濒危植物，如珙桐（*Davidia involucrata*）、水杉（*Metasequoia glyptostroboides*）、紫斑牡丹（*Paeonia rockii*）等。

东北地区主要包括黑龙江省、吉林省、辽宁省及内蒙古自治区东部，以大小兴安岭及长白山区为主，该区域具有丰富的林下地被植物资源，包括低矮的灌木和多年生宿根花卉，一般具有耐寒、耐阴特点，如侧金盏花（*Adonis amurensis*）、矮生延胡索（*Corydalis humilis*）、兴安白头翁（*Pulsatilla dahurica*）、东北百合（*Lilium distichum*）等。

福建省漳州市和上海市崇明区是中国水仙栽培中心。台湾省（“天然植物园”）分布着维管植物 3577 种，其中 1/4 为该地区特有。

（3）特点突出、遗传性状好

① 我国花卉特有种属多。花卉特有种属有银杏属（*Ginkgo*）、金钱松属（*Pseudolarix*）、水杉属（*Metasequoia*）、水松属（*Glyptostrobus*）、银杉属（*Cathaya*）、珙桐属（*Davidia*）、观光木属（*Tsoongiodendron*）、木兰属（*Magnolia*）、丁香属（*Syringa*）、铁线莲属（*Clematis*）、百合属（*Lilium*）、龙胆属（*Gentiana*）、绿绒蒿属（*Meconopsis*）、萱草属（*Hemerocallis*）、兰属（*Cymbidium*）、杜仲属（*Eucommia*）、山茶属（*Camellia*）、绿绒蒿属（*Meconopsis*）、蓝刺头属（*Echinops*）、紫薇属（*Lagerstroemia*）、秦艽（*Gentiana macrophylla*）、大花黄牡丹（*Paeonia ludlowii*）、野桂花（*Osmanthus yunnanensis*）、“黄山黄香”梅、荷花（*Nelumbo nucifera*）、菊花（*Chrysanthemum morifolium*）、栀子花（*Gardenia jasminoides*）、中国水仙（*Narcissus tazetta*）、滇牡丹（*Paeonia delavayi*）、芍药（*Paeonia lactiflora*）、月季花（*Rosa chinensis*）、香水月季（*Rosa odorata*）、蜡梅（*Chimonanthus praecox*）、朱槿（*Hibiscus schizopetalus*）、翠菊（*Callistephus chinensis*）、鹅掌楸（*Liriodendron chinense*）等。

② 开早花的种和品种多。原产于我国的花卉有蜡梅（*Chimonanthus praecox*）、梅花（*Prunus mume*）、瑞香（*Daphne odora*）、山桃（*Prunus davidiana*）、山木兰（*Lirianthe delavayi*）、迎春（*Jasminum nudiflorum*）、连翘（*Forsythia suspensa*）、春兰（*Cymbidium goeringii*）、藏报春（*Primula sinensis*）等，花期集中在 12 月至次年 3 月，而且多数有香味，在春节前后、春季给人们带来了喜庆和新春的生机。

③ 四季开花的种和品种多。原产于我国的花卉有“四季”桂、“月月红”月季、小叶丁香、“四季”玫瑰、扶桑、“四季”米兰、“四季”金银花、“四季”小石榴、“四季”荷花、“长春二桥”玉兰、叶子花（*Bougainvillea spectabilis*）、龙船花（*Ixora chinensis*）、倒挂金钟（*Fuchsia hybrida*）、瓜叶秋海棠（*Begonia cucurbitifolia*）、香石竹（*Dianthus caryophyllus*）等，均具有连续开花的特点，这对商品花卉的周年供应和营造园林景观具有重要意义。

④ 具有芳香的种和品种多。原产于我国的香花植物资源丰富，如蜡梅（*Chimonanthus praecox*）、梅花（*Prunus mume*）、瑞香（*Daphne odora*）、杏黄凤仙花（*Impatiens armeniaca*）、中国水仙（*Narcissus tazetta*）、茉莉（*Jasminum sambac*）、野桂花（*Osmanthus yunnanensis*）、栀子（*Gardenia jasminoides*）、米仔兰（*Aglaia odorata*）、紫丁香（*Syringa oblata*）、春兰（*Cymbidium goeringii*）、蕙兰（*Cymbidium faberi*）、月季（*Rosa chinensis*）、九里香（*Murraya exotica*）、莲花（*Nelumbo nucifera*）、含笑（*Michelia figo*）、玉兰（*Yulania denudata*）、白兰（*Michelia* × *alba*）、忍冬（*Lonicera japonica*）等，这些花卉在园艺疗法和国际花卉市场上发挥重要的作用。

⑤ 奇异类型丰富。奇异类型主要表现为变色类型、台阁类型、游龙类型、垂枝类型等。变色类型如月季品种“姣容三变”，该品种一天当中颜色有三次变化，从粉白色、粉红色到深红色，此外牡丹（*Paeonia* × *suffruticosa*）、木槿（*Hibiscus syriacus*）、朱瑾（*Hibiscus rosa-sinensis*）、蜀葵（*Alcea rosea*）、莲花（*Nelumbo nucifera*）、石榴（*Punica granatum*）等都有变色品种。台阁类型是指花芽分化时产生的特殊变异类型，形成了“花中有花”的特征，如梅花（*Prunus mume*）、牡丹（*Paeonia* × *suffruticosa*）、芍药（*Paeonia lactiflora*）、桃花（*Prunus persica*）、麦李（*Prunus glandulosa*）等。龙游类型有龙游桑、龙爪槐、龙爪柳、龙游梅等，垂枝类型有垂枝桃、垂枝梅、垂枝榆、垂枝柳等。

1.1.3　我国花卉种质资源对世界花卉的贡献

我国花卉植物资源，对世界各国，尤其是对北温带地区的国家和城市园林建设起到重要作用，在世界花卉新品种培育、花卉生产栽培、产业发展、花卉国际贸易等方面做出重要贡献。中国花卉对世界园艺的贡献之巨大是举世瞩目的。

（1）中国花卉对世界城市园林绿化的贡献

从古至今，我国大量植物资源传到国外，尤其是欧洲、美洲及亚洲等国家，对这些国家的城镇园林绿化起到了巨大的作用。

公元 300 年，我国的桃花经伊朗传到欧洲各国；公元 5 世纪，我国的荷花经朝鲜传到日本；公元 7 世纪，我国的山茶花经日本传到欧洲和美国；公元 8 世纪，我国的梅花、菊花、牡丹、芍药相继传到日本和朝鲜；我国古诗文中提到的梅、兰、竹、菊四大名花仍然是韩国最传统的花卉；公元 14 世纪，我国兰花经日本传到欧洲及美国；18 世纪初，我国石竹传入英国，翠菊传入法国。18 世纪中期至 19 世纪，随着国外植物收集家在我国的考察和采集，我国花卉种质资源才被国外人士所认识，大量的花卉被引种到国外，特别是引入欧洲各国和美国等地。从 1839 年至 1939 年 100 年的时间内，从我国引种到国外的植物高达 1000 多种。

在这一期间，受雇于英国和美国的一些植物分类学家和植物采集家到我国进行了大量的调查和采集。罗伯特·福芎（Robert Fortune）由英国皇家园艺协会派遣，曾在1839～1860年4次来华考察收集花卉种子、球根、插穗、植株等，将我国大量植物引种到英国。F. K. 瓦特（Frank King Ward）于1911～1938年15次来华。英国的亨利·威尔逊（E. H. Wilson）在1899～1911年4次到我国，在湖北省、四川省采集的植物的种子、球根、插穗及苗木共达3500号、1000余种、70000份标本。1913年他写了一本书 *A Naturalist in Western China*，向西方国家展示了我国西南地区丰富的花卉资源。1929年他又写了一本书 *China，Mother of Gardens*，向世界介绍了我国丰富多彩的园林植物。在这本书中他写道："中国的确是世界花园之母，因为所有其他国家的花园，都深深受惠于她。那里有优异独特的植物，从早春开花的连翘、玉兰到夏季开花的牡丹、芍药与蔷薇、月季，再到秋天的菊花，显然都是她贡献给这些花园的珍宝。"威尔逊带走了许多当时世界上尚未定名的奇花异草，传到世界各地，如珙桐、银杏等。

据不完全统计，从18世纪以来，国外引种我国的花卉3000余种，其中北美从我国引种的园林植物达1500种以上，意大利从我国引种的植物达1000种以上，英国皇家植物园，如爱丁堡植物园和邱园，从我国引种的树木约占该园的1/3以上（见表1-3），美国加利福尼亚州的园林植物有70%来自我国，荷兰的园林植物有40%来自我国。现在，在世界各国的城市中，到处可见我国的月季、百合、牡丹、丁香、铁线莲、杜鹃、桂花、蜡梅、山茶、菊花、报春、飞燕草、石竹等名贵花卉，我国的园林植物美化了世界，对世界各国的园林绿化做出了巨大贡献。

表1-3 英国爱丁堡植物园引入的我国的园林植物

属名	种数/种	属名	种数/种
杜鹃属	306	龙胆属	14
栒子木属	56	铁线莲属	13
报春属	40	百合属	12
蔷薇属	32	绣线菊属	11
小檗属	30	芍药属	11
忍冬属	25	醉鱼草属	10
李属	17	虎耳草属	10
荚蒾属	16	溲疏属	9
丁香属	9	山梅花属	8
绣球属	8	金丝桃属	7

（2）对世界花卉育种及花卉产业的贡献

我国花卉资源因具有四季开花、早花性、高抗性、奇异性、花型及枝姿多样性等特点，深受世界各国的青睐，对世界的花卉育种和花卉产业化栽培做出了巨大贡献。现代月季由于一年四季开花不断，花大色香，类型丰富多彩，备受世界各国人民的喜爱，不仅是城市园林中应用得最广的花卉，也是世界切花贸易产值最高的花卉之一。现代月季是世界花卉育种史上的奇迹之一，全世界已经登记的月季品种达40000多个。现代月季大约是由15个原种育成，其中来源于我国的原种有10余个。欧洲人进行了几百年的月季、蔷薇的育种，在1800年以前仍然是只育成一季花或一季半开花的品种，花色、花型单调。1791～1824年间我国的月季品种"月月红"（*Rosa chinensis*. "Semperflorens"）、"月月粉"（*Rosa chinensis* "Pallida"）、"彩云香水月季"（*R.* × *odorata*. "Hume's Blush"）、"淡黄香水月季"（*R.* ×

odorata “Ochroleuca”）相继引到欧洲。我国的月季和香水月季（*Rosa* × *odorata*），2 个种 4 个品种对现代月季的育种及发展起到了关键的作用。杜鹃花是世界庭院花卉和盆花产值最高的花卉之一，全世界有 900 余种，我国分布着 600 种，占世界杜鹃花总种数的 60%多。现代杜鹃有几千个品种，其主要种源是我国的杜鹃种类。菊花是世界四大切花之一，产值在各类切花中名列前茅，而这个对世界花卉产业做出巨大贡献的种类原产于我国，并且是我国的传统名花，经过长期的育种工作，现代菊花品种已达到万余个。我国百合种质资源对世界百合育种及产业的发展也做出了重要贡献。全世界百合的种类大约有 80 种，我国产 40 种，是世界百合的分布中心，我国的王百合、沙紫百合等在百合的抗性育种方面做出重要贡献。

1.2　花卉的分类

花卉种类繁多，名称混杂，生态条件复杂，栽培条件不一，为了更好地进行花卉生产和应用，需要按照不同的依据对花卉进行分类。花卉的分类方法多种多样，不同国家和不同学者有不同的分类标准，但每种分类方法各有其优缺点，也各有其具体的适用条件。

下面介绍几种常用的分类方式。

1.2.1　按照花卉的生态型与生态习性分类

花卉在长期的生长发育过程中对环境条件产生了适应性，形成了独有的生态型和生态习性。根据花卉植物的形态、大小和生命周期等不同将花卉分为以下类型。

（1）一二年生花卉

一二年生花卉是指在 1～2 年内完成生命周期的草本花卉。

1）一年生花卉　一年生花卉指种子发芽后，在当年完成生长、开花、结实、死亡的花卉，其整个生命周期在一年内完成，即春天播种，夏秋开花、结实后枯死，故又称春播花卉。该花卉原产于热带或亚热带地区，一般不耐 0℃ 的低温，属于春性植物，短日照花卉。常见一年生花卉有万寿菊、百日草、凤仙花、矮牵牛等。多年生作一年生栽培的花卉有一串红、石竹、美女樱、彩叶草等。

2）二年生花卉　二年生花卉指种子发芽后当年只进行营养生长，越年后进行生殖生长的花卉，即秋天播种，幼苗越冬，第二年春夏开花、结实后枯死完成生命周期，故又称秋播花卉。二年生花卉多为长日照花卉，冬性植物，多原产于温带、寒温带及寒带地区，耐寒性较强。常见二年生花卉有金鱼草、羽衣甘蓝、风铃草、矢车菊等。多年生作二年生栽培的有三色堇、雏菊、金盏菊等。

（2）宿根花卉

宿根花卉属于多年生草本花卉的一部分，地下根系或地下茎形态正常，不发生变态，个体寿命超过两年，可连续生长，多次开花和结实。依其耐寒力及休眠习性不同，宿根花卉又分为常绿宿根花卉和落叶宿根花卉。

1）常绿宿根花卉　原产于热带、亚热带或温带温暖地区，大多是常绿的，耐寒力弱，温度低时停止生长，呈半休眠状态，如红掌、鹤望兰、君子兰、花叶万年青等。

2）落叶宿根花卉　原产于温带和寒带，耐寒性强，冬天地上部分全部枯死，地下部分在土壤中宿存越冬，第二年春天地下部着生的芽或根蘖再萌发、生长、开花结实，如菊花、芍药、玉簪、萱草、鸢尾等。

（3）球根花卉

球根花卉属于多年生草本花卉的一部分，是宿根花卉的一种特殊类型，地下根系或地下茎膨大成球形或块状，成为植物体的营养储藏器官，以度过寒冷的冬季或干旱炎热的夏季，等环境条件适宜时再进行活跃生长，开花结果，并再度形成新的地下膨大部分。

1）按播种时间的不同分类

① 春植球根花卉。一般春季种植，夏秋开花，冬季地上部枯萎后球根休眠越冬。此类球根花卉生长期要求较高的温度，不耐寒，如大丽花、唐菖蒲、晚香玉等。

② 秋植球根花卉。一般秋季种植，春季生长开花，夏季地上部枯萎，球根休眠越夏，如郁金香、百合、水仙等。

2）按地下部分形态类型的不同分类

① 鳞茎类。地下部分肥大的营养储藏器官是由叶片基部或叶片肉质化、肥厚并互相抱合而形成的。地下茎肉质扁平短缩，称为鳞茎盘。顶芽生于鳞茎盘的中央，被 1 枚至多枚的肉质鳞叶包围，由顶芽抽生出叶片和花葶。根据鳞茎外侧有无膜质鳞片包被分为有皮鳞茎和无皮鳞茎。常见有皮鳞茎花卉有郁金香属、风信子属、水仙属等。常见无皮鳞茎花卉有百合属、贝母属、大百合属等。

② 球茎类。地下肥大的营养储藏器官是地下茎的变态，肥大，呈球状。肉质实心，质地硬，其上茎节明显，环生于干膜质鳞片状叶，有发达的顶芽和侧芽，如唐菖蒲、小苍兰、番红花等。

③ 块茎类。地下茎顶端膨大成块状，其上茎节不明显，但有螺旋状着生而容易辨认的芽及退化叶脱落后留下的叶痕，顶芽发达，如马蹄莲、大岩桐、花叶芋等。

④ 根茎类。地下变态茎横卧地下，节间伸长，外形似根，但与根有明显的区别，其上有明显的节、节间、芽和叶痕，如大花美人蕉、姜花、荷花等。

⑤ 块根类。地下部分由不定根或侧根膨大成块状，其不能形成不定芽，只在根冠处生芽，如大丽花、花毛茛、蛇鞭菊等。晚香玉的地下膨大部分既有鳞茎部分也有块茎部分，属于过渡类型。

（4）木本花卉

木本花卉主要是指以观赏为主的花灌木、小乔木或藤本，以及传统的盆栽木本花卉。

1）按其用途分类　分为切花类、盆栽类、园林绿化类。切花类如月季、梅花、蜡梅、银芽柳等；盆栽类如杜鹃、山茶、瑞香等；园林绿化类如牡丹、梅花、桂花、月季、玉兰等。

2）按其是否落叶分类　分为落叶木本花卉和常绿木本花卉。落叶木本花卉如月季、牡丹、桃花、海棠、紫藤、金银花、木香等。常绿木本花卉如杜鹃、茉莉、山茶、白兰、络石、龙吐珠等。

（5）室内观叶植物

室内观叶植物是以叶片为主要观赏部位，盆栽供室内装饰，多为喜温暖湿润的常绿植物，具有一定的耐阴性，能适应室内弱光条件，根系较小，在有限的培养土内也能生长良好。室内观叶植物种类繁多、株型优美、形态各异、叶色绚丽、花叶俱佳、观赏时间长，深受人们的喜爱。

常见的室内观叶植物有蕨类，如铁线蕨、肾蕨和鸟巢蕨等；棕榈科，如袖珍椰子、散尾葵和棕竹等；天南星科，如广东万年青、花叶芋和绿萝等；百合科，如吊兰、文竹和一叶兰等；秋海棠科，如丽格海棠、蟆叶秋海棠和四季秋海棠等；竹芋科，如花叶竹芋、肖竹芋和天鹅绒竹芋等；凤梨科，如虎纹凤梨、铁兰和果子蔓等；爵床科，如网纹草、银脉爵床等；木棉科，如马拉巴栗、猴面包树等；胡椒科，如豆瓣绿、皱叶椒草等。

（6）兰科花卉

兰科花卉为多年生草本植物，有 2 万多种，为植物界第二大科，观赏价值较高的有 2000 多种，多数具有假鳞茎。假鳞茎是由长短不一的根状茎顶端膨大而成，一般由 1～10 节组成，其内含有大量的养分和水分。兰科花卉因具有相同的形态、生态和生理特点，可采用相似的栽培方法与特殊的繁殖方法，故将兰科花卉独立成一类。

1）按照兰科花卉生态习性的不同分类　分为地生兰类、附生兰及石生兰类、腐生兰类。地生兰类如春兰、蕙兰、建兰等；附生兰及石生兰类如蝴蝶兰、万带兰、石斛兰等；腐生兰类如天麻等。

2）按照兰科花卉对温度要求的不同分类　分为中国兰花和西洋兰花。中国兰花属于原产自我国亚热带及暖温带地区的兰属，属于地生兰类，如春兰、蕙兰、寒兰等。西洋兰花原产于热带雨林中，呈攀缘状，多有气生根，攀附在其他植物上生长，属于附生兰类，如蝴蝶兰、万代兰、石斛兰等。

（7）仙人掌类和多浆植物

仙人掌类和多浆植物多数原产于热带、亚热带的干旱地区或森林中，茎肥厚多汁，具有发达的贮水组织，多变态成扇形、片状或棱柱状，叶则变成针刺状，抗干旱、耐高温能力很强。因形态奇特，具有很高的观赏价值，有 40 多个科均属于此类植物。常见栽培的科有仙人掌科、景天科、番杏科、萝藦科、菊科、百合科、龙舌兰科、大戟科等，其中仙人掌科的种类最多。

鲁涤非（2006）依据植株形态特点将多浆植物分为四类，分别是仙人掌型（如仙人掌）、肉质茎型（如佛肚树）、观叶型（如芦荟）和尾状植物型（如吊金钱）。

（8）水生花卉

水生花卉是指植株的根或植株全部生长在水中或湿地中，而且观赏价值较高的植物。水生花卉要求生长环境中有充足的水分，在无水或干旱条件下生长不良，甚至死亡。

按照生态习性与水分的关系又将水生花卉分为以下 4 种类型。

1）挺水类　植株茎、叶挺出水面，根扎于水下泥土中，开花时花枝、花朵离开水面，是水生花卉中重要的观赏类型。不同种类花卉对水深的适应性不同，深者可达 1～2m，浅至沼泽地。属于这一类型的主要有荷花、千屈菜、菖蒲等。

2）浮水类　浮水花卉根生于泥中，叶片漂浮在水面上或略高出水面，花开时近水面。浮水植物对水深的适应性较挺水植物要好。属于这一类型的主要有睡莲、王莲、萍蓬草等。

3）漂浮类　根系漂于水中，叶完全浮于水面，水的深浅不影响其正常生长发育，可随水漂移，其在水面的位置不易控制。属于这一类型的主要有凤眼莲、水鳖、大薸等。

4）沉水类　该类花卉根扎于泥中，茎叶沉于水中，是净化水质或布置水下景观的素材。属于这一类的主要有狐尾藻、金鱼藻、苦草等。

(9) 草坪及地被植物

草坪植物一般指园林或运动场中覆盖地面的多年生草本植物，以禾本科、莎草科植物为主，常见的有结缕草、狗牙根、高羊茅等。

地被植物是指除草坪植物以外，低矮耐阴的地面覆盖植物，常见的有红花酢浆草、二月兰、三叶草、紫花地丁等。

(10) 岩生花卉

岩生花卉是指根系直接生长在岩石表面，或生长于岩石表面薄层土壤中，或生长于岩石之间的缝隙中的花卉。一般表现为植株低矮，生长缓慢，生长周期长，耐瘠薄和干旱，适用于装饰岩石园。岩生花卉的种类和品种较多，以宿根类和球根类花卉为主，能够长期保持低矮和优美的叶丛。常见的岩生花卉有银莲花、秋牡丹、亚麻、月见草、虎耳草、景天、费菜等。

1.2.2 按照花卉的原产地及地理分布分类

花卉原产地及分布区环境条件包括气候因素、地理因素、土壤因素、生物因素等，其中气候因素中温度和水分是关键因素。Miller 与冢本氏将野生花卉的原产地气候型分为 7 个大的区域，在每个区域内，由于特有的气候条件形成了不同类型的花卉自然分布中心。

(1) 中国气候型（大陆东岸气候型）

1) 气候特点　夏季炎热，冬季寒冷，年内温差较大，夏季降水量较多。

2) 分布区域　中国的大部分、日本、北美东部、巴西南部、大洋洲东部、非洲东南部等地。依冬季气温的高低可分为温暖型和冷凉型。

① 温暖型：主要分布在低纬度地区，包括中国长江以南、日本南部、北美东南部、巴西南部、南非东南部等地。

② 冷凉型：主要分布在高纬度地区，包括中国华北及东北东南部、日本东北部、北美东北部等地。

3) 代表花卉　原产于低纬度地区的花卉有喜欢温暖的一年生花卉、球根花卉及不耐寒的宿根花卉、部分木本花卉（见表 1-4）；原产于高纬度地区的花卉有较耐寒的宿根花卉、部分木本花卉（见表 1-5）。

表 1-4 温暖型地区原产花卉

中文名称	拉丁学名	原产地	中文名称	拉丁学名	原产地
中国石竹	*Dianthus chinensis*	中国	堆心菊	*Helenieae*	北美东南部
中华水仙	*Narcissus tazetta* var. *chinensis*	中国	银边翠	*Euphorbia marginata*	北美东南部
报春花	*Primula malacoides*	中国	一串红	*Salvia splendens*	巴西南部
凤仙花	*Impatiens balsamina*	中国	半枝莲	*Scutellaria barbata*	巴西南部
南天竹	*Nandina domestica*	中国	矮牵牛	*Petunia hybrida*	巴西南部
石蒜	*Lycoris radiata*	中国、日本	叶子花	*Bougainvillea spectabilis*	巴西南部
百合属	*Lilium*	中国、日本	美女樱	*Glandularia* × *hybrida*	巴西南部
山茶	*Camellia japonica*	中国、日本	花烟草	*Nicotiana alata*	巴西南部
杜鹃花属	*Rhododendron*	中国、日本	非洲菊	*Gerbera jamesonii*	非洲东南部
福禄考	*Phlox drummondii*	北美东南部	唐菖蒲	*Gladiolus*	非洲东南部
天人菊	*Gaillardia pulchella*	北美东南部	松叶菊	*Mesembryanthemum spectabile*	非洲东南部
马利筋	*Asclepias curassavica*	北美东南部	马蹄莲	*Zantedeschia aethiopica*	非洲东南部
半边莲	*Lobelia chinensis*	北美东南部	麦秆菊	*Xerochrysum bracteatum*	澳大利亚东南部

表 1-5　冷凉型地区原产花卉

中文名称	拉丁学名	原产地	中文名称	拉丁学名	原产地
菊花	*Chrysanthemum morifolium*	中国	荷兰菊	*Aster novi-belgii*	北美东北部
翠菊	*Callistephus chinensis*	中国	随意草	*Physostegia virginiana*	北美东北部
芍药	*Paeonia lactiflota*	中国、日本	钓钟柳	*Penstemon*	北美东北部
醉鱼草	*Buddleja*	中国、日本	鸢尾属	*Iris*	北美东北部
花菖蒲	*Iris ensata* var. *hortensis*	中国、日本	侧金盏	*Adonis amurensis*	北美东北部
燕子花	*Iris laevigata*	中国、日本	黑心菊	*Rudbeckia hirta*	北美东北部
紫菀	*Aster tataricus*	中国、北美东北部	蛇鞭菊	*Liatris*	北美东北部
铁线莲	*Clematis florida*	中国、北美东北部	金光菊	*Rudbeckia laciniata*	北美东北部
乌头属	*Aconitum*	中国、北美东北部	贴梗海棠	*Chaenomeles speciosa*	北美东北部
荷包牡丹	*Lamprocapnos spectabilis*	中国、北美东北部、日本	向日葵	*Helianthus annuus*	北美东北部
百合属	*Lilium*	中国、北美东北部、日本	美洲矢车菊	*Centaurea cyanus*	北美东北部
翠雀属	*Delphinium*	中国、北美东北部、日本	毛茛属	*Ranunculus*	北美东北部

（2）欧洲气候型（大陆西岸气候型）

1）气候特点　冬季温暖，夏季凉爽，一般气温不超过 15～17℃；降水量较少但四季较均匀。

2）分布区域　欧洲大部分、北美西海岸中部、南美西南部、新西兰南部等地。

3）代表花卉　该区域是较耐寒的一二年生花卉及部分宿根花卉的自然分布中心，原产于这一区域的重要花卉见表 1-6。

表 1-6　欧洲气候型原产花卉

中文名称	拉丁学名	原产地	中文名称	拉丁学名	原产地
雏菊	*Bellis perennis*	欧洲	燕麦草	*Arrhenatherum elatius*	欧洲
三色堇	*Viola tricolor*	欧洲	高山勿忘草	*Myosotis alpestris*	欧洲
矢车菊	*Centaurea cyanus*	欧洲	丝石竹	*Gypsophila paniculata*	欧洲
野甘蓝	*Brassica oleracea* L.	欧洲	黄水仙	*Narcissus pseudonarcissus*	北美
宿根亚麻	*Linum perenne*	欧洲	耧斗菜	*Aquilegia viridiflora*	北美
毛地黄	*Digitalis purpurea*	欧洲	野葵	*Malva verticillata*	北美
飞燕草	*Consolida ajacis*	欧洲	剪秋罗	*Silene fulgens*	北美
堇菜属	*Viola*	欧洲	锦葵	*Malva cathayensis*	欧洲、北美
紫罗兰	*Matthiola incana*	欧洲	铃兰	*Convallaria majalis*	欧洲、北美

（3）地中海气候型

1）气候特点　自秋季至次年春末降雨较多，为降雨期；夏季干燥、凉爽，极少降雨，为干燥期。冬季无严寒，最低温度为 6～7℃，夏季气温为 20～25℃。因夏季气候干燥，多年生花卉常呈球根状。

2）分布区域　南非好望角附近，大洋洲和北美的西南部，南美智利中部，以及北美洲加利福尼亚等地。

3）代表花卉　该区域是夏季休眠的秋植球根花卉的自然分布中心，原产于这一区域的重要花卉见表 1-7。

（4）墨西哥气候型（热带高原气候型）

1）气候特点　周年温度 14～17℃，温差小；降雨量各地区不同，有的雨量充沛均匀，有的集中在夏季。

✣ 表 1-7 地中海气候型原产花卉

中文名称	拉丁学名	原产地	中文名称	拉丁学名	原产地
风信子	*Hyacinthus orientalis*	地中海	仙女扇	*Clarkia pulchella*	北美洲
葡萄风信子	*Muscari botryoides*	地中海	蓝花鼠尾草	*Salvia farinacea*	北美洲
郁金香	*Tulipa gesneriana*	地中海	晚春锦	*Godetia amoena*	北美洲
水仙	*Narcissus tazetta*	地中海	酢浆草	*Oxalis corniculata*	北美洲
西班牙鸢尾	*Iris xiphium*	地中海	小鸢尾	*Iris proantha*	南非
鸢尾属	*Iris tectorum*	地中海	香雪兰	*Freesia refracta*	南非
仙客来	*Cyclamen persicum*	地中海	龙面花	*Nemesia strumosa*	南非
欧洲白头翁	*Pulsatilla vulgaris*	地中海	天竺葵	*Pelargonium hortorum*	南非
花毛茛	*Ranunculus polyanthemos*	地中海	君子兰	*Clivia miniata*	南非
番红花	*Crocus sativus*	地中海	鹤望兰	*Strelitzia reginae*	南非
石竹属	*Dianthus*	地中海	网球花	*Haemanthus multiflorus*	南非
香豌豆	*Lathyrus odoratus*	地中海	香雪兰	*Freesia refracta*	南非
金鱼草	*Antirrhinum majus*	地中海	唐菖蒲	*Gladiolus gandavensis*	南非
金盏菊	*Calendula officinalis*	地中海	猴面花	*Mimulus juteus*	南美洲
蓝钟花	*Cyananthus*	地中海	智利喇叭花	*Salpiglossis*	南美洲
风铃草	*Campanula medium*	地中海	蒲包花	*Calceilaria*	南美洲
虎眼万年青	*Ornithogalum caudatum*	地中海	射干水仙	*Watsonia*	南美洲
紫花鼠尾草	*Salvia purpurea*	地中海	蛾蝶花	*Schizanthus*	南美洲
香豌豆	*Lathyrus odoratus*	地中海	赛亚麻	*Nierembergia*	南美洲
花菱草	*Eschscholzia californica*	北美洲	麦秆菊	*Helichrysum bracteatum*	澳大利亚
羽扇豆	*Lupinus micranthus*	北美洲	红千层	*Callistemon rigidus*	澳大利亚
钓钟柳	*Penstemon*	北美洲	银桦	*Greoillea robusta*	澳大利亚

2）分布区域　分布在墨西哥高原、南美洲的安第斯山脉、非洲中部高山地区，以及中国云南省等地。

3）代表花卉　该区域是不耐寒的一年生花卉、春植球根花卉及温室花木的自然分布中心，原产于这一区域的重要花卉见表 1-8。

✣ 表 1-8 墨西哥气候型原产花卉

中文名称	拉丁学名	原产地	中文名称	拉丁学名	原产地
大丽花	*Dahlia pinnata*	墨西哥	云南山茶	*Camellia reticulata*	中国
晚香玉	*Polianthes tuberosa*	墨西哥	常绿杜鹃	*Rhoddodendron*	中国
百日草	*Zinnia elegans*	墨西哥	月月红	*Rosa chinensis*	中国
波斯菊	*Cosmos bipinnatus*	墨西哥	香水月季	*Rosa odorata*	中国
一品红	*Euphorbia pulcherrima*	墨西哥	藏报春	*Primula sinensis*	中国
万寿菊	*Tagetes erecta*	墨西哥	球根秋海棠	*Begonia tuberhydrida*	南美洲
藿香蓟	*Ageratum conyzoides*	墨西哥	旱金莲	*Tropaeolum majus*	南美洲

（5）热带气候型

1）气候特点　常年气温较高，约 30℃，温差小；空气湿度较大；有雨季与旱季之分。

2）分布区域　此气候型又可分为两个地区：一是亚洲、非洲和大洋洲的热带地区；二是中美洲和南美洲的热带地区。

3）代表花卉　该区域是一年生花卉、春植球根花卉、温室宿根花卉及温室木本花卉的自然分布中心，原产于这一区域的重要花卉见表 1-9。

表 1-9　热带气候型原产花卉

中文名称	拉丁学名	原产地	中文名称	拉丁学名	原产地
鸡冠花	*Celosia cristata*	亚洲、非洲和大洋洲的热带地区	紫茉莉	*Mirabilis jalapa*	中美洲和南美洲的热带地区
凤仙花	*Impatiens balsamina*		大岩桐	*Sinningia speciosa*	
蟆叶秋海棠	*Begonia rex*		胡椒草	*Peperomia*	
彩叶草	*Coleus blumei*		美人蕉	*Canna indica*	
虎尾兰	*Sansevieria zeylanica*		竹芋	*Maranta arundinacea*	
万带兰	*Vanda teres*		水塔花	*Billbergia pyramidalis*	
非洲紫罗兰	*Saintpaulia hybrida*		卡特兰	*Cattleya hybrida*	
猪笼草	*Nepenthes hybrid*		朱顶红	*Hippeastrum rutilum*	
变叶木	*Codiaeum variegatum*		牵牛花	*Ipomoea purpurea*	
鹿角蕨	*Platycerium wallichii*		花烛	*Anthurium andraeanum*	
红桑	*Acalypha wilkesiana*		长春花	*Catharanthus roseus*	
			秋海棠	*Begonia grandis*	

（6）沙漠气候型

1）气候特点　周年气候变化极大，昼夜温差也大，降雨少，干旱期长；多为不毛之地，土壤质地多为砂质或以砂砾为主。

2）分布区域　非洲、大洋洲中部、墨西哥西北部及中国海南岛西南部。

3）代表花卉　该区域是仙人掌科植物和多浆植物的自然分布中心，原产于这一区域的重要花卉见表 1-10。

表 1-10　沙漠气候型原产花卉

中文名称	拉丁学名	原产地
仙人掌类	*Opuntia*	墨西哥东部及南美洲东部
霸王鞭	*Euphorbia neriifolia*	墨西哥东部及南美洲东部
芦荟	*Aloe arborescens* var. *netalensis*	南非
龙须海棠(松叶菊)	*Lampranthus tenuifolius*	南非
伽蓝菜	*Kalanchoe ceratophylla*	南非
点纹十二卷	*Haworthia margaritfera*	南非
光棍树	*Euphorbia tirucalli*	中国海南岛
龙舌兰	*Agave americana*	中国海南岛

（7）寒带气候型

1）气候特点　气温偏低，尤其冬季漫长寒冷，而夏季短暂凉爽，植物生长期只有 2～3 个月。

2）分布区域　我国西北、西南及东北山地一些城市，海拔 1000m 以上的地带也属高寒地带，栽培花卉时要照顾到气候型的因素。属该气候型的地区有阿拉斯加、西伯利亚、斯堪的纳维亚等寒带地区及高山地区。

3）代表花卉　该区域是耐寒性花卉与高山花卉的自然分布中心，原产于这一区域的重要花卉见表 1-11。

表 1-11 寒带气候型原产花卉

中文名称	拉丁学名	原产地
镜面草	*Pilea peperomioides* Diels	中国
龙胆	*Gentiana scabra*	中国
点地梅	*Androsace umbellate*	中国
细叶百合	*Lilium tenuifolium*	中国、朝鲜、日本
雪莲	*Saussurea involucrata*	中国、俄罗斯、西伯利亚
绿绒蒿属	*Meconopsis*	欧洲西部、北美、亚洲温带中南部

1.2.3 按照花卉观赏部位的不同分类

不同花卉的主要观赏部位不同。花卉根据观赏部位的不同可以分为如下几类：

（1）观花类

以植物的花器官为主要观赏部位。此类花卉的花器官或具有美丽鲜艳的色彩，或具有浓郁芬芳的香气，如百合、菊花、水仙、唐菖蒲等。

（2）观叶类

以植物的叶片为主要观赏部位，叶片或形态奇特，或具有鲜艳的色彩、亮丽的光泽，如龟背竹、春羽、天鹅绒竹芋等。

（3）观果类

以植物的果实为主要观赏部位，果实累累、色泽艳丽、挂果期长，如金橘、冬珊瑚、佛手瓜等。

（4）观茎类

以植物的茎或枝为主要观赏部位，花器官不一定很漂亮，但茎或枝具有独特的风姿，如光棍树、珊瑚树、文竹等。

（5）观芽类

以植物的芽为主要的观赏部位，如银芽柳等。

（6）观根类

以植物的根为主要观赏部位，其根具有姿态各异、苍劲挺拔等特点，如各种树木盆景。

1.2.4 按照花卉栽培的用途分类

从花卉生产的商业性角度来看，根据商品的用途可将花卉分为切花类、盆花类、地栽类、种球和种苗类。但有时同一花卉品种不同、栽培方式不同，生产的产品用途也不同，如菊花、月季等不同的品种可以分别作药用、切花、盆花、地栽等。

（1）切花类

栽培的目的是从植物体上剪切花朵、花枝、叶片、果实等作为插花的素材，也被称为花材，用于插花或制作花束、花篮、花圈等花卉装饰，如百合、香石竹、月季等。

（2）盆花类

栽培的目的是生产以盆栽形式存在的花卉，含盆景、水培、草花、观叶、观果、观花等所有盆栽花卉，如菊花、君子兰、蝴蝶兰及各种观叶和多肉植物类等。

（3）地栽类

栽培的目的是布置花坛、点缀庭院或园林等。多数一二年生花卉用作花坛，露地宿根花卉或露地球根花卉用作花境，灌木花卉用作绿篱等。

（4）种球和种苗类

栽培的目的是为花卉栽培生产提供优质的种苗或种球，产品以种球、种苗或种子的存在形式。如一二年生花卉种苗或种子的生产，球根花卉种球的生产等。

（5）药用类

栽培的目的是为中医提供中药药材，如芍药、贝母、百合、乌头、桔梗、牡丹等。

（6）食用类

栽培的目的是为人类的健康提供丰富的食材，如兰州百合、黄花菜、芦荟等。

（7）工业用花类

栽培的目的是作为工业的材料，用于提取色素、精油、纤维、香料等，如翠菊、万寿菊、月季、迷迭香等。

1.2.5　按照花卉的开花时间分类

不同花卉花芽分化的时间不同，开花的时间也不相同，根据花卉开花的时间不同可将花卉分为以下 4 种类型。

（1）春花类

该类花卉开花的时间一般集中在 3～5 月，如金鱼草、雏菊、芍药、牡丹、白玉兰、垂丝海棠等。

（2）夏花类

该类花卉开花的时间一般集中在 6～8 月，如荷花、大花美人蕉、唐菖蒲、木槿、紫薇等。

（3）秋花类

该类花卉开花的时间一般集中在 9～10 月，如菊花、大丽花等。

（4）冬花类

该类花卉开花的时间一般集中在 11 月至次年 2 月，如蜡梅、瑞香、一品红等。

第2章

花卉的生长与发育

花卉生长是指在花卉植物生命周期中，细胞、组织、器官及有机体的数目、体积或干重的不可逆增加的过程，它是通过原生质的增加、细胞分裂和细胞体积的增大来实现的。营养器官（根、茎、叶）的生长称为营养生长，繁殖器官（花、果实、种子）的生长称为生殖生长。花卉发育是指在花卉植物生命周期中，组织、器官或整体在形态、结构和功能上发生有序变化的过程。花卉的种类不同，其生长发育过程以及对外界环境条件的要求也不同，花农需要了解和掌握花卉的生长和发育特点，人为创造适宜的环境条件或利用适当的栽培技术措施来实现花卉生产的预期目标。

2.1 花卉生长发育的规律

花卉的种类不同，其生长发育类型也不同。对于观叶类花卉，适宜的营养生长比生殖生长显得重要；对于观花和观果类花卉，则适宜的生殖生长比营养生长显得重要。但营养生长与生殖生长之间既相互促进又相互制约，协调好二者之间的关系才能培育出具有较高观赏价值的花卉产品。

2.1.1 花卉的生长

2.1.1.1 花卉生长的衡量指标

花卉生长的快慢常用生长量、生长速率、净同化率、叶面积比等指标来衡量。

（1）生长量

生长量是指花卉植物生长过程中测定时的实际数量，如株高、茎粗、叶面积、鲜重、干重等，可用长度、面积、重量等来表示。

（2）生长速率

生长速率的表示方法有两种：一种是绝对生长速率（absolute growth rate，AGR）；另一种是相对生长速率（relative growth rate，RGR）。

① 绝对生长速率（AGR）是指单位时间内花卉植物生长的绝对增加量，表示为：

$$\mathrm{AGR}=(W_2-W_1)/(T_2-T_1)$$

或

$$\mathrm{AGR}=\mathrm{d}Q/\mathrm{d}t。$$

式中，W_1 与 W_2 分别是 T_1 和 T_2 的数量值；Q 为数量值，可用重量、体积、面积、长度、直径或数目（例如叶片数）来表示；t 为时间，可用 s、min、h、d 等表示。花卉植物的绝对生长速率，因种类、生育期及环境条件等不同而有很大的差异。

② 相对生长速率（RGR）是指单位时间内花卉植物绝对增加量占原来生长量的相对比例，表示为：

$$\mathrm{RGR}=(W_2-W_1)/W_1$$

或

$$\mathrm{RGR}=(1/Q)(\mathrm{d}Q/\mathrm{d}t)。$$

式中，W_2 为当前生长量；W_1 为原来生长量；Q 为原有物质的数量；$\mathrm{d}Q/\mathrm{d}t$ 为瞬间增量。在比较不同花卉的生长速率时，绝对生长常受到限制，因为花卉本身的大小会显著地影响结果的可比性，为了充分显示幼小植株或器官的生长程度，常用相对生长速率表示。在试验期间的平均相对生长速率（R）可用下式表示：

$$R=(\ln Q_2-\ln Q_1)/(T_2-T_1)。$$

式中，Q_1 为第一次取样（T_1）时的数量值；Q_2 为第二次取样（T_2）时的数量值；ln 为自然对数。RGR 或 R 的单位依 Q 的单位而定，Q 如以干重表示，RGR 或 R 的单位为 mg/(g·d)。

（3）净同化率

净同化率（net assimilation rate，NAR）是指一昼夜间整株植物干物质净增加的量与其总叶面积的比值，它表示光合作用的日生产率，可用下式表示：

$$\mathrm{NAR}=(1/L)(\mathrm{d}W/\mathrm{d}t)。$$

式中，L 代表叶面积；$\mathrm{d}W/\mathrm{d}t$ 代表干物质增量。NAR 的单位为 $\mathrm{g/(m^2 \cdot d)}$。

（4）叶面积比

叶面积比（leaf area ratio，LAR）是总叶面积与植株干重之比，即 L/W，单位为 $\mathrm{cm^2/g}$。叶面积比（LAR）实质上代表植物光合组织与呼吸组织的数量之比，数值随着植株年龄的增长而逐渐降低。

花卉生产中，生长状况常用相对生长速率（RGR）、净同化率（NAR）和叶面积比（LAR）进行分析，三者之间的关系为：

$$\begin{aligned}\mathrm{RGR}&=(1/W)(\mathrm{d}W/\mathrm{d}t)\\&=(L/W)(1/L)(\mathrm{d}W/\mathrm{d}t)\\&=(L/W)\times\mathrm{NAR}\\&=\mathrm{LAR}\times\mathrm{NAR}\end{aligned}$$

相对生长速率等于叶面积比与净同化率的乘积。

2.1.1.2 生长大周期和生长曲线

生长大周期是指植株或器官的生长速度会表现出“慢—快—慢”的变化规律，即开始时生长缓慢，随着时间的推移逐渐加快，达到最高速度后又减慢，最后停止。如果以植株重量（或器官）对时间作图，可得到植株的生长曲线。生长曲线表示植物在生长周期中的生长变化趋势，典型的有限生长曲线呈“S”形（见图 2-1）。如果用干重、高度、表面积、细胞数或蛋白质含量等参数对时间作图，亦可得到同样类型的生长曲线。根据“S”形曲线可将植物生长分成四个时期，即停滞期、对数生长期、直线生长期和衰老期。在对数生长期绝对生长速率是不断提高的，而相对生长速率则大体保持不变；在直线生长期时绝对生长速率为最大，而相对生长速率却是递减的；在衰老期生长逐渐下降，绝对生长速率与相对生长速率均趋向于零值。

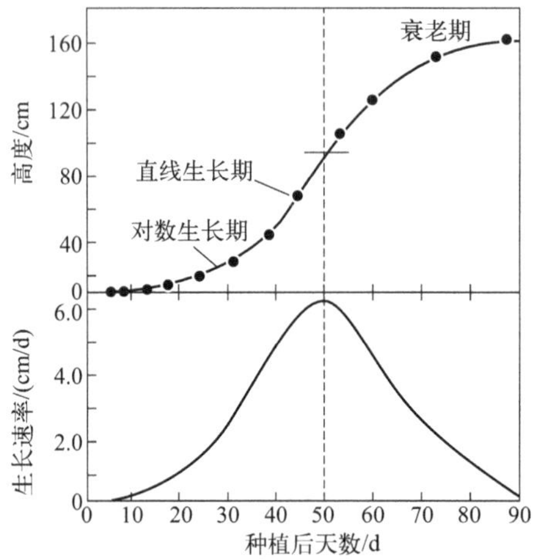

图 2-1 玉米的生长曲线

植物器官生长表现出“S”形曲线的原因，可从细胞的生长和物质代谢的情况来分析。细胞生长分为分生期、伸长期和分化期三个时期，生长速率呈“慢—快—慢”的规律性变化。器官生长初期，细胞主要处于分生期，细胞分裂素（CTK）起作用，这一时期以细胞数量迅速增多为主，物质积累的体积虽然也增加但增加的速度比较缓慢，因此表现为生长较慢。到了伸长期，则以细胞的伸长和扩大为主，细胞内的核糖核酸（RNA）、脱氧核糖核酸（DNA）、蛋白质等细胞质成分和纤维素、半纤维素、果胶质等细胞壁成分合成旺盛，且液泡渗透吸水，使细胞体积迅速增大，赤霉素（GA）和生长素（IAA）促进细胞伸长。因此，这一时期是器官体积和重量增加最明显的时期，也是绝对生长速率最快的时期。到了分化期（成熟期），细胞合成代谢能力下降，细胞的体积和重量增加逐渐减慢，GA/IAA 值和 CTK/IAA 值影响分化结果，细胞趋于成熟与衰老，因此这一时期时器官表现为生长缓慢。

实际生产中，可以根据生产的需要在植株或器官生长最快的时期到来之前及时地采用农业措施加以促进或抑制，以控制植株或器官的大小。例如，为防止一串红生长过旺，常通过喷洒矮壮素来控制节间的伸长。

2.1.1.3 花卉生长的周期性

植株或器官的生长速率随昼夜或季节变化发生有规律的变化，这种现象叫作植物生长的周期性。植物生长的周期性包括昼夜周期性和季节周期性两种。

（1）花卉植物生长的昼夜周期性

活跃生长的植物器官，其生长速率随着昼夜温度、湿度、光照以及植株体内的水分与营养供应在一天中发生有规律的变化，具有明显的昼夜周期性。这种植株或器官的生长速率随昼夜温度变化而发生有规律变化的现象称为温周期现象。

一般来说，在昼夜周期中，植株生长速率与昼夜的温度变化有密切关系，如越冬花卉，白天的生长量通常大于夜间，这是因为温度是主要限制因子，但是当植株处于高温、高光强、低湿的条件下时，植株的含水量则是限制其生长的主要因素，此时在日生长曲线中可能会出现两个生长峰，一个在午前，另一个在傍晚。如果白天蒸腾失水强烈导致植株体内的水分亏缺，而夜间温度又比较高，日生长峰会出现在夜间。植物生长的昼夜周期性变化是植物在长期系统发育中形成的对环境的适应性体现。

(2) 花卉植物生长的季节周期性

花卉生长在一年中随季节温度、光照、水分等环境因素的变化呈现一定的周期性变化，即所谓花卉植物生长的季节周期性。春季气温回升，光照时间延长，为种子的萌发和芽的生长创造了最基本的条件；到了夏季，温度继续上升，光照时间进一步延长，夏熟花卉开始成熟，其他花卉则进一步旺盛生长，并开始进行生殖生长；秋季光照时间缩短，气温降低，叶片接受短日照信号后，有机物转向生殖器官，或储藏在根和芽等器官中。同时，体内 IAA、GA、CTK 等促进植物生长的激素由游离态转变为束缚态，而 ABA（脱落酸）等抑制生长的激素含量增加，体内糖分与脂肪等物质的含量提高，组织含水量下降，原生质趋向凝胶状态，因此植物体内代谢活动大为降低，最终导致落叶。一年生花卉完成生殖生长后，种子成熟进入休眠期，营养体死亡，完成生命周期。多年生花卉芽进入休眠期，第二年继续生长。

(3) 近似昼夜节奏——生物钟

花卉植物的生命活动并不完全取决于环境条件的变化，而是内源性节奏的周期变化，在 20～28h 之间，接近 24h，因此称为近似昼夜节奏，亦称生物钟或生理钟。近似昼夜节奏的现象在生物界中广泛存在，如高等植物的叶片运动、气孔开闭、蒸腾作用和伤流液的流量等。有些生物钟表现出明显的生态意义，如牵牛花、半枝莲等在清晨开放，为白天活动的昆虫提供了花粉和花蜜；酢浆草、三叶草等叶片在白天呈水平位置，有利于吸收光能。

2.1.1.4　花卉生长的相关性

花卉是多器官的有机体，各个器官和各个部位之间存在着相互依赖、相互制约的关系，这种相关性可表现为地上部分与地下部分、顶芽生长与腋芽生长、营养生长与生殖生长。

(1) 地上部分与地下部分的相关性

地上部分与地下部分的生长是相互依赖的，二者之间既有物质的交换又有能量和信息的交流。地下部分（根）除了固定植株外，还从土壤中吸收水分和矿质营养，供地上部分生长需要，合成少量有机物和细胞分裂素供地上部分利用，同时，还可在逆境下产生脱落酸，在根冠中合成，将信号传递给地上部分，因此根系的生理功能是否活跃将在很大程度上影响地上部分的生长。与此同时，地上部分合成的大量光合产物和激素运到地下部分，从而促进根系的生长。

地上部分与地下部分的生长还存在相互制约的一面，主要表现在它们对水分和营养的竞争上。这种竞争关系可从根/冠比的变化上反映出来。根/冠值＝地下部分总重量/地上部分总重量。根/冠值的大小受土壤水分、营养状况、温度、光照等因子的影响。

生产上，进行合理的肥水管理使根/冠值维持在相对合理的范围内，有利于平衡地上部分和地下部分的生长。花卉生产中经常采取松土、修剪、摘花果等园艺措施来增大根/冠值。

（2）顶芽生长与腋芽生长的相关性（顶端优势）

顶端优势是指花卉的顶端生长占优势并抑制侧芽生长的现象。具体表现在：

① 花卉主茎的顶芽抑制侧芽的生长。若顶端优势强，将来生长成单干植物；若顶端优势弱，则将生长成多干植物。

② 对分枝速度和角度的调节。木本花卉的塔形和丛生状态，是距离顶端越近的侧枝受顶芽的抑制越强，距离顶端越远的侧枝受顶芽的抑制越弱的体现。

花卉生产上可以利用整枝、修剪、去蕾、摘心等手段来调节株型，制作成单干式、双干式、多干式、悬崖式等多种艺术造型。

关于顶端优势的产生原因，目前主要通过营养学说、生长素学说、营养物质定向运转学说来解释。近年来的研究表明，细胞分裂素可以解除侧芽的受抑制状态。认为根中合成的细胞分裂素受顶端生长素的引导，更多地运向顶端，使侧芽缺乏细胞分裂素，生长受抑制（外加细胞分裂素引起侧芽生长）。与顶芽抑制侧芽的生长相似，主根对侧根的生长也有抑制作用，也表现出顶端优势，只有在主根被切除或受损时侧根的生长才加快。

（3）营养生长与生殖生长的相关性

花卉植物的营养生长与生殖生长既互相依赖又互相对立。营养生长是生殖生长的物质基础。花卉植物先是营养生长，营养体达到一定的大小，积累了一定的光合产物，生理上达到一定的成熟度后才进入开花结实阶段。生殖生长为下一代的营养生长提供条件，是花卉生命周期的重要阶段，是留存后代并继续繁衍的重要保证，反过来又影响营养生长。按照植物开花结实的情况，可将植物分为一次开花植物与多次开花植物。

一年生花卉、二年生花卉及一些多年生花卉一生中只开一次花，如万寿菊、雏菊、金鱼草、竹等，一旦开花，全部营养运到生殖体，营养生长就会衰老死亡。一些多年生花卉，它们的一生中，年复一年开花结实，一生中营养生长与生殖生长重叠交叉，营养竞争的矛盾是相当突出的，如海棠、山楂、枇杷、杜鹃等都存在大小年现象，如果今年开花太多，形成大年，则消耗了过多的养分，削弱了枝叶的生长并影响来年花芽的形成。另外，幼果和种子中产生的大量赤霉素运出一部分抑制花芽的分化，所以大年必须接着一个小年，为了使产量稳定，质量好，维持结果年代长，应适当疏花疏果，避免大小年。

2.1.2 花卉的发育

花卉的发育是以细胞分化为基础，器官和机能的形成与完善是一个有序质变的过程。在这个过程中，伴随着大小和重量的增加。发育过程在形态学上常叫形态发生，包括胚胎建成、营养体建成、生殖体建成三个阶段。它实质上是植物体的基因在时间上和空间上顺序表达的过程。

2.1.2.1 幼年期与花熟状态

大多数花卉都有一个共同点，就是在开花之前要达到一定年龄或是达到一定的生理状态，才能在适宜的外界条件下开花。花卉开花之前必须达到的生理状态称为花熟状态。花卉达到花熟状态之前的生长阶段称为幼年期。

处于幼年期的花卉，即使满足其成花所需的外界条件也不能成花。已经完成幼年期生长的花卉，也只有在适宜的外界条件下才能开花。因此，花卉植物开花需要两个条件：一是要生长到一定年龄；二是适宜的外界条件的诱导。外界条件主要特征表现为温度的高低和日照的长短。

花卉植物幼年期的长短，因花卉种类不同而有很大差异。草本花卉的幼年期一般较短，只需几天或几个星期，如矮牵牛在短日照条件下，子叶期就能诱导开花；唐菖蒲早花品种一般种植后 3 个月就能开花，而晚花品种需要 4 个月；瓜叶菊种植后 8 个月才能开花。木本花卉的幼年期较长，一般为 3～15 年，有些木本花卉的幼年期可长达 20～30 年，如欧洲落叶松为 10～15 年，欧洲冷杉为 25～30 年。也有些植物根本没有幼年期，在种子形成过程中已经具备花原基，如花生，其种子的休眠芽中已出现花序原基，随着植株的生长花芽也分化完成。

2.1.2.2　春化作用

某些花卉植物在个体发育过程中要求必须经过一个低温周期才能进入下一个发育阶段，即引起花芽分化，否则就不能开花，如二年生花卉。低温诱导植物开花的现象称为春化作用。在植物进行春化过程结束之前，如将植物放在较高的温度（25～40℃）条件下，低温处理的效果将被消除，这种现象称为去春化作用。但春化一旦完成就不能进行去春化作用。大多数的去春化植物返回到低温下，又可重新进行春化，而且低温的效应可以累加，这种解除春化之后再进行的春化作用称为再春化作用。

（1）花卉植物对低温反应的类型

不同植物对低温的要求不同，根据植物对低温的要求不同可将花卉植物分为冬性植物、春性植物、半冬性植物三类。

1）冬性植物　这类植物在通过春化阶段时要求温度较低，一般为－3～10℃，30～70d 内完成春化阶段，在近于 0℃下进行得最快。常见冬性植物有二年生花卉，如月见草、毛地黄、紫罗兰、毛蕊花等；早春开花的多年生花卉，如鸢尾、芍药等。该类花卉一般在秋季播种后，以幼苗状态度过严寒的冬季，满足其对低温的要求，通过春化阶段，使植物正常开花。若在春季气温已暖时播种，因其未经低温的春化阶段，便不能正常开花；若春季播种前经过人工春化处理，可使它当年开花，但植株矮小，花梗太短，作为切花是不利的。对于二年生花卉，在春季播种时应于早春开冻后尽早播种可得较好的效果，也可开花，但不及秋播好。对于罂粟、虞美人、蜀葵及矢车菊等花卉，若春季播种，时间应当更早，否则开花极为不良。

2）春性植物　这类植物在通过春化阶段时，要求的低温值（5～12℃）比冬性植物高，同时完成春化作用所需要的时间亦比较短，为 5～15d。一年生花卉和秋季开花的多年生花卉为春性植物，如一串红、矮牵牛、鸡冠花等。

3）半冬性植物　在上述两种类型之间，还有许多种类，在通过春化阶段时，对温度的要求不甚敏感，这类植物在 15℃下也能完成春化作用，但最低温度不能低于 3℃，其通过春化阶段的时间为 15～20d。

在花卉栽培中，同一花卉不同品种间对春化作用的反应也有明显差异，有的品种对春化作用要求严格，有的品种要求不严格，还有的品种无春化要求。

除了温度对春化作用的影响外，水分、氧气和营养液影响春化作用的效果。研究发现植物在缺氧的状态下不能完成春化作用；吸胀后的小麦种子可以完成春化作用，但干燥的小麦种子不能完成春化作用；体内糖分耗尽的小麦胚不能感受春化，如果添加 2%的蔗糖则可以完成春化作用。

低温诱导春化过程中前期糖类和能量代谢旺盛，中期核酸代谢旺盛，中后期蛋白质代谢旺盛，说明春化作用是多种代谢方式顺序作用的结果，并可能由多种基因调控。近年来分子机理研究表明，低温可以改变基因表达，导致基因去甲基化而开花。对长日植物拟南芥不同生态型和突变体的研究表明，开花阻抑物基因 *FLOWERING LOCUS C*（*FLC*）可能是春化反应的关键基因。在非春化植物的顶端分生组织中，FLC 强烈表达，但低温处理后 FLC 的表达水平就减弱。低温处理时间越长，FLC 的表达越弱。低温抑制 FLC 表达，最终使植物转向生殖生长。

（2）春化作用的时期、部位和刺激传导

一般花卉植物在种子萌发期到苗期都可感受低温通过春化。通常以萌芽种子通过春化阶段的称为种子春化；以具一定生育期的植株体通过春化阶段的称为绿体春化。多数花卉种类是以绿体通过春化阶段的，如羽衣甘蓝幼苗在茎粗超过 0.6cm、叶宽 5cm 以上时才能接受春化。春化作用感受低温的部位因花卉植物不同而不同，一般只发生在分生组织和某些能进行细胞分裂的部位。绿体春化感受低温的部位为茎尖端的生长点；而种子春化的感受部位至今还不太清楚。研究发现，栽培经过低温催芽的香豌豆种子可以提前开花。

花卉生产中，通常利用春化作用进行花期调控。石竹、羽衣甘蓝等利用低温处理进行花芽分化的调控；一二年生花卉利用低温处理可使秋播改为春播，当年开花；秋植球根花卉，以营养体为收获物，可利用高温处理解除春化控制开花，如郁金香、百合等，可防止它在生长期抽薹开花而获得大的鳞茎，增加产量。另外，在花卉引种时要注意温度的影响。北方品种引到南方，不能满足低温要求，不开花结实。而南方品种引到北方，南方早春或晚秋开花的植株受低温伤害而败育，造成不可弥补的损失。

2.1.2.3 光周期现象

自然界中，植物的开花具有明显的季节性，即使完成春化作用，也需要在适宜的季节才能进行花芽分化和开花。日照时间的变化是季节变化最可靠的信号。一天之中白天和黑夜的相对长度称为光周期。植物对白天和黑夜相对长度的反应称为光周期现象。光周期是植物生长发育的重要因素，不仅可以控制某些植物的花芽分化和花开放过程，而且还影响着植物的形态建成、衰老、休眠等生命活动。

（1）光周期的反应类型

昼夜周期中诱导短日植物开花所需的最长日照或诱导长日植物开花所必需的最短日照称为临界日长。根据花卉植物对临界日长的要求不同将其分为以下几种类型。

1）短日植物　日照长度短于其临界日长（一般 12h 以下）时才能开花的植物称为短日植物。一年生花卉在自然条件下，春季播种发芽后，在长日照下长出茎叶，秋季在短日照下开花结果，如菊花、一品红等。

2）长日植物　日照长度大于其临界日长（一般 12h 以上）时才能开花的植物称为长日植物。二年生花卉秋播后，在冷凉的气候条件下进行营养生长，在春天长日照下迅速开花，如唐菖蒲、瓜叶菊、紫罗兰等。

3）日中性植物　对日照长度不敏感，在任何日照长度条件下都能开花的植物称为日中性植物，如大丽花、香石竹、扶桑等。

4）长-短日植物　花芽诱导和花器官形成对日照长度要求不同，一般花芽诱导需要长日照，花器官的形成需要短日照，该类植物称为长-短日植物，如大叶落地生根、芦荟、翠菊等。

5）短-长日植物　花芽诱导需要短日照，花器官形成需要长日照，该类植物称为短-长日植物，如大花天竺葵、风铃草等。只有短日照周期之后跟随着另一个长日照周期才能被诱导开花。

6）中日性植物　只有在一定长度的日照条件下才能开花，延长或缩短日照长度均抑制其开花，该类植物称为中日性植物。例如，甘蔗开花要求的日照长度为11.5～12.5h，缩短或延长日照长度，对其开花均有抑制作用。

对长日植物而言，当日照长度大于其临界日长时即可诱导开花，且日照越长开花越早，在连续光照下开花最早。对短日植物而言，日照长度必须小于其临界日长时才能开花，日照长度超过其临界日长时则不能开花，但日照长度过短也不能使短日植物开花，可能是因为光照时间不足，植物缺乏营养物质。例如，菊花在日照长度只有5～7h时开花明显延迟。

此外，有些植物开花对日照长度有非常明确的要求。对短日植物而言，当日照长度大于临界日长时，植物就绝对不能开花；对长日植物而言，当日照长度短于其临界日长时也绝对不能开花，这类植物分别称为绝对短日植物和绝对长日植物。而多数长日植物或短日植物对日长的反应并不十分严格，即使是处于不适宜的光周期条件下，经过相当长的时间后也能或多或少地开花，这些植物称为相对长日植物或相对短日植物。

地理纬度不同，分布的植物类型也不同。在低纬度地区，只有短日植物，没有长日植物；在中等纬度地区，既有长日植物也有短日植物；在高纬度地区，由于短日照时气温已低，所以只能生存长日植物。

（2）光周期诱导

光周期诱导是指达到一定生理年龄的植株，只要经过一定时间适宜的光周期处理，以后即使处在不适宜的光周期条件下仍然可以长期保持刺激的效果诱导植物开花。

临界暗期是指在昼夜周期中长日植物能够开花的最长暗期长度或短日植物能够开花的最短暗期长度。短日植物实际上就是长夜植物，长日植物实际上是短夜植物，特别是对短日植物而言，其开花主要是受暗期长度的控制，而不是受日照长度的控制。

暗期间断时不同光强及光质对植物开花的影响不同。一般情况下，植物通过光周期诱导所需的光强较低，为50～100lx，而暗期间断所需要的光强亦很低，处理的时间也很短，一般不超过30min就足以阻止成花。但菊花需要大于1h光照才能生效，若用高强度的荧光灯照光几分钟也能抑制成花。虽然暗期对植物成花反应起着决定性作用，但光期也是不可缺少的条件。短日植物的成花反应需要长暗期，但光期过短亦不能成花。暗期长度决定能否进行花原基分化，光期长度决定花原基的数量，光期的光合作用主要为花发育提供营养物质。研究发现，间断暗期以红光最有效，蓝光效果很差，绿光几乎无效。如果在照射红光之后再立即照射远红光，就不能产生间断暗期的作用，即对间断暗期最有效的红光的作用可被远红光所抵消，而且这个反应可以反复逆转多次，暗期间断的效果取决于最后一次照射的是红光还是远红光。

（3）光敏色素与成花诱导

植物成花反应存在对红光-远红光的可逆反应，表明光敏色素参与了成花诱导过程。一般认为，光敏色素（phytochrome）在植物成花过程中的作用，不是取决于植物体内光敏色素的绝对含量，而是取决于P_{fr}/P_r的相对比例（P_{fr}表示在远红光下光敏色素的含量，P_r表示在红光下光敏色素的含量）。P_{fr}到P_r的暗逆转犹如一个滴漏式计时器，植物以此来感受暗期长度。

对短日植物而言，其开花要求相对较低的 P_{fr}/P_r 值，在光期结束时，体内光敏色素主要呈 P_{fr} 型，进入暗期后，P_{fr} 逐渐暗逆转为 P_r 型或 P_{fr} 降解而减少，当 P_{fr}/P_r 值降到一定的阈值以下时，就促进短日植物开花。而对长日植物而言，其开花则需要相对较高的 P_{fr}/P_r 值，因此在暗期过长时会抑制开花。暗期间断会显著提高 P_{fr}/P_r 值，即使在长夜条件下，在暗期中间利用闪光将暗期间断后，仍可使长日植物开花，抑制短日植物开花。

但近年来的研究表明，植物的成花反应并不完全受暗期结束时 P_{fr}/P_r 值所控制，如对许多短日植物来说，在光期结束时立即照射远红光，其开花并未受到促进，反而受到强烈抑制，其临界夜长也只是略微缩短，而不是大大缩短。在短日植物暗诱导的前期（3～6h），体内保持较高的 P_{fr} 水平，有利于成花，而在暗诱导的后期，较低的 P_{fr} 水平促进成花。

因此，短日植物开花所要求的是暗期前期的"高 P_{fr} 反应"和后期的"低 P_{fr} 反应"；而长日植物开花要求的是暗期前期的"低 P_{fr} 反应"和后期的"高 P_{fr} 反应"，但长日植物对 P_{fr}/P_r 值的要求没有短日植物严格。

（4）光周期刺激的感受和传导

感受光周期刺激的部位是叶片，植物的成花部位是茎尖端的生长点，说明光周期刺激可以传递。通常植株长到一定年龄后，叶片才能接受光周期的诱导，不同植物开始对光周期表现敏感的年龄不同。一般植株年龄越大，通过光周期诱导的时间越短。一般幼小或衰老叶片的敏感性差，而叶片伸展至最大时敏感性最高。

2.1.2.4 花芽分化

叶芽的生理和组织状态向花芽的生理和组织状态转化，即花原基形成，花芽各部分分化与成熟的过程称为花芽分化。花芽分化和发育在植物一生中是关键性的阶段，花芽分化的数量和质量不但直接影响观赏效果，而且也影响到花卉事业的种子生产。

（1）花芽分化的生理机制

目前有关诱导开花的机理尚不甚清楚。下面介绍 3 种经典的假说。

1）成花素假说　柴拉轩（Chailakhyan，1958）认为，成花素由形成茎所必需的赤霉素（GA）和形成花所必需的开花素（anthesins）两种互补的活性物质所组成，开花素必须与赤霉素结合才表现活性。植物必须形成茎后才能开花，即植物体内存在赤霉素和开花素两种物质时才能开花。

日中性植物本身具有赤霉素和开花素，在长、短日照条件下都能开花；长日植物在长日条件下、短日植物在短日条件下，才具有赤霉素和开花素，因此都可以开花；但长日植物在短日条件下缺乏赤霉素，短日植物在长日条件下缺乏开花素，所以都不能开花；冬性长日植物在长日条件下具有开花素，但无低温条件时缺乏赤霉素，所以仍不能开花。

赤霉素是长日植物开花的限制因子，而开花素则是短日植物开花的限制因子。因此，用赤霉素处理处于短日条件下的某些长日植物可使其开花，但用赤霉素处理处于长日条件下的短日植物则无效。

由于成花素假说缺乏充足的实验证据，难以让人普遍接受。但成花素假说所提出的开花激素复合物以及不同类型植物中存在不同限制开花因子的概念，对进一步认识开花这个复杂过程的控制机理具有重要的启示。

2）碳氮比学说　Klebs 等（20 世纪初期）认为，花芽分化的物质基础是植物体内糖类（碳水化合物）的积累，同化糖类含量与含氮化合物的比例，是决定花芽分化的关键，并以 C/N 值来表示。当 C/N 值高时，可以促进花芽的分化。中外学者都支持这一观点。多数试验结果和事实证明：C/N 值对花芽分化有其特殊的重要性。在营养物质供应不足时，花芽分化很难进行，即使有分化，花芽也很少，质量也很差。一些花序、花数较多的种类，特别是一些无限花序的花卉，如唐菖蒲、金鱼草等在开花过程中，通常基部的花先开，花形最大，越往上部，花形越小，至最上部，花均发育不全，花芽停止分化，这说明同化养分的多少决定花芽分化与否和开花的数目。同化养分的多少，也决定花的大小，如在菊花、芍药、香石竹的栽培中，为使花朵增大，常将一部分花芽疏去，以便养分集中于少数花中，使花朵增大。

但后来的研究却发现，C/N 值高时，仅对那些长日植物或日中性植物的开花有促进作用，但对短日植物，如菊花等而言，情况并非如此。因为长日照无一例外地会增大植物体内的 C/N 值，但却抑制短日植物开花。此外，在缩短光照时间的情况下，提高光照强度，也能增大植物内的 C/N 值，但却不能使长日植物（如白芥）开花。

显然，碳氮比假说不能很好地解释植物成花诱导的本质，但是，植物开花过程的实现确实需要营养物质和能量物质作基础。同时碳氮比理论对农业生产实践也有一定的指导意义，即通过控制肥水的措施来调节植物体内的 C/N 值，从而适当调节营养生长和生殖生长。

3）开花抑制物假说　由于寻找开花刺激物的研究一直没有取得满意的结果，人们又提出与开花刺激物相对立的理论。认为植物在非诱导条件下，体内产生一种或几种开花抑制物，从而使植物不能开花；植物在诱导条件下，阻止了这些开花抑制物的产生，或者使开花抑制物降解，从而使花的发育得以进行。但有关开花抑制物的性质也仍未明确。

除了上述几个经典假说以外，近年来还提出了营养物质转移假说和多因子控制模型。目前已分别在拟南芥和金鱼草的突变体中克隆到一系列控制开花过程的基因，进一步证实了多因子控制模型。

（2）花芽分化阶段

当花卉植物营养生长进行到一定阶段，并通过春化阶段及光周期阶段后，即进入生殖生长阶段，营养生长逐渐缓慢或停止，花芽开始分化，叶芽内生长点向花芽方向形成，直至雌蕊、雄蕊完全形成。整个过程可分为生理分化、形态分化和性细胞形成三个阶段，三者顺序不可改变，缺一不可。生理分化期是在芽的生长点内由叶芽生理状态转变为花芽的生理状态，通常肉眼无法观察；形态分化期进行着花部各花器的发育过程，从生长点突起肥大的花芽分化初期，至萼片形成期、花瓣形成期、雄蕊形成期和雌蕊形成期；性细胞形成期是指胚囊内卵细胞和花药内精细胞的发育形成。有些花木类性细胞形成期是在第二年春季发芽以后、开花之前才完成，如樱花、八仙花等。全部的花器官完成称为花芽形成。外部或内部的各种条件对花芽分化的促进作用称为花诱导。

（3）花芽分化类型

不同花卉花芽开始分化的时间及完成分化全过程所需的时间不同，因花卉种类、品种、地区、年份、栽培技术及多变的外界环境条件而异。根据花芽分化的时间及分化的次数，将花芽分化分为以下几种类型。

1）夏秋分化类型　花芽分化一年一次，于 6～9 月高温季节进行，至秋末花器官的主要部分已完成，第二年早春或春天开花，但其性细胞的形成必须经过低温。冬春开花的木本花卉，如杜鹃、牡丹、丁香等在夏季生长期进行花芽分化，秋末前花器结构基本完成；春天开花的秋植球根花卉，如郁金香、风信子、水仙等一般在夏季休眠期17～18℃进行花芽分化；夏秋开花的春植球根花卉，如唐菖蒲、美人蕉、晚香玉等一般在夏季生长期进行花芽分化。

2）冬春分化类型　花芽分化在冬春季，或者在春季温度较低时进行，花芽分化的时间短并连续进行。原产于温带中北部及高山的花卉属于此类型。兰科花卉如卡特兰、石斛兰等某些品种在13℃和短日照条件下进行花芽分化；二年生花卉，如羽衣甘蓝、紫罗兰、金鱼草等和春季开花的宿根花卉如芍药、鸢尾、萱草等均属于这一类。

3）当年一次分化的开花类型　某些当年夏秋开花的木本花卉和宿根花卉，在当年枝的新梢上或花茎顶端形成花芽。木本花卉如紫薇、木槿、木芙蓉等和宿根花卉如萱草、菊花、芙蓉葵等均属此类型。

4）多次分化类型　一年中多次发枝，每次枝端均能形成花芽并开花。四季开花的花木如茉莉、月季、四季桂等，宿根花卉如香石竹等，在一年中都可持续分化花芽，当主茎生长达一定高度时顶端营养生长停止，花芽逐渐形成，养分即集中于顶花芽。在顶芽形成过程中，其他花芽又继续在基部生出的侧枝上形成，如此在四季中可以开花不绝。这些花卉通常在花芽分化和开花过程中，其营养生长仍继续进行。一年生花卉的花芽分化时期较长，当营养生长达到一定大小时即可分化花芽开花，并且在整个夏秋季节气温较高时期，继续形成花蕾开花。其开花的早晚依播种出苗时期和以后的生长速度而定。

5）不定期分化类型　每年只分化一次花芽，但无固定时间，只要达到一定的叶面积就能开花，主要依据植物体自身养分的积累程度而定，如凤梨科、芭蕉科、叶子花等属于此类型。

2.1.2.5　不同器官的相互转化

（1）开花结果与花芽分化

植株上大量开花结果会消耗较多营养，营养的缺乏不利于花芽分化。另外，大量结果会产生抑制花芽分化的激素（赤霉素GA）。在实际生产中需处理好二者之间的关系，适时控制结果量，促进营养分布均匀，减少观果类花卉大小年的产生。

（2）枝叶生长与花芽分化

花芽分化依赖于营养生长，良好的营养生长是花芽分化的基础，但营养生长过旺，不利于生殖生长，即花芽分化受到阻碍。在实际生产中要防止营养生长过旺，在花芽分化前减少氮肥的施用量，降低水分的供应，增加磷钾肥的施用量，促进花芽分化。

2.1.2.6　影响花芽分化的环境因素

（1）光照

花卉花芽分化除了自身遗传原因外，光照是促进花芽分化最有效的外因。高光强和紫外线均有利于花芽分化。

研究发现，光照对不同花卉花芽分化的影响不同，与温度密切相关。万寿菊在高温条件下仅在短日照下开花，在12～13℃的低温条件下仅在长日照下开花。百日草在短日照下花芽形成早，但是花朵小且茎细，植株分枝不多；长日照下虽然开花迟，但株丛紧密，花朵也大。香堇在短日照和低温条件下花芽形成早。大岩桐花芽的形成没有特定的日照和低温的要求，植株长成后，花芽开始形成，因此，生长越迅速，开花越早；温度低，生长缓慢时，侧枝增多，花数也相应增多。映山红在短日照条件下花芽形成早，但品种之间有差异，40～

50d 的短日照效果最好。报春花在低温条件下，无论是长日照还是短日照均可开花，但是温度高时，仅在短日照下开花。大丽花在 10～12h 短日照下，花芽发育速度快，开花也早；长日照下，侧枝多，花也多，但花的发育比较慢；在短日照下，生长发育结束早，也能促进块根的形成。叶子花在短日照和高温下进行花芽分化，但在 15℃条件下，无论是在长日照下还是在短日照下都能进行花芽分化；经过赤霉素处理，长日照和低温能促进花芽分化，但在短日照下无效果。

（2）温度

温度对花芽分化的影响体现在春化作用方面，上面已经阐述。各种花卉花芽分化的最适温度不同，但总的来说花芽分化的最适温度比枝叶生长的最适温度高（见表 2-1）。花芽形成的适温也因品种而异，有些品种在高温下形成花芽，而有些品种在不太高的温度下形成花芽。

表 2-1　部分花卉的花芽分化适温范围

种类	花芽分化适温	花芽伸长适温	其他条件
郁金香	20℃	2～9℃	—
风信子	25～26℃	13℃	—
喇叭水仙	18～20℃	5～9℃	—
麝香百合	2～9℃	20～25℃（花序完全形成）	—
球根鸢尾	13℃	—	—
唐菖蒲	10℃以上	—	花芽分化和发育要求较强光照
小苍兰	5～20℃	—	分化时要求温度范围广
旱金莲	15℃	—	17～18℃长日照下开花，超过 20～21℃不开花
菊花	＞13～15℃（某些品种）； 8～10℃（某些品种）	—	—

（3）水分

一般来说，土壤水分含量高，植物营养生长过旺，不利于花芽分化；土壤水分含量低，营养生长下降，则有利于花芽分化。花卉的“蹲苗”有利于花芽分化。

2.1.2.7　调整花芽分化的农艺措施

（1）促进花芽分化措施

减少氮肥施用量，减少水分供应，适时进行整枝修剪、摘心、扭梢、拉枝、环割等，施用抑制生长的生长调节剂，疏花、疏果等农艺措施可以促进花芽分化。

（2）抑制花芽分化措施

只要有利于营养生长的技术措施均可以抑制花芽分化，如多施氮肥，多灌水，多留果，修剪时重减、短截，施入促进生长的调节剂等。

2.2　花卉生长发育过程

2.2.1　花卉个体生长发育过程

从单个植株发育来看，由种子萌发到重新获得种子可以分为以下 3 个时期。

（1）种子期

种子期指从受精完成形成种子再到种子吸水萌发这段时期。

1）胚胎发育期　从精、卵细胞结合完成受精开始，胚珠发育成种子至种子完全成熟。这是营养物质的合成和积累的时期，生产上加强施肥管理，提供充足的光照条件。

2）种子休眠期　多数花卉种子成熟以后要经过一段时间的休眠（营养繁殖器官如块茎、块根等也要休眠）才能萌发。休眠时间的长短与花卉种类有关。根据是否急于播种的需要可将种子存放在不同的条件下。若延迟播种可将种子保存在冷凉干燥的环境中，可以降低其代谢水平，保持更长的种子寿命；若急需播种，根据休眠的原因采取相应的措施打破休眠。

3）发芽期　种子完成休眠后，给予适宜的环境条件（水分、温度及氧气等）就能吸水萌发。种子在发芽过程中内部酶活性增强，代谢旺盛，呼吸作用提供种子萌发所需能量。因此，种子的大小及储藏物质的含量对萌发的快慢及幼苗的生长影响很大。生产上选择饱满健康、无病害、发芽能力强的种子，同时提供最适宜的发芽条件。

（2）营养生长期

营养生长期指从种子萌发至花芽开始分化前的这段时期。

1）幼苗期　种子萌发长出胚根和胚芽，进入幼苗期，即营养生长的初期。幼苗的根系吸收土壤中的水和无机盐，幼叶进行光合作用。幼苗期虽然幼苗不大，但生长迅速，代谢旺盛，光合作用积累的养分满足了幼苗的根、茎、叶生长的需要。这一时期幼苗抗性较弱，根系分布较浅，生产中要注意幼苗期病虫害的防治和土壤养分、水分的供应，不能积水。

2）营养生长旺盛期　幼苗期以后进入营养生长旺盛时期。一年生花卉有一个营养生长旺盛时期，根、茎、叶生长旺盛，为后续的生殖生长打下基础。二年生花卉和春季开花的多年生花卉经历营养生长的旺盛时期后有一个短暂休眠，第二年春季又开始旺盛生长。这个时期需要提供充足的营养和适宜的温、光、水、气，减少病虫害的发生。

3）营养休眠期　二年生花卉及春季开花的多年生花卉有一个休眠期，少数是生理休眠，大多数是强迫休眠，一旦遇到适宜的温度、光照及水分条件就可发芽或开花。一年生花卉和麦冬、万年青等部分多年生花卉是没有营养器官休眠期的。

（3）生殖生长期

生殖生长期指从花芽分化开始至果实、种子成熟的这段时期。

1）花芽分化期　花芽分化是植物由营养生长过渡到生殖生长的形态标志。在栽培上，注意控制肥水条件，少施氮肥，减少灌水，多施磷钾肥，使营养生长顺利转移到生殖生长上来。

2）开花期　从现蕾开花到完成授粉过程，是生殖生长的一个重要时期。这一时期花卉对温度、光照及水分的反应比较敏感，抗性较弱。花卉生产中注意控制好环境条件，避免温度过高或过低、光照不足或过于干燥等，防止授粉及受精不良，引起落蕾和落花。

3）结果期　观果花卉的结果期是观赏价值最高的时期。果实的膨大生长依赖于光合作用的养分的不断供应。木本花卉结果期边开花结实边继续营养生长；一二年生花卉的营养生长期和生殖生长期的界限比较明显。这一时期花卉生产中避免雨水过多，给予充足的光照、适宜的肥料。

以上所述是花卉的一般生长发育过程，并不是每种花卉都经历所有的时期。营养繁殖的多年生观叶花卉，在栽培过程中不经过种子时期，也不必注意花芽分化问题及开花结果问题。当然，有些无性繁殖的种类也会开花甚至产生种子，但与有性繁殖的种类有很大的不同。

2.2.2　不同种类花卉的生长发育过程

花卉植物在一年中进行有节律的变化和生理机能的变化，在一定时期进行旺盛生长，即生长期，在一定时期又呈现停顿状态，即休眠期，这种变化为花卉的年周期。不同花卉的年周期变化不同，生长发育进程也不同。

（1）一年生花卉

春天播种，夏秋开花，冬季死亡，当年完成生命周期。在幼苗成长不久就开始进行花芽分化，多为短日性花卉，如万寿菊、鸡冠花、一串红等。

（2）二年生花卉

秋天播种，幼苗越冬，翌年春夏开花、结实，后枯死，即经两年或两个生长季节才能完成一个生命周期，播种后第一年只形成营养器官，次年开花、结实、死亡。多为长日性花卉，如雏菊、金盏菊、羽衣甘蓝等。

（3）球根花卉

为多年生草本花卉。根据播种时间不同分为春植球根花卉和秋植球根花卉。春植球根花卉类似一年生花卉，春季播种，夏季生长季进行花芽分化，夏末秋初开花，冬季休眠，多为短日性花卉，耐寒性差，如唐菖蒲、大丽花、美人蕉等。秋植球根花卉类似二年生花卉，秋季播种，第二年春天开花，花芽分化在夏季休眠期进行，多为长日性花卉，耐寒性强，如郁金香、百合、水仙等。

（4）宿根花卉

为多年生草本花卉。根据地上部分是否枯死，分为落叶宿根花卉和常绿宿根花卉。落叶宿根花卉耐寒性较强，春夏生长，冬季休眠，如芍药、菊花等。常绿宿根花卉耐寒性较弱，无明显的休眠期，如君子兰、非洲菊、花烛等。

（5）其他花卉

除了上述花卉外，还有一些花卉的生长发育过程与它们有较大的差异。不同的木本花卉之间生长发育差异较大，有常绿的，有落叶的，有感温的，有感光的，种类繁多，生长发育过程复杂，如牡丹、桂花、山茶、杜鹃、海棠等。另外，多浆植物大多喜温暖、喜强光，不耐寒，夏季生长，冬季休眠，如仙人掌、石莲花、十二卷、芦荟等。应该说明，一年生与二年生之间，二年生与多年生之间，有时并不是截然分开的。金盏菊、雏菊、瓜叶菊等花卉，在秋季播种，当年形成幼苗，越冬以后，翌年春天抽薹开花，表现为典型的二年生花卉。但这些花卉在春季播种，则当年也可以抽薹开花。

第 3 章

花卉与环境因子

花卉植物的生长发育状况是基因和环境共同作用的结果，环境中的温度、光照、水分、土壤、营养以及气体是制约其生长发育的主要因子，且对花卉生长发育的影响是综合的，既相互联系又相互制约。因此，在花卉生产中掌握不同环境因子对花卉生长发育的影响以及不同花卉对环境条件的要求是生产优质的花卉产品的关键。

3.1 花卉与温度

3.1.1 温度与花卉分布的关系

温度因地理纬度、海拔高度、地形地势、降雨量等条件的不同而差异较大。不同温度下分布的花卉种类不同，如雪莲、高山龙胆、藏报春等分布在温度较低的高海拔高山上，仙人掌主要分布在温度较高的沙漠地区。温度中的“三基点”温度、有效积温、昼夜温差均影响花卉的分布。

(1)“三基点”温度

生物学温度是指花卉在其整个生命活动过程中所需要的温度。生物学温度包括三个温度指标，即最低临界温度、最适温度、最高临界温度，称为“三基点”温度。最低临界温度是指花卉开始生长的温度，即维持花卉生长的下限温度；最适温度是指花卉生长发育迅速，生长健壮、没有徒长的温度；最高临界温度是指花卉停止生长的温度，即维持花卉生长的上限温度。

地理纬度不同，气候带不同，花卉的三基点温度范围也不同。一般原产于热带、亚热带地区的花卉，三基点温度较高，耐热性较好，抗寒性较差，一般 18℃开始生长，最适温度 30～35℃；原产于寒带地区或高山的花卉，三基点温度较低，耐热性较差，耐寒性较好，一般温度 5～10℃开始生长，最适温度 20～25℃；原产于温带地区的花卉三基点温度介于上述二者之间，一般温度 15～16℃开始生长，最适温度 25～30℃。花卉的最适生长温度一般略低于生长最快时的温度。常见花卉生长昼夜最适温度见表 3-1。

表3-1 常见花卉生长昼夜最适温度

花卉种类	白天最适温度/℃	夜间最适温度/℃	花卉种类	白天最适温度/℃	夜间最适温度/℃
杜鹃花	17～27	13～18	仙客来	16～20	10～16
百日草	16～23	13～18	长寿花	21～25	16～20
翠菊	20～23	14～17	矮牵牛	15～21	10～16
非洲紫罗兰	23～25	19～21	一品红	24～25	16～17
凤仙花	18～23	13～18	一串红	16～23	13～18
花叶芋	19～22	10～12	蒲包花	12～15	9～10
彩叶草	23～24	16～18	月季	21～24	16～17
香豌豆	17～19	9～12	倒挂金钟	18～24	13～17
铁炮百合	18～21	16～18	金鱼草	14～16	7～9
香石竹	19～22	10～12	八仙花	18～20	13～16
三色堇	8～13	5～10	长寿花	21～25	16～20
心叶藿香蓟	17～19	12～14	菊花	18～20	16～17

注：引自鹤岛久男《新编花卉图芸ハンドブック》，1996年。

(2) 有效积温

每种花卉都需要温度达到一定值时才能开始生长和发育，这个温度在生态学中称为发育阈温度或生态学零度，但仅仅温度达到所需还不足以完成生长和发育，还需要持续一定的时间，即需要一定的总热量，称为有效积温。有效积温法则：

$$K=N(T-C)$$

式中，K 为生物完成某阶段发育所需要的总热量，用“日度”表示；N 为完成某阶段发育所需要的天数；T 为发育期间的平均温度；C 为该生物的发育阈温度。

积温学说认为，植物平均发育速率与植物发育期内环境的有效积温成直线关系，只有满足了发育所需要的有效积温时花卉才能正常开花。例如，某种花卉从出苗到开花，发育的下限温度为0℃，需要经历600℃的积温才开花，如果日平均温度为15℃则需经历40d才能开花；若日平均温度为20℃，则需经历30d才能开花。积温值更适合那些对光周期要求不严格，生育过程又与温度条件密切关系的花卉种类或品种。储吴樾、张往祥等（2018）研究观赏海棠花期性状与有效积温的关系时，发现不同海棠品种对有效积温的反应不同，将观赏海棠品种划分为低有效积温（25.28～145.46℃）品种、中有效积温（151.16～225.40℃）品种和高有效积温（311.66～448.76℃）品种（见图3-1）。图3-1中，上面每个圆点代表不同海棠品种，下面看似像圆点的其实是品种代号。

(3) 温周期现象

一天之中，最高气温出现在14：00～15：00，最低气温约出现在日出前后，二者之差称为气温日较差。花卉植物对一天中昼夜温度有节律变化的反应称为温周期现象。温周期对花卉生长发育的影响表现在以下两个方面。

1）昼夜变温有利于促进种子的萌发　昼夜变温改善种子的萌发条件，提高酶的活性，有利于储藏物质转化和激素的形成，促进种皮发生机械变化，有利于透气透水，促进种子的萌发。

2）昼夜变温有利于花卉干物质的积累，促进其生长发育　花卉生长期间白天气温高，有利于进行光合作用制造有机物；夜间气温低，可减少呼吸作用的能量消耗，使有机物质的积累加快，因此适宜的气温日较差有利于花卉的生长发育。为使花卉生长迅速，白天温度应在花卉光合作用最佳温度范围内，夜间温度应尽量在呼吸作用较弱的温度限度

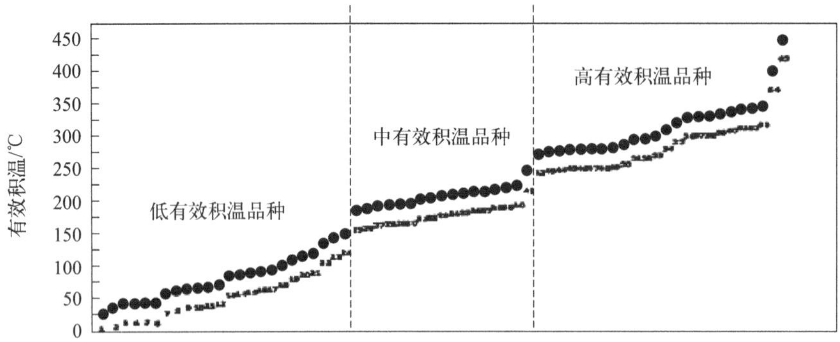

图 3-1 不同观赏海棠品种的有效积温

之内。

（4）温度对花卉分布的影响

花卉的原产地不同，对温度的要求也不同。根据花卉对温度的需求将花卉分为以下 5 类。

1）耐热性花卉　多数原产于热带、亚热带地区，在生长期间要求温度较高，能耐 40℃及以上的高温，但极不耐寒，不能忍受 10～15℃以下的温度，5℃休眠，生长适温 30～35℃以上。在我国福建省、广东省、广西壮族自治区、海南省、台湾省大部分地区及西南少数地区能安全露地越冬，在其他地区冬季需要在高温温室安全越冬。木本花卉中的巴西木、散尾葵、一品红等，草本花卉中的竹芋科、凤梨科、兰科等均属于此类型。

2）喜温性花卉　原产于亚热带或对温度要求不高的热带地区，喜温暖但不耐霜冻，一经霜冻枝叶便会坏死，严重时植株死亡，一般在 5℃以上能安全越冬，生长适温 25～30℃。我国长江流域以南地区和华南地区能安全越冬，在其他地区冬季需要在中温温室安全越冬。木本花卉中的茉莉、叶子花和白兰花等，草本花卉中的仙客来、香石竹、瓜叶菊等和大部分一年生花卉均属于此类型。

3）中温性花卉　原产于温带南部地区，介于喜凉和喜温花卉之间，一般能耐轻微短期霜冻，生长适温 20～25℃，在长江流域以南的大部分地区能安全露地越冬，在其他地区冬季需要在低温温室安全越冬。木本花卉中的栀子、山茶、桂花等，草本花卉中的矢车菊、报春花、倒挂金钟等均属于此类型。

4）喜凉性花卉　原产于温带较暖地区，在冷凉环境中生长良好，稍耐寒，但怕严寒，也不耐热，一般在－5℃左右不受冻害，生长适温 15～20℃，在我国的江淮流域及北部的偏南地区可以露地越冬。木本花卉中的桃花、梅花、蜡梅等，二年生花卉中的三色堇、雏菊和紫罗兰等，宿根花卉中的菊花等均属于此类型。

5）耐寒性花卉　原产于温带冷凉地区、寒带地区或高山地区，能适应较低温度，抗寒力强，不耐热，一般情况下，能耐－10℃以下的温度，生长适温低于 10℃，在我国西北地区、华北地区及东北南部地区冬季可以露地越冬，夏季高温必须防暑才能安全越夏。宿根花卉中的荷包牡丹、芍药、荷兰菊等，木本花卉中的丁香、榆叶梅、连翘等均属于此类型。

3.1.2 温度对花卉生长发育的影响

花卉在其不同的生长发育阶段对温度的要求有所不同，种子萌发、营养生长、花芽分化、开花、结果等生育阶段对温度的要求是不断变化的。

（1）温度对花卉不同生育阶段的影响

一年生花卉种子萌发期需要较高的温度，种子发芽温度喜温花卉为 25～30℃，耐寒花卉为 10～25℃。幼苗期为防止徒长要求温度相对较低。快速营养生长期，合成代谢大于分解代谢，此时要求温度相对较高，有利于营养物质积累。开花结实阶段对温度的要求相对降低。夏秋开花的多年生花卉对温度的要求与一年生花卉相类似。

二年生花卉种子萌发要求温度较低，一般为 16～20℃。幼苗期要求的温度较种子萌发期更低，大多需经过一段时间 1～5℃的低温才能顺利通过春化阶段。旺盛生长期要求较高温度。开花结实阶段要求较低的温度。春季开花的多年生花卉对温度的要求与二年生花卉相类似。

研究温度对花卉生长发育的影响，不仅要考虑空气温度的变化，而且要注意土壤温度和花卉体内温度的变化。一天之中，地表最高温度出现在 14：00，最低温度出现在日出之前，土温日较差以地面最大，越向深处越小，约在 20cm 处明显减小，深达 1m 处基本消失。一年之中，7 月地面月平均温度最高，而 1 月份则最低。同时，土温的年较差也随着深度的增加而减小。

地温对花卉的种子发芽、根系发育及幼苗生长均有很大影响，如当地温比气温高 3～6℃时扦插苗成活率最高。因为只有当土壤中有足够的热量时，根系才能先于芽发出，并较好地吸收土壤中的水分和营养物质，从而提高扦插苗的成活率。因此，理想的繁殖床应具有提高土温的设施。

（2）温度对花卉花芽分化及开花的影响

花卉种类不同，花芽分化和发育所要求的最适温度也不同，大体上可分为以下两种类型。

1）高温条件下花芽分化　一年生花卉、夏秋开花的宿根花卉、大部分球根花卉和许多木本花卉均在较高温度下进行花芽分化。如杜鹃、山茶、梅花、桃花、樱花、紫藤等木本花卉均于 6～8 月气温升至 25℃以上时进行花芽分化，入秋后进入休眠期，经过一定的低温期后结束或打破休眠开花。唐菖蒲、晚香玉、美人蕉等春植球根类花卉在夏季生长季进行花芽分化；而郁金香、风信子等秋植球根类花卉在夏季休眠期进行花芽分化。风仙花、鸡冠花、醉蝶花、矮牵牛、紫茉莉、长春花、一串红和百日草等一年生花卉也是在夏季生长期进行花芽分化。

2）低温条件下花芽分化　原产于温带中北部地区、寒带以及高山地区的花卉，花芽分化多在 20℃以下较凉爽的气候条件下进行，如八仙花、卡特兰属、石斛属的某些种类，13℃和短日照条件可促进其花芽分化。许多秋播花卉，如金盏菊、雏菊、金鱼草、三色堇、紫罗兰、羽衣甘蓝等花卉的花芽分化也要求低温条件。另外，某些秋植球根类花卉尽管花芽分化要求较高温度，但花芽分化之后的发育初期要求一定的低温条件，此时期的低温最适范围因花卉的种和品种而异，如郁金香为 2～9℃、风信子为 9～13℃、水仙为 5～9℃，必要的低温期为 6～13 周。

（3）温度对花色、花香的影响

温度是影响花色的主要环境因素之一。花色素的合成是在一系列酶的参与下进行的，酶的活性受温度的影响较大。一般情况下，低温下花色素合成较多，高温下花色素变性。许多花卉均会随着温度的升高和光照的减弱而花色变淡，例如落地生根属的一些品种在高温和弱光下所开的花几乎不着色，或者花色浅淡。又据 Harde 等的研究，矮牵牛的蓝白复色品种中，花瓣的蓝色部分和白色部分的比例受温度的影响很大，在 30～35℃温度条件下花瓣完全呈蓝色或紫色，而在 15℃条件下花色呈白色；在上述两种温度之间时则呈蓝色和白色的复色。喜高温的花卉，在高温下花色艳丽；喜冷凉的花卉，遇 30℃以上的高温则花朵变小，花色暗淡。荷花、半枝莲、矮牵牛等花卉，夏季高温季节色彩鲜艳美丽，而大丽花在夏季高温时常不开花，即使开花，其花色暗淡，秋凉后随温度降低花色渐变鲜艳。红色系月季花色在低温下呈深红色，在高温下明显褪色；菊花、翠菊也常见类似这样的花色变化现象。

多数花卉在气温高、光照足时花香浓郁，但喜凉花卉、耐寒花卉遇到高温时花香变淡。高温干旱时香味持续时间缩短。

3.1.3 极端温度对花卉生长发育的影响

花卉的生长发育受环境条件的影响，并不是总是处于最适宜的温度下，温度过高、过低都会对花卉造成伤害。

（1）低温障碍

低温对花卉的伤害包括冷害和冻害。冷害是指 0℃以上的低温对花卉的伤害。冷害会造成细胞膜的相变，使膜蛋白活性降低，最终导致水分代谢、呼吸作用、光合作用等失调，造成生理伤害。这种伤害多发生于原产于热带、亚热带地区的喜温和耐热花卉上。冻害是指 0℃以下的低温对花卉的伤害。冻害会引起胞间结冰和胞内结冰。胞间结冰时原生质过度脱水，使蛋白质变性或原生质不可逆地凝胶化，冰晶对细胞造成机械损伤。生物膜对结冰最敏感，低温造成细胞间结冰时，可产生脱水、机械和渗透三种胁迫，膜脂相变酶失去活性，ATP 明显下降，代谢失调，严重的则使植株死亡。胞内结冰对质膜、细胞器以及整个细胞质产生破坏作用，常给植物带来致命的损伤。

花卉的抗寒性与体内细胞液的浓度有关，细胞液浓度高，冰点低，较抗寒；细胞液浓度低，冰点高，抗寒性较差。花卉的抗寒性与花卉种类有关，不同花卉抗寒性不同，同一花卉不同的生育期抗寒性也不同。可以采取以下方法提高花卉的抗寒性。

1）抗寒锻炼　用人工或自然的方法，对萌动的种子或幼苗进行适度的低温处理，提高其抗寒性。经过抗寒锻炼后，花卉对寒冷的抗性增强。

2）化学药剂处理　在花卉营养生长期喷施生长延缓剂 AMO-1618、ABA、多效唑，使植株矮化，促进花芽分化，提高其抗寒性。

3）农业措施　选育抗寒花卉品种、提高越冬和早春土壤温度，适时播种、培土、增施磷钾肥，特别是厩肥和绿肥压青。在寒流霜冻来临之前，通过盖草、温室、大棚、温床、风障、阳畦或塑料薄膜覆盖等方式提高温度，防止冻害。

（2）高温障碍

高温对植物造成的直接伤害表现为使细胞内蛋白质凝集变性，酶活性降低，细胞膜半透性丧失。间接伤害表现为代谢性饥饿，有毒物质积累，代谢物质缺乏，核糖体和核酸活性下降，蛋白质合成下降；植株叶绿素失去活性，光合作用暗反应受阻，光合效率降低；而呼吸作用却大大增强，消耗量大大增多，植物的器官组织受到损伤。可以采取以下方法提高花卉的耐热性。

1）高温锻炼　将萌动的种子在适当高温下锻炼一定时间再播种。高温时植物体内蛋白质合成发生变化，诱发一些热稳定蛋白质合成，提高植物的耐热性。

2）化学药剂处理 营养生长期喷洒氯化钙（$CaCl_2$）、硫酸锌（$ZnSO_4$）、磷酸二氢钾（KH_2PO_4）等可增大生物膜的热稳定性；施用生长素（IAA、NAA、IBA）、激动素（KT）等生理活性物质，能防止高温造成损伤。

3）改善栽培技术 合理灌溉，增加小气候湿度，促进蒸腾，有利于降温；采用高秆与矮秆、耐热作物与不耐热花卉间作套种；人工遮阴、少施N肥等。

3.2 花卉与光照

光照是花卉植物赖以生存的必要条件之一，是花卉植物制造有机物的能量源泉。花卉植物只有在光照条件下才能完成光合作用，没有阳光就没有绿色植物。一般情况下，光照充足，光合作用旺盛，糖分制造多，干物质积累多，花卉生长健壮，枝繁叶茂。光照对花卉生长发育的影响主要表现在光照强度、光照时间和光质三个方面。光照强度是指单位叶面积上所接收可见光的能量，简称照度，单位为勒克斯（lx）。光照时间是指一天中从日出到日落的太阳照射时间。光质是指具有不同波长的太阳光谱成分。

3.2.1 光照强度对花卉生长发育的影响

光照强度依地理位置、地势高低、云量和雨量的变化而不同。一般情况下，光照强度随纬度的升高而减弱，随海拔高度的增加而增强。一年中以夏季光照最强，冬季光照最弱，在自然条件下，夏季晴天中午露地的照度为100000lx，冬季约为25000lx，阴雨天仅为晴天的20%～25%。一天之中以中午光照最强，早晚较弱。花卉植物的光合能力随着光照强度的增加而增加，达到光饱和点后就不再增加，如果光照强度继续增加，则会使光合器官受损，导致光合强度下降，因此，花卉的生长发育需要在合理的光照强度范围内。一般情况下，花卉在光照强度为3000～5000lx时开始光合效应，在光照强度18000～20000lx时进行正常生长发育。

3.2.1.1 光照强度对花卉分布的影响

多数花卉的最适光照强度为全光照的50%～70%，低于50%时则生长不良。不同的花卉对光照强度的要求和反应也不同，多数露地花卉在光照充足的条件下生长健壮，花多且大；而有些花卉在光照充足的条件下反而生长不良，只有在遮阴条件下才能健壮生长。因此，根据花卉对光照强度要求的不同将花卉分为以下3种类型。

（1）阳性花卉

原产于热带及温带平原地区，高原南坡及高山阳面岩石地区。喜强光，不耐阴，具有较高的光补偿点，在阳光充足的条件下生长良好。若生长期间阳光不足，花卉生长出现枝条纤细徒长、叶片发黄、花小色淡、香味不浓、开花不良等现象。多数露地一二年生花卉、露地宿根花卉、仙人掌科、景天科、番杏科等属于此类。

（2）阴性花卉

一般生长在热带雨林或高山阴坡、森林下面、阴暗山涧中。耐阴能力较强，具有较低的光补偿点，不耐强光直射，若在强光下生长，叶色将会变淡，焦黄枯萎，甚至死亡。大部分的观叶植物和少数观花植物属于此类，如兰科、蕨类植物、鸭跖草科、天南星科、竹芋科、秋海棠科、凤梨科等。

（3）中性花卉

既喜欢阳光充足又有一定的耐阴能力，怕强光直射，又怕长时间阴暗，对光强的需求介于阳性和阴性之间。大部分花卉属于此类，如杜鹃、海桐、忍冬、常春藤、栀子、桂花、倒挂金钟、萱草、耧斗菜、桔梗、八仙花等。

3.2.1.2 光照强度对花卉不同生长发育阶段的影响

光照强度影响花卉的生长发育过程，主要体现在种子的萌发、营养生长、形态建成、花芽分化及开花等方面。

（1）光照强度对花卉种子萌发的影响

一般来说，大部分花卉种子在温度、湿度、氧气条件适宜的情况下都能顺利萌发，播种后覆土厚度与种子的大小有关，与光照强度关系不大，但有些种子必须在有光的条件下才能顺利萌发，这类种子属于喜光种子，如秋海棠、毛地黄、非洲凤仙、报春花、杜鹃、六倍利等。此类种子的萌发尽量少覆土或不覆土。还有一类种子萌发时必须在黑暗条件下，这类种子称为嫌光种子，如苋菜、黑种草、仙客来等，此类种子播种后需要覆土或遮光，减少光的透射。

（2）光照强度对花卉营养生长的影响

光照强度不仅直接影响花卉的光合速率，而且还影响花卉的形态建成。充足的光照有利于花卉光合产物的积累，促进根系健康生长，茎横向加粗，叶片增大，叶色浓绿，株型紧凑。光照不足时花卉营养不良，植株徒长，节间延长，分蘖力减弱，叶片大而薄，开花不良，容易感染病害。在观叶花卉中，当光照不足时，叶片常呈现出黄、橙、红等多种颜色，有的甚至呈现白色斑块，这是叶绿体内不同色素在不同的光照条件下所产生的效果。叶绿体位于叶片的上表皮栅栏组织细胞内，决定了叶片绿色的浓淡，而这种浓淡又常与日照强度成正比。在一些彩色叶片中，上表皮栅栏组织细胞内含有大量的胡萝卜素和叶黄素，它们是一些彩色叶片的色原，如红桑、红枫、南天竹的叶片在强光下叶黄素合成得多些，而在弱光下胡萝卜素合成得多。因此，它们的叶片呈现出由黄到橙再到红的不同颜色。此外，有些球根花卉在短日照下可促进储藏器官的形成，如唐菖蒲、晚香玉、大丽花、美人蕉等；有些则是长日照会促使其进入休眠状态，如仙客来、水仙、郁金香、小苍兰等。

（3）光照强度对花卉生殖生长的影响

光照强弱对花蕾开放时间也有很大影响，如半枝莲、酢浆草，必须在强光下才能开放，日落后闭合；牵牛花在凌晨时开放，月见草、紫茉莉、晚香玉等只在傍晚时开放，第二天则闭合；昙花则在 21：00 以后开放；其他大多数花卉则晨开夜合。瑞典植物学家林奈为了说明开花时间和光照强度的关系，早于 18 世纪时就按照不同花卉的开花时间，制作出世界上第一个“花时钟”（见表 3-2）。

表 3-2 几种常见花卉的花蕾开放时间

花卉种类	开花时间	花卉种类	开花时间
蛇床	3:00	马齿苋	10:00
牵牛花	4:00	万寿菊	16:00
蔷薇	5:00	紫茉莉	17:00
龙葵	6:00	烟草	18:00
芍药	7:00	剪秋萝	19:00
睡莲	8:00	夜来香	20:00
半枝莲	9:00	昙花	21:00

光照强度对花色形成有影响。紫红色是花青素存在的结果，而花青素必须在强光下才能产生，在散射光下不易产生。花青素的产生，除受强光照的影响外，还与光的波长和温度有关。此外，光照强度对矮牵牛某些品种的花色有明显影响，仍以蓝白复色的矮牵牛花为例，其蓝色部分和白色部分的比例变化不仅受温度影响，而且与光照强度和光照持续时间有关。实验证明，随着温度的升高，蓝色部分增加；随着光照强度的增大，白色部分增加。

3.2.2　光照时间对花卉生长发育的影响

前面提到，多数花卉的花芽分化、开花均与光照时间有关，光照时间不仅是花卉生殖生长的关键因子，而且光照时间也影响花卉的分布、球根的形成、节间的伸长、叶片形成、冬季休眠、花青素的合成等。关于光照时间对开花的影响第 2 章已经详述，这里仅简单介绍。

3.2.2.1　光照时间对花卉花芽分化及花卉分布的影响

一天之中白天和黑夜的相对长度称为光周期。植物对白天和黑夜相对长度的反应，称为光周期现象。昼夜周期中诱导短日植物开花所需的最长日照或诱导长日植物开花所必需的最短日照称为临界日长。根据花卉对光照时间要求的不同，将其分为短日花卉、长日花卉、日中性花卉、长-短日花卉、短-长日植物、中日性花卉六种类型（详细内容见 2.1.2 部分花卉的发育）。

光照时间影响花卉种类的分布。一般来说，日照长度随纬度的变化而不同，在低纬度地区的热带和亚热带地区全年的日照时间均等，昼夜几乎都是 12h，所以原产于该地区的花卉一般属于短日花卉。原产于高纬度地区的温带和寒带花卉，夏秋半年（4～10 月）昼长夜短，越趋北方，白昼越长，夏至白昼最长、夜间最短；冬春半年（11 月～翌年 3 月）昼短夜长，越趋北方，白昼越短，冬至白昼最短、夜间最长，原产于该地区的花卉一般属于长日花卉。

3.2.2.2　光照时间对花卉营养生长的影响

延长光照时间会促进花卉的生长，延长生长期，反之则会使花卉休眠或缩短生长期。从南方引种来的花卉为避免冻害需要进行短日照处理，减少生长量，加速休眠，以期度过寒冬。长日照有利于某些花卉的营养繁殖，如落地生根属的某些种类，叶缘上的幼小植物体只能在长日照条件下产生；虎耳草的匍匐茎、禾本科花卉的分蘖等也都是在长日照条件下形成的。长日照促进某些花卉的休眠，如水仙、仙客来、郁金香等。短日照促进某些花卉块根或块茎的形成，如唐菖蒲、菊芋、大丽花、秋海棠等。

3.2.3　光质对花卉生长发育的影响

光的组成是指具有不同波长的太阳光谱成分。太阳光的波长范围主要在 150～4000nm，其中可见光（红、橙、黄、绿、蓝、靛、紫）的波长在 380～770nm 之间，占全部太阳光辐射的 52%。此外，还有属于不可见光的红外线（占 43%）和紫外线（占 5%）。可见光是花卉进行光合作用的能源，叶绿素吸收最多的是红橙光和蓝紫光，而绿光几乎全被反射，故叶片呈绿色。

不同波长的光对花卉生长发育的作用不同。红橙光有利于碳水化合物的合成，可促进长日照花卉的发育，延缓短日照花卉的发育；促进种子的萌发和茎的伸长生长。红外线是红光之外的不可见光，它是一种热线，被地面吸收后可转化为热能，能提高地温和气温，供给花卉生长发育所需的热量。蓝紫光及紫外线能促进短日照花卉的发育，延缓长日照花卉的发育；抑制茎的伸长生长，促进植株的分蘖和枝芽的分化，有利于花青素和蛋白质的合成；紫外线中波长较长的部分能促进种子发芽和果实成熟，波长较短的部分能抑制花卉徒长，杀死病菌孢子。紫外线还可促进维生素 C 的合成。一般高山和热带地区紫外线较多，因此高山花卉和热带花卉色彩浓艳。

3.3 花卉与水分

水是花卉生命体的重要组成部分，占草本花卉体重的70%～90%。水是花卉生命活动的必要条件，花卉体内进行复杂的生理生化反应，如光合作用、呼吸作用、蒸腾作用、有机物的积累与转化等都离不开水。水又是重要的溶剂，土壤中的矿质营养只有溶解到水中才能被花卉吸收利用。花卉生长发育的外在表现，如种子的萌发、幼苗的生长、营养器官的形成等必须有水的参与。当然，水分过多又会造成植株徒长、烂根、落蕾，甚至死亡。

3.3.1 不同种类花卉对水分的需求

不同种类的花卉，由于原产地降雨量及分布状况的差异，对其水分的要求和适应性也不同。依照花卉对水分的需求可将花卉分为以下5种类型。

（1）旱生花卉

原产于热带干旱地区、沙漠地区或雨季和旱季有明显区分的地带。根系发达，茎叶贮水能力强，叶膜质或变成刺或叶片肥厚。具有较强的抗旱能力，在干燥的气候和土壤条件下，如沙漠、草原、岩石缝隙能够维持正常的生命活动，但怕涝，供水过多容易根茎腐烂。仙人掌类和多浆植物属旱生花卉，如仙人掌、仙人球、金虎、山影拳芦荟、龙舌兰、日中花、石莲花、落地生根等。遵循“宁干勿湿”的浇水原则。

（2）半旱生花卉

花卉根系发达，叶或茎的贮水能力强，叶片革质或蜡质，或呈针状或片状，或有大量茸毛，较耐干旱。常见花卉有杜鹃、蜡梅、山茶、橡皮树、白兰、梅花、石楠、冬青、黄杨、大叶女贞、小叶女贞、海桐、枸骨以及常绿针叶植物。遵循“干透浇透”的浇水原则，盆土完全干透以后再浇透水。

（3）中生花卉

花卉根系与输导组织均发达，叶片表皮有一层角质层，叶片栅栏组织和海绵组织比较整齐，叶片没有完整发达的通气组织，因此，土壤过干或过湿都不利于生长。绝大多数花卉属于中生花卉，包括大部分一二年生花卉、宿根花卉、球根花卉、木本花卉等。遵循“见干见湿”的浇水原则，表层土壤干了就浇透水。

（4）湿生花卉

原产于热带雨林或山涧溪旁，喜欢空气湿度和土壤湿度均较大的环境，不能忍受较长时间的水分不足。通常根系不太发达，叶片薄而软，通气组织发达，但在深水环境中也生长不良。常见花卉有蕨类、海芋、秋海棠、水仙、马蹄莲、花菖蒲、龟背竹、合果芋以及热带兰类等多种附生植物。遵循“宁湿勿干”的浇水原则。

（5）水生花卉

指植株的全部或根部生长在水中，缺水易枯死，且观赏价值较高的花卉。水生花卉根系不发达，在水面以上的叶片较大，在水面以下的叶片较小，叶片较薄，表皮不发达，但通气组织发达。例如，荷花、睡莲、花菖蒲、再力花、凤眼莲等。

3.3.2 水分对花卉生长发育的影响

花卉在栽培过程中，土壤过干或过湿均不利于花卉的生长发育。多数草花在干旱时，各部分木质化程度增加，叶片粗糙，失去光泽；但水分过多，土壤通气不良，根系生长受阻，影响养分和水分吸收，另外还会造成植株徒长，易倒伏。因此，生产上要根据花卉生长发育的不同阶段进行合理的水分管理，以满足花卉生长发育的需求。

（1）种子发芽期

这是需水量较高的时期，种皮的软化、酶活性转化、胚根和胚芽的萌动、子叶和根系的生长等需要较多的土壤水分。但注意不能积水，水分过多容易造成烂根、徒长。

（2）幼苗期

根系弱小、分布浅、抗旱力弱，必须经常保持土壤适度湿润。与发芽期相比，水分适度减少。

（3）旺盛生长期

给予充足的水分来保证生命活动新陈代谢的顺利进行，保持较湿润的空气。结合光照，以防植株徒长。

（4）花芽分化期

通过控制水分供给来抑制营养生长，达到促进花芽分化的效果。例如，梅花的“扣水”就是通过控制水分，使新梢顶端自然干梢，停止生长，进而转向花芽分化。球根花卉中，凡球根含水量少的，则花芽分化就早，球根鸢尾、水仙、百合、风信子等的球根经 30～35℃高温处理，促其脱水来达到提早花芽分化或促进花芽伸长的目的。同一种球根花卉，栽植在砂地上或者采收晚，球根含水量低，花芽分化早，开花也早；反之，栽植在湿度较高的土壤中或采收早，则球根含水量高，开花就较晚。

（5）开花结实期

花色主要是由类黄酮、花青素、类胡萝卜素、甜菜红素等构成。花卉在适当的含水量下呈现出应有的色彩，缺水时花色变深，多水时花色变淡。这一时期要求空气湿度较小，否则会影响正常授粉。开花后，如果土壤湿度过大，花朵易早落。对于观果类花卉，应供给充足的水分，以满足果实发育的需要。

（6）种子成熟期

要求空气干燥，可促进种子成熟。

（7）休眠或半休眠期

当花卉处于休眠或半休眠状态时，植株生长缓慢，水分消耗减少，应减少浇水，以防烂根。空气湿度对花卉生长发育也有影响，空气湿度过大，容易导致植株柔弱，枝叶徒长，抗病虫能力降低。还会影响传粉受精，造成落花落果现象。不同花卉对空气湿度的要求不同，多数花卉要求 65%～70%的空气湿度。原产于沙漠地区的仙人掌及多浆植物要求空气湿度较低，而原产于热带雨林的观叶植物要求空气湿度较高，如蕨类、苔藓类、苦苣苔科、凤梨科、食虫植物及气生兰类等。花卉在不同的生长发育时期，对空气湿度的要求不同。一般情况下，营养生长阶段对空气湿度的要求大于生殖生长阶段。

3.3.3　水质对花卉生长发育的影响

水质是水体质量的简称，水的含盐量和酸碱度是评价水质的重要指标。水中有各种溶解性盐，阳离子主要有 Ca^{2+}、Mg^{2+}、Na^{+}、K^{+} 等，阴离子主要有 CO_3^{2-}、HCO_3^{-}、Cl^{-}、SO_4^{2-}、NO_3^{-} 等。若长时间使用含有高浓度盐的水浇花，会造成离子在土壤中积累而直接影响土壤的酸碱度，进而影响土壤养分的有效性和根系营养吸收。水中可溶性盐含量用电导度（EC 值）衡量。

花卉对水质的要求较高，以电导度低于 1.5mS/cm、pH 6.0～7.0（即微酸性至中性）为宜。当土壤 pH 值偏高呈碱性时需要对其进行酸化处理，方法是在灌溉水中加入一定比例的有机酸（如柠檬酸、醋酸）或酸性化学物质（如 $FeSO_4$）等，使 pH 值降至 6.0～7.0。此外，灌溉若使用自来水，应将自来水放入池中放置一段时间，使自来水中的 $NaClO_3$ 完全分解，否则 Cl^- 与土壤中的 Na^+ 结合产生 NaCl，对花卉的生长不利；同时还可消除水与盆土之间的温差，增强根系的吸水能力。

3.4 花卉与土壤

土壤是花卉生长的物质基础，它能不断地提供花卉生长发育所需要的矿质营养和水分。因此，土壤的理化性质、土壤质地及肥力状况对花卉的生长具有重要影响。花卉栽培一般需要土壤具有良好的团粒结构，透气保肥，有适宜的酸碱度和含盐量。

3.4.1 花卉对土壤质地的要求

土壤质地是指粗细不同的土粒在土壤中占有不同的比例，从而形成了不同土质，又称为土壤质地。土壤质地有砂土、壤土和黏土之分（见表 3-3）。露地花卉的栽培不要求土壤土层深厚、透气透水，有一定的肥力就可以。盆栽花卉由于盆空间的限制，对盆土的要求较高，要求其除了具备良好的理化性质外，还需要具有充足的养分。

表 3-3 中国土壤质地分类

质地类别	质地名称	不同粒级的颗粒组成/%		
		砂粒(0.05～1mm)	粗粉粒(0.01～0.05mm)	细黏粒(<0.001mm)
砂土	粗砂土	>70	—	<30
	细砂土	60～70	—	<30
	面砂土	50～60	—	<30
壤土	砂粉土	≥20	≥40	<30
	粉土	<20	≥40	<30
	砂壤土	≥20	<40	<30
	壤土	<20	<40	<30
	砂黏土	≥50	—	≥30
黏土	粉黏土	—	—	30～35
	壤黏土	—	—	35～40
	黏土	—	—	40～60
	重黏土	—	—	>60

（1）砂土

含砂粒较多，土质疏松，易于耕作，土粒间空隙大，通气透水，但蓄水保肥能力差，土温高，昼夜温差大，有机质分解迅速，不易积累，腐殖质含量低，常用作扦插基质，或用作培养土的配制成分和改良黏土的成分，适宜栽植球根类花卉和多浆植物类。

（2）黏土

土壤质地较细，土质黏重，土粒之间的空隙小，通气透水性能差，吸水保肥能力强，土温低，昼夜温差小，有机质分解缓慢。除少数花卉喜黏土外，大多数花卉不适应此类土壤。

（3）壤土

土粒大小适中，形状介于砂土和黏土之间，不松不紧，既能通气透水，又能蓄水保肥，水、肥、气、热的状况比较协调，是理想的土壤质地，适合大多数花卉的生长，是理想的花卉生长土壤。

3.4.2 花卉对土壤理化性质的要求

土壤的理化性质是指土壤的物理性质和化学性质，土壤理化性质直接或间接地影响花卉植物的生长发育。

（1）酸碱度

土壤溶液的酸碱程度，用 pH 表示。土壤酸碱度与微生物活动有关，它影响着土壤有机质和矿物质的分解和利用。土壤按照酸碱度不同分为酸性、中性、碱性三种类型。各种花卉由于原产地土壤条件不同，对土壤酸碱度的要求也不同，大部分花卉生长适宜的酸碱度范围是 pH 5.5～6.5。一般而言，原产于北方的花卉耐碱性强，原产于南方的花卉耐酸性强，而大多数露地栽培的花卉要求中性土壤，温室盆栽花卉多数要求酸性或微酸性土壤。土壤酸碱度影响花色变化，如八仙花的花色变化是由土壤中 pH 值的变化引起的，同时还与金属铁和铝的含量有关（见表 3-4）。

表 3-4　土壤酸碱度与八仙花花色、花中铝含量的关系

土壤 pH 值	花色	铝含量/(mg/L)
4.56	深蓝色	2375
5.13	蓝色	897
5.50	紫色	338
6.51	红紫色	214
6.89	粉红色	180
7.36	深粉红色	100

注：来源于 R. C. ALLEN. Contr. Boyce Thomps. Inst，13：221-245，1944。

（2）土壤有机质

土壤有机质是土壤中以各种形式存在的含碳有机化合物，是土壤养分的主要来源，其中腐殖质是土壤有机质的主要组成部分，也是土壤养分的主要来源，一般占有机质的 50%～70%。腐殖质在一定条件下缓慢分解，释放出养分供花卉吸收，同时释放 CO_2 供植物进行光合作用。腐殖质既是良好的胶结剂，又是一种有机胶体，能促进土壤团粒结构的形成，缓冲土壤的酸碱度，提高土壤的保肥性能。栽培花卉过程中可以通过增施有机肥，调节土壤有机质的转化条件，为花卉生长提供更多的养分。

（3）土壤含盐量

将土和水按一定的比例混合，使其中的盐类尽可能溶解出来，然后测定水溶液的 EC 值，便可比较土壤的盐类浓度。电导度可表示各种离子的总量和硝态氮之间存在的相关性，因此，可以通过 EC 值推断土壤或基质中氮素含量。露地栽培条件下土壤盐分不会成为花卉生长的限制因子，但保护地因为土壤全部被覆盖，得不到降雨的淋溶，而且保护地温度较高，蒸发量较大，盐分随着水分蒸发被带到地表，因此保护地的盐分往往很高，可以高达 10000mg/L 以上，而露地一般最高在 3000mg/L。不同种类的花卉以及同种花卉不同生育时期，其适宜的 EC 值也不同。多数花卉适宜的盐分含量在 1000～2000mg/L，EC 值＜1.5mS/cm。土壤盐分可以通过合理施肥、合理灌溉或更换表土等方法来调节。据报道，在土与水比例为 1∶2 的情况下，几种常见花卉的 EC 值，香石竹以 0.5～1.0mS/cm 为宜，菊花以 0.5～0.7mS/cm 为宜，月季以 0.4～0.8mS/cm 为宜。

（4）孔隙率

此处孔率主要指重力水排掉后所留下的大孔隙，亦即非毛细管孔隙，又称为通气孔隙。通常通气孔隙率应维持在 5%～30%。若通气孔隙率过高，则持水量降低，并导致盆栽土壤易干燥。不同种类的花卉对通气孔隙率的要求不同，表 3-5 列出了常见花卉根系对通气孔隙率的要求。

表 3-5 常见花卉根系对通气孔隙率的要求

通气孔隙率	很高（20%）	高（10%～20%）	中高（5%～10%）	低（2%～5%）
花卉	杜鹃花、附生兰	金鱼草、秋海棠、地生兰、栀子花、大岩桐、石楠、非洲紫罗兰、观叶植物	山茶、菊花、百合、唐菖蒲、一品红	香石竹、天竺葵、常春藤、紫罗兰、棕榈、月季、松柏、椰子、草坪草

注：引自 Johnson，1968。

（5）土壤微生物

土壤中含有大量的细菌、真菌、放线菌等微生物，花卉根系进入土壤中，根系分泌物为微生物提供营养，导致花卉植物与微生物之间协同进化，促进根系周围大量微生物聚集。土壤微生物影响肥料的存在状态，特别是铁、铜、锰、锌等微量元素，可以分解迟效肥料，将其转化为花卉可以吸收和利用的速效态肥料，为花卉的生长提供营养。另外，花卉植物与泡囊-丛枝菌根真菌共生形成菌根。研究表明，菌根菌在自然界养分循环中起重要的作用，除了通过根外菌丝将土壤中的矿质元素、水分等输送给花卉植物吸收和利用外，还可以提高花卉的成活率，促进花卉的生长，从而提高花卉的抗逆性和抗病性。

3.4.3 不同花卉对土壤的要求

花卉的种类繁多，不同花卉对土壤的要求不同，同一种花卉不同发育时期对土壤的要求也不同。但不同花卉也存在一定的共性，现介绍如下。

（1）露地一二年生花卉

适宜排水良好的砂壤土、壤土或黏壤土，并要求表土深厚、干湿适中、富含有机质。过于黏重或过于疏松的土壤均不适宜。

（2）宿根花卉

由于根系较大，入土较深，要求土层厚度 40～50cm；而且下层土壤砂性强，以利排水，表土为富含有机质的黏质壤土最好。

（3）球根花卉

一般是以富含腐殖质、排水良好的砂质壤土或壤土为宜，尤其是下层为排水良好的砂砾土，表土为深厚肥沃的砂壤土最理想。但水仙、风信子、百合、郁金香、石蒜、晚香玉等则以黏质壤土为宜。

（4）盆栽花卉

由于盆土容量有限，盆花根系生长受到抑制。因此，培养土的好坏是盆花栽培的关键。盆栽花卉的土壤要求除了具备较好的理化性质外，还需要充足的营养物质，经常通过培养土的配制来满足花卉生长发育需要。

培养土通常由园土、腐叶土、河砂、泥炭、针叶土等材料按照一定的比例配制而成。园土一般来自菜园、果园或种过豆科植物的表层土壤，这部分土壤都具有一定的肥力和团粒结构，是构成培养土的主要成分。腐叶土是阔叶落叶与园土加肥料堆积发酵而成的，肥力充足，土质疏松，是较好的基质材料。河砂颗粒较粗，透气透水，不具有团粒结构，不含营养，用来改善土壤的通透性，也可以单独用来扦插或播种。泥炭是一些水生植物腐烂、炭化、沉积形成的，疏松，透气透水，含有胡敏酸，对扦插生根有利。有关培养土的具体配制方法详细内容见 6.2.2 部分营养土。

3.5　花卉与营养

花卉生长发育所需的养分大多来自从环境中吸收的各种物质。这些物质的构成元素有大量元素和微量元素。大量元素有碳（C）、氢（H）、氧（O）、氮（N）、磷（P）、钾（K）、钙（Ca）、镁（Mg）、硫（S）、硅（Si），其中构成有机成分的元素有 C、H、O、N 四种，构成灰分的矿物质元素有 P、K、Ca、Mg、S、Si 六种，其中 C、H、O 占干物重的 90%以上，O 和 H 从水中获得，C 从空气中获取。矿物质元素均从土壤中吸收；N、P、K 虽然存在于土壤中，但其含量远不能满足植物生长发育的需要，必须通过施肥加以补充，因此通常将 N、P、K 称为植物生长三要素。影响花卉植物生长发育的微量元素主要有铁（Fe）、硼（B）、锰（Mn）、锌（Zn）、铜（Cu）、钼（Mo）、氯（Cl）、钠（Na）、镍（Ni）。微量元素在植物体内含量极少，只占体重的 0.0001%～0.001%，但在花卉生长发育中也起到重要的作用，如作为酶的辅助因子或活化剂等，在花卉栽培中，通常用根外追肥的方式给予补充。

3.5.1　主要营养元素对花卉生长发育的影响

不同花卉的生长发育对肥料的要求不同，都有一个适宜的浓度范围（见表 3-6），其中 N、P、K 的需求量最多，常被称为肥料的“三要素”，供应不足时常会出现营养不良症状。

花卉生长所需的主要元素及其作用如下。

（1）氮（N）

氮在植物体内以 NH_4^+、NO_3^- 和有机氮形式存在，是合成蛋白质、叶绿素、核酸、磷脂的主要元素，也是构成维生素、激素、生物碱的重要元素，在蛋白质中含 16%～18%。氮素有利于花卉植物光合产物的积累，促进花卉的营养生长。氮素供应充足时，花卉生长枝繁叶茂。常用的无机氮肥有尿素、硫酸铵、硝酸铵等。一二年生花卉、宿根花卉、球根花卉、室内观叶植物、木本花卉等在营养生长阶段需要较多的氮肥，进入生殖生长阶段应适当控制氮肥，增施磷钾肥有助于花芽分化，提高抗逆性。

（2）磷（P）

磷是构成磷脂、核苷酸、核蛋白的主要成分，也是构成细胞质、细胞核和许多酶的组成部分。通常以 $H_2PO_4^-$ 的形式被植物吸收。磷有助于根系生长、种子萌发、茎秆直立、花芽分化、果实成熟；促进体内可溶性糖类的贮存，增强抗寒、抗旱能力。常用的磷肥有过磷酸钙、磷酸二氢钙、氮磷钾复合肥、钙镁磷肥、磷矿粉等。花卉在营养生长阶段需适量磷肥，在进入花芽分化期和开花期前，应注意增施磷肥。

表 3-6 几种花卉体内营养元素的适宜浓度

元素	杜鹃	香石竹	天竺葵	一品红	月季	菊花
N/%	2.0～3.0	3.5～5.2	3.3～4.8	4.0～6.0	3.0～5.0	4.5～6.0
P/%	0.29～0.50	0.2～0.3	0.40～0.67	0.3～0.7	0.2～0.3	0.26～1.15
K/%	0.8～1.6	2.5～6.0	2.5～4.5	1.5～3.5	1.8～3.0	3.5～10.0
Ca/%	0.22～1.60	1.0～2.0	0.81～1.2	0.7～2.0	1.0～1.5	0.5～4.6
Mg/(mg/kg)	0.17～0.5	0.24～0.50	0.2～0.52	0.4～1.0	0.25～0.35	0.14～1.50
Mn/(mg/kg)	30～300	100～300	42～174	11～200	30～250	195～260
Fe/(mg/kg)	50～150	50～150	70～268	100～500	50～150	—
Cu/(mg/kg)	6～15	10～30	7～16	6～15	5～15	10
B/(mg/kg)	17～100	30～100	30～280	30～100	30～60	25～200
Zn/(mg/kg)	15～60	25～75	8～40	25～60	10～50	7～26

注：引自包满珠《花卉学》第三版。

(3) 钾 (K)

钾主要以 K^{+} 存在，在体内移动性大，通常分布在生长最旺盛部位。钾是多种酶的辅助因子及活化剂。钾肥促进花卉生长强健、茎秆粗壮，防止倒伏；促进根系增大加粗、花色鲜艳，提高花卉抗逆能力，尤其对球根花卉效果特别明显。常用的钾肥有草木灰、硫酸钾、氯化钾、磷酸二氢钾、氮磷钾复合肥等。

(4) 钙 (Ca)

钙主要以 Ca^{2+} 形式被吸收。钙是植物细胞壁中胶层的组成部分。钙与有机酸结合形成植酸钙镁，这种形式可防止酸中毒。常用的钙肥有过磷酸钙、石灰等。

(5) 镁 (Mg)

镁是叶绿素的组成成分，是许多酶的活化剂，同时对磷的吸收有很大影响。常用的镁肥有钙镁磷肥。

(6) 硫 (S)

硫是蛋白质和酶的重要组成成分，约有 90% 的硫存在于胱氨酸、半胱氨酸和蛋氨酸等含硫氨基酸中。硫也是植物体内脂肪酶、羧化酶、氨基转移酶、磷酸化酶等的组成成分，并参与某些生物活性物质，如硫胺素、辅酶 A、乙酰辅酶 A 等的组成，还能促进豆科植物形成根瘤，增强固氮能力。施用硫黄粉或液态二氧化硫（SO_2）肥可降低石灰性土壤的 pH 值，从而增加土壤中磷、铁、锰、锌等元素的有效性。常用硫肥有硫黄、石膏、硫铵、硫酸钾等。

(7) 铁 (Fe)

铁是植物体内酶的重要组成成分，是合成叶绿素的主要成分。铁在植物体内的移动性很小，老叶中的铁不能向新生组织中转移，不能再利用。常用的铁肥有黑矾、尿素铁等。

(8) 硼 (B)

硼能促进碳水化合物的运转，促进花芽分化，防止落花落果；硼还能改善氧的供应，促进根系发育。常用的硼肥有硼酸、硼砂等。

3.5.2 花卉营养缺乏症

花卉在生长发育过程中，若缺乏某种元素，则在植株的外观性状上呈现出一定的病态，称为花卉营养缺乏症。为便于参考，将主要元素缺乏症以检索表的形式叙述，如表3-7所列。

表3-7 花卉营养缺乏症检索表

<table>
<tr><td rowspan="4">病症通常发生于全株或下部较老叶子上</td><td rowspan="2">病症经常出现于全株,但常是老叶黄化而死亡</td><td colspan="2">叶淡绿色,生长受阻;茎细弱并有破裂,叶小,下部叶比上部叶的黄色淡,叶黄化而干枯,呈淡褐色,少有脱落 (缺氮)</td></tr>
<tr><td colspan="2">叶暗绿色,生长延缓;下部叶的叶脉间黄化,常带紫色,特别是在叶柄上,叶早落 (缺磷)</td></tr>
<tr><td rowspan="2">病症常发生于较老、较下部的叶上</td><td colspan="2">下部叶黄化,在晚期常出现枯斑,黄化出现于叶脉间,叶脉仍为绿色,叶缘向上或向下反曲而形成皱缩,在叶脉间常在一日之内出现枯斑 (缺镁)</td></tr>
<tr><td colspan="2">下部叶有病斑,在叶尖及叶缘常出现枯死部分。黄化部分从边缘向中部扩展,以后边缘部分变褐色而向下皱缩,最后下叶和老叶脱落 (缺钾)</td></tr>
<tr><td rowspan="5">病症发生于新叶</td><td rowspan="3">顶芽存活</td><td rowspan="2">叶脉间黄化,叶脉保持绿色</td><td>病斑不常出现。严重时叶缘及叶尖干枯,有时向内扩展,形成较大面积,仅有较大叶脉保持绿色 (缺铁)</td></tr>
<tr><td>病斑通常出现,且分布于全叶面,极细叶脉仍保持为绿色,形成细网状;花小而花色不良 (缺锰)</td></tr>
<tr><td colspan="2">叶淡绿色,叶脉色泽浅于叶脉相邻部分。有时发生病斑,老叶少有干枯 (缺硫)</td></tr>
<tr><td rowspan="2">顶芽通常死亡</td><td colspan="2">嫩叶的尖端和边缘腐败,幼叶的叶尖常形成钩状。根系在上述病症出现以前已经死亡 (缺钙)</td></tr>
<tr><td colspan="2">嫩叶基部腐败;茎与叶柄极脆,根系死亡,特别是生长部分 (缺硼)</td></tr>
</table>

注:引自A. Laurie及C. H. Poesch。

3.6 花卉与气体

空气中含有氧气（O_2）和二氧化碳（CO_2），为花卉的生命活动提供了必要条件。工业的飞速发展致使空气污染日趋严重，有害气体不断增加，植物的生存环境遭到迫害。为了适应环境的变化，有些花卉建立了防御有害气体的机制，成为重要的环保植物；有些花卉经受不住有害气体的侵袭，以致受害死亡。了解花卉和各种气体的关系，对正确选择花卉种类，改善花卉的栽培条件，以及选择适宜的花卉生产基地等都有重要意义。

3.6.1 空气成分对花卉生长发育的影响

空气中主要成分氮气（N_2）约为78%，氧气（O_2）约为21%，二氧化碳（CO_2）约为0.03%，其他成分还有氩、氖、氦、氢和臭氧等，其中对花卉生长起重要作用的是氧气和二氧化碳。

（1）氧气（O_2）

氧气与花卉的生命活动息息相关，花卉的光合作用和呼吸作用都离不开氧气。大气中氧的含量约为21%，一般条件下，花卉的生产不存在缺氧问题，但当干旱条件下土壤紧实或表土板结时，土壤通气不良，氧气供应不足，根系呼吸受阻，会导致根系腐烂。种子萌发也需要氧气的供应，如果土壤中氧气不足，种子萌发会受到抑制，可以通过松土改善土壤通气状况。

(2) 二氧化碳(CO_2)

空气中二氧化碳的平均含量约为0.03%(约300mg/kg)。二氧化碳是光合作用合成有机物的重要原料。在一定范围内,增加空气中二氧化碳的含量,就能增大花卉光合作用强度,从而增加光合产物的积累,但当空气中二氧化碳浓度高达2%~5%时又会对光合作用产生抑制作用。在保护地花卉生产中,可以通过二氧化碳施肥来提高花卉的产量和品质,但如果浓度超过0.3%将对花卉产生毒害,可以通过通风和松土来解决。

3.6.2 空气污染对花卉的危害

目前已经发现对花卉生长发育危害严重的主要污染物有二氧化硫(SO_2)、氟化氢(HF)、氯气(Cl_2)、氨气(NH_3)、硫化氢(H_2S)、过氧乙酰硝酸酯(PAN)、臭氧(O_3)、乙烯($CH_2=CH_2$)、乙炔($CH\equiv CH$)、丙烯($CH_3CH=CH_2$)等。

(1) 二氧化硫(SO_2)

二氧化硫是花卉当前最主要的污染物,是火力发电厂、炼焦、合成纤维等工厂燃烧燃料后产生的有害气体。另外,温室加温设备使用不当也会产生二氧化硫。不同花卉对二氧化硫的抗性不同,抗性弱的花卉在浓度为0.05~0.5mL/m^3时8h就会受害,抗性强的花卉在浓度为2.0mL/m^3时8h就会受害或10.0mL/m^3时30min就会受害(见表3-8)。多数花卉在二氧化硫浓度为0.05mL/m^3时几天便会受害。二氧化硫由气孔侵入叶片组织后,叶绿体被破坏,组织脱水并坏死,表现症状首先出现在气孔及叶缘周围,开始呈现水渍状,进而叶脉间出现许多褪色斑点,严重时致使叶片黄化脱落。为防止二氧化硫危害,需要加强化工厂区污染处理,温室中加温的炉灶尽量与花卉隔开。

表3-8 常见花卉对有害气体的抗性表

气体名称	抗性			
	极强	强	中	弱
二氧化硫	美人蕉、石竹、夹竹桃、菊花、刺槐、无花果、向日葵、柏树	凤尾柏、大丽花、唐菖蒲、鸡冠花、广玉兰、龟背竹、鱼尾葵、君迁子、紫叶李、蚊母树、月季、石榴、蜀葵、苏铁、翠菊、扶桑、白兰花、令箭荷花、木兰、柑橘、桂花、冬青、月桂、海桐、白蜡	紫茉莉、一串红、荷兰菊、百日草、矢车菊、银边翠、天人菊、波斯菊、蛇目菊、叶子花、旱金莲、一品红、红背桂、彩叶草、南天竹、白玉兰、紫荆、鸢尾、桔梗、锦葵、杜鹃、柳杉、龙柏、棕榈、郁李、芭蕉	硫华菊、月见草、美女樱、麦秆菊、福禄考、瓜叶菊、滨菊、水杉、白榆、木瓜、樱花、雪松、黑松、竹子、悬铃木
二氧化碳和酸雨	无花果、龙柏、八仙花、构树、珊瑚树、桑树、香椿、臭椿、刺槐、黄杨	棕榈、月季、枫杨、乌桕、合欢	龙柏、夹竹桃、迎春	黑松、水杉、榆树、悬铃木
氟化氢	木芙蓉、葱兰、黄连木、龙柏、无花果、构树、罗汉松、丁香、小叶女贞、桑	一品红、秋海棠、大丽花、万寿菊、紫茉莉、牵牛花、悬铃木、丝棉木、广玉兰、珊瑚树、蚊母树、凤尾兰、大叶黄杨、火棘、蜡梅、石榴、玫瑰、紫薇、山茶、柑橘、柳杉、臭椿、杜仲、柿树、枣树、女贞、海桐、石楠、棕榈、锦熟黄杨	美人蕉、百日草、半枝莲、金鱼草、金银花、栓皮栎、红背桂、三角枫、水仙、醉蝶、栀子、榆树、蜀葵、枫杨、木槿、丝兰、白蜡、樱桃、核桃、小叶黄杨	桂花、玉簪、锦葵、凤仙、杜鹃、合欢、万年青、杨树、桃、枇杷、垂柳、扁柏、黑松、雪松、海棠、唐菖蒲、彩叶草、碧桃

续表

气体名称	抗性			
	极强	强	中	弱
氯气	合欢、乌桕、紫荆、木槿、接骨木	夹竹桃、南洋杉、万年青、罗汉松、鸡冠花、唐菖蒲、一串红、金盏菊、大丽花、三角枫、丝棉木、凤尾柏、桂花、海桐、苏铁、珊瑚树、大叶黄杨、石榴、木槿、月季、臭椿、杜鹃、刺槐、合欢、泡桐、苦楝、洒金柏	一串红、石刁柏、夜来香、八仙花、叶子花、万寿菊、波斯菊、百日草、彩叶草、红背桂、晚香玉、凤仙花、金鱼草、矢车菊、南天竹、六月雪、米兰、黄婵、醉蝶、黑松、榆树、木瓜、地锦、凌霄、牡丹、柚	福禄考、瓜叶菊、锦葵、茉莉、樱草、倒挂金钟、天竺葵、四季海棠、广玉兰、紫薇、竹子、糖槭、山荆子
氯化氢	无花果、苦楝、美人蕉、龙柏、紫茉莉、刺槐、杨、桑、国槐、小叶女贞、日本樱花	紫薇、棕榈、蜀葵、白蜡、合欢、乌桕、锦带花、紫叶李、海桐、栀子、锦熟黄杨	蜡梅、榆树、女贞、夹竹桃	广玉兰、黑松、雪松
硫化氢	罗汉松、月季、蚊母树、构树、羽衣甘蓝、樱花、锦熟黄杨	龙柏、樱桃、榆树、桑树、桃、夹竹桃、悬铃木	唐菖蒲、矢车菊、向日葵、旱金莲、石楠	桂花、紫菀、虞美人

注：引自包满珠《花卉学》第三版。

(2) 氟化氢 (HF)

氟化氢是氟化物中毒性最强、排放量最大的一种有毒气体，主要来源于炼铝厂、磷肥厂、搪瓷厂、玻璃厂等。大气中氟化氢的污染程度不如二氧化硫严重，范围也不大，但对花卉的毒性比二氧化硫重 10～100 倍，当大气中氟化物达 1～5mL/m^3 时，花卉较长时间接触就会产生药害。氟化氢由气孔或表皮吸收进入细胞内，转化成有机氟化物，进而影响酶的合成。其危害症状是首先幼芽、幼叶叶尖及叶缘出现淡褐色斑，然后向内扩散，逐渐出现萎蔫现象。氟化氢还能导致植株矮化，早期落叶，后期落花、落果。各种花卉对氟化氢的抗性程度不同，具体见表 3-8。

(3) 氯气 (Cl_2)

氯气主要来自化工厂的废气或聚氯乙烯薄膜高温分解释放的气体。氯气的毒性很大，是二氧化硫的 2～4 倍。其危害症状首先在叶脉间出现伤斑、不规则点状或块状结构，与健康组织界限不明显，对氯气敏感的花卉在 0.1mL/m^3 下接触 1h 就会出现症状。各种花卉对氯气的抗性程度不同，具体见表 3-8。

(4) 氨气 (NH_3)

在花卉设施栽培中，使用大量有机氮肥和无机氮肥就会增加空气中氨气的含量，当氨气含量达到 40mL/m^3 时 1h 就会产生伤害。叶缘开始出现烧伤现象，经过 24h 后，大部分花卉中毒死亡。各种花卉对氨气的抗性程度不同，具体见表 3-8。

(5) 其他有害气体

在工矿比较集中的地区，空气中还含有硫化氢 (H_2S)、氯化氢 (HCl)、臭氧 (O_3)、过氧乙酰硝酸酯 (PAN)、乙烯 ($CH_2=CH_2$)、乙炔 ($CH\equiv CH$)、丙烯 ($CH_3CH=CH_2$) 等有害气体，它们对花卉都有严重危害，这些有害气体大部分来自工厂烟囱排放出的烟尘，有时也会由工厂排出的废水中散发出来。城市中的有害气体主要来自燃油汽车排放的尾气，供暖及生活用燃料的不完全燃烧以及垃圾的焚化过程。当花卉分别暴露在硫化氢浓度 40～400mL/m^3、乙烯浓度 1.0mL/m^3、臭氧浓度 0.1～0.35mL/m^3、过氧乙酰硝酸酯浓度 0.1～0.02mL/m^3 时就会产生不同程度的伤害。各种花卉对硫化氢和氯化氢的抗性程度不同，具体见表 3-8。

第4章

花卉栽培设施及设备

花卉作为商品，不仅要求种类丰富、品质优良，还要满足市场对不同季节花卉的需求，实现四季有花，因此实现花卉周年生产显得更加重要。不同花卉对环境条件的要求不同。为满足不同花卉的生长要求，实现花卉的周年生产，需要提供具备一定条件的栽培设施。所谓栽培设施是指人工建造的，为花卉生产创造适宜条件的各种建筑及设备。常见的栽培设施有温室、大棚、冷床与温床、阴棚、风障和地窖以及各种机械化、自动化设备及器具。

4.1 设施栽培的特点

1）设备投入多、生产成本高　建造不同型号的温室或大棚等费用不同，但相比于露地栽培，设施栽培总体成本高，智能温室或大棚内部安装温度调控、湿度调控、肥水调控等自动化、智能控制系统等配套设备，价格昂贵。

2）科技含量和栽培管理技术要求高　现代化的温室或大棚内部安装自动化的智能控制系统，根据花卉生长的需要实现设施内部各种环境因子的自动调节。要求栽培人员熟练掌握栽培设施的性能指标，熟悉花卉不同生长阶段的习性及不同花卉对环境条件的要求，以及不适应环境的抗性幅度，从而掌握花卉栽培的关键技术。掌握当地的气候条件、栽培地周边的环境条件。

3）产量高　利用设施栽培可以抵御不良的外界环境，实现不同用途的各类花卉的周年生产，提高设施内单位面积上产品的产量和质量。

4）对市场需求的预判　利用设施栽培时要求生产与销售紧密结合，根据未来发展和市场需求合理制订生产计划，充分利用设施的有限空间，最大可能地提高经济效益。

4.2 栽培设施的发展趋势

栽培设施的发展是伴随着人类文明的不断进步和科学技术的日新月异而发展起来的，经历了原始时期（公元前221年～1385年）、发展时期（18世纪初～19世纪60年代）和现代化时期（20 世纪 70 年代～21 世纪初），目前朝以下方向发展。

1）温室向着大型化、现代化和工厂化方向发展　大型化是指一栋温室面积最小 $1hm^2$，大到十几公顷。现代化是指温室向着结构标准化、环境调控自动化、栽培操作机械化、栽培管理科学化发展。电子计算机在温室管理和环境控制上的应用以及配套设备开发使温室朝着智能化、互联网、物联网方向发展。

2）温室研究的重点集中在节约能源和降低成本上　日光节能温室建造技术是当今温室建造研究的热点问题，主要集中在利用太阳能、地热、天然气、废余热以及保温贮能的设备的开发上。骨架造型趋向多拱拼装式和大型连栋式方向发展。覆盖材料趋向多功能、系列化，向覆盖材料具有高强度、轻便、耐腐蚀、透光性好、使用寿命长等优点的方向开发。

3）温室内栽培设备及栽培生理的研究　无土栽培设备及从育苗到收获分级包装整套工厂化设备的生产与开发；花卉栽培生理及栽培方法的研究；温室内病虫害的生物防治及物理防治；耐低温、抗病、耐弱光等优良品种的选育。

4.3　温室

温室是指利用透光能力强的材料覆盖屋面形成的保护性栽培设施。与其他设施相比，温室对温度、湿度、光照等环境因子的调控能力非常强，是花卉生产中最重要、应用最广泛的栽培设施。温室经常用于我国北方及华北地区的热带、亚热带花卉及冬春开花花卉的冬季生产、促成栽培和抑制栽培。

4.3.1　温室的类型

温室的种类很多，根据不同的分类标准将其分为不同的类型。

4.3.1.1　根据建筑形式分类

（1）单屋面温室

该温室北侧是高墙（高度 2.7～3.5m，厚度 0.5～1.0m，顶高 3.6m），东西是矮墙，屋面向南倾斜，依墙而建，一般跨度为 6～8m[见图 4-1(a)]。温室节能保温、投资小，但通风不良、光照不均，室内盆花需要经常转盆。小面积温室多采用此种类型，尤其在北方严寒地区使用广泛。节能型日光温室的成功研制，大大增强了温室的环境调控能力，是目前我国应用面积最大的温室，在我国北方地区推广迅速。单屋面温室根据覆盖材料不同又分为单屋面玻璃温室和单屋面塑料薄膜温室。单屋面玻璃温室主要形式有一面坡式、二折式、三折式、立窗式等，其中二折式和三折式应用较多。二折式温室以北京改良式温室为代表，前屋面上部为天窗，下部为地窗，两侧倾斜角度不同。三折式以天津无柱式温室为代表，前屋面是由 3 个不同角度的玻璃屋面构成。单屋面塑料薄膜温室以节能型日光温室为代表。

（2）等屋面温室

该温室屋顶有两个相等的屋面，东西两侧为坡面相等的玻璃，屋面倾斜角度在 28°～35°，一般跨度为 6～10m[见图 4-1(b)]，多数南北延伸。主框架采用钢、木、铝合金材料，以玻璃或聚碳酸酯硬质材料为覆盖材料。室内受光均匀，温度较稳定，适合修建大面积温室，但通风不良，保温较差，昼夜温差大，需要有完善的通风和加温设备。

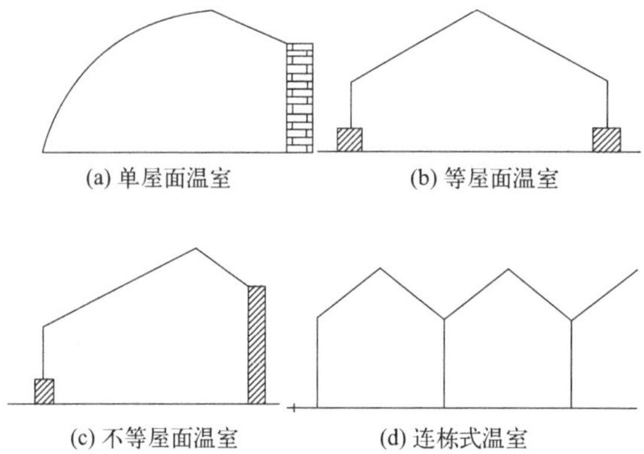

图 4-1 不同屋面类型温室

(3) 不等屋面温室

温室屋顶有两个宽度不等的屋面，南面较宽，北门较窄，南北宽度比例为 3∶2 或 4∶3，东西方向延伸，坐北朝南，或南偏东、南偏西，但不宜超过 10°[见图 4-1(c)]。光照和通风性较好，但光照不均，保温性能不及单屋面温室。适用于小面积温室生产。

(4) 连栋式温室

连栋式温室是由相同样式或相同结构的两栋或两栋以上的温室连接而成[见图 4-1(d)]。若采用双屋面或均匀的拱形屋面则按照由东向西的顺序排列成行，若采用不等屋面则按照由南向北的顺序排列成行。以荷兰式温室为代表，每个单栋温室长 100m，屋面角度＜20°或 30°，宽 3.2m 或 6.4m 或 9.2m；脊高 3.0m 或 4.2m；侧高 2.5m；总面积有 $1hm^2$ 或 $3hm^2$ 或 $6hm^2$。占地面积少，空间利用率高，光线充足，节能型好，实现温室生产的自动化和智能化管理，但是造价高。

4.3.1.2 根据覆盖材料分类

(1) 玻璃面温室

该类温室以 3～5mm 厚的玻璃为覆盖材料，为了防止冰雹破坏可以考虑使用钢化玻璃。特点是透光性和保温性都较好，使用年限长，但造价高，运行费用高。

(2) 塑料面温室

该类温室以 1.0～1.2mm 厚的塑料薄膜为覆盖材料，单层或双层充气膜，可应用于各类温室。常用的塑料薄膜有聚乙烯膜（PE）树脂、聚氯乙烯膜（PVC）、多层编织的聚乙烯膜。特点是透光率在 80%以上，热导率小，使用寿命 1～4 年，价格便宜，但易燃、易老化和易污染。

(3) 硬质塑料板温室

该类温室以硬质塑料板材为覆盖材料，可以建造大型温室。近年来应用普遍，尤其在日本和美国。常用的硬质塑料板材有丙烯酸塑料板、聚碳酸酯板（PC）、聚酯纤维玻璃（玻璃钢，FRP）、聚乙烯树脂板（PVC）等，其中聚碳酸酯板（PC）是当前应用比较广泛的材料。特点是使用寿命长（15～20 年），气候调控能力强，保温效果好，质量轻，易于切割，不易破碎，采光仅次于玻璃温室，但造价高。

4.3.1.3 根据用途分类

（1）生产温室

该类温室是以生产切花、盆花、种球、种苗等为目的建造的温室。温室建筑形式以适合花卉生产栽培需要和经济实用为原则。特点是一般建筑低矮，外形简单，不注重美观仅注重实用。

（2）观赏温室

该类温室供花卉观赏、盆景展览用，一般设置在公园及植物园内。依花卉种类不同，分别设置成专类温室，如热带花卉温室、兰科花卉温室、沙漠花卉温室、水生植物温室等。特点是要求外形美观，高大。一般有地形的变化和空间的分割，景观性好。

（3）科研温室（人工气候室）

该类温室一般用于科学研究。温室内的所有环境条件都可人工控制，在建筑和设备上均要求很高，室内装有能自动调节环境的一系列装置，可根据需要自动调控环境指标。特点是温室智能化程度高，造价高。

4.3.1.4 根据温度分类

（1）低温温室

冬季室内温度保持 5～15℃，可用于栽培原产于亚热带和大部分暖温带的常绿花木，供它们越冬使用，或储藏不耐寒的球根及扦插苗，或栽培耐寒性草花。

（2）中温温室

冬季室内温度保持 15～25℃，可用于栽培原产于亚热带或热带高原的花卉，或栽培对温度要求不高的热带花卉，或用于一二年生花卉的育苗及生产。

（3）高温温室

冬季室内温度保持 18～32℃，主要栽培热带花卉，如热带兰、棕榈、花烛、王莲等，也可用于冬季花卉的促成栽培。

（4）冷室

冬季室内温度保持 0～15℃，主要用于保护不耐寒的观赏植物越冬，如常绿半耐寒花卉。

4.3.1.5 根据建筑材料分类

（1）土木结构温室

该温室墙壁和屋顶用泥土，其他部分结构用木材，采光面用玻璃或薄膜。该类型一般用于北方冬季无雨季节。

（2）木结构温室

该温室屋架和门窗框等用木材构成。所用木材要求坚固耐久，不易弯曲。该类型造价低，但长时间使用温室的密闭度降低。使用年限一般 15～20 年。

（3）钢木结构温室

屋架、中柱、桁条是钢架结构，其他结构用木材构成。可以建大型温室，使用年限 15～20 年。

（4）钢结构温室

柱、屋架、门窗框等均由钢材构成，可以建造大型温室。钢材坚固耐久，强度大，遮光少，但造价高，易生锈，热胀冷缩常使玻璃破碎。一般使用年限 20～25 年。

（5）铝合金结构温室

柱、屋架、门窗框等均由铝合金构成，可以建造大型温室。该类型结构轻，强度大，密闭度高，使用年限 25～30 年，但造价高。这是目前大型现代化温室的主要结构之一。

（6）钢铝混合结构温室

屋架、柱等采用钢制异形管材结构，门窗框等与外界接触部分采用铝合金构件。这种类型具有钢和铝合金的优点，造价低，是大型温室较理想的结构。

4.3.2 温室设计与建造

（1）温室设计的基本要求

温室设计要依据当地的地理纬度、气候特点、使用目的、生产规模及资金情况等来定。温室设计的基本要求是满足花卉生长所必需的温度、湿度、光照等环境因子，符合栽培花卉的生态类型。例如，在东北地区、华北地区宜选用单屋面或不等屋面的中小型温室，保温性能好，抗压能力强；在华南地区、西南地区、东南地区，一般用塑料大棚即可，但若进行大规模的周年切花生产，宜选用双屋面大中型温室，且具备良好的降温、通风和遮阴等设备。

温室建造选择地势平坦、避风向阳、土质优良、交通便利、水源充足、排水良好的地段。

（2）温室的布局和间距

大型温室群设计要求所有温室尽可能集中，前后的距离以彼此不遮光为原则，有利于管理和保温。南北方向延长的温室，东西两个温室之间的间距为温室高度的 2/3。东西方向延长的温室，南北两排温室间的距离不小于温室高度的 2 倍。当温室高度不相等时，较高温室设置在北面，较矮温室设置在南面。一般情况下工作室或锅炉房设在温室的北面或东西两侧。另外，温室与其他辅助设施尽量在同一平面上，避免有台阶，以免影响温室与辅助设施间的运输。

（3）玻璃屋面倾斜度

温室的基本热量来源于太阳辐射。温室吸收太阳辐射能量的多少均与太阳的角度、温室南面玻璃的倾斜角度有关。当太阳光线与玻璃屋面的倾斜角度为 90°时，温室内获得的能量最大为 86.48%。为使冬季温室获得最大辐射能，通常把冬至中午太阳的高度角作为确定倾斜角度的依据（见表 4-1）。如果温室东西方向延长时，玻璃屋面的倾斜角 $\alpha=90°-\theta$，其中 α 为温室玻璃的倾斜角，θ 为冬至中午太阳高度角。但在设计温室时，既要让温室尽量多地吸收太阳的辐射热量，又要便于建筑结构的处理，一般温室玻璃屋面的倾斜角以 $60°-\theta\leqslant\alpha\leqslant90°-\theta$ 为宜。

如果温室设计是南北方向延长时，在中午前后，屋面倾斜角度的大小与太阳辐射强度关系不大，因为不论玻璃屋面的倾斜角度是多少，都与太阳光线投射于水平面时的夹角相同，这正是东西延长温室白天温度比南北延长温室相对偏低的缘故。但是，为了上午和下午能更多地接受太阳的辐射能量，屋面倾斜角度 $\alpha\geqslant30°$。

✣ 表 4-1 我国境内各纬度地区冬至中午的太阳高度角

纬度(北纬)/(°)	15	20	25	30	35	40	45	50
冬至中午太阳高度角/(°)	51.6	46.6	41.6	36.6	31.6	26.6	21.6	16.6

(4) 温室的附属设备和建筑

1) 室内通道　室内作业的通道，其宽度根据温室的用途来设定。生产型温室，通道宽度一般为 0.8～1.2m，为节省成本多用土路。观赏型温室，通道宽度一般应为 1.8～2.0m，为使其美观路面可用水泥、方砖或花纹卵石铺设。永久性温室的路面可适当铺装。

2) 水池　为了解决温室内贮存灌溉用水问题并增加室内湿度，可以在温室内设置水池。水池位置可设置在种植床下面，深度 $h \leqslant 50$cm。

3) 种植槽　为了限制木本植物的营养面积和根的伸展范围，控制其生长高度，可以在温室内设置种植槽。槽内上沿高出地面 10～30cm，深度 1～2m。

4) 台架　为了充分利用温室空间摆放更多的盆栽植物，可以在温室里设置台架。台架的材质可以是木质、钢筋混凝土或铝合金。根据需要可以设置成固定式或活动式。靠窗边可设单层台架，与窗台等高，60～80cm；靠后墙可设 2～3 层阶梯式台架，每层相隔 20～30cm；中部多采用单层吊装式台架，既利用了空间又不妨碍前后左右花卉的光照。

5) 繁殖床　繁殖温室内设有繁殖床，为扦插、播种和育苗等提供场所。繁殖床需要配备自动控温、自动间歇喷雾装置。

6) 照明设备　温室内安装的所有供电线路必须用暗线，灯罩必须是封闭式，灯头和开关要选用防水性能好的材料，以防因室内潮湿而漏电。

4.3.3 各种类型温室的结构与特点

4.3.3.1 日光温室

日光温室属于不等屋面的一种，其基本结构为骨架、前屋面、后屋面、覆盖材料、立柱、防寒沟等（见图 4-2）。日光温室（包括节能日光温室）的发展经历了第一代、第二代和第三代（见图 4-3），温室在结构改造、材料选择、抗负荷能力、可利用面积、保温透光性能等方面不断提升。

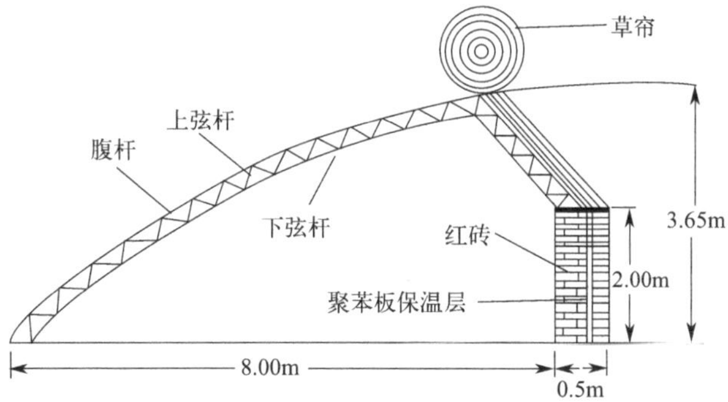

图 4-2　节能型日光温室

下面介绍几种常用的日光温室。

(1) 长后坡矮后墙半拱圆形塑料薄膜日光温室

此类温室后墙较矮，仅 1m 左右，后坡面较长，可达 2m 以上，温室跨度多为 5.5～6.0m，中脊高 2.3～2.4m，前屋面弧长 4.5m（见图 4-4）。特点：取材方便，价格低廉，保

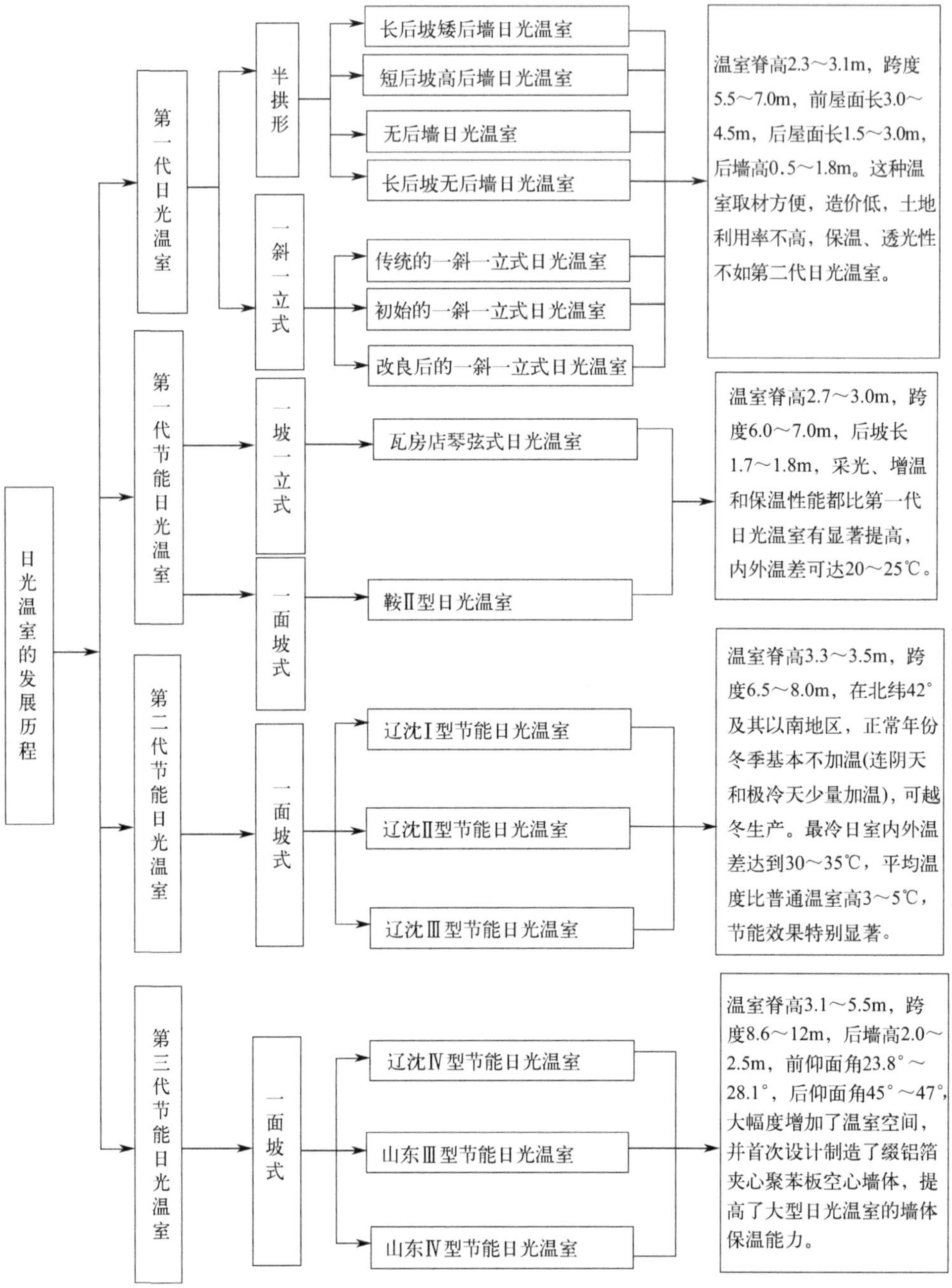

图 4-3　日光温室的类型与特点

温效果较好，尤其是阴雨天，保温效果更加显著。但采光面短，坡下产生的弱光较宽，冬季室内光线还可以，但 3 月份以后在弱光区不能使用，土地利用率较低，栽培面积少。后经过改造增加了中脊高度，缩短后坡长度，采光效果有所增加。目前，主要应用在辽宁省和河北省一带。

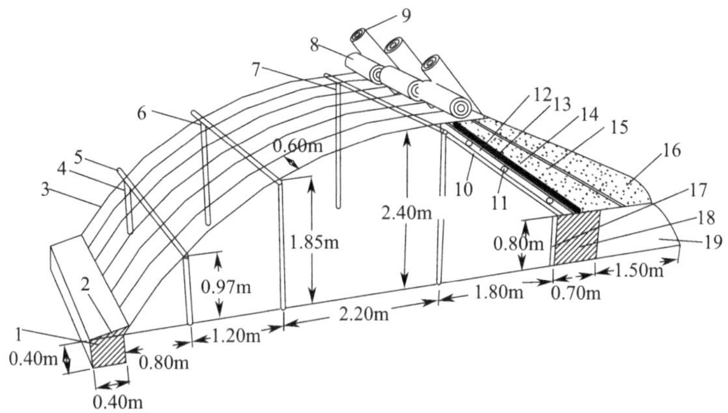

图 4-4　长后坡矮后墙日光温室（李天来，1999）

1—防寒沟；2—黏土层；3—竹拱杆；4—前柱；5—横梁；6—吊柱；7—腰柱；8—中柱；9—草苫；10—纸被；11—柁；12—檩；13—箔；14—扬脚泥；15—碎草；16—草；17—整捆秫秸或稻草；18—后柱；19—后墙

（2）短后坡高后墙半拱圆形塑料薄膜日光温室

这类温室是在克服长后坡矮后墙温室缺点的基础上加以改进形成的。加长了前屋面弧长，缩短了后坡长度，提高了中脊高度。温室跨度5～7m，脊高2.8m，后坡面长1.5～1.7m，后墙高1.5～1.8m（见图4-5）。特点：光照充足，土地利用面积加大，作业方便。白天增温效果好，蓄热能力强，可以弥补夜间保温能力不足的问题。

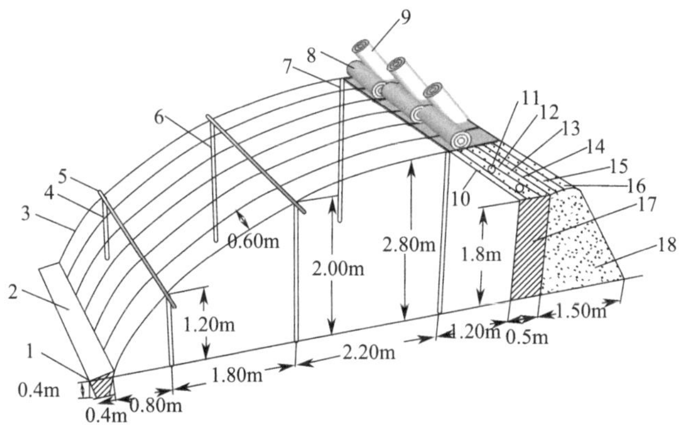

图 4-5　短后坡高后墙日光温室（李天来，1999）

1—防寒沟；2—黏土层；3—竹拱杆；4—前柱；5—横梁；6—吊柱；7—腰柱；8—中柱；9—纸被；10—草苫；11—柁；12—檩；13—箔；14—扬脚泥；15—细碎草；16—粗碎草；17—稻草或整捆秸秆；18—后墙

（3）鞍Ⅱ型日光温室

该类温室是由辽宁省鞍山市园艺研究所设计的一种无柱结构的日光温室（见图4-6）。跨度6～7m，脊高2.8～3.0m，后墙高1.8m，为砖砌空心墙，内填充12cm珍珠岩，后坡长1.7～1.8m，仰角35°，抗荷载能力为300kg/m^2。特点：土地利用面积大，操作简单。

采光、增温和保温性能都比第一代日光温室显著提高，内外温差可达 20～25℃。

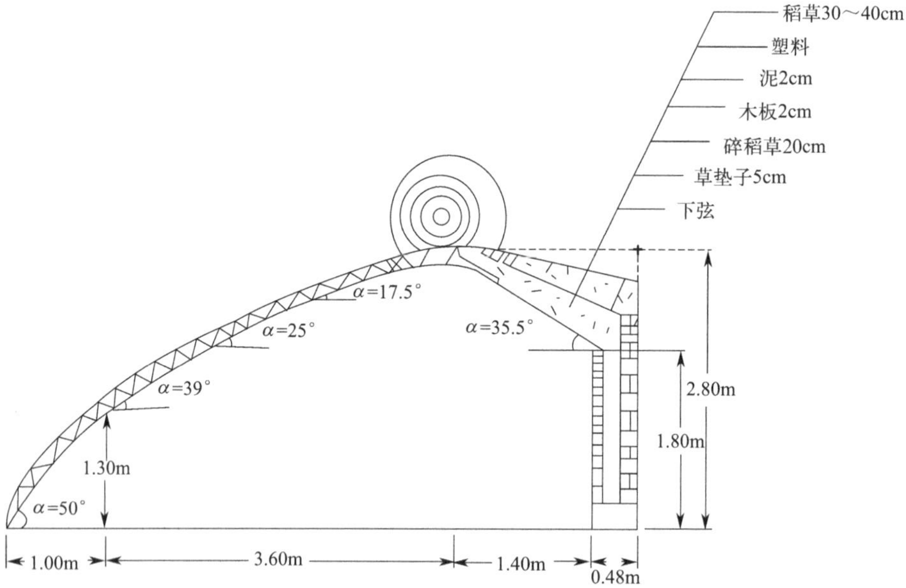

图 4-6 鞍Ⅱ型日光温室（李天来， 1999）

（4）一坡一立式日光温室

该类温室又称琴弦式日光温室（见图 4-7）。前屋面为斜面，下部为小立窗，窗高为

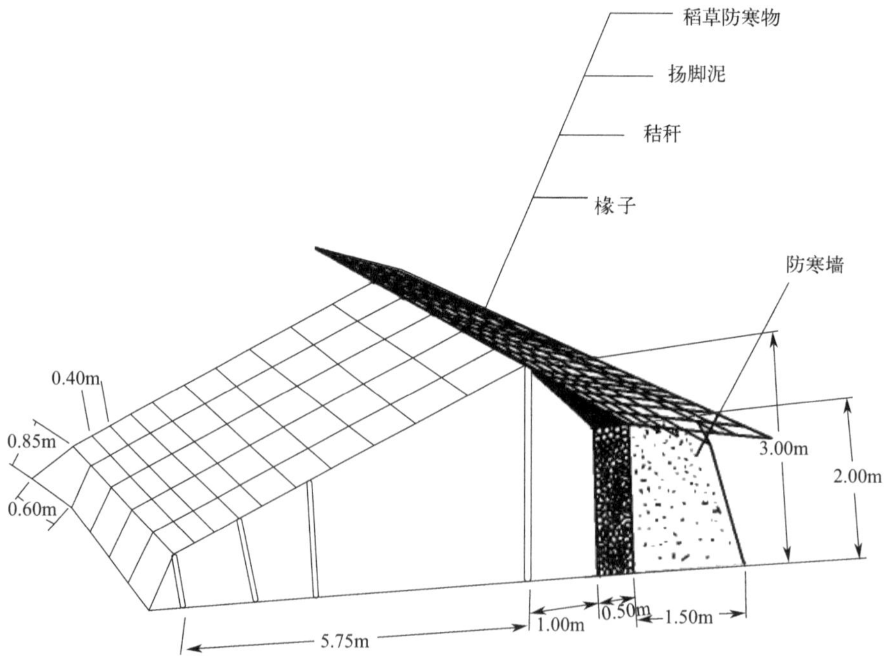

图 4-7 一坡一立式日光温室

0.6～0.8m，立窗角度为 70°，前屋面每隔 3m 设一钢管桁架，纵向每隔 0.4m 拉 1 道 8 号铁丝，两端固定在山墙外基上，盖膜后，膜上压细竹竿与膜内竹竿成对绑扎牢固。这种温室的后屋面短，土地利用率高，空间大，有利于花卉生长和人工作业，但其采光性能不如半拱圆形温室。另外，固定前屋面薄膜操作烦琐，容易损坏薄膜。

(5) 辽沈Ⅰ型日光温室

此类温室是由沈阳农业大学设计的无柱式第二代节能日光温室（见图 4-8)。脊高 3.3～3.5m，跨度 6.5～8.0m，后屋面仰角 30.5°，后墙高度 2.5m，后坡水平投影长度 1.5m，墙体内外侧为 26～37cm 砖墙，中间夹 9～12cm 厚聚苯板，后屋面也采用聚苯板等复合材料保温，拱架采用镀锌钢管，配套有卷帘机、卷膜器、地下热交换设备。在北纬 42°以南地区，冬季基本不加温也可进行育苗以及生产喜温花卉，最冷日室内外温差达到 30～35℃，平均温度比普通温室高 3～5℃，节能效果特别显著。

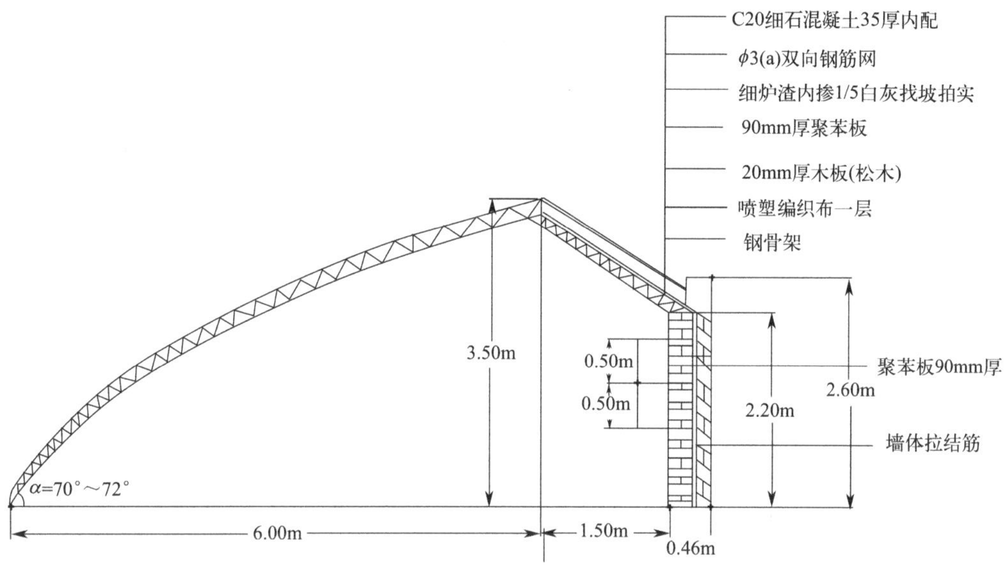

图 4-8　辽沈Ⅰ型日光温室

(6) 山东Ⅳ型日光温室（SD-4)

此类温室是由山东省农业科学院蔬菜研究所设计的。山东Ⅳ型日光温室脊高 3.8～4.0m，前屋面角 23.8°～24.9°，后屋面仰角 45°～50°，后墙高度 2.4～3.2m，后坡水平投影长度 1.5m，墙体内外侧为 37cm 砖墙（见图 4-9)。寿光型日光温室脊高 4.2～4.3m，耕作地面下挖 0.3～0.4m，采光面平均角度 22.4°～23.5°，后墙高 3.0～3.2m，后屋面水平投影长度 1.5m，后屋面仰角 45°～50°（见图 4-10)。总的来说，此类温室投资低，蓄热保温性能好，室内空间大，土地利用率较高。但寿光型温室土墙过厚，后屋面短，夜间保温性差，室内下沉影响温室前端采光，不适宜在地下水位较高、土地资源稀缺的地区进行建设。

4.3.3.2　现代化温室

现代化温室也称全光温室、智能温室，即一般面积在 1hm^2 及以上，室内环境可控能力强，可以实现自动化生产，不受外界环境影响，可以全天候进行生产的连栋温室。20 世纪

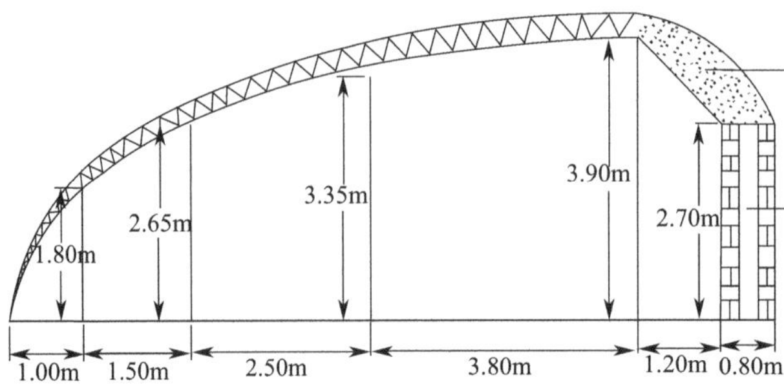

图 4-9 山东Ⅳ型日光温室

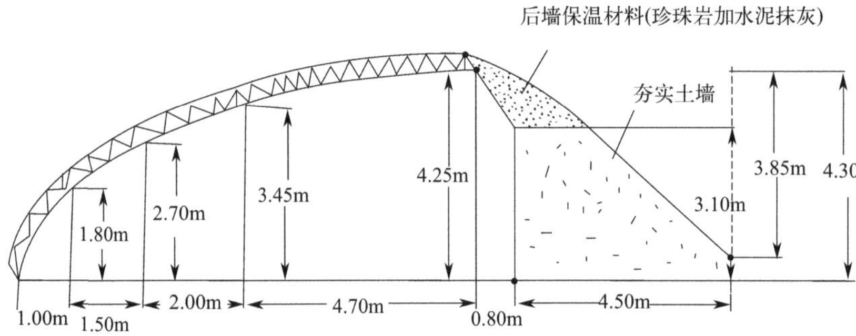

图 4-10 山东Ⅳ型日光温室（寿光型）

80 年代我国陆续从荷兰、美国、以色列、法国、日本、韩国等国家引进现代化温室和生产技术，开启了智能温室国产化研究。现代化温室的所有屋面和墙体多是透明覆盖材料，其中骨架为铝合金或镀锌钢材，透明覆盖材料为玻璃或塑料。下面介绍几种常见的现代化温室。

（1）屋脊型温室

1）屋顶部分开启型温室　以荷兰芬洛型（Venlo type）玻璃温室为代表，是一种多屋脊或单屋脊连栋屋顶部分开启型玻璃温室（见图 4-11），在世界各地广泛应用。

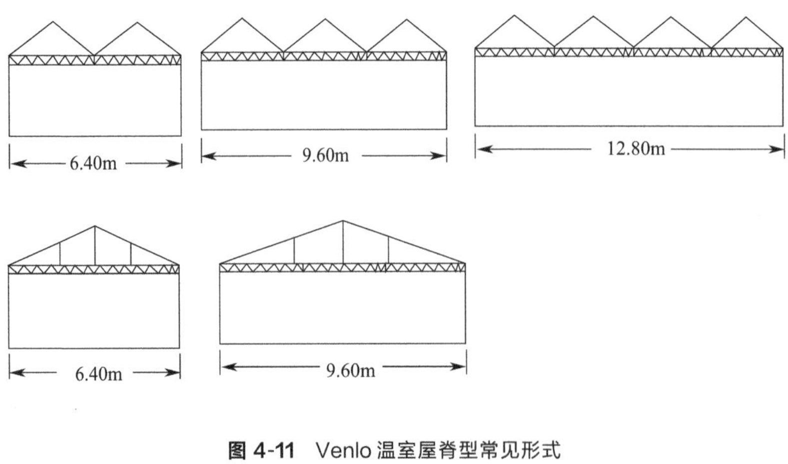

图 4-11 Venlo 温室屋脊型常见形式

① 结构。骨架采用钢架和铝合金构成，覆盖材料为 4mm 厚的平板玻璃，技术指标见表 4-2。开窗设在屋顶，以屋脊为分界线进行左右交错开窗，理论通风比（屋面开窗面积与地面积比率）为 19%。由于窗的开启度较小（仅 0.34～0.45m），实际通风比仅为 8.5%～10.5%（见图 4-12）。实际应用中，为了提高通风比、解决夏季难降温等系列问题对温室进行了改进。改造方法为：加大温室高度，檐高从传统的 2.5m 增高到 4.5m 或 5m；小屋面跨度从 3.2m 增加到 4m；开间从 4m 增加到 4.5m 或 5m；在顶部设通风口或屋顶全开，外加遮阳设备、排水沟等。改造后温室的抗台风能力增强，夏季通风降温效果明显得到改善。

表 4-2　芬洛型玻璃温室技术指标

技术指标	指标值	技术指标	指标值
小屋面跨度	3.2m	雨槽高	4m/3.5m
每栋跨度	6.4m/9.6m/12.8m	屋脊高	3.5～5.0m
开间	3m/4m/4.5m	抗雪载	0.3kN/m^2
柱高	2.3～2.7m	抗风载	0.5kN/m^2
檐高	2.5m	吊挂载荷	0.15kN/m^2

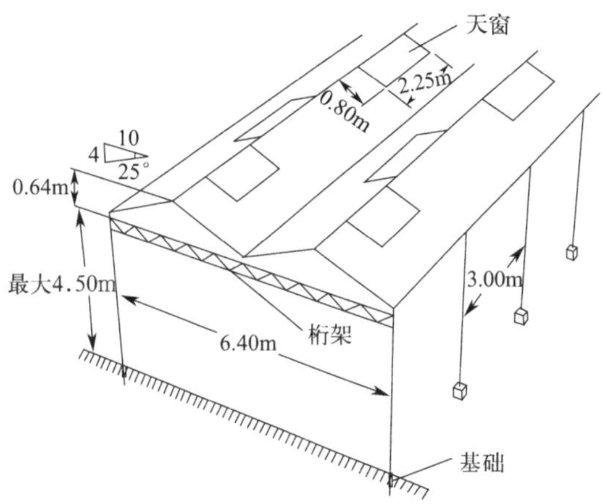

图 4-12　Venlo 型温室结构示意（李式军、郭世荣，2011）

② 特点。其独特的承重结构设计减小了屋面骨架的断面尺寸，省去了屋面檩条及连接部件，又由于使用了高透光率园艺专用浮法玻璃，透光率大幅度提高。温室采用热镀锌钢制骨架、进口/国产聚碳酸酯中空板覆盖材料、铝合金型材或专用聚碳酸酯连接/密封卡件，封闭性较好，用钢量少。由于每一跨内有 2～6 个排水沟（天沟数），与相同跨度的其他类型温室相比，屋面排水效率高。选用的构件通用性强。该温室透风性能强、操作空间大。

2）屋顶全开启型温室　屋顶全开启型温室（open-roof greenhouse）是由意大利的 Serre Italia 公司研制成功的。结构与芬洛型相似（见图 4-13）。

① 结构。骨架采用钢架和铝合金构成，覆盖材料为 PC 板或双层聚乙烯膜。以天沟檐部为支点，可以从屋脊部打开天窗，开启度可达到垂直程度，即整个屋面的开启度可从完全封闭直到全部开放状态。侧窗则用上下推拉方式开启，全开后达 1.5m 宽，技术指标见表 4-3。

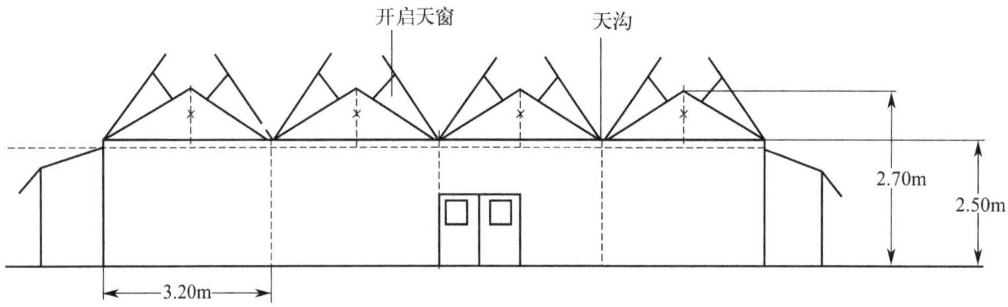

图 4-13 屋顶全开启型温室结构图

表 4-3 屋顶全开启型温室技术指标

技术指标	指标值	技术指标	指标值
小屋面跨度	3.2m	雨槽高	4m/3.5m
每栋跨度	6.4m/9.6m/12.8m	屋脊高	3.5～5.0m
开间	4m	抗雪载	0.3kN/m^2
柱高	2.3～2.7m	抗风载	0.5kN/m^2
檐高	2.5m	吊挂载荷	0.15kN/m^2

② 特点。此温室的设计省去了屋面檩条及连接部件，减少了遮光，又由于使用了高透光率园艺专用浮法玻璃，透光率大幅度提高。屋面可全部开放，达到最大通风效果，防止土壤盐类积聚。

（2）拱圆型温室

1）屋顶部分开启薄膜温室　里歇尔（Richel）温室是法国瑞奇温室公司研究开发的一种流行的塑料薄膜温室，在我国引进的温室中此类型所占比重最大，主要分布在我国西北地区。

① 结构。骨架由热浸镀锌钢管及型钢构成，透明覆盖材料为双层充气塑料薄膜，主要技术指标见表 4-4。

表 4-4 里歇尔（Richel）温室技术指标

技术指标	指标值	技术指标	指标值
小屋面跨度	3.2～4m	雨槽高	4m/3.5m
每栋跨度	6.4～8m	屋脊高	3.5～5.0m
开间	3.0～4.0m	抗雪载	0.3kN/m^2
柱高	2.3～2.7m	抗风载	0.5kN/m^2
檐高	3.0～4.0m	吊挂载荷	0.15kN/m^2

② 特点。天窗固定于屋脊部，能实现半边屋面（50%屋面）开启通风换气。温室的屋顶、侧墙、通风口等处均做成双层充气结构，保温性能好。构件使用少，空间利用率高。

2）卷膜式全开放型塑料温室

① 结构。卷膜式全开放型温室（full open type）是一种拱圆形连栋塑料温室（见图 4-14），其屋面可通过手动或电动卷膜机将覆盖薄膜由下而上卷起，其卷起范围为侧墙和 1/2

屋面或全屋面的覆盖面积，成为与露地相似的状态，达到通风透气的效果，有利于高温季节栽培花卉，通风口用 25 目防虫网覆盖。该温室的技术指标见表 4-5。

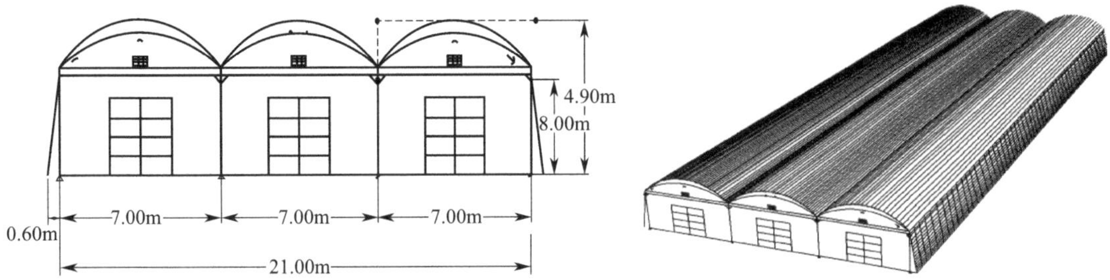

(a) 平面图　　(b) 效果图

图 4-14 卷膜式全开放型塑料连栋温室示意

表 4-5 卷膜式全开放型塑料温室技术指标

技术指标	指标值	技术指标	指标值
小屋面跨度	3.2～4m	雨槽高	4m/3.5m
每栋跨度	6.4～9.5m	屋脊高	4.2～5.2m
开间	3.0～4.0m	抗雪载	$0.3kN/m^2$
柱高	2.3～2.7m	抗风载	$0.5kN/m^2$
檐高	3.5m	吊挂载荷	$0.15kN/m^2$

② 特点。通过卷膜装置全部卷起来而成为与露地相似的状态，通风降温效果好。夏季将薄膜卷起接受雨水淋溶可防止土壤盐类积聚，简易、节能，成本低。

4.3.4 温室环境的调控及调控设备

4.3.4.1 温度调控

温室内的温度与温室结构、屋面倾斜角及坐落方位等有关，因此，在温室设计和建造时必须综合考虑，合理规划，在保温、加温和降温等方面进行调节，以保证室内良好的温度条件。

(1) 保温系统

1) 室外覆盖保温设备　对于单屋面温室或塑料大棚可以用草苫、纸被、棉被以及特制的保温被来覆盖保温。一般是傍晚温度下降时覆盖，早晨温度升高时揭开。草苫使用稻草或蒲草编织而成，纸被是由牛皮纸缝制而成，二者成本较低，但使用不方便。棉被或保温被是由棉絮或纺织厂的边角料做内部填充，外面是由防水材料包被，质量轻，保温性好，使用年限长，但费用高。

2) 室内保温设备　主要采用保温幕和小拱棚。保温幕常用的材料有无纺布、聚乙烯薄膜、真空镀铝薄膜等。保温幕一般放在透明覆盖材料的下方，夜间密闭保温，白天打开进光。室内覆盖小拱棚后气温可以增加 3～4℃，但光照会减弱 30%左右，不适用于较大的植物。

(2) 加温系统

温室加温的方法主要有热水管道加温、热风加温、电热加温、红外线加温等。

1）热水管道加温系统　热水管道加温系统由热水锅炉、调节组、连接附件及传感器、供热管道、散热设备等构成。热水从锅炉中送出，经过供热管输至温室内散热设备。在加温系统中，调节组按照计算机系统指令，通过调节阀门叶片的角度来实现水温高低的调节。温室内散热管道分圆翼型和光管型两种，设置时可按照升降式或固定式进行，可垂直排列，也可水平排列。加温系统在我国通过燃煤加热，其特点是温室内温度稳定、均匀，系统热惰性大，但系统复杂，设备多，安装维修费工费力，造价高，燃煤排出的炉渣、烟尘等易污染环境。

2）热风加温系统　由热化炉、风机、送风管、附件、传感器等组成。热源可以是燃气、燃油、燃煤或电加热器（见图 4-15）。特点是价格便宜，安装方便，占地面积小，但室温冷热不均，容易形成叶面积水，热风机一开温度剧升，一停又骤降，还需安装温度自动控制器。该加温系统适用于加温周期短、局部或临时加热需求大的中小型温室。

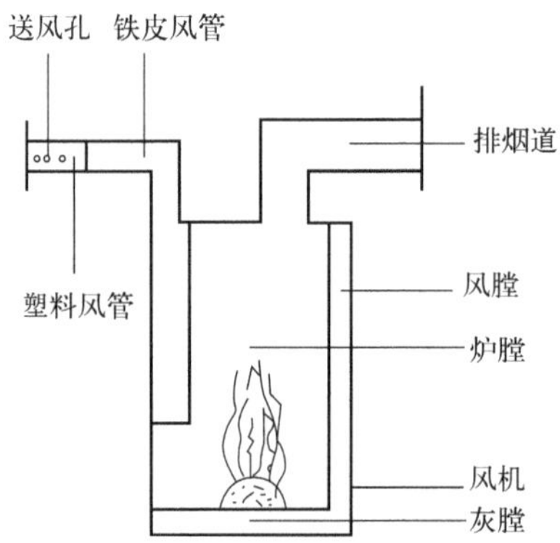

图 4-15　热化炉加温示意图

3）电热加温系统　用电热线或电暖风来加热。电暖风通过电阻丝加热后，由风扇将热能快速吹出来。电热线可以提前铺设在土壤或无土栽培的营养液中来提高土壤或营养液温度。特点是供热均匀，控制方便，清洁卫生，但停电后保温性差，耗能多，费用高，一般用于辅助加温或育苗加温。

4）红外线加温系统　利用辐射加热器释放的红外线直接对温室内土壤、植物加热。特点是升温快、效率高、运行费用低，叶片不易凝结露水，对光合作用、呼吸作用和蒸腾作用效果显著。

5）温泉地热加温系统　在温泉或地热深井的附近建造温室，将热水直接泵入温室用以加温，是一种极为经济的加温方法。

（3）降温系统

在长江以南的省区，其温室的主要功能就是夏季降温。温室降温通常采用自然降温和机械降温两种方式。

1）自然降温　在温室内外采取各种遮光材料（苇帘、遮阳网、无纺布、竹帘等）覆盖，或屋顶涂白（白色稀乳胶漆、石灰水、钛白粉等），或屋顶喷水等方法，效果比较显著，也经济实用，在南方地区夏季的遮阴，可使温室降温 2～3℃。在智能温室中安装外遮阳系统，该系统将 70％或 50％透气黑色网布或缀铝膜（铝箔条比例较少）覆盖于距屋顶通风口 30～

50cm 处，可降温 4～7℃，最多可降 10℃，可防止强光灼伤花卉，提高花卉的质量和品质。

2）通风设备降温　利用通风设备不仅可以降低室内温度，而且可以降低湿度、补充二氧化碳、排除室内有害气体。自然通风设备简单，简易的大棚或温室可以用人工掀起的塑料薄膜进行换气，大型温室利用换气窗来换气。换气窗有天窗、侧窗、肩窗、浴间窗等。特点是自热换气设备简单、运行成本低。强制通风是利用排气扇作为换气的动力。设备主要由风机、进风口、风扇或导风管构成，可以在山墙面换气、侧面换气、屋面换气、导风管换气等。一般用于盛夏季节降温或自热通风受限或高温季节自然通风不良的温室。

3）蒸发降温　利用水蒸气吸热来降温，可以提高室内空气湿度。在降温过程中必须使温室内外空气流动。将高温、高湿的气体排出并补充新鲜的空气。目前采用微雾降温系统和湿帘降温系统两种方式。

① 微雾降温系统。降温系统由水源和喷雾两部分组成。水源部分由水箱、过滤器、高压泵、管路、控制器组成；喷雾部分由冷雾喷头和管路组成，喷头排成一排，安装在室内顶部。普通的水经过系统自身配备的过滤系统后，进入高压泵，水在很高的压力（4MPa 以上）下，通过管路，流过孔径非常小的喷嘴（直径为 100μm），形成直径为 200μm 以下的细雾滴，雾滴弥漫整个温室与空气混合，利用水的蒸发潜热特点，大量吸收空气中的热量，将潮湿空气排出室外，从而达到降温的目的，降温能力在 3～10℃之间。此设备还可以喷农药、喷施叶面肥，同时能调节湿度。特点是降温效果好，但是耗能大、费用高，而且制冷面积有限，在夏季气候干燥地区效果较好。

② 湿帘降温系统。利用水的蒸发达到降温目的。系统由湿帘、风机、循环水路与控制装置构成。湿帘有蜂窝造纸型和壁毯型两种类型，一般使用蜂窝造纸型，其特点是表面积大、吸水性强、通风性强，并且具有多孔性和耐用性。在温室的北墙上安装疏水性湿帘，水经水泵抽至湿帘上方后流下；南墙安装排风扇，抽气形成负压。室外空气在因负压被吸入室内的过程中以一定速度从湿帘缝隙穿过，与潮湿介质表面的水汽进行热交换，导致水分蒸发而冷却，冷空气进入温室吸热后经风扇再排出，从而达到降温目的。在炎热的晴天，尤其是中午温度最高、相对湿度最低时降温效果最好，但在高湿季节或地区降温效果不好。

4.3.4.2　光照调节

温室内要求光照充足且分布均匀，因此在设计和建造温室时，必须从结构、屋面倾斜角及坐落方位等方面综合考虑，合理规划，以保证室内良好的光照条件。在必要时还需补光、遮光和遮阴。

（1）补光

为增加光照时数和光照强度，调节光周期，达到周年生产的目的，需要在温室内安装补光系统。补光系统要具有防潮性好、使用寿命长、发光效率高、光输出量高等特点，光照强度一般在 30000～50000lx 之间，最大 80000lx。生产中常用的光源有白炽灯、荧光灯、高压汞灯、金属卤化物灯、高压钠灯等。在短日照条件下，给长日照植物补光，按产生光周期有效性强弱，各种光源排序为：白炽灯＞高压钠灯＞金属卤化灯＞冷白色荧光灯＞低压钠灯＞汞灯。除了用灯进行补光外，还可以将温室北面墙涂白，或在其上挂反光板（如铝板、铝箔或聚酯镀铝薄膜）。

（2）遮光

在温室外部或内部覆盖黑色塑料薄膜，或外黑里红的布帐，根据不同植物对光照时间的不同要求，在傍晚日落前几小时放下，使室内每天保持一定时间的短日照环境，以满足短日照性植物生长发育的生理需要。

1）覆盖帘子　在夏季中午前后，在温室外部覆盖苇帘或竹帘，帘子编织的密度依所栽培的植物对荫蔽度的要求而定。例如，室内观叶植物荫蔽度为70%，兰科植物荫蔽度为80%。

2）内遮阳保温幕　采用铝箔条或镀铝膜与聚酯线条间隔经特殊工艺编织而成的缀铝膜进行遮阳效果较好。根据花卉的荫蔽度要求来选择，嵌入不同比例的铝箔条，具有保温节能、遮阳降温、防水滴、减少土壤蒸发和植物体蒸腾的作用。荫蔽度为95%以上，可满足各种类型花卉生长发育的需要。

3）涂白　将白石灰5kg+水25kg+食盐0.25kg搅拌后形成的石灰水，用喷雾器均匀地喷洒在温室外面的玻璃屋面上，能经久不落。由于白色能够大量地反射太阳光，从而起到减弱室内光强的作用。

4）室内外种植藤本植物　对于观赏性温室，可借助自然界郁闭的森林环境种植一些藤本植物来达到遮阴效果，此种方法遮阴效果好，且能展示出植物生态群落的景观。

4.3.4.3 湿度调节

温室内湿度调节包括空气湿度调节和土壤湿度调节。

（1）空气湿度调节

温室内降低空气湿度一般通过打开所有门窗让空气流动起来实现，这种方法也称自然通风法，但是在夏季室外也为高温高湿的环境时，就需要进行强制通风，借助排气扇，以增大通风量，效果明显。提高温室内的空气湿度可采取人工喷雾增湿、人工降雨增湿、室外屋顶喷水以及室内修建贮水池等方法。

（2）土壤湿度调节

可通过以下方法进行土壤湿度调节。

1）地表灌水法　也称大水漫灌法，先将地栽植物地面开沟，然后将水管引入沟内进行漫灌。对盆栽植物用手提软管或喷壶灌水。这种方法是将土壤表面和植物基部润湿，到向根系存在的土壤里供水。缺点是浪费水源，灌溉不均匀，土壤板结，导致病虫害传播。

2）底面吸水法　水从花盆底部慢慢浸入花盆中的方法。主要用于盆栽植物或播种育苗的灌水。在花盆底部的排水孔中插入吸水性强的纤维芯，纤维芯的一端插进花盆土壤中，另一端插进花盆下面设置好的水槽中或将花卉置于吸水垫上。此法节省水量，灌溉均匀，且花卉不易染真菌病害，水槽中经常有水或吸水垫经常湿润。

3）喷灌法　借助于水泵或水塔通过管道将水送到灌溉地段，然后再通过高压喷头，将水形成雾滴自上而下向植物全株进行喷灌，不仅植物和土壤得到了水分，而且也起到降温和增湿的作用，是大型现代化温室植物生产较理想的一种灌水方式。喷灌设备有移动式和固定式两种。移动式喷灌设备可以自动控制喷水量、灌溉时间和灌溉次数等，灌溉效果较好，但价格较高，安装复杂。温室内工厂化育苗选用悬挂式往复移动的喷灌机（自走式喷雾器）（见图4-16）。固定式喷水设备价格低廉，易于安装，效果也不错，应用普遍。为了实现灌溉与施肥、施药一体化，喷灌系统的主管道上一般还配有液肥（或农药）混合装置，液肥（或农药）与水的配比可在(100∶1)～(600∶1)范围内选定，同时检测pH值和EC值，如果没达到设定标准值，关闭阀门，重新混合，符合要求后自动均匀地混合流往支管中，达到一举多得的效果。喷灌法的特点是容易控制，节约水源，灌溉均匀，土壤不易板结。

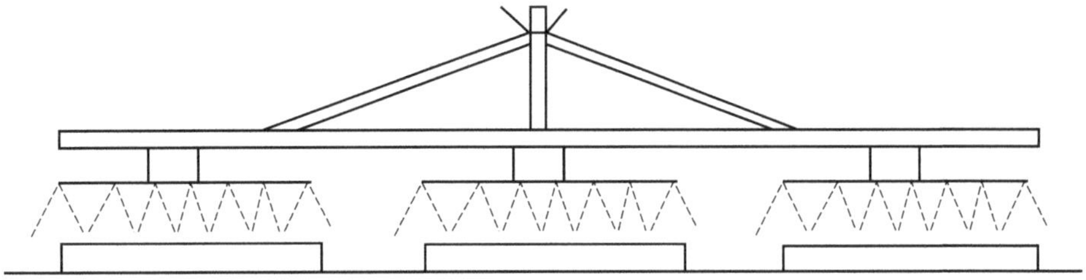

图 4-16　自走式喷雾器示意（宛成刚、赵九州，2013）

4）滴灌法　滴灌系统由贮水槽、过滤器、水泵、肥料注入器、输入管线、供水细管、滴头和控制器构成。分别将每一根供水细管（发丝管）连接在输入管线上，细管的另一端则插入植株的根际土壤中，水将被一滴滴地灌入土壤中。滴灌系统可分为开放式和循环式两种类型。无土栽培经常使用循环式，将多余的肥水回收，实现重复利用。滴灌法经济有效，但是要求水质达到标准，防止堵塞滴管，植物的生长发育整齐一致，否则供水量和供水时间无法控制。

5）渗灌法　在地表 10～30cm 处埋设带孔的塑料管，通过渗水孔将水分送到根系区域，并通过毛细管的作用自下而上润湿土壤。渗灌法省水、不冲刷土壤，土表蒸发小，可以降低空气湿度，但对表层土壤润湿性差，造价高，管孔堵塞时不易检修。

4.3.4.4　温室补气系统

补气系统由二氧化碳（CO_2）施肥系统和环流风机两部分组成。

（1）CO_2 施肥系统

CO_2 气源可以来源于贮气罐或贮液罐中的工业用 CO_2，也可以利用 CO_2 发生器通过碳氢化合物的充分燃烧产生 CO_2。我国大部分温室通过强酸与碳酸盐反应生产 CO_2。如果使用的是 CO_2 发生器，可直接将发生器悬挂于大棚的钢架结构上；如果使用贮气罐或贮液罐则需要安装电磁阀、鼓风机和输送管道。室内 CO_2 浓度的检测需要安装 CO_2 分析仪，可以通过自动控制系统来完成检测。施肥浓度一般为 600～1500μmol/mol，最高不超过 5000μmol/mol。

（2）环流风机

封闭的温室内，将 CO_2 发生器生产的 CO_2 气体通过环流风机吹散到温室的各个角落，这样可提高 CO_2 浓度分布的均匀性。此外，风机还可以提高室内温度、湿度分布的均匀性。荷兰的环流风机采用防潮设计，具有变频调速功能，换气量达 4280m^3/h，转速 250～1400r/min，送风距离约 45m。

4.3.4.5　计算机自动控制系统

自动控制是现代温室环境控制的核心技术，可以自动检测环境中的温度、光照、水分、土壤等参数，并对温室内所有配置的设备实现自动控制和优化运行，如加温、降温、加湿、通风等。计算机控制系统是基于专家系统的智能控制系统。一个完整的控制系统由气候监测站、主要控制器、电脑、打印机、各种传感器、控制软件等构成。目前，计算机微处理器对来自各传感器（温度传感器、湿度传感器、光照传感器等）的信息进行综合分析，从而确定如何运行各种设备以控制环境条件。计算机控制系统最多可控制和协调 20 个设备。大多数计算机控制系统的综合控制能力优于模拟控制系统，它们的操作相对简单。但该系统兼容性差，只适用于简单的反馈控制，不适用于多区控制。该种控制系统适用于中等规模的温室生产。近年来单片机的功能不断加强，成本降低，被广泛应用。计算机环境控制系统借助于该技术，可协调控制各种环境控制设备，以达到环境综合管理的目的，并可控制温室的肥水管理系统。这种系统扩展性强，可根据需要逐步增加温室的控制设施，但造价较高，如加拿大的 Argus 温室环境控制系统、荷兰现代大型温室专用环境控制计算机就是这种系统。该系统适用于有多个种植区（各区环境要求不相同）的大规模温室的环境控制中，也适合有计划地逐步扩大温室生产规模的生产者或需要精确控制环境的专业化种植者采用。

4.4 塑料大棚

塑料大棚是 20 世纪 60 年代中期发展起来的栽培设施，以塑料薄膜为覆盖材料，以竹、木、水泥构件或钢材作骨架，光源全部来源于太阳能，冬季不用加温。与温室相比，塑料大棚具有结构简单、造价低、栽培面积大、栽培方便等优点，是目前常用的花卉栽培设施。

塑料大棚在北方地区可以实现花卉春季的提早生产和秋季的延后生产；在南方地区可以实现切花的周年生产，也可以实现花卉的种苗繁育。

4.4.1 塑料大棚的类型

塑料大棚的类型不同，其结构和性能也不同。下面分别按照大棚骨架材料和大棚连接方式等进行分类。

（1）按大棚骨架材料分类

1）竹木结构　我国早期的一种大棚类型，因其造价低，目前在农村仍普遍使用。大棚立柱的选材为硬杂木或水泥预制柱，拉杆、拱杆和压杆的选材为竹竿。大棚的跨度为 12～14m，顶高 2.6～2.7m，拱杆间距 1.0～1.1m，立柱间距 2m，压膜线为 $8^{\#}$ 铅丝，两端固定在预埋的地锚上。竹木结构的大棚造价较低，但使用年限较短，又因棚内立柱较多，操作不方便，且遮阴，严重影响光照。

2）钢竹混合结构

大棚的骨架由竹木、钢材、水泥构件等多种材料构成。拱杆和立柱是由钢材做成，拉杆是由竹木等做成。一般跨度 12m，柱间距 2.5～3.0m，顶高 2.5～2.7m，拱间距 1.0m，长度 40～60m。该种大棚既坚固耐久，又节省钢材，造价较低。

3）钢结构　由轻型钢材经焊接形成单杆拱、桁架或三角形拱架或拱梁，棚内立柱少或无立柱。一般跨度 10～12m，顶高 2.5～2.7m，拱间距 1.0m，长度 50～60m。特点是抗风雪、坚固耐久、操作方便，但造价较高，钢材容易锈蚀，需定期防锈维护或采用热浸镀锌钢材。

4）装配式钢管结构　用内外热浸镀锌薄壁钢管（一般规格为管径 25mm、管壁厚 1.2～1.5mm）制成拱杆、拉杆等主要构件，然后用承插、螺钉、卡销或弹簧卡具连接组装起来，用卡膜槽固定薄膜。所有部件由工厂按照标准规格，进行专业生产，配套安装。一般大棚跨度 6～10m，顶高 2.5～3.0m，长度 30～50m。该类大棚的特点是规格标准、结构合理、耐锈蚀、安装拆卸方便、坚固耐用，棚内无立柱、空间大，作业方便，但造价高。

(2) 按大棚连接方式分类

1) 单栋大棚　以一栋为一个单元，棚顶做成拱圆架或屋脊架（见图 4-17），每栋最大可占地 667m^2。常见单栋大棚的跨度有 2m、6m、8m 等。

2) 连栋大棚　把许多拱圆形或屋脊型大棚连接在一起，中间不设隔断，每栋占地可达 6600m^2 以上，并可根据需要增加或缩减（见图 4-17、图 4-18）。

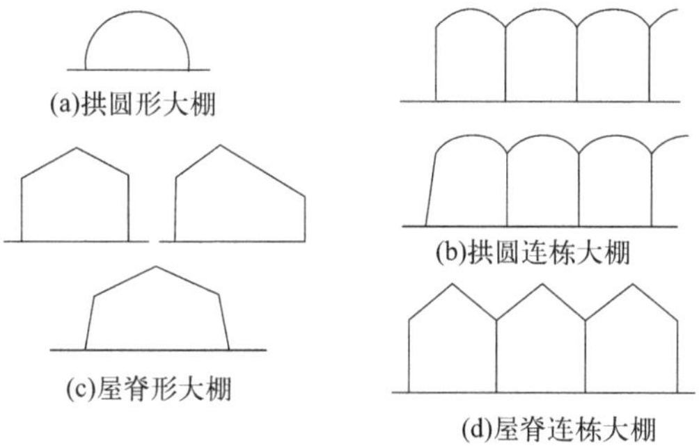

图 4-17　塑料大棚的类型

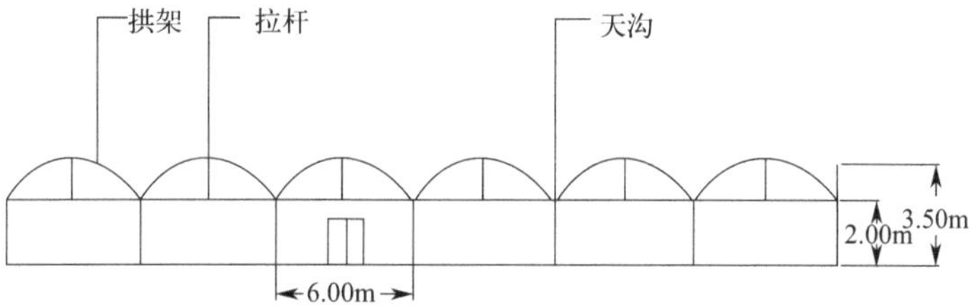

图 4-18　连栋塑料大棚的结构

4.4.2　塑料大棚的建造

(1) 场地选择

塑料大棚的场地应选择在地形开阔、阳光和水源充足、交通便利、土壤肥沃、既通风良好又避开风口的位置。

(2) 大棚规格

一般大棚全长 40～60m，跨度 6～14m，宽与长之比为 1∶5，顶高 1.8～3.2m，占地面积 180～600m^2。棚群采用对称式排列，棚间距≥2m，作业通道 4m。

(3) 内部结构

塑料大棚由立柱、拱杆（拱架）、拉杆（纵梁、横拉）、压杆（压膜线）等构成，也称“三杆一柱”（见图 4-19）。

1) 立柱　也称立杆，主要功能是固定和支撑棚架和棚膜，另外也可承受雨、雪和风的压力，埋设时必须垂直，埋深约 50cm。不是所有大棚都必须有立柱，如竹木结构和钢混合

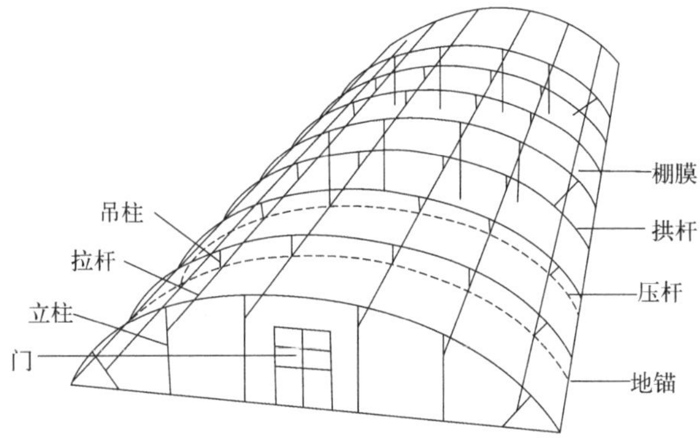

图 4-19 塑料大棚的主要骨架结构

结构的大棚必须有，而钢筋大棚或薄壁钢管大棚则不必有。例如，采用钢筋混凝土立柱，基本规格应为 8cm×8cm～8cm×10cm，埋深 50～60cm。

2）拱杆　也称拱架，主要功能是支撑塑料薄膜，承受风、雪荷载和承重。横向固定在立柱上，呈自然拱形，东西两端落地后埋入土内，深 30～50cm。按照大棚的宽度分为单杆式拱架和桁架式拱架两种。单杆式拱架多用于跨度小于 8m 的大棚，由一根材料构成，如竹木大棚的竹片拱架、镀锌钢管装配式大棚拱架均属于这种类型。镀锌钢管拱杆多用 1.2～1.6cm 圆钢或 0.3×3.0cm 扁钢弯成，各根之间的间距应在 0.5～2.0m。桁架式拱架多用于宽度超过 8m 的大棚，一组桁架由上弦拱杆、下弦拱杆和拉花构成，上弦拱杆和下弦拱杆由拉花焊接在一起。

3）拉杆　也称纵梁，主要功能是用来南北纵向连接立柱，并用来固定拱杆和压杆，把整体加固，相当于屋顶的檩条。拉杆的常见结构形式有单杆梁和桁架梁，分别与单杆拱架、桁架拱架配合使用。单杆梁可用角钢或较粗的圆钢，把它们沿着南北方向紧绑在立柱顶端以下 30cm 处，在每排南北向立柱上绑拉杆一道。

4）压杆　也称压膜线，主要功能是绷紧、压平和固定薄膜，使棚顶变成起伏的波浪状，利于排水和抗风。压杆设置在塑料薄膜上面两拱杆之间，压紧薄膜，使薄膜落在拉杆上，使压下的薄膜低于拱杆 30cm。压杆可使用细竹竿、$8^{\#}$ 铁丝、包塑铁丝、聚丙烯线、聚丙烯包扎绳等材料。

5）门窗　在大棚的南北两端应各设一个活门，当棚内温度过高时，可将南北两门同时打开对流通风。在冬季封北门，留南门出入。门框高 1.7～2.0m，宽 0.8～1.0m，有合门式和吊轨推拉式两种。为防止害虫进入，需要在门窗上安装防虫纱网。正规大棚的通风窗应开在棚顶东西两侧的斜上方，可用摇杆控制。

6）天沟　连栋大棚需要在两栋大棚的连接凹处用薄钢板或硬质塑料做成落水槽，即天沟，目的是排除雨水或雪水。为减少棚内遮阴面积，天沟不宜过大。

7）连接卡具　连接卡具主要用在装配式大棚上，专门预制的卡具包括套管、卡槽、卡子、承插螺钉、接头弹簧等。

8）覆盖材料　主要包括以下几类。

① 聚氯乙烯（PVC）薄膜。PVC 是我国花卉生产使用最广泛的一种覆盖材料。标准规

格为厚度 0.075～0.1mm，宽度 180cm，而大型连栋式大棚可采用厚度 0.13mm，宽度 230～270cm。特点是透光性好，保温性强，耐高温、耐酸，扩张力强，质地软，易于铺盖，但密度大，成本高，高温容易硬化，低温易吸附尘土。

② 聚乙烯（PE）薄膜。多用在温室里作双重保温幕，在外面使用时则多用于可短期收获的作物的小棚上，厚度在 0.2mm 以上。特点是透光性好，附着尘土少，不易粘连，价格低，但夜间保温性差，雾滴严重，扩张力，延伸力也不如聚氯乙烯膜，直射光下的耐晒性比聚氯乙烯薄膜的 1/2 还低，使用周期 4～5 个月。

③ 聚乙烯长寿膜。以聚乙烯为基础原料，含有一定比例的紫外线吸收剂、防老化剂和抗氧化剂。厚度 0.1～0.2mm，使用寿命 1.5～2 年。

④ 聚乙烯无滴长寿膜。以聚乙烯为基础原料，含有防老化剂和无滴性添加剂。厚度 0.1～0.12mm，无结露现象。使用寿命 1.5～2 年以上。

⑤ 乙烯-醋酸乙烯（EVA）薄膜。以乙烯和醋酸乙烯为基础原料，该薄膜质地坚韧，不易污染，无毒、耐药、热黏合容易、耐候性强、耐加工，是较为理想的薄膜。

4.5 冷床和温床

冷床和温床是花卉栽培常用的设备，二者在形式和结构上基本相同，不同的是冷床仅利用太阳辐射热来维持一定的温度，而温床不仅利用太阳辐射热，还进行人工加热以补充太阳辐射的不足。

冷床和温床的应用：

① 春季露地花卉的促成栽培，提前播种，提早开花；

② 球根花卉冬春季促成栽培；

③ 二年生花卉和半耐寒盆花的保护性越冬；

④ 花苗定植前的练苗；

⑤ 炎热夏季利用冷床扦插繁殖。

4.5.1 冷床

冷床是介于温床和露地栽培之间的一种保护地类型，又称“阳畦”。冷床分为抢阳阳畦和改良阳畦两种类型。二者均能降低风速，充分接收太阳辐射，减少蒸腾，降低热量损耗，提高畦内温度等。冬季晴天，抢阳阳畦内的平均温度要比露地高 13～15.5℃，夜间最低温度为 2～3℃（指有玻璃覆盖的阳畦），改良阳畦较抢阳阳畦又高 4～7℃。

（1）抢阳阳畦

抢阳阳畦由风障、畦框及覆盖物三部分组成（见图 4-20）。

1）风障　向南倾斜 70°，外侧用土堆-土背固定风障，土背顶宽 20cm、底宽 50cm、高 40cm，要高出北框顶部 10cm。

2）畦框　叠垒、夯实、铲削，一般南框顶宽 25cm、底宽 30～40cm、高 25～40cm；北框顶宽 20cm、底宽 40cm、高 35～50cm，形成南低北高的结构。畦宽一般约 1.6m，长 5～6m。

3）覆盖物　常用玻璃、塑料薄膜、蒲席等。白天接受日光照射，提高畦内温度，傍晚

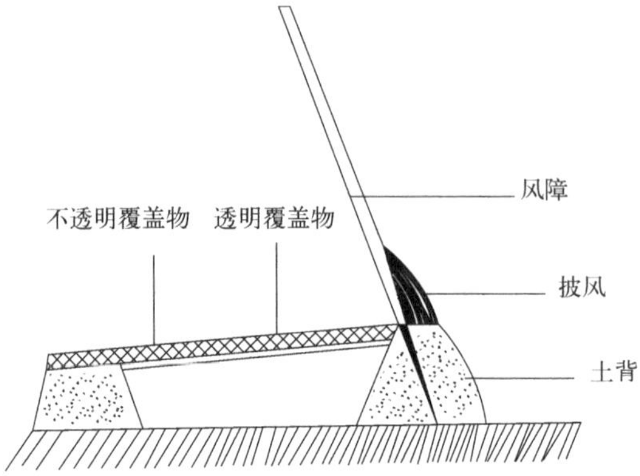

图 4-20 抢阳阳畦剖面图

透光覆盖材料上再加不透明的覆盖物，如蒲席、草苫等保温。

（2）改良阳畦

由风障、土墙、棚架、棚顶及覆盖物组成。风障直立。土墙高约 1m，厚 50cm。棚架由木质或钢质柱、柁构成，前柱长 1.7m，柁长 1.7m。棚顶由棚架和泥顶两部分组成，在棚架上铺以芦苇、玉米秸等，上覆 10cm 左右厚土，最后以草泥封裹。覆盖物以玻璃、塑料薄膜为主。

建成后的改良阳畦前檐高 1.5m，前柱距土墙和南窗各 1.33m，玻璃倾角 45°，跨度 2.7m。用塑料薄膜覆盖的改良阳畦不再设棚顶。

4.5.2 温床

温床除利用太阳辐射外，还需人为加热以维持较高温度，供花卉促成栽培或越冬之用，是中国北方地区常用的保护地类型之一。温床的保温性能明显高于冷床，是不耐寒植物越冬、一年生花卉提早播种、二年生花卉促成栽培的简易设施。温床建造宜选在背风向阳、排水良好的场地。

温床由床框、床坑、覆盖材料（玻璃或塑料薄膜）、加热设备四部分组成。

（1）床框

床框有土、砖、木等结构，一般长约 4m，宽 1.3～2.0m，前框高 20～25cm，后框高 30～50cm。为了操作方便，通常做成组合式，即床框由厚约 5cm、长 4m 的框板构成，上缘每距 1m 设椽木一条，上面盖有 1m 宽的 4 块玻璃，中间开沟，以使雨水随沟流向床外。

（2）床坑

床框下面挖出的空间，铺设电热线或发酵温床填入酿热物的处所。床坑大小与床框一致，其深度依床内所需温度及酿热物填充量而定。为使床内温度均匀，通常中部较浅，填入酿热物少；周围较深，填入酿热物较多。

（3）覆盖材料

覆盖材料可以选择薄膜或玻璃，玻璃使用得较多，用以覆盖床面。为了便于调节，常用撑窗板调节开窗的大小。撑窗板长约 50cm，宽约 10cm。床框及窗框通常涂以涂料或桐油防腐。

（4）加热设备

可分为电热线和发酵热两类。发酵温床利用微生物分解酿热物如马粪、稻草、落叶等产生的热能来加温，由于设置复杂，温度不易控制，现已很少采用。电热温床具有可调温、发热快、可长时间加热且可以随时应用等特点，因而采用得较多。目前，电热温床常用于温室或塑料大棚中。

电热线温床使用方法：电热温床选用外包耐高温的绝缘塑料、耗电少、电阻适中的加热线作为热源，发热 50～60℃。在铺设线路前先垫以 10～15cm 厚的煤渣等，再盖以 5cm 厚的河砂，加热线以 15cm 间隔平行铺设，最后覆土。温度可用控温仪来控制。

1）电热加温设备　将电能转变成热能进行土壤加温的设备。一般 1kW·h 的电能可产生 3.6MJ 的热量。电热加温具有升温快、温度均匀、易调控等优点，但耗电量较大。电热加温设备一般包括电热线、控温仪、继电器、电闸盒、配电盘等。

① 电热线。外有绝缘层，电热线电阻、功率、长度都是一定的，不能随意截短或接长。不能空中通电，不能整盘通电。每根的两端都配有一段普通导线，用于连接到电源（见表 4-6）。

表 4-6　DV 系列电热线的技术参数

型号	电压/V	电流/A	功率/W	长度/m	使用温度/℃	色标
DV20410	220	2	400	100	≤45	黑色
DV20406	220	2	400	60	≤40	棕色
DV20608	220	3	600	80	≤40	蓝色
DV20810	220	4	800	100	≤40	黄色
DV21012	220	5	1000	120	≤40	绿色

注：引自包满珠《花卉学》第三版。

② 控温仪。能自动控制电源通断，使温度界定在幼苗适温范围内。使用控温仪时，注意其额定电压和允许通过的最大电流及功率。电热线的功率之和应低于控温仪的额定功率。控温仪的直接负载（2000W）（见图 4-21），可带 800～1000W 的电热线 2 根，或 600W 的电热线 3 根，或 400W 的电热线 5 根，如果超过控温仪的直接负载，要在控温仪和电热线中间安装继电器，使用三相四线制供电。

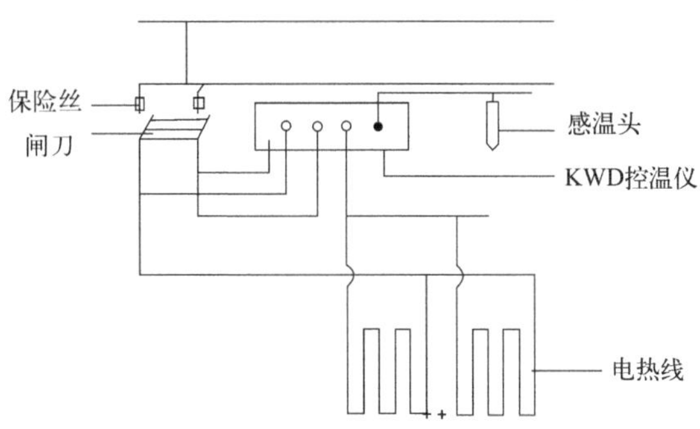

图 4-21　单项控温仪接线法

2）电热线铺设方法

① 布线前的计算。选定功率密度。根据当地应用季节的基础地温，栽培花卉的种类对温度的要求，以及设施类型的保温能力而定。

② 功率密度。主要计算公式如下：

总功率＝功率密度×苗床面积

电热线根数＝总功率/电热线额定功率(取整数,并联)

布线行数＝(电热线长度－床宽)/床长(取偶数)

布线间距＝床宽/(行数＋1)

功率密度即每平方米电热温床平均占有电热线的功率（W）。一般来说可以选用功率密度 80～120W/m^2；山东冬季育苗时小拱棚或阳畦选用功率密度为 80～100W/m^2，温室为 70～90W/m^2；山东春季育苗时小拱棚或阳畦选用功率密度为 60～80W/m^2，温室为 40～60W/m^2。

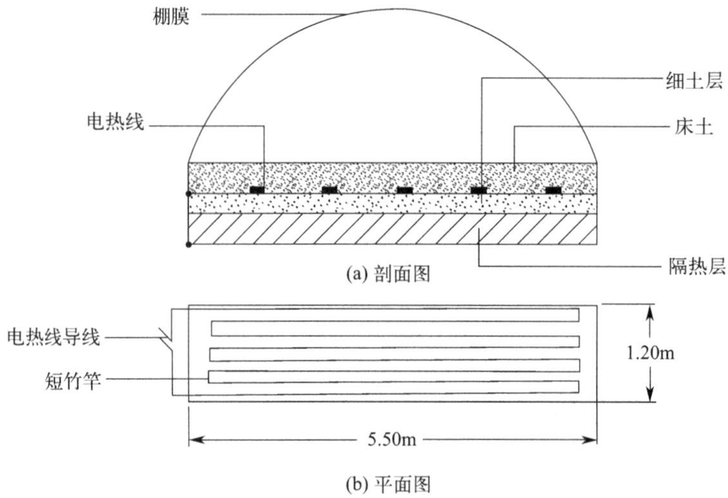

图 4-22 电热线布线方法

③ 苗床准备工作。苗床底部整平，铺隔热层，铺少量细土，踩平。

④ 布线。按照计算好的间距在床的两端距床边 10cm 处插上挂线柱（中间的可稍稀些，两侧的可比平均间距密些）。布线时 2 人在两端拉线，使其贴紧地面，1 人在中间往返放线，逐渐拉紧以免松动交叉。电热线两端的普通导线从床内伸出来连接电源和控温仪。检查电路是否通畅（见图 4-22）。

⑤ 埋线。先均匀撒一薄层土（厚 2cm 左右）将线埋没，撒土时勿让线移位。电热线不可相互交叉、重叠、打结。做苗床时，再铺 8cm 厚的床土，并将控温仪上的感温头插在两行电热线中间，深 5～10cm。如用容器育苗，直接放上即可。

3）注意事项

① 严禁成圈电热线在空气中通电。土壤加温时需要把整根电热线全部埋入土中，电热线使用时要拉紧放直，电热线不能弯曲、交叉、重叠和打结，接头要用胶布包好，防止漏电伤人。如果发现电热线绝缘层破损，用电容胶修补。每根电热线的工作电压必须是 220V，使用 380V 三相电源时，只能采用“Y”接法，而不能采用“A”接法。电热线不可以串联，只能并联。

② 在苗床上进行各项作业时，一定要切断电源之后进行，确保人身安全。注意劳动工具不要损伤电热线。使用过程中，发现电热线不通电时，最好用断线检测仪检测，并用防水绝缘胶布包好，并用木棒支起来，以免漏电发生危险。

③ 在挖苗或育苗结束收线时，要清除盖在上面的土，轻轻提出，不要用铁锹深挖、硬拔、强拉，以免切断电热线或破坏绝缘层。

④ 电热线取出后擦净泥土，卷成盘捆好，放在阴凉处保存。控温仪及继电器应存放于通风干燥处。

4.6 荫棚

荫棚是在南方地区花卉栽培管理中非常重要的设施。大部分温室花卉在夏季出温室后，均需放在荫棚下养护，夏季花卉的繁殖以及部分露地栽培的切花生产均需要荫棚保护。荫棚的种类和形式很多，可大致分为永久性与临时性两类。

4.6.1 临时性荫棚

临时性荫棚是指随搭随拆，一般春季搭建、秋季拆除。多以木材构成主架，用竹帘、苇帘或遮阳网覆盖（见图 4-23）。临时性荫棚用于切花栽培及防虫、保湿、防风、防雨。荫棚一般采用东西走向，一般高 2.5m，宽 6～7m，每隔 3m 设立柱 1 根。东西两侧设置遮阳帘，防止两侧阳光照射。遮阳帘距离地面 64cm 左右，以利于通风。棚内地面平整，下面铺设排水层，可以是煤渣或细砂。为在中午高温、高光照期间遮去强光以及降低温度，可以设置可移动性荫棚，一般应用在大型的现代化连栋温室的外遮阳系统中，这种系统通常由一套自动、半自动或手动机械转动装置来控制遮阳幕的开启。

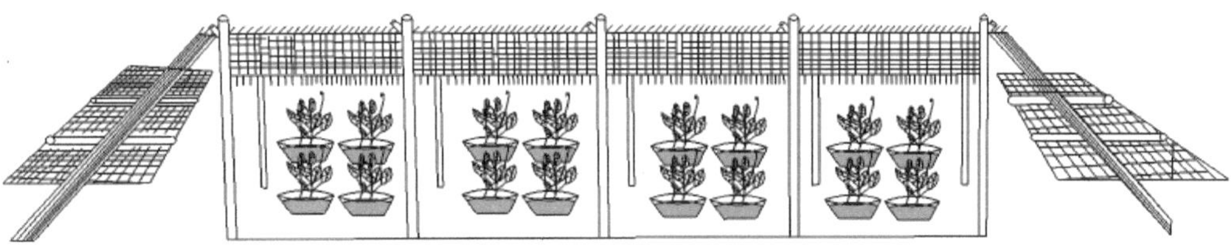

图 4-23　临时性荫棚构造

4.6.2 永久性荫棚

永久性荫棚采用钢制骨架，用于经济价值较高的喜阴性花卉。永久性荫棚多设在温室附近地势高、通风和排水良好的地方，一般高 2.0～2.5m，以较高者为佳。用钢管或钢筋混凝土柱做成主架，棚架上覆盖竹帘、苇帘或遮阳网等。为避免上午和下午的太阳光射入棚内，荫棚的东西两端还要设荫帘，其下缘要离地 64cm 左右，以便通风。荫棚的遮光程度根据植物的不同要求而定，可选用不同遮光率的遮阳网来达到不同的要求。

第 5 章

花卉的繁殖

花卉繁殖是指花卉生长发育到一定阶段，通过各种方式产生后代，完成新旧个体的更替，以此扩大其群体，促进其种质的延续和保存的过程，是花卉生产和新品种培育的重要环节，是生物界进化的一种形式。人为因素的选择提高了花卉的繁衍数量和质量，使花卉朝着满足人类各种需要的方向进化。不同花卉在长期的进化过程中形成了自身特有的繁殖方式，掌握不同花卉繁殖的基本原理和技术对提高花卉产品的数量、质量以及扩大其应用都有重要的理论意义和实践意义。

按照繁殖体不同，花卉的繁殖分为有性繁殖和无性繁殖两大类。

5.1 有性繁殖

有性繁殖也称种子繁殖或实生繁殖，是通过雌、雄配子的结合产生合子，然后由合子发育成胚，再由胚生长发育成新植株的过程。用种子繁殖生产的幼苗称为实生苗或播种苗。有性繁殖具有操作简便、繁殖系数大、根系强大、生长健壮、适应性强、寿命长且种子便于流通等优点，被广泛应用于一二年生草花和部分多年生花卉中，但有些花卉由播种至开花结实所需的时间较长，如玉簪需 2～3 年、芍药需 4～5 年、君子兰需 4～5 年、木本植物需时更长。同时，有性繁殖过程中容易产生变异，出现不能保持品种的优良特性等缺点，使种子繁殖的应用受到限制。当然，有性繁殖所产生的变异也可能是新品种选育的基础，所以有性繁殖又是育种的主要手段之一。

5.1.1 花卉种子的性质与来源

优良的种子是保证花卉产品质量的前提。现代花卉生产非常重视种子品质，新品种培育是获得优良种子的根本途径，也是园林企业生存和发展的源动力。各种园林企业联合育种机构通过各种育种手段育出各具特色的花卉新品种。花卉新品种种类繁多，又各具特点，根据授粉方式不同分为以下 4 种。

(1) 自花授粉花卉

花卉授粉过程中，雌蕊接受同一花朵的花粉为自花授粉，以自花授粉为主的植物叫自花授粉植物。异交率＜10％。该种子基因纯合度较高，留种时只需注意去杂、去劣、选优即可，如香豌豆、凤仙花、金盏菊等。

（2）异花授粉花卉

花卉授粉过程中，雌蕊接受不同花朵的花粉为异花授粉，异交率＞50％。异花授粉花卉按照花器结构的不同又分为雌雄异株，如银杏、杨、柳、万年青等；雌雄同株异花，如观赏葫芦、菊花、大丽花；雌雄同花，如向日葵、羽衣甘蓝、紫罗兰等。由于在种内、变种内和品种间杂交产生的后代，基因杂合程度不同，留种时应分别对待。某些品种较多、性状差异较大的种类，留种时应在品种内杂交，否则后代产生分离，如羽衣甘蓝。有一些异花授粉花卉，它们的栽培品种都是高度杂合的无性系，品种内自交不孕，生产上不能用种子繁殖，如菊花、大丽花等，而另一些品种较少、性状差异不大的种类，留种时只要不断地进行选优去劣，便可取得遗传性状相对一致、接近自花传粉的种子，如瓜叶菊等。

（3）常异花授粉花卉

花卉授粉过程中，有自花授粉习性，但花器结构不太严密，从而发生部分异花授粉的花卉即常异花授粉花卉，异交率在 10％～50％之间。该种子基因杂合度比异花授粉的小，比自花授粉的大，留种时也需要注意分别对待，如翠菊等。

（4）自由授粉花卉

自由授粉花卉在花器结构和开花授粉习性方面与典型的异花授粉植物相同，但能够自由接受自花及异花的花粉而正常受精和繁殖后代。实际上是异花授粉花卉中不存在自花授粉不亲和性的种类，如桃、牡丹、杜鹃、芍药等。

5.1.2　花卉种子的采收、寿命与储藏

（1）种子的采收

在花卉有性繁殖过程中种子成熟后就需要进行采收。种子成熟与否可以从种子的形态大小和生理变化两个方面来判断。形态成熟是指种子的外部形态不再发生变化且能够从植株上或果实内自然脱落的状态。生理成熟是指种子的胚已发育完全且具备良好的发芽能力。大多数种子的形态成熟和生理成熟是同步进行的，形态成熟时就具备良好的发芽能力了，但还有一些种子是不同步的，如蔷薇属、苹果属、李属等许多木本植物的种子，虽然形态成熟了，但生理成熟还没有完成，生理未成熟是种子休眠的主要原因。

为防种子散落、发霉以及失去发芽能力，一般在种子达到形态成熟时就需要进行采收。种子采收时要考虑母株的健康状况和采收时间的适宜程度。留种时要求从品种纯正、生长健壮、发育良好、无病虫害的植株上采收高品质的种子，同时还要注意不同种子不要混杂。最佳采收时间的确定要看种子成熟后是否开裂。对于干果类的种子，若成熟后易开裂的，于清晨空气湿度较大时采收，如蒴果、蓇葖果、荚果、角果等；若开花结实期长，种子陆续成熟脱落的，宜分期分批采收，如半枝莲、凤仙花、三色堇等；若成熟后挂在植株上长期不开裂亦不散的，可以在整株全部成熟后，一次性采收，如千日红、桂竹香、矮雪轮等。对于肉质果类的种子，如浆果、核果、瓠果、柑果等，尽管成熟后不开裂，但果皮含水量较高，果实成熟后就要及时采收，否则就会脱落，或被鸟食，或过熟发霉等，如君子兰、忍冬、女贞、冬青、李、桃、石榴、蔷薇、无花果等。

采收回来的种子要及时处理。对于干果类种子，采收后需要摊成薄层散放在通风干燥处 1～3 周尽快风干，一般种子的安全含水量为 8％～15％。对于肉质果类种子，采收后要在室

内放置几天使种子充分成熟，经过发酵、腐烂、清洗、干燥后获得种子。

(2) 种子的寿命

种子与其他生命现象一样，生命是有期限的。种子生命力的终结是以种子发芽力的丧失为标志的。种子寿命是指种子的生命力在一定环境条件下能保持的最长期限，即种子能存活的时间。生产上，种子寿命是指一批种子从收获到发芽率降低到50%时所经历的天数，是一个群体概念。

种子的寿命按照 Ewart 的分类法可划分为以下 3 种类型。

1) 短命种子　种子的寿命＜3 年，常见的有水生植物，子叶肥大、种子含水量高的植物，原产于高温、高湿地区无休眠的植物，种子在早春成熟的多年生花卉，如棕榈科、兰科、天南星科、睡莲科（荷花除外）、天门冬属等。某些花卉的种子如果不在特殊条件下保存，其生命力不超过 1 年，如报春花、秋海棠、非洲菊等。短命种子的特点为种皮薄脆，保护性差，脂肪含量高，或需在特殊储藏条件下保存。

2) 中命种子　种子的寿命在 3～15 年之间，大多数花卉属于这一类（见表 5-1）。

表 5-1　常见花卉种子的寿命

花卉种子	寿命年限/年	花卉种子	寿命年限/年	花卉种子	寿命年限/年	花卉种子	寿命年限/年
霞草	5	勿忘我	2～3	风铃草	3	矢车菊	2～3
旱金莲	2	福禄考	1	非洲菊	0.6	万寿菊	4
鸡冠花	4～5	彩叶草	5	波斯菊	3～4	百日草	3
香豌豆	2	菊花	3～5	大丽花	5	一串红	1～4
牵牛	3～4	藿香蓟	2～3	大岩桐	2～3	耧斗菜	2
桔梗	2～3	蒲包花	2～3	紫罗兰	4	茑萝	4～5
百合	2	金盏菊	3～4	荷花	极长	醉蝶花	2～3
金鱼草	3～4	剪秋萝	3～4	翠菊	2	向日葵	3～4
风仙花	5～8	石竹	3～5	雏菊	4	飞燕草	1
蜀葵	3～4	花菱草	2	美人蕉	3～4	鸢尾	2
报春	2～5	三色堇	2	桂竹香	5	半枝莲	3～4

3) 长命种子　种子的寿命＞15 年。这类种子包括许多豆科植物，如香豌豆、羽扇豆等；硬实种子，如荷花、美人蕉等；部分锦葵科植物；寒带生长季短的植物。长命种子的特点是种皮坚韧致密，脂肪含量少，且多为小粒种子。

影响种子寿命的因素有内部因素和外部因素。在种子保存过程中外部因素，尤其是种子含水量和温度对种子寿命的影响较大。

① 种子成熟度。种子的成熟度越高，种子的寿命就越长。

② 种子的含水量和空气湿度。一般情况下多数草花种子的含水量越低，越不容易发热发霉，种子的寿命就越长。大多数种子的含水量在 5%～6%时寿命最长。种子储藏安全含水量，油脂含量高的种子一般不超过 9%，淀粉含量高的种子一般不超过 13%。由于种子具有吸湿性，与环境空气相对湿度保持水分平衡，当空气相对湿度为 70%时，一般种子的水分平衡在 14%左右，是种子安全储藏含水量的上限。在相对湿度为 20%～25%时，一般种子储藏寿命最长。多数花卉种子储藏相对湿度在 30%～60%比较合适；一二年生花卉比较适合储藏在低温干燥环境中，而木本花卉的种子在低温干燥下反而容易失去生命力。

③ 温度。温度越高，种子内部呼吸作用越强，种子营养物质消耗得越多，种子的寿命越短。含水量低的种子在低温下能保持较长时间。实践证明，多数花卉的种子在干燥密封后，储藏在 1～5℃低温条件下能保持较长的时间。

④ 机械损伤与病虫害。在种子处理过程中若造成机械损伤或因虫、鼠、微生物等造成部分损伤后水分和氧气就容易进入种子内部，种子呼吸加快，影响种子的寿命。种子的完好程度越高，种子的寿命越长。

⑤ 氧气。氧气能促进种子的呼吸作用，降低氧气含量能抑制种子的呼吸作用，如果将种子储藏在其他气体中，种子的寿命能延长。但含水量高的种子储藏时需要有一定的氧气，否则会因为呼吸不畅而腐烂。

⑥ 光照。多数种子暴露在强光下易失去生命力，缩短寿命，一般需要避光储藏。

（3）种子的储藏

为了保持种子的生命力，延长种子的寿命，以满足生产、销售和交换等需要，必须对种子进行储藏。储藏的方法依据种子的性质可分为如下几种。

1）干藏法　耐干燥的花卉种子常用此方法。

① 干燥储藏法。耐干燥的花卉种子，经自然充分干燥后，装入纸袋或布袋中，挂于室内通风、干燥、凉爽处储藏。通常可以储藏几周或几个月，大多数的一二年生草花的种子适宜用此方法保存。

② 干燥密闭法。把耐干燥的花卉种子，干燥至安全含水量（10%～13%），装入罐或瓶中，密封起来，放在冷凉处保存。储藏时可以在容器中添加约占种子量 1/10 的吸水剂，常用的吸水剂有硅胶、氯化钙、生石灰、木炭等，通常可以储藏几个月或几年。该法适用于需要长期储藏的种子，尤其是一些发芽率容易降低的种子。

③ 低温干燥储藏法。把充分干燥（含水量控制≤6%）的种子置于 0～5℃（≤15℃）的低温下储藏，储藏时放入吸水剂，可以长时间保存种子。该法适用于颗粒小、种皮薄、易吸水的种子，特别是短命种子，如杨树、柳树等的种子。现在建立的可控温度数字种子资源库，可以进行不同种子的长期保持。

2）湿藏法　不耐干燥的花卉种子常用此方法。

① 层积储藏法（湿藏法、砂藏法）。将种子与湿砂（含水量 15%）按 1∶3 质量比混合后，于 0～10℃低温下通风储藏，适用于休眠期长且需要催芽的种子，或含水量高、干藏效果不佳的种子，如牡丹、芍药、银杏、山桃、玉兰、樱桃等。

② 水藏法。种子采收后立即储藏在水中。某些水生种子，如王莲、睡莲等必须储藏于水中才能保持其发芽力。

5.1.3 种子的休眠与解除

种子休眠是指具有发芽力的种子在适宜的萌发条件（温度、水分和氧气等）下仍不能发芽的现象，是植物重要的适应特性之一。种子休眠是一个可遗传的性状，休眠的原因或是种子自身的原因，或是不能很好地利用发芽条件，或是受植物本身生理生化的限制而不能发芽，其程度由种子发育过程中的环境来调节。种子的不活动状态是由于环境条件不适宜，种子暂时处于不能萌发状态，当环境条件适宜后种子便可以萌发，这与种子休眠不同。

根据种子休眠产生的时间可将其分为初生休眠和次生休眠。

5.1.3.1 初生休眠

种子形成后具有的先天性休眠称为初生休眠，是常见的类型，可分为外源休眠和内源休眠两种类型。

（1）外源休眠

外部环境条件都能满足种子发芽，由种皮或果皮坚实（硬实种子）难以透水、透气造成的休眠称为外源休眠。

1）外源休眠的原因

① 果皮或种皮坚硬。种皮或果皮中某一层的细胞壁含有较多的疏水性物质，如许多豆科硬实的种皮表层为一层角质层和栅栏组织，特别坚固细密，难以透水，如金合欢、莲子、百合等。

② 种子存在特定部位或特殊的水分控制机制。如羽扇豆、三叶草、紫云英等种子脐部有一瘤状突起，称为“肿脐疤”，它控制水分进出，起到阀门作用。欧洲白蜡、苹果、咖啡等的种皮具有选择透性，透水但不透气，导致其种子在适宜的条件下不能萌发。

2）外源休眠的解除方法

① 机械处理。对于种皮或果皮坚实的种子，解除休眠可采用机械处理的方法，如切割、削皮、擦伤或加热处理种皮等可打破其休眠，适用于豆科种子、莲子等。

② 化学药剂处理。将干燥的种子浸没在浓硫酸中，浸没的时间根据花卉种类的不同及处理时温度而不同，一般在 15min～3h 之间，每隔几分钟检查一次，见种皮出现孔纹时立即取出，将种子用流水冲洗干净再进行播种，此法适用于豆科及禾本科的许多种子。因浓硫酸具有较强的灼伤性和腐蚀性，使用时需要特别注意安全。另外，对于种皮内含有非水溶性物质的种子，可以选用酒精或丙酮等有机溶剂溶解。近年来，还有使用纤维素酸、果胶酸等使种皮细胞解离的生物化学处理方法。

（2）内源休眠

因种皮或胚本身的原因，种子即使吸水后也不发芽，这种休眠称为内源休眠，也称胚休眠，是种子休眠中最普遍的原因。

1）内源休眠原因

① 胚未发育完全。某些种子外观上虽然已经成熟，但胚相对较小，还未发育完全，生理上还不成熟，即使在适宜的外界条件下仍然不能发芽，处于休眠状态，称胚未发育完全休眠，如毛茛、罂粟、浙贝母、冬青、荚蒾、白蜡、银杏及兰科植物的种子有这种特点。银杏的种子，虽然果实形态成熟了，但胚分化不完全，尚未发育成熟，此时种子还不能发芽，只有当受精卵从种皮及胚乳中摄取营养逐渐发育完全后才能发芽。兰花的种子，果实成熟开裂后种子也不能发芽，原因是胚尚未分化，还只具有很小的一团细胞，只有当种子在土中与一定种类的真菌共生后，或在人工组培下吸收养分后才逐渐分化完全，方能发芽。

② 生理休眠。虽然胚已发育完全，但新陈代谢中存在抑制物质致使不发芽，这种现象称为生理休眠。抑制物质可以存在于果实的果肉、外壳和很多干果实的蒴果，种子的种被、种胚和胚乳中。一般认为，种子的生理休眠由不同内源激素的平衡所调节。主要的内源促进激素有赤霉素（GA）和细胞分裂素（CTK），内源抑制激素有脱落酸（ABA）和酚类等抑制物。玫瑰的果皮和种皮中，桃的种子中，羽扇豆的豆荚中，枸橼的果实中，均存在脱落酸抑制物质。香草中的香豆素、柠檬中的柠檬醛、酸橙中的有机酸、欧洲花椒的花楸素，这些

均是发芽的抑制物质。

2）内源休眠的解除方法

① 层积处理。对于温带木本植物的内源休眠，利用层积处理效果较好。将种子放在 1～10℃的低温条件下，经过 1～3 个月的处理，种子中的生理活性物质、各种酸的活性均会发生显著改变。酸的活性增强，脱落酸含量降低，赤霉素及细胞分裂素含量增加。层积处理过程需在湿润、通气条件下进行，如桃、胡桃、苹果、梨、三叶草等的种子经层积处理 20～30d 后，脱落酸几乎完全消失。苹果、樱桃层积处理后胚的细胞明显增多，胚轴伸长，干物质增加。

② 激素处理。用外源赤霉素可以代替某些种子的层积处理，如未经层积处理的桃树种子，剥去内果皮和种皮后虽能发芽，但幼苗出现矮化现象，若用 200～500mg/L 的赤霉素或 500mg/L 的乙烯利浸种可以防止出现矮化的不正常幼苗的现象。细胞分裂素也能解除某些种子的休眠，其中激动素（KT）和 6-苄基腺嘌呤（6-BA）对高等植物的活性很强。

③ 去皮。研究发现种皮常是抑制发芽物质的来源。将种皮剥去或破损有助于打破某些种子的内源休眠。如桃的休眠种子，先人工破除内果皮，再去掉种皮后用 GA 处理，发芽效果更佳。

④ 光处理。喜光种子在白光下可解除休眠，对光不敏感的种子在光下或黑暗中均能很好地萌发，但忌光或暗发芽种子因白光的存在而加强或诱导休眠。

⑤ 干储后熟。某些一二年生花卉的种子有 1～6 个月的休眠期。将种子干燥，使其含水量为 5%～15%后储藏一段时间，便能打破休眠而发芽，如新采摘的凤仙花的种子在发芽箱中经 20 周仅仅 40%以下发芽，干储 43 周后播种，一周内 100%发芽。苋属、报春花属、仙客来属、毛茛属花卉种子也可用此法提高发芽率。

⑥ 化学药品处理。某些需光种子萌发时，可以用 0.1%～0.2%的硝酸钾（KNO_3）或 0.5%～3.0%的硫脲代替光的作用提高发芽率。

⑦ 冲洗、漂洗和浸泡。对于种皮中含有抑制发芽物质的种子可以采取冲洗、漂洗和浸泡方法去掉抑制物质，解除其休眠。

5.1.3.2　次生休眠

次生休眠是指某些花卉种子在解除初生休眠后，若遇到不利环境条件，又重新转入休眠，呈不发芽的状态。造成次生休眠的原因有光照过强或光照过弱，温度过高或温度过低，水分过多或过于干燥，氧气缺乏，高渗压溶液或某些抑制物质。次生休眠可视为后熟作用的逆转，并不同于种子的不活动状态，再给予其全部适宜的发芽条件也不会发芽，必须再度解除其休眠才能发芽。已解除初生休眠的种子只要遇上一项不适条件就会产生次生休眠。

5.1.4　种子繁殖的方法与技术

种子繁殖过程需要根据生产的要求和种子休眠的特点，创造适宜种子萌发的内部和外部环境条件，适时适地地进行播种育苗。

5.1.4.1　种子发芽的外部条件

（1）水分

种子萌发首先需要吸收充足的水分。适量的水分有利于种子的萌发，水分过少时则种子萌芽缓慢，甚至不发芽。播种后，尤其是在种子萌动时缺水，这样会导致“芽干”而不能出土成苗；水分过多，通气不良，易引起腐烂。种子吸水后内部自由水的含量增加，种皮破裂，氧气进入，呼吸强度增大，各种酶的活性增强，淀粉及蛋白质等储藏物质进行分解、转化，营养物质运输到胚，使胚生长。生产上经常使用自动喷雾系统，白天每10min喷6s或覆盖保湿薄膜进行保湿。对于外种皮坚韧、透水困难的种子，应提前将种皮划伤或刻伤。

（2）温度

种子内部营养物质的分解、酶活性的增加、能量的获得等生化过程都要在一定的温度条件下进行。温度过高或过低都不利于种子发芽，过高会导致种子霉烂，过低则导致种子不能萌动。种子萌发的适宜温度，依花卉种类及原产地的不同而有差异。一般原产于热带的花卉需要较高的温度，亚热带及温带者次之，原产于温带北部的温度最低。例如，王莲，原产于美洲热带，在30～35℃的水池中经10～12d才能萌发；大花葱，原产于南欧，在2～7℃条件下较长时间才能萌发，高于10℃则不能萌发。花卉种子的萌发适温一般比生长发育适温高3～5℃，多数花卉种子的萌发适温为18～21℃。另外，原产地相同的花卉，如果播种时间不同，所需要的发芽适温也不相同。原产于温带的鸡冠花和三色堇，发芽适温不同，鸡冠花属于春播花卉，发芽适温20～25℃；三色堇属于秋播花卉，发芽适温15～20℃。

（3）基质和氧气

种子萌发过程中能量的获得来自呼吸作用产生的ATP，良好的通气条件是获得氧气的前提。因此，在播种时要求基质疏松，覆盖厚度适中，基质含水量符合要求。但对于水生花卉来说，只要少量氧气种子就可以萌发。

（4）光照

不同花卉种子萌发时对光照的需求不同，喜光性种子，如报春花、毛地黄、瓶子草、非洲凤仙、秋海棠、杜鹃等，必须在一定的光照条件下才能萌发，而嫌光性种子，如雁来红、仙客来、福禄考、蔓长春、苋菜等，必须在黑暗条件下才能萌发，在微光条件下也不能萌发。对于喜光性种子，播种时要求少覆土或不覆土；嫌光性种子可以通过覆土或覆盖黑色塑料薄膜来遮阳。

5.1.4.2 播种前种子处理

不同的种子休眠情况不同，在播种前可以进行不同的播前处理，有利于种子的萌发。

（1）浸种催芽

通过利用一定温度的热水浸泡种子，促使种皮软化，物质转化加快，有利于种子快速萌发。不同种子浸种时水温不同，对于种皮比较软薄的种子，如香豌豆、锦带花、绣线菊、溲疏、连翘等，一般水温在0～30℃，浸种时间6～24h，浸种的水量是种子体积的3倍；对于种皮较厚、发芽迟缓的种子，如海棠、珊瑚豆、金银花、金鱼草、文竹、君子兰、棕榈、蒲葵、仙客来、旱金莲等，水温在40～60℃，浸种时间12～24h；对于种皮坚硬、不易透水的种子，如紫荆、合欢、紫藤等，水温在90～100℃，浸种24h。温水和热水浸种时为使种子受热均匀，防止烫伤，必须充分搅拌。对于种皮有油脂蜡质的种子，如玉兰，可以草木灰水浸种，除去油脂蜡质，让水分进入种子内部。

（2）挫伤种皮

对于种皮坚硬，不易透水、透气，很难发芽的种子，如紫藤、凤凰木、美人蕉、荷花、夹竹桃、金合欢、鹤望兰等，可在播种前在近脐处将种皮挫伤，再用温水浸泡，种子吸水膨胀，可促进其发芽。也可以将粗砂与种子混合摩擦，还可以进行适度碾压或者超声波处理，促使种皮破裂，透性增加。

（3）药剂处理

对于一些种皮坚硬、致密、吸水透气差的种子，采用药剂处理，例如豆科及禾本科的许多种子可以用 2%～3%的稀硫酸（H_2SO_4）、稀盐酸（HCl）、氢氧化钠（NaOH）、过氧化氢（H_2O_2）等药物浸泡，可软化种皮、改善种皮的透性，再用清水洗净后播种。处理时一定要注意处理水温、处理时间和处理浓度，时间视种皮质地而定，勿使药液透过种皮伤及胚芽，处理水温过高易导致酶失活。此外，也可以用 50～100mg/L 赤霉素（GA）处理牡丹、芍药、部分百合等种子 1～3h 打破上胚轴休眠；用 10～25mg/L 赤霉素（GA）处理大花牵牛种子，代替低温促进发芽。有的种子可以用尿素[$CO(NH_2)_2$]、微量元素（$MnSO_4 \cdot 3H_2O$、$FeSO_4 \cdot 7H_2O$、$CuSO_4 \cdot 5H_2O$）等处理促进发芽。

（4）低温层积处理

对于在低温下完成休眠的种子，如月季、牡丹、芍药、白玉兰、樟树、桂花、鸢尾、杜鹃、榆叶梅、海棠、桃、杏等，常用冷藏或秋季湿砂层积法处理。第二年早春播种，发芽整齐迅速。砂藏时，河砂与种子比例为 3∶1，采用一层湿砂一层种子的方式，湿砂的湿度以手捏成团松手即散为准（含水量 10%左右），砂藏温度为 0～7℃。不同的花卉砂藏时间也是不同的，杜鹃、榆叶梅需要 30～40d，海棠需要 50～60d，桃、梅、杏、李需要 70～90d，蜡梅、白玉兰在 90d 以上。在储藏期间经常检查，不使种子过干、过湿或者发霉，上下翻动，有助通气，并使湿度均匀。同时，还要防止鼠害。

（5）其他处理方法

某些观赏植物的种子表面被毛、翅、钩、刺等，这类种子易互相粘连，影响均匀播种，用自动播种机播种时可做脱化处理（对种子进行脱毛、脱翼、脱尾等处理），如罂粟、牡丹、藿香蓟、毛茛、万寿菊等。对一些小粒或形状不规则的种子，可进行包衣或丸粒化处理以适应机械化播种的需要，如凤仙花、矮牵牛、秋海棠、洋桔梗等。

5.1.4.3　播种期与播种技术

花卉生产需要根据其生长发育特点、耐寒性强弱、当地气候条件等有计划地安排，选择适宜的播种时间，保证较高的出苗率和出苗整齐度，培育优质种苗，以满足生产的需求。

（1）播种期

1）春播　露地一年生草花、常绿宿根花卉、大多数花木类适宜春播。春播时，一般需要在土壤解冻后，晚霜过后平均气温稳定在花卉种子萌发的最低温度以上时才能进行播种。北方地区在 4 月中旬至 5 月下旬，南方地区在 2 月下旬至 3 月上旬，华东地区在 3 月中上旬到 4 月上旬。需要提前出圃的花苗，如北方供“五一”国际劳动节摆设的观赏植物，往往在温室、温床或冷床（阳畦）中提早播种育苗。

2）秋播　露地二年生草花、部分球根花卉、要求低温和湿润条件下完成休眠的宿根花卉。播种时间一般是立秋后，气温降至 30℃以下时进行。北方地区在 9 月上中旬，南方地区在 9 月下旬至 10 月上旬，多数种类需在温床或冷床中越冬。另外，有些木本花卉也适宜在秋季播种，如桃花、梅、黄刺玫、榆叶梅、银杏及一些松柏科的树木等，发芽都比较困难，大多采用秋播，使种子在田间土壤中经过一个冬季的天然湿藏，翌年春季即萌芽出土。

3）随采随播　对于水生花卉和短命花卉，如四季海棠、报春、柳树、杨树等，种子含水量多，生命力短，不耐储藏，失水后容易失去发芽力，这类种子要求随采随播。

4）周年播种 热带和亚热带花卉常年处于恒温状态，种子随时成熟。如果温度合适，种子随时萌发，可以周年播种，如中国兰花、热带兰花等。另外，温室花卉播种通常在温室中进行，受季节性气候条件影响较小，因此播种期没有严格的季节性限制，常随所需要的花期而定。

（2）播种方法

1）育苗床播种 育苗床育苗可用于露地花卉也可用于温室花卉，可根据种子的大小采用不同的播种方法和覆土厚度。

① 撒播法。小粒种子和微粒种子采用撒播法。为使播种均匀，撒播前需要将种子与细砂或培养土按 1∶1 比例混合，然后均匀撒于土面上。此法能充分利用土地，操作简单。在单位面积中，播种量较多，但幼苗密度大，易造成光照不足，空气流通不畅，易出现徒长现象。

② 条播法。中粒种子一般采用条播法。按一定的行距开沟，将种子均匀地撒在播种沟中。此法由于行间保持一定空间，通风透光性好，幼苗生长健壮。但在一定面积中，幼苗株数不及撒播法多。当品种较多且每种数量较少时多采用此方法。

③ 点播法。中粒种子、大粒种子采用点播法。按一定的株距、行距将种子播于穴中。每穴播种 2～4 粒，发芽后留一株生长健壮的，其他的可移栽或拔除。此法光照及空气流通最充分，幼苗生长健壮，但所育幼苗数量较少。

种子的覆土量一般依据种子大小及幼苗生长速度而定。大中粒种子覆土厚度为种子直径的 2～3 倍；小粒种子覆细土，以不见种子为度；微粒种子也可不覆土。播种后将床面压实，使种子与土壤紧密接触，便于种子从土壤中吸水萌发。床面镇压后及时覆草，以利保墒，并可防止雨水冲刷和杂草滋生。覆草后应及时浇水，浇水可用细眼喷壶或喷雾器，使播种床的土壤吸透水。也可覆盖塑料地膜保墒，待种子萌发后及时揭掉。

2）露地直播 对于一些植株较小、生长期较短、不耐移植的草本花卉，如牵牛花、孔雀草、扫帚草及霞草等，也可采用直播法。即从播种育苗到开花结实整个过程不再进行移栽，以免损伤幼苗主根。通常直播于花坛或花境，播种量较留苗数为多，待发芽后拔去多余苗株。另外，大面积粗放栽培也常用直播法，如紫茉莉、花菱草、二月兰、蜀葵、虞美人等。小粒种子和微粒种子采用撒播法，中粒种子一般采用条播法，大粒种子采用点播法。

3）盆播或箱播育苗 温室花卉育苗常使用此方法。细小种子和珍贵的种子，都用浅盆或浅木箱播种。盆播一般选用直径 30cm、深 10cm 的浅盆；箱播一般选用长 60cm、宽 40cm、深 10cm 的浅箱。先在盆或箱内用粗砂或碎瓦片垫一层排水层，约为盆或箱高的 1/3，然后装入配制好的播种基质，使土面距离上沿 1～2cm，用木板刮平，轻度镇压后，用浸盆法浇水，待基质湿润后即可播种，撒播、穴播均可。覆土厚度同前，视种粒大小而定，覆土后镇压。然后盆（或箱）上盖薄膜或报纸后置阴处。待种子萌发后，掀去覆盖物，逐步移向有光线处。

4）穴盘育苗 穴盘育苗是工厂化育苗的一种方式，也是温室花卉常用的育苗方式。穴盘育苗的基质多采用泥炭、椰壳粉、珍珠岩、蛭石等材料，采用机器或人工播种，1 穴 1 粒种子。播种后将穴盘放入发芽室，出苗后移回温室，长到一定大小后再移到大一号的穴盘内。穴盘在温室中的摆放有高架苗床系统、固定苗床系统，也有移动式苗床系统和滚动式苗床系统。利用穴盘育苗可使温室空间利用率提高 10％～25％。穴盘通常分为聚苯泡沫穴盘和塑料穴盘两种。花卉育苗一般用塑料穴盘，外围的尺寸是 54cm×28cm，不同的规格穴数不同，常用的有72个、128个、200个、288个。该法育苗的优点是精度高，便于机械化操作，省工、省力，且管理方便，有效地控制根系生长和发育，形成一个密度最大且各自相对独立的生长空间。定植时，只需将小苗从穴盘上拔出栽植即可，不损伤根系，定植后没有缓苗期或者缓苗期很短，成活率100%。

5）Jiffy育苗盆（丸）育苗　Jiffy育苗盆是由泥炭藓和木浆制成的，同时也进行了酸碱度调节。其特点是制造材料可以自然降解，移苗时无需脱盆。根系可以透过盆壁自然生长，盆壁的透气性好、排水良好、持水能力强，便于运输，这种育苗盆在国外已得到广泛应用。育苗丸是由泥炭藓制成的一种压缩基质块，根据需要可在其内加入氮磷钾元素、复合肥、碱性物质等特殊的肥料，有利于根系生长，提高成活率。

（3）播后管理

播种后及时调节室内温度、湿度和光照，保持培养土湿润，不能过干也不能过湿，不能忽干也不能忽湿。苗床要保持清洁、通气；播种盆等不要直接放在地面上，要求略抬高，这样有利于排水。种子萌发后要求给予一定的光照，保持幼苗健康成长，及时间苗，移栽前后需要练苗，降低基质温度。2～4枚真叶就可以移栽，移栽时选择阴天或雨后进行。移栽后采用遮阴或中午喷水的方法防止幼苗萎蔫。

5.2 无性繁殖

无性繁殖也称营养繁殖，是利用花卉的营养器官（根、茎、叶、芽）的一部分使之发育为新植株的方法。无性繁殖包括扦插繁殖、嫁接繁殖、分生繁殖、压条繁殖、孢子繁殖和组织培养方法。无性繁殖可以保持品种优良性状，提早开花结实，育苗快，成本低，在花卉生产栽培中有重要的实用价值。但无性繁殖的繁殖系数较小，植株根系分布较浅，不够发达。木本花卉无性繁殖苗较实生苗寿命要短些，利用嫁接方法既保留了优良品种的遗传特性，提高了抗逆能力，提前开花结实，又延长了植株的生长寿命。

植物细胞全能性是指在植物的个体发育过程中，细胞的分裂、分化并不会导致细胞中遗传信息的丢失，无论是体细胞还是性细胞，植物体的每个细胞都含有一套完整的基因组，含有该个体的全部遗传信息，因而，在适宜的条件下这些遗传信息的表达控制机制发生改变，分化细胞可以被诱导分裂、生长、分化，形成完整植株。当植物体受到损伤刺激时，在一定的条件下细胞遗传潜能发挥出来，表现出弥补损伤和恢复协调的机能。无性繁殖就是利用这一原理进行器官再生的。

5.2.1 扦插繁殖

扦插繁殖是利用植物营养器官（根、茎、叶、芽）具有的分生和再生能力，切取其一部分插入砂或基质中，在适当的环境中进行培养，使其发生不定芽或不定根，从而长成新植株的繁殖方法。被切取的根、茎、叶或芽统称为插穗。

扦插繁殖植株生长快，开花早，能保持品种的种性，方法简单，成活率较高，但扦插繁殖植株主根不发达，植株寿命较短，抗性较弱。

5.2.1.1 扦插繁殖的原理

（1）不定根和不定芽的产生机制

1）茎段扦插　不定根起源于某些尚处于分裂的细胞或分化程度很低的薄壁组织，不同花卉产生不定根的来源也不尽相同。

① 由基部切口的形成层、次生木质部、次生韧皮部、髓射线等产生根，大部分花卉植物属于此类型。

② 由基部切口脱分化产生愈伤组织，再由愈伤组织分化成不定根，如洋常春藤、景天、草胡椒等。

③ 由插穗未离体前产生的不定根的根原细胞生根，如菊花、香石竹、无花果、八仙花、茉莉、千里光等。

④ 由插穗的节间或节部生根，如禾本科、天南星科、天竺葵等。

2）叶片扦插　产生不定根和不定芽代表着扦插成功。一般叶片扦插生根容易，生芽较难。能生根的叶片不一定能生芽，能生芽的叶片一般都能生根。

① 由叶基部或主叶脉伤口处的薄壁细胞产生不定根和不定芽。多数叶片扦插属于此类型，如蟆叶秋海棠、豆瓣绿、虎尾兰、蟹爪兰等。

② 由叶缘缺刻处产生的类似胚结构的胚状体生根以及生芽，如落地生根等。

3）根插

① 老根扦插时不定芽产生于根部的木栓形成层或射线增生；幼根扦插时不定芽产生于靠近维管形成层的中柱鞘内。

② 由根部切口脱分化产生愈伤组织，再由愈伤组织分化成不定芽。

（2）植物激素及营养物质对器官再生的作用

1）植物激素　在扦插过程中，插穗体内的内源植物激素有利于不定根和不定芽的产生，其中对不定根促进效果最显著的是吲哚乙酸（IAA），对不定芽促进效果最显著的是细胞分裂素（CTK）。扦插过程中通过外用激素使植物体内激素重新达到一种新的平衡状态，促进新个体的形成。生产上促进扦插生根使用较多的激素为吲哚丁酸（IBA）、萘乙酸（NAA），促进生芽使用较多的激素为6-苄基腺嘌呤（6-BA）、玉米素（ZT）和激动素（KT）。

2）营养物质及其他辅助物质　研究发现碳水化合物和矿质营养含量对扦插生根有一定影响。插穗碳水化合物含量高，产生愈伤组织的能量充足，易于生根。氮素营养液有利于生根。研究发现在插穗的叶片上喷施0.3%的尿素，生根率提高。另外发现，某些插穗在活动的芽或叶中能产生促进扦插的辅助物质，如类萜、绿原酸、脂质、儿茶酚、正二羟酚等。

（3）极性对器官再生的作用

植物的任何器官、任何一个细胞都具有极性。在扦插过程中要注意形态学上端和形态学下端的生理反应。形态学上端产生不定芽，形态学下端产生不定根，扦插过程中形态学上端朝上，形态学下端朝下，注意不要颠倒。

5.2.1.2　扦插繁殖的类型与方法

依插穗的器官来源不同扦插繁殖可分为茎插、叶插和根插几种。

（1）茎插

以带芽的茎段作为插穗进行繁殖的方法称为茎插，是应用最为普遍的一种扦插方法。茎段有芽但缺少根，茎上不定根产生于表皮、皮层、维管束鞘、形成层等。依枝条的木质化程度和生长状况又分为以下几种。

1）硬枝扦插　也称休眠期扦插，是以生长成熟的休眠枝作插穗的方法。常用于落叶木本花卉、针叶树及部分常绿木本花卉，如木芙蓉、木槿、紫薇、石榴、紫藤、水杉、柏类等均常用。

具体操作方法：一般以在秋冬休眠期获取的一二年生充分木质化的枝条为插穗，剪成10～15cm 的小段，每段保留 2～4 个芽，插穗上端切口距离顶芽 0.5～2cm，下端切口在基部芽下方约 0.3cm，剪成平滑斜口。扦插时短的插穗多直插，长的插穗多斜插，扦插深度一般以插穗长度的 1/3～1/2 为宜（见图 5-1）。枝条露出地面过多容易抽干，影响成活。扦插后一定要用手将穗条基部压实固定。硬枝扦插的时间，南方地区多秋冬季扦插，北方地区多春季扦插。

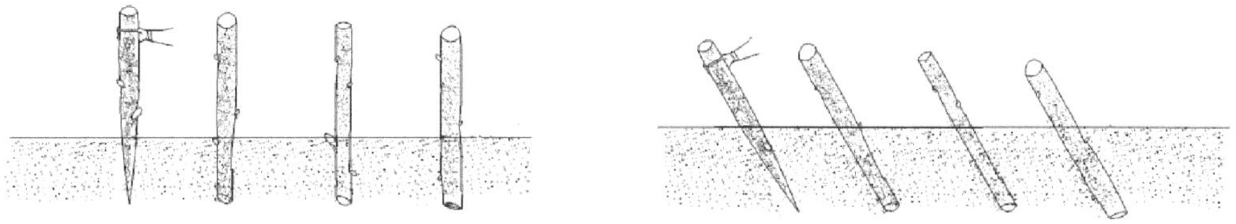

(a) 直插法　　(b) 斜插法

图 5-1　硬枝扦插

2）半硬枝扦插　以生长季发育充实的带叶枝梢作为插条进行繁殖的扦插方法，一般应用于常绿及落叶木本花卉，如月季、桂花、山茶、杜鹃、米兰、栀子、海桐、木兰、茉莉、黄杨等。半硬枝扦插最关键的是插条的选择，一般在母株两次旺盛生长期之间的间歇生长期采插条，即最好在春梢完全停止生长夏梢未萌动之前采插条。

具体操作方法：花谢 1 周左右，选取腋芽饱满、叶片发育正常、无病虫害的枝条，剪成10～15cm 的小段，每段保留 2～4 枚叶，如果叶片较大可将叶剪去 1/3～1/2，留 3～4 个节，插穗上端切口在芽上方 1～2cm 处，下端切口在基部芽下方约 0.3cm 处，切口要平滑，扦插深度因花卉不同而不同，需要灵活掌握。易于从节间皮层伤口愈伤组织处生根的种类，深为插穗的 1/2 即可；易于从切口愈伤组织处生根的种类，深为插穗的 1/3，如橡皮树、月季、菊花、一串红等；仙人掌或多肉植物扦插时越浅越好。

3）嫩枝扦插　也叫软枝扦插，生长期采用枝条端部嫩枝作为插穗进行繁殖的扦插方法。在枝梢刚刚停止生长，内部尚未完全成熟时立即取插条，多用于某些常绿或落叶木本花卉和一些草本植物。常用嫩枝扦插的木本花卉有木兰、蔷薇、绣线菊、火棘、连翘、夹竹桃等；草本花卉有一串红、彩叶草、天竺葵、菊花、大丽花、矮牵牛、香石竹、秋海棠等。

具体操作方法：在枝梢刚刚停止生长时，选取健壮枝梢，切成 5～10cm 的茎段，每段带 3 个芽，剪去下部叶片，仅留顶端 2～3 枚叶，插入基质中，深度为插条的 1/3～1/2。注意所选的枝条如果发育不充实则容易腐烂，完全成熟则不易生根。插条的叶片尽量保留。切口位置宜靠近节下方，切口要求平滑。插条剪取后要注意保湿或尽快扦插。多浆植物要求切口干燥半日或数天后再扦插，以防腐烂。

4）芽叶插　芽叶插是以芽下部带有一小片木质部的一叶一芽作为插穗的扦插方法（见图 5-2）。选取叶片成熟、腋芽饱满的枝条，削成每段只带一叶一芽及少量木质部的插穗，插于基质中，露出芽尖即可。此法适用于叶插不易产生不定芽的种类，如菊花、杜鹃、玉树、桂花、八仙花、天竺葵、宿根福禄考、橡皮树、山茶、百合等。该法具有节约插穗、操作简单、单位面积产量高等优点，但成苗较慢。

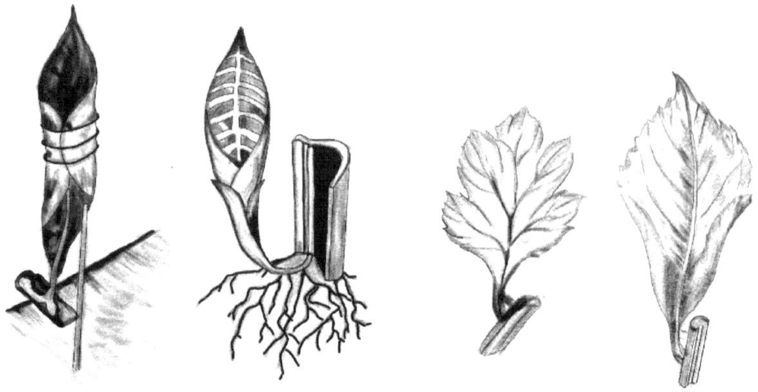

(a) 橡皮树　(b) 虎尾兰　(c) 菊花　(d) 八仙花

图 5-2 芽叶插

（2）叶插

以一枚全叶或叶的一部分作为插穗的扦插方法，适用于叶易生根又易生芽的花卉，常用于叶脉发达、叶质肥厚多汁的花卉，如秋海棠、非洲紫罗兰、十二卷、虎尾兰、景天科的许多种，叶插极易成苗。

1）全叶插　以完整叶片作为插穗的扦插方法称为全叶插，按照插穗插入方法的不同又分为平置法和直插法。

① 平置法。以蟆叶秋海棠和大叶落地生根的叶插为代表，剪取生长健壮成熟的叶片，先把叶柄切去，将几条主要叶脉切断数处，然后平铺在插床的砂或其他基质上，叶片表面也撒上少量的砂，使叶片与砂密切接触，以后保持半湿的环境。在温度 18～25℃的条件下，约 6 周由伤口的下部生根，上部产生新的芽丛[见图 5-3(a)]。

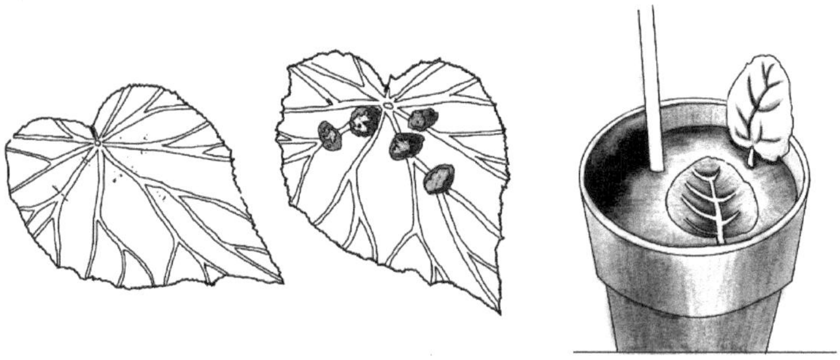

(a) 平置法　(b) 直插法

图 5-3 全叶插

② 直插法（叶柄插法）。以豆瓣绿、大岩桐、非洲紫罗兰、百合等为代表，将叶柄插入砂中，叶片露于砂面上，叶柄基部发生不定芽和不定根，继而形成新的个体[见图 5-3(b)]。

2）片叶插　以部分叶片作为插穗的扦插方法称为片叶插。

以虎尾兰扦插为代表，虎尾兰扦插时把叶切成 5～10cm 的小段，直立插在插床中，深度为插穗长的 1/3～1/2。其后，由下部切口中央部位长出一个至数个小根状茎，继而长出土面成为新芽。芽的下部生根，上部长叶。需要注意的是用叶段扦插时叶片形态学上端和下端不可颠倒[见图 5-4(b)]。以蟆叶秋海棠为代表，将蟆叶秋海棠的基部剪掉，按照主脉分布切成几块，每块都有一个主脉或侧脉，再减去叶缘较薄的地方以此来减少水分的蒸发，然后将其下端插入砂中，注意上下方向不要颠倒，即可在叶段基部发出新根，形成新的植株[见图 5-4(a)]。

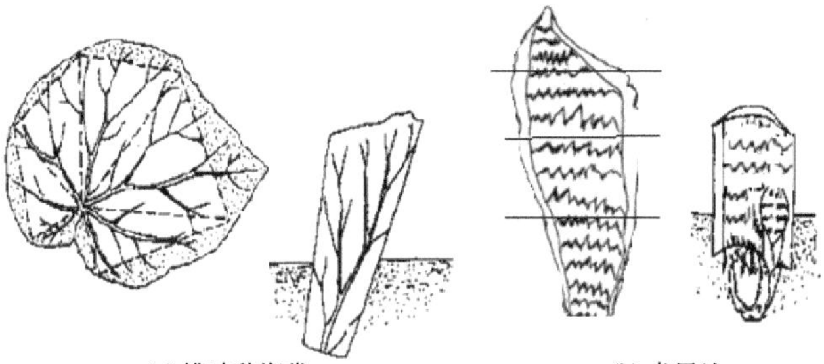

(a) 蟆叶秋海棠 (b) 虎尾兰

图 5-4 片叶插

(3) 根插

一些宿根花卉具有肥大肉质根系，能从根上产生不定芽，形成一棵完整的植株。不定芽起源于中柱鞘。用根插进行繁殖的花卉大多具有肥大的根，直径一般>5mm，同一种花卉，根系越粗壮越容易生根。选用较为粗壮的根进行扦插，有利于提高成活率。扦插时间多在春季、秋季两个季节。适宜根插的花卉有芍药、牡丹、鸢尾、紫藤、贴梗海棠、蓍草、剪秋萝、银叶菊、福禄考、荷包牡丹、随意草、丁香、凌霄、宿根霞草等。

具体操作方法：休眠期（晚秋或早春）选取较粗壮的根系，将根剪成 5～15cm 的根段，直插或横埋于基质中，浅插或与基质相平，深度 1cm，基质保持湿润，待产生不定芽后再进行移栽（见图 5-5)。

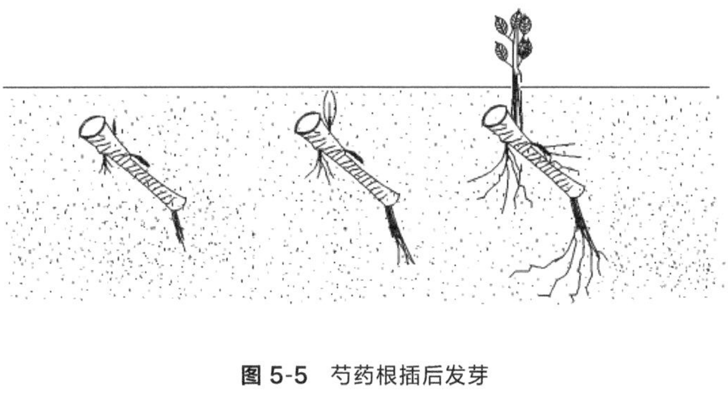

图 5-5 芍药根插后发芽

5.2.1.3 影响扦插成活的因素

(1) 内在因素

1) 花卉种类 不同花卉之间遗传性不同，插条生根的难易程度也不同，不同科、属、种，甚至品种间都会存在差别。研究人员发现，木樨科的大多数易扦插生根，但流苏树难生根；山茶属的种间反应不一，山茶、茶梅易生根，云南山茶难生根；菊科花卉中万寿菊、菊花、大丽花易生根，而非洲菊、矢车菊难生根；另外，菊花、月季花等不同品种间差异也较大。从插穗的生理功能上看，树皮薄且柔软的插穗较树皮厚且坚硬的插穗容易生根，如仙人掌、景天科、杨柳科，普遍易扦插生根；从插穗皮层的解剖结构上看，皮层没有环状厚壁组织或厚壁组织不连续的插穗容易生根，反之则不易生根；从插穗有无根原基上看，有根原基的插穗容易生根，反之则不易生根。

2）母体状况与采条部位　采插穗的母株营养良好、生长健康，体内含有各种丰富的促进生根的物质，是插条生根的重要物质基础。母株年龄越大，生长势衰退，细胞的分生能力越低，生根能力越差，因此获取插穗时尽量选择幼年母株。

同一母株上的枝条，部位不同，成熟度不同，生根能力也不相同。一般当年生枝条的生根能力强于二年生以上的，生长旺盛期枝条强于休眠期的，侧枝枝条强于主枝枝条；营养枝强于结果枝。获取插穗时除了考虑上述因素外，还需要考虑扦插时间和扦插方法，常绿树种生长期扦插常选用当年生半木质化中上部枝条，落叶树种休眠期扦插常选用多年生基部枝条。

3）插穗的剪取　插穗剪取的长短对扦插成活有一定的影响。一般插穗越大（长而粗），营养越丰富，越易生根，但插穗过长不利于操作，一般插穗长度在5～20cm。插穗的芽和叶有利于获取营养物质、生长激素、维生素等，因此，生长期扦插时插穗需要带2～4枚叶和2～4个芽。

另外，插入基质的深度也影响扦插成活率，插入越深，透气性越差，插穗易死亡，插入过浅则易于抽干死亡，需要根据插穗的种类及扦插方式来定。一般休眠期扦插要深些，生长期扦插要浅些；茎段扦插要深些，叶片扦插要浅些。

4）插穗的极性　插穗是有极性的，插穗极性是指距离茎基部近的为下端，远离茎基部的为上端，不论怎么插，总是上端发芽，下端生根。根插穗的极性是距离根基部近的为上端，远离根基部的为下端。扦插时要注意插穗的极性，不要倒插。

（2）外在因素

1）基质　插穗插在基质中，基质中的水分、空气、温度及卫生条件均会影响插穗的成活率。理想的扦插基质透水通气性好，保温，无病、虫、杂草及任何有害物质。人工配制基质常优于土壤，可按不同植物的特性来配备。

常见的扦插基质有砂、蛭石、珍珠岩。砂是扦插繁殖常用的基质，砂粒粒径大小应在1～2mm。砂透气性好，成本低，安全卫生，很少传播病毒及虫害，但保水保肥性差。蛭石为水合镁铝酸盐，是由云母类无机物加热至800～1000℃，膨胀后形成。蛭石保肥吸水性（吸水300～500 L/m^3）好，安全卫生，但蛭石易破碎，使孔隙率减小，排水透气能力降低，不宜长期使用，要适时更换，新蛭石不含病菌。珍珠岩是由石灰质火山岩形成的矿物质，加热至1000℃膨胀后形成的，因膨胀后形成珍珠状球形而得名。珍珠岩密度小（为80～180 kg/m^3），质量轻，透气性好，保水性好，新珍珠岩不含病菌，含水量适中。几乎所有的植物都适宜用珍珠岩作基质，尤其是喜酸性、根系纤细的花卉，如比利时杜鹃，也能在其中正常生根。由于多次使用易滋生病菌，颗粒变小，透气性下降，一般以一次性使用为好。

2）空气湿度与基质含水量　扦插过程中基质含水量和空气湿度对插穗生根影响很大。插穗生根前要一直保持高的空气湿度，尤其是带叶的插条，短时间的萎蔫就会延迟生根，干燥使叶片凋枯或脱落，使生根失败，一般空气相对湿度在 80%～90%。插床基质中的含水量，在扦插前期需要高些，后期低些，这是因为在扦插的初期基质中水分稍多些有利于插穗愈伤组织的形成。愈伤组织形成后适当降低基质中的含水量，可有效促进新根生长和根群壮大。新根发生时，呼吸作用旺盛，所需氧气较多，这就需要基质含水量降低，有利于氧气进入，一般应控制在 50%～60%。

批量生产扦插苗时一般用密闭扦插床和自动间歇喷雾插床，可以很好地解决空气湿度和基质湿度之间的矛盾。生产上选用全日照电子叶自动控制间歇喷雾，主要由湿度传感器、继电器、电磁阀构成，通过设定程序，控制各路在设定的时间点（段）的电压的产生，电压控制电磁阀的开启，电磁阀开启管道就通水，高压水就通过细雾喷头形成喷雾，使空气湿度达到饱和状态，基质湿度不至于过高，插穗表面形成一层水膜，可以确保插穗在未形成根系吸水前不至于因失水干枯，利用薄膜覆盖封闭床达到保湿的效果，利用遮阳和通风来调节温度。该法适用于生长期带叶扦插。

3）温度　温度包括空气温度和土壤温度，对扦插的影响均很大。温度适宜时，扦插生根率高。一般花卉插条生根的适宜空气温度，白天为 15～25℃，夜间为 15℃左右。基质的温度比空气温度高出 3～5℃时效果较好，能促进新根的产生，可显著提高插穗成活率，这在冬季扦插时尤其重要。花卉种类不同，扦插生根的适宜温度也不相同。在生产实践中应根据不同花卉对温度的要求，选择最佳的扦插季节或场所。原产于低纬度地区的花卉，扦插温度以 25～30℃为宜；原产于高纬度地区的花卉，扦插温度为 15～20℃；草本花卉较木本花卉扦插时的温度要高一些，以 25℃为宜。

4）光照　研究表明，接受不同光照的插穗，插穗生根能力不同，如大丽花、杜鹃花属、常春藤属等，采自光照较弱处母株上的插条比强光下者生根较好，但菊花却相反，采自充足光照下的插条生根更好。扦插生根期间，许多木本花卉，如木槿属、锦带花属、荚蒾属、连翘属，在较低光照下生根较好，但许多草本花卉，如菊花、天竺葵及一品红，在适当的强光照下生根较好。

5）氧气　在插穗切口愈伤组织形成及新根发生时，细胞的呼吸作用加强，这时需要基质有较好的通气状况，提供充足的氧气，通常氧气含量在 15%以上的基质对生根有利。

5.2.1.4　促进插穗生根的措施

（1）物理方法

1）机械处理　对于较难生根的木本植物，如杜鹃、木槿、印度榕等，采用环状剥皮、刻伤或绕伤等方法，有利于生根。在生长期中，先环割、刻伤或用麻绳捆扎枝条基部，以阻止枝条上部养分向下部的转移运输，从而使养分集中于受伤部位，然后在此处剪取插穗进行扦插。由于养分充足，不仅易生根，而且苗木生长势强，成活率高。

2）软化处理　在取插条之前用黑布或不透水的黑纸或泥土等封裹枝条，经过约 3 周遮光生长，遮光部位的枝条就会变白软化，将其剪下扦插，较易生根，这可能是因为黑暗促进根原组织的形成。部分木本植物枝条中含有色素、油分、松脂，这些物质抑制细胞的生长活动，阻碍愈伤组织和根的产生，通过软化处理也能提高扦插生根率。

3）提高地温　在早春进行硬枝扦插时，气温回升得比地温快，插穗不易成活。地温高有利于生根，气温低抑制枝条生长，地温比气温高出 3～5℃，扦插生根率提高。可以用提高扦插床地温（电热丝加温和热水管加温等）的办法提高扦插生根率。电热丝加温开始 1～

2 d，温度设置在15～20℃，2 d后设置在25℃左右，当插穗基部产生愈伤组织发出幼根时，停止加热锻炼1～2 d，取出扦插。

4）喷雾处理 通过在扦插床上安装自动喷雾设备，在自然光照条件下，持续或间歇地喷出雾状小水滴，保持叶面湿度，降低温度，使扦插叶面湿度饱和差达到平衡，创造适于生根的条件，可以提高扦插生根率。

5）超声波处理 用超声波雾化处理插穗切口，可以使水或营养液通过超声波振荡形成≤5μm的细雾，这种细雾易被植物吸收，插穗完全处于超细雾化的空气中，氧气充足，湿度适宜，易于插穗生根。

6）热水处理 又称温汤法，将插穗下部放在温水中浸泡后再进行扦插，可以促进生根。此法适用于枝条中含有抑制生根物质的种类，如松科植物。

（2）化学处理方法

可用的药剂很多，主要包括植物生长调节剂、杀菌剂和营养物质三大类。促进插条生根的植物生长调节剂为生长素类，常用的有吲哚乙酸（IAA）、吲哚丁酸（IBA）、萘乙酸（NAA）三种。可以用粉剂处理，也可以用液剂处理。粉剂处理是指将生长激素中混入滑石粉、木炭粉、面粉，用插穗基部沾取该粉剂，再进行扦插。使用浓度因生根难易而不同，易于生根的浓度为500～2000ppm（1ppm＝10^{-6}，下同），难于生根的浓度为10000～20000ppm。液剂处理是指将生长素配制成一定浓度的溶液，将插穗浸泡1～24 h，再进行扦插。草本植物生长素浓度为5～10ppm，木本植物为40～200ppm，浸泡时间根据浓度变化，浓度高时间短，浓度低时间长，现用现配。另外，高锰酸钾（$KMnO_4$）处理也可以提高生根率。该药剂与有机物反应后产生O_2、MnO_2和K_2O。MnO_2有杀菌功能，O_2促进枝条呼吸，有利于扦插生根。使用浓度为0.1％～1.0％，处理时间一般为24 h。插穗切口可以用杀菌剂处理以防止病菌感染，通常用克菌丹和苯那明，使用浓度为克菌丹水剂0.25％、粉剂5％，苯那明粉剂50％，可以与生根粉混合使用。如先将50％苯那明可湿性粉剂与滑石粉按1∶4配成10％的苯那明粉剂，再与含IBA 0.4％＋NAA 0.4％的生根粉按1∶1配成，即配成含苯那明50％、IBA 0.2％、NAA 0.2％的混合粉剂。

5.2.2 嫁接繁殖

嫁接繁殖是把某一植物的一部分嫁接到另一植物体上，使其组织相互愈合，培养成完整植株的方法。提供嫁接用的芽或枝称为接穗，而接受接穗的植株称为砧木。以枝条为接穗的称为枝接，以芽为接穗的称为芽接。嫁接繁殖能增加植株的抗病性和抗逆性，保持原母株的优良性状，生长快、结果早，易于矮化整形。嫁接繁殖常用于其他无性繁殖方法难以成功的植物。在一些木本花卉和果树生产中使用较为广泛，如山茶、桂花、月季、杜鹃、白兰、樱花、梅、桃等；另外，嫁接繁殖也常用于菊花、仙人掌等草本花卉造型上。

5.2.2.1 嫁接的原理

嫁接过程实际是接穗与砧木伤口愈合，新维管组织形成的过程。

（1）形成层的作用

形成层是树皮与木质部之间的一层很薄的细胞组织，这层细胞组织具有很强的活力，也是植物生长最活跃的部分。形成层细胞不断地进行分裂，向外形成韧皮部，向内形成木质部，引起植物的加粗生长。嫁接时接穗与砧木的形成层对齐是嫁接成活的关键。

（2）接穗和砧木切口愈伤组织形成

接穗和砧木切口形成层对齐后，形成层细胞不断地分裂，在伤口处能产生创伤激素，刺激形成层及附近的薄壁细胞加速分裂，形成愈伤组织。另外，创伤激素刺激生长素的转移，特别是在黑暗的情况下，使伤口生长素的浓度增加，促进细胞分裂，形成更多的愈伤组织。新的愈伤组织与薄壁细胞之间互相联结和混合。靠近砧木和接穗形成层的细胞，分化形成新的形成层细胞，并且与砧木、接穗的形成层连接起来。

（3）切口处新维管组织的形成

新的形成层产生新的维管组织，形成新的韧皮部和新的木质部，并产生新的导管和筛管，使双方运输系统相连通。砧木可以供给接穗水分和无机盐，使接穗生长和展叶，叶片进行光合作用，供给砧木根系所需要的有机营养。

5.2.2.2　嫁接的时间与方法

嫁接的方法多种多样，按照接穗的不同将嫁接分为枝接、芽接和根接。

（1）枝接

以枝条作为接穗的嫁接称为枝接。枝接是嫁接中最为常用的方法，枝接按照切法不同分为以下几种类型。

1）劈接　此法适用于砧木粗大、接穗较细的花卉，如桂花、杜鹃、菊花、大丽花、仙人掌等。

具体操作步骤：春季或秋季将砧木距离地面 10～20cm 处去顶，将截面削平，过中心劈开一个长 3～5cm 的切口，再用刀背将切口剥开。接穗长 5～8cm，含有 3～4 个饱满芽，将基部两侧略带木质部削成长 3～5cm 的楔形斜面。将接穗外侧的形成层与砧木一侧的形成层对齐插入砧木中，并用塑料薄膜绑扎，防止失水或雨水进入。高接的粗大砧木在劈口的两侧宜均插上接穗（见图 5-6）。

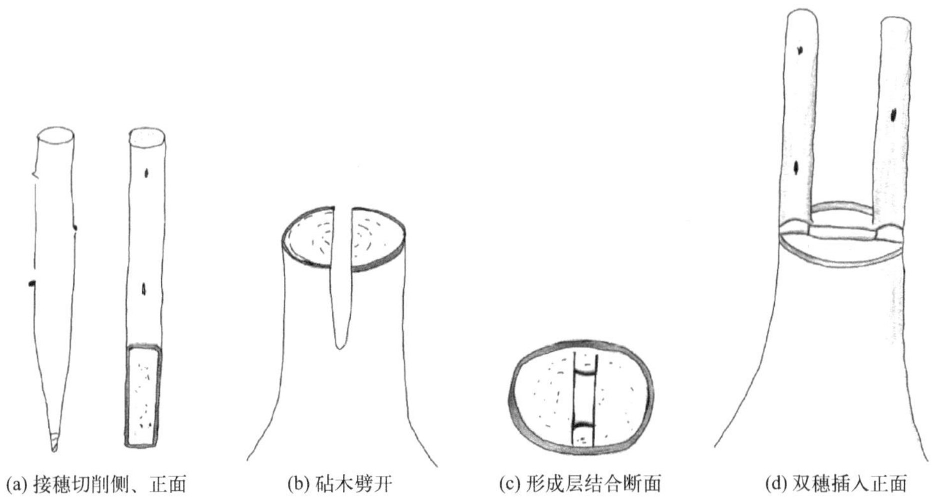

(a) 接穗切削侧、正面　(b) 砧木劈开　(c) 形成层结合断面　(d) 双穗插入正面

图 5-6　劈接法

落叶木本花卉在春季 2～4 月砧木萌芽前进行，常绿木本花卉在立秋后进行，避开旺盛生长期，因为旺盛生长期的砧木韧皮部与木质部易分离，操作不便，也不易愈合。缺点是伤

口大，愈合慢，切面难以完全吻合。

2）切接　切接是枝接最常见的方法，适用于砧木和接穗粗度相近的花卉，大部分的木本花卉均可采用此法。

具体操作步骤：将砧木距离地面 10～20cm 处平截，在截面的一侧纵向切 3～5cm，稍带木质部，露出形成层及韧皮部。接穗长 5～8cm，含有 3～4 个饱满芽，接穗的一侧削成 3～5cm 的斜面，另一侧基部削成短斜面。将接穗长面一侧的形成层对准砧木一侧的形成层，再扎紧密封。高接时可在一枝砧木上同时接 2～4 个接穗，既增加成活率，也使大断面更快愈合（见图 5-7）。

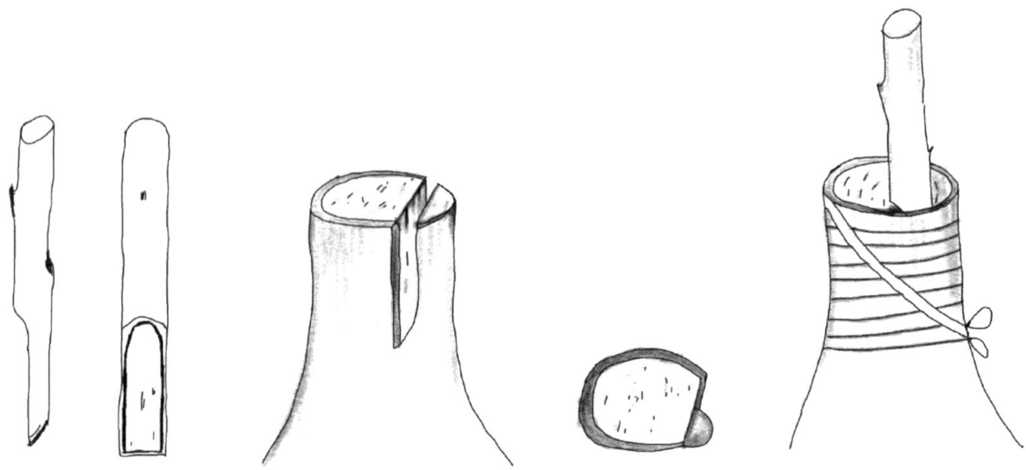

(a) 接穗切削侧、正面　(b) 砧木切法　(c) 形成层结合断面　(d) 砧穗结合、捆扎

图 5-7　切接法

切接的时间最好在春季、秋季进行，以春季较好。此法操作简单，容易掌握。

3）靠接　将两株植物的枝条相互靠近结合，使其愈合后再剪切分离的方法。该方法适用于一些扦插困难，用其他嫁接方法不易成活的木本花卉，如桂花靠接女贞，白兰靠接木兰等。

具体操作步骤：嫁接前要提前调整两植株的距离和高度，生产中大多将欲嫁接的植株两方或一方植入花盆中。选粗细相近的砧木和接穗，削成 3～5cm 梭形切口，深至木质部，砧木和接穗的接口长度相同，然后将砧木与接穗的形成层对齐（如粗细不一致时，要对准一侧）后绑扎。靠接后接穗并不离开母体，仍由母体供应水分和养分，待嫁接成活后再剪下接穗的根，削去砧木的头（见图 5-8）。

靠接的时间最好在春季至秋季（5～9 月），这一时期植物生长旺盛，有利于伤口愈合。此法由于接穗不脱离母体，对植株的伤害小，比较可靠，但繁殖系数小，时间长。

4）腹接　此法是一种不截砧木顶的枝接方法，是在砧木较高部位进行枝接，常用于较细的砧木上，如五针松、锦松、柑橘属、金柑属、李属等。

具体操作步骤：取接穗长 5～8cm，带 2～3 个芽，将接穗基部削成 1.5～3cm 的斜楔形，类似切接削法，但小斜面要长一些。在砧木适当部位向下斜切一刀，切口与斜面相近，深度为木质部的 1/3，然后接穗与砧木形成层对齐，绑扎固定（见图 5-9）。

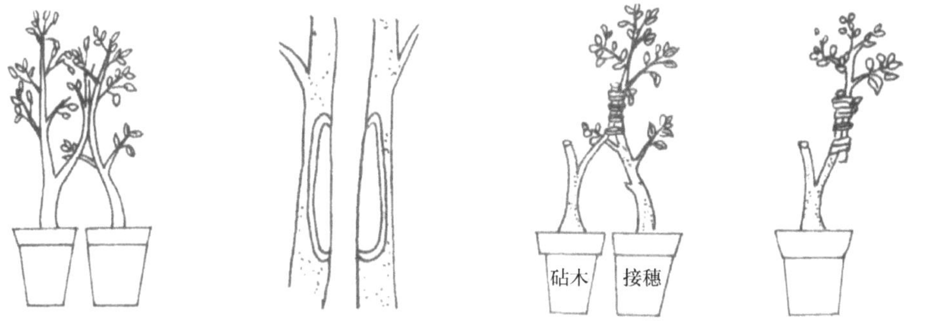

(a) 找准靠接部位　(b) 削砧木和接穗切口，并使切口吻合　(c) 靠接后绑　(d) 愈合后，切断接穗下部

图 5-8　靠接法

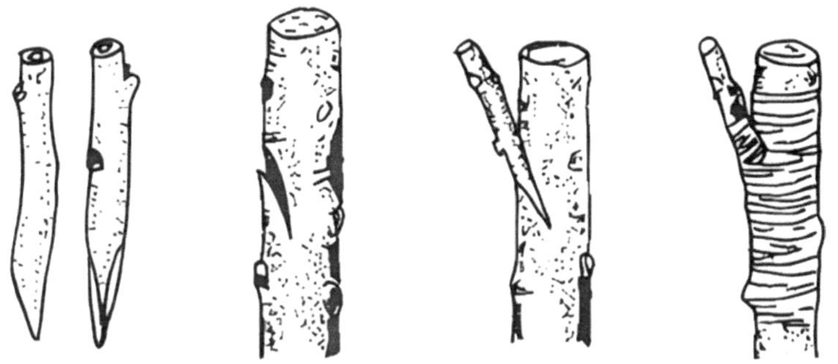

(a) 削接穗　(b) 斜切砧木皮层　(c) 将接穗插入砧木　(d) 绑扎密封

图 5-9　皮下腹接

腹接一般在春季进行。优点是一次失败后还可及时再补接，操作简单，成活率较高。

5）舌接　适用于砧木和接穗都较细的情况，根接时也常用舌接法。分别将砧木和接穗削成相同的约为 26°的斜面，吻合后再封扎，或再将切面纵切为两半，砧木和接穗互相嵌合后再绑扎（见图 5-10）。

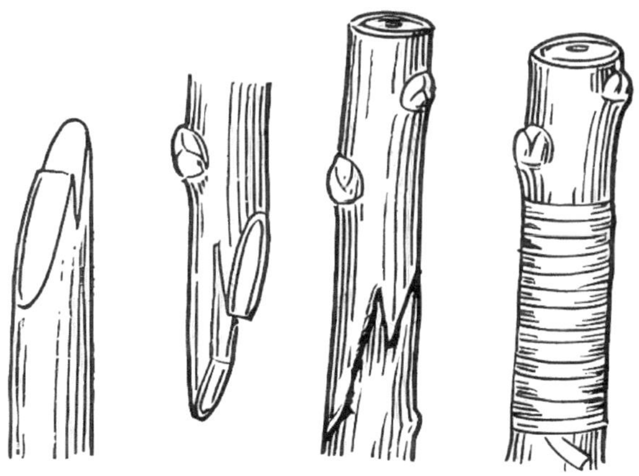

图 5-10　舌接

（2）芽接

芽接是以芽为接穗的嫁接方法。芽接具有节省接穗、快速鉴定嫁接成败、有利于补接、不伤砧木、不易脱落等优点，但枝条生长缓慢，要求操作精细。芽接的时间以春末至夏秋，树枝活动旺盛期为佳。芽接的方法很多，下面介绍常见的几种芽接方法。

1）“T”字形芽接　又称“丁”字形芽接，该法应用范围很广，适用于树皮较薄且砧木较细的情况。

具体操作步骤：选择当年生健康枝条上的饱满芽，剪去叶片，保留叶柄，先在芽上方0.5cm处横切一刀，深达木质部，再由芽下方1cm左右向上斜削一刀，深达木质部，并与芽的横切口相交，然后取下盾形芽片，用湿布包好。在砧木距地面8～10cm，选光滑无分枝处横切1刀，以深达木质部为宜，再于横切口中间向下竖切1刀，长达1～1.5cm，用刀尖将砧木皮层挑开。把芽片插入“T”字形切口内，使芽片的横切口与砧木横切口对齐嵌实，然后用塑料膜带扎紧，芽和叶柄要外露（见图5-11）。

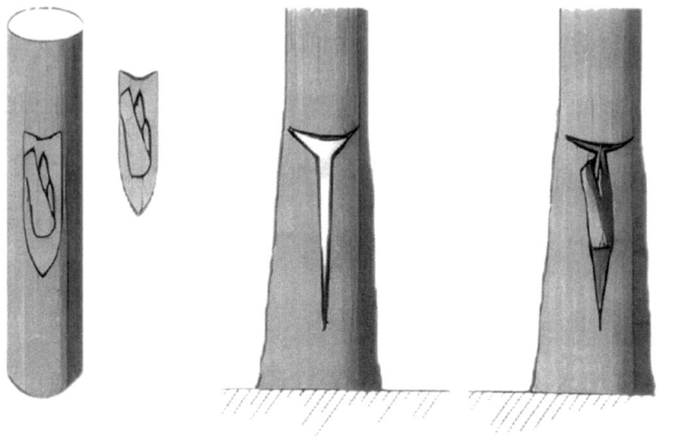

(a) 削接穗　　(b) 削砧木“T”字形切口　　(c) 将接穗插入砧木切口

图5-11　“T”字形芽接

2）嵌芽接　当树皮较薄、砧木较细、砧木和接穗均不离皮时，可用嵌芽接法。

具体操作步骤：用刀在接穗芽的上方0.5～1cm处向下斜切一刀，深入木质部，长约1.5cm，然后在芽下方约0.5cm处斜切，呈30°角，与第一刀的切口相接，取下芽片，用湿布包好。砧木的切法与芽相似，但切口略比芽片长。然后将芽片插入切口，两侧形成层对齐，芽片上端略露一点砧木皮层，最后绑扎（见图5-12）。

3）方块形芽接　适用于砧木树皮较厚或砧木太粗的植株，也适用于含单宁多和含乳汁的花卉。

具体操作步骤：削切方块形芽片，长2cm左右，宽1cm左右，剥离后为不带木质部的小芽片，芽在中间；在剥取接穗芽片时，要注意将内方与芽相连处的很少一点维管组织保留在芽片上。在砧木上削切“工”字形切口，长宽与芽片一致，撬开树皮，将芽片插入后绑扎薄膜（见图5-13）。

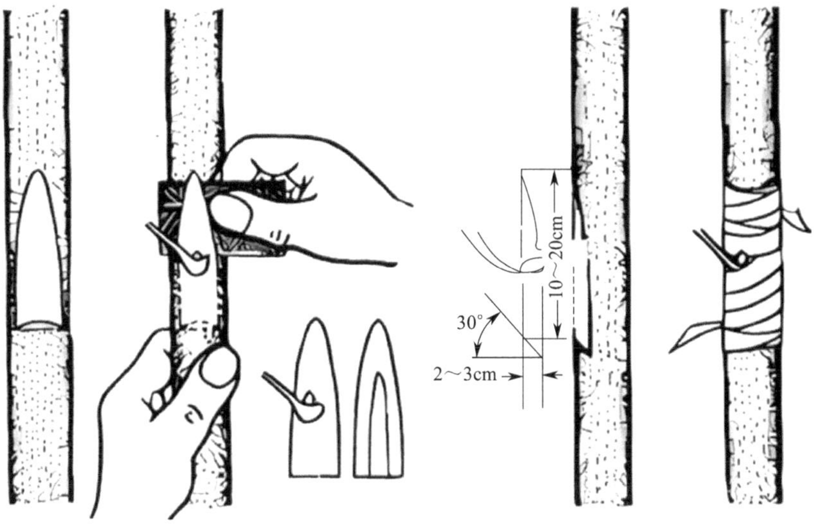

图 5-12　嵌芽接

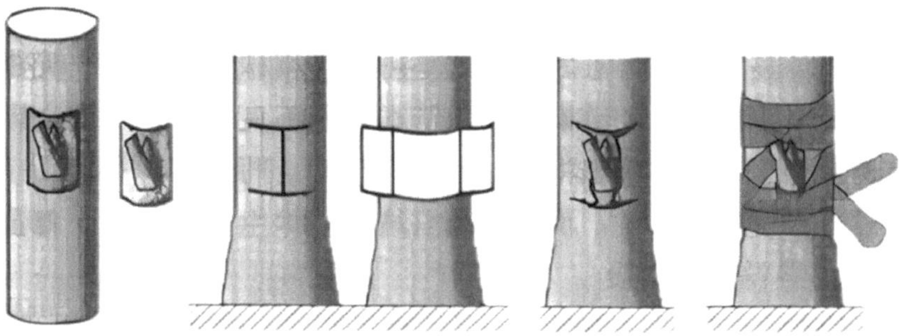

(a) 削芽片　(b) 砧木开“工”字形切口　(c) 将接穗插入切口中　(d) 绑扎

图 5-13　方块形芽接

(3) 根接

根接是指以根作为砧木进行嫁接的方法，一般适用于根系粗壮发达的花卉，如芍药、牡丹、玉兰、大丽花、蔷薇、凌霄、紫藤等。根接可以在冬季室内进行，常采用劈接、切接和舌接方法（见图 5-14)。

5.2.2.3　影响嫁接成活的因素

(1) 内因

1) 砧木和接穗的亲合力　砧木与接穗的亲合力强弱是影响嫁接成活的关键因素，亲合力强时嫁接容易成功，反之则不能成活或成活率低。一般情况下，砧木与接穗亲缘关系越近，亲合力越强。不同科之间的亲合力最弱，同科不同属之间的亲合力比较小，同属不同种之间亲合力都较强，同种植物的不同品种间亲合力最强（见表 5-2)。

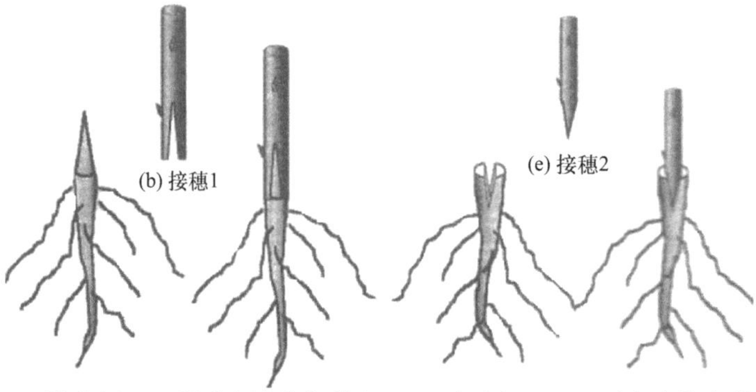

图 5-14 根接

表 5-2 常用园林花卉嫁接砧木

接穗	常用砧木	砧木繁殖方法	接穗	常用砧木	砧木繁殖方法
玫瑰、月季	野蔷薇、十姐妹	播种、扦插	丁香	女贞、小蜡	播种
牡丹	单瓣牡丹、芍药	分蘖、扦插	油茶	黑松	扦插
梅花	毛桃、果梅、山杏	播种	白玉兰、含笑	木笔、黄兰、玉兰	播种、扦插
桂花	女贞、小蜡、白蜡、流苏	播种	广玉兰	木兰、玉兰、黄兰、厚朴	播种、扦插
翠柏	桧柏、侧柏	扦插	金橘	枸橘	播种
垂丝海棠	圆叶海棠、山荆子	播种	山茶	野生山茶、金心茶、油茶	播种、扦插
蜡梅	狗蝇蜡梅	分蘖、扦插	龙爪槐	国槐	扦插
碧桃	寿星桃、毛桃	播种	仙人掌类	量天尺、草球	扦插
樱花	青肤樱、毛樱桃	播种、扦插	菊花	青蒿、黄蒿、白蒿	扦插
红枫、羽毛枫	鸡爪槭、小果槭	播种	西鹃	映山红、毛娟	播种、扦插

2）维管束的排列方式　不同花卉植物维管束的排列方式不同，嫁接成活率也不同。裸子植物和双子叶植物均有环状排列的开放维管束，形成层能不断形成新细胞，这是构成愈伤组织的基础，砧木和接穗之间的维管束系统也容易连通，所以嫁接容易成活。单子叶植物的维管束是散生闭合的，细胞再生能力弱，砧木和接穗之间的维管束系统很难贯通，嫁接的成活率较低。

3）砧木和接穗的生长发育　砧木和接穗生长健壮，营养丰富，有助于细胞分裂和愈伤组织的形成，嫁接容易成活。另外，有些植物体内含有松脂、单宁、酚类物质，嫁接时切口会产生伤流，伤流会隔阂砧木和接穗的物质和能量的交流，影响嫁接成活。

（2）外因

1）温度　研究发现，愈伤组织与温度的关系中，一般温度在 10℃以下时，愈伤组织基本不生长；在 15～20℃时愈伤组织生长加快，但比较缓慢；在 20～30℃时愈伤组织生长最快；30～40℃时愈伤组织生长受阻；超过 40℃时愈伤组织停止生长。一般常见花卉嫁接成活的最适宜温度为 20～25℃，但植物种类不同，产生愈伤组织的适宜温度也有所差异，如杏为 20℃左右，樱桃、桃和李为 23℃左右，梨、苹果、山楂、石榴为 25℃左右，栗子和核桃为 27℃左右，柿子和枣为 30℃左右。因此，根据实际生产需要选择适宜的嫁接时间，或嫁接过程中合理控制温度变化。

2）相对湿度　相对湿度是影响愈伤组织形成的关键，因为愈伤组织内的薄壁细胞不耐干燥，干燥会使切口细胞死亡，另外，插穗也需要在一定湿度下保持生命力。因此，嫁接时需要保持接口处空气湿润，相对湿度接近饱和，愈伤组织才能很快形成。一般采用塑料薄膜包扎切口保湿或用泥炭藓包裹保湿，并在伤口处封蜡，可有效提高嫁接成活率。除了保温保湿外，接口部位还要有充足的氧气，才能保证细胞分裂活动旺盛进行。

3）光照　光照过强，接穗活动旺盛，此时砧木还没有供应水分，接穗因失水而死亡。据观察，愈伤组织在黑暗中的生长速率比在光照下快 3 倍以上，而且在黑暗中生长的愈伤组织白而嫩，愈合能力强；在光照下生长的愈伤组织易老化，有时还产生绿色组织，愈合能力没有前者好。但如果接穗是绿枝，还需要有适度的光照促进光合产物的生成，加快切口的愈合。

4）嫁接技术　嫁接过程中操作快速熟练，削面平整光滑，形成层准确对接，捆绑扎实、密闭。嫁接后的管理也影响成活率，及时检查是否成活，适时补接，成活后及时脱袋松绑、剪砧、抹芽、去萌蘖等。

5.2.3　分生繁殖

分生繁殖是花卉营养繁殖的方式之一，是利用花卉自然分生的可供营养繁殖的变态器官（如萌蘖、吸芽、株芽、走茎、球根等），将其与母体分离或分割后形成完整植株的过程。分生繁殖能保持母体的遗传性状，方法简便，易于成活，成苗较快，但繁殖系数低。常应用于多年生草本花卉及某些木本花卉。

依植株营养体的变异类型和来源不同，分生繁殖可分为分株繁殖和分球繁殖。

5.2.3.1　分株繁殖

将花卉带根的株丛由根部分开成为独立植株的方法。分株繁殖多在春天或秋天结合换土换盆进行。该法操作简单，易于成活。

（1）分走茎和短匍匐茎

从叶丛基部抽出来的节间较长的、横生的花茎为走茎，在其顶端花后生根长叶，形成小植株，如吊兰、巴西鸢尾、吉祥草等（见图 5-15）。另一种与走茎相同，但节间较短，横

图 5-15　吊兰分走茎

生，并在节处生不定根和不定芽，称为短匍匐茎，是侧枝或枝条的一种特殊变态，多生于禾本科、百合科、莎草科、芭蕉科、棕榈科等植物茎的侧枝上，如草莓、虎耳草、香堇、吊竹梅等（见图 5-16）。繁殖时将走茎和短匍匐茎切下来另行栽植即可成为独立的植株。

图 5-16 草莓匍匐茎

（2）分蘖（根蘖或茎蘖）

将根际或茎部产生的带根萌蘖或茎蘖切下另行栽植。此法适用于产生萌蘖强的花卉，如萱草、春花、菊花、八仙花、荷兰菊、紫萼、蕨类、芍药、蜡梅、木绣球、牡丹等。生产上常用砍伤根部的方法促进萌蘖的产生。分蘖时需要注意保持幼株根、茎、叶和芽的完整性。栽植时将根颈部露出土面。分根蘖一般在休眠期结合换盆进行。

（3）分吸芽

有些植物在根际或地上茎叶腋处自然发生的短缩、肥厚呈莲座状的短枝称为吸芽。吸芽下部可以自然生根，自母体剪下另行栽植形成完整植株，如芦荟、石莲花、景天风梨等可以采取此法繁殖。生产上常用砍伤根部的方法促进吸芽的产生。

（4）分珠芽及零余子

球根花卉地上部分产生的特殊形式的芽（小鳞茎）为珠芽，有的珠芽在植株叶腋间着生，如卷丹百合、紫砂百合等；有的珠芽从花序中长出，如大花葱、天蓝花葱等。薯蓣类的特殊芽呈鳞茎状或块茎状，称为零余子。珠芽和零余子脱离母体栽植可以形成新的个体。

5.2.3.2 分球繁殖

分球繁殖是指利用球根花卉的地下变态器官进行繁殖的过程。分球繁殖可以分为分割小球或切割母球两种方式。母球切割前先晒干，或在切口处涂上草木灰或硫黄粉，防止病菌感染，然后栽植。分球时期主要是春季和秋季。地下变态器官种类很多，依变异来源和形状不同，分为鳞茎、球茎、块茎、根茎和块根等。

（1）分鳞茎

鳞茎由一个短的肉质的直立茎轴（鳞茎盘）组成，茎轴顶端为生长点或花原基，四周被厚的肉质鳞片所包裹。鳞茎由肉质的鳞叶、主芽和侧芽、鳞茎盘等部分组成。母鳞茎发育中期后，侧芽生长发育形成的多个新球称为小鳞茎。通常在植株茎叶枯黄以后将母株挖起，分离母株上的小鳞茎或切割母鳞茎[见图 5-17(c)]。适用于百合、郁金香、球根鸢尾、风信子、朱顶红等。百合也可以用鳞片扦插，一个鳞片发育成 3～5 个小鳞茎。

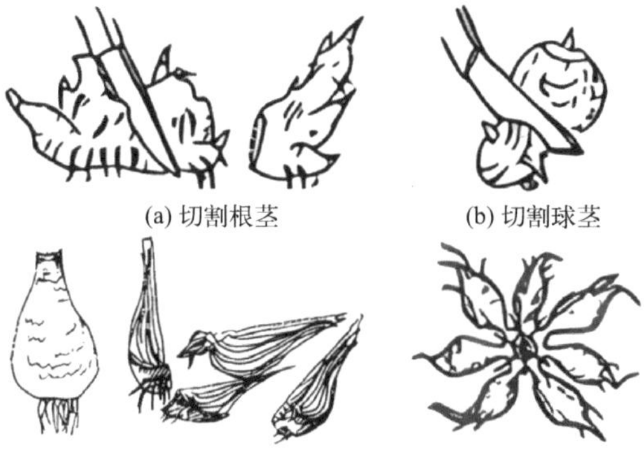

(a) 切割根茎　(b) 切割球茎

(c) 切割鳞茎　(d) 切割块根

图 5-17　分球繁殖类型

（2）分球茎

球茎为茎轴基部膨大的地下变态茎，短缩肥厚呈球形，为花卉的储藏营养器官。球茎上有节、退化叶片和侧芽。老球茎萌发后在基部形成新球，新球旁再形成子球。新球、子球和老球都可作为繁殖体另行种植，也可代芽切割繁殖。在茎叶枯黄之后，整株挖起，将新球从母株上分离，并按球茎的大小进行分级，大球种植后当年可开花，中球可栽培一年后第二年开花，小的子球需经过 3 年培育后才能开花。生产上常用分栽小球的方法繁殖，如唐菖蒲、香雪兰、球根鸢尾、秋水仙、小苍兰等[见图 5-17(b)、图 5-18(a)]。也可将老球茎分割成数块，每块上都要有芽，再另行栽植[见图 5-18(b)]。

(a) 分割小球

切球前　切球后

(b) 切割母球

图 5-18　分球繁殖

（3）分块茎

块茎是地下茎不规则膨大形成的块状变态地下茎。块茎上有节，有一个或多个小芽，由叶痕包裹。块茎类一般分两类，一类是胚轴部分逐年肥大形成的非更新类型，不能自然产生小块茎，可以人工分割，但影响观赏价值，多进行播种繁殖，如仙客来；另一类是有侧芽着生在块茎上，可以自然产生子球进行繁殖，如花叶芋、希腊银莲花、马蹄莲等。

(4) 分根茎

根茎是特化的茎结构，主轴沿地表水平生长，外形不一，多近于根状。根茎含有许多节和节间，每节上有叶状鞘，节的附近发育出不定根和侧生长点。通过切割根茎进行繁殖，注意切割的每一部分需要有芽眼，如鸢尾、铃兰、美人蕉等[见图 5-17(a)]。根茎段扦插时，要保证每段至少有 2～3 个芽或芽眼。

(5) 分块根

某些花卉地下不定根或侧根膨大形成块根，可以进行繁殖，如大丽花、花毛茛等。块根上没有不定芽，叶芽仅存于根茎或茎端，没有节和节间，分割繁殖时每一部分必须带有部分根茎[见图 5-17(d)]。

5.2.4 压条繁殖

将母株的部分枝条或茎蔓压埋在土中，待其生根后切离，成为独立植株的繁殖方法称为压条繁殖。该方法一般用于扦插难以生根的花卉，或根蘖丛生的花灌木。优点是能保持母株的优良性状，操作简便，成活率高，但繁殖系数低。为了促进生根，常对枝条入土部分进行环剥、捏伤、划伤、刻伤等技术处理，促使枝条发根快、生根多。

不同的花卉压条时间不同，木本落叶花卉一般在休眠期进行，即萌芽前或者在秋冬落叶前后，草本花卉和常绿花卉一般在生长期进行，即生长期雨季进行压条。

压条繁殖依据埋条的状态、位置和操作方法的不同，可分为单枝压条、高空压条、壅土压条、波状压条四种类型。

(1) 单枝压条

对于丛生灌木，如连翘、罗汉松、棣棠、夹竹桃、栀子、迎春、木兰、蜡梅、瑞香等，可以进行单枝压条。早春选取一二年生近地面的枝条使其弯曲，将接地部分刻伤或环状剥皮后压入土壤中，深 10～20cm，枝梢仍露于地面处，用铁丝或竹钩固定，覆土并压紧，经常检查压条部分是否有松脱现象，应及时纠正，生根后与母株分离栽植[见图 5-19(a)]。

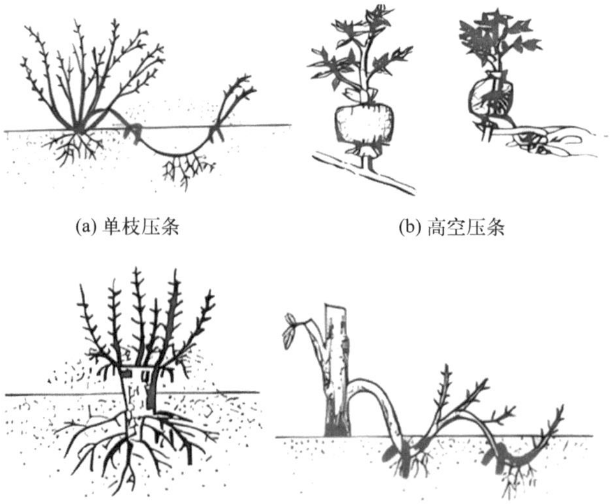

(a) 单枝压条　(b) 高空压条　(c) 壅土压条　(d) 波状压条

图 5-19 压条繁殖

（2）高空压条

对于基部不易发生萌蘖，枝条太高不易弯曲的花卉，如米兰、桂花、山茶、九里香、杜鹃等，可进行高空压条，亦称空中压条。选择健康的枝条在埋压部位进行一圈环状剥皮，环剥宽度可在 1.5cm 左右，并要将木质部上残存的嫩皮彻底刮干净，将伤口晾干后涂抹生长激素，然后用塑料袋等套住刻伤部分，并固定在较粗的枝条上，袋中填以苔藓、腐殖土等[见图 5-19(b)]。要经常检查所填土壤的干湿情况，注意浇水，保持湿润状态。高空压条一般选择在 5 月上旬进行，夏季也可产生愈伤组织和生根，秋季生长停止后与母体切离上盆养护。较大的枝条进行压条分离时不宜一次割断，应检查根部的发育情况，已达到标准要求时再以利刀割离母株。

（3）壅土压条

对于分蘖性强的丛生木本植物，如八仙花、杜鹃、牡丹、木兰、栀子、贴梗海棠、木槿等，多进行壅土压条。选多年生的丛生老株作母本，初春将每根枝条的基部刻伤，将整个株丛的基部全部埋上土，经常保持湿润，待枝条生根后于晚秋或翌春，把土堆扒开，从新根的下面把枝条与母株切断，然后栽植[见图 5-19(c)]。

（4）波状压条

对于枝条较长，且枝条易下垂的花卉，如紫藤、铁线莲等，可以在枝条上刻伤数处，将割伤部分埋入土中，生根后切开移植，可繁殖数个新个体[见图 5-19(d)]。

第6章

花卉的栽培管理与花期调控

花卉是生命体，其生长发育的质量好坏都是各种环境因素综合作用的结果。为生产出具有较高观赏价值和经济价值的花卉产品，且使其按照人类需要按时开花，就必须人为采用各种技术措施来调控温、光、水、气、土壤和营养等。农谚常说“三分种，七分管”“良种配良法”，就是在讲栽培管理的重要意义。

6.1 露地花卉的栽培与管理技术

露地花卉栽培是指完全在自然条件下，花卉不需要保护地就能正常生长发育和繁殖，整个生长发育周期与自然条件的变化基本一致。露地花卉包括露地一二年生花卉、露地球根花卉、露地宿根花卉等，其栽培管理技术措施主要有整地作畦、育苗及肥水管理、中耕除草、整形与修剪、防寒与降温等。露地花卉栽培具有投资少、设备简单、生产程序简单等优点，但易受自然灾害的影响。

6.1.1 整地作畦

整地就是对土壤进行深翻、耙地、镇压等一系列的耕作措施，以此来改良土壤的理化性质，协调水分、养分、空气、热量等因素，便于根系伸展，而且能促进土壤风化，有利于微生物的活动，从而加速有机肥料的分解，以利于花卉吸收。整地过程中砂土可通过加入有机质进行改良，黏土可通过加入砂土进行改良，也可以加入堆肥、厩肥、锯末、腐叶、泥炭等有机质以及其他容易获得的有机物质来改良土壤。

（1）选地

栽培土壤的好坏直接影响花卉的生长发育，理想的栽培土壤要求土层深厚、透气透水、持水保肥、结构适中、肥力均匀，pH 值和 EC 值符合要求。一二年生花卉适宜选择壤土，如三色堇、雏菊等；球茎花卉适宜选择砂壤土，如百合、郁金香等；宿根花卉适宜选择黏土，如芍药、荷包牡丹等。选地要求小气候理想，背风、向阳，远离污染区（空气、土壤、水源），水源充足，避免自然灾害。

（2）整地时间

一般春季使用的土地应于前一年的秋季翻耕。翻耕时需要适宜的土壤干湿度，土壤过干时翻耕困难，土块难以破碎，土壤过湿又易破坏土壤的团粒结构，一般选择在土壤含水量为40%～60%时进行。黏重土壤翻耕前应预先掺入砂或有机肥后再进行，以改变土壤的物理结构。

（3）整地方法

目前，使用旋耕机进行翻耕，大面积的花圃使用大型旋耕机，小面积的花圃或花坛多用小型旋耕机。土壤翻耕后不必急于将土块细碎整平，待到种植前再灌水，然后整平即可。整地的同时清除杂草、砖块、宿根、石头等杂物，并施入充分腐熟的基肥（厩肥、堆肥、饼肥等）和一定比例的杀虫剂。另外，根据土壤的酸碱度情况，可用石灰、石膏、硫酸亚铁或硫黄粉来调节，使其达到花卉要求范围（一般花卉 pH 6～8）。挖定植穴或定植沟时，应注意将表土与底土分开放置，以便栽苗时将表土层的熟土填入坑底，有利于花卉根系的生长。

（4）整地深度

一二年生草花根系分布比较浅，其播种和移植地的整地深度一般为 20～30cm；球根花卉和宿根花卉根系分布较深，抗旱及适应不良环境的能力强，其栽植地和切花生产地的整地深度为 30～50cm；木本花卉树大根深，其栽植地的整地深度不低于 40～50cm。

（5）作畦

畦面的高度和宽度可以根据南北方气候差异、栽植用途及花卉种类来确定。南方地区雨量较大，畦面要求高出地面，有利于排水，两侧设置排水沟，畦面高度通常 20～30cm。北方地区雨水缺少，畦面要求低于地面，有利于保水，两侧有畦埂，易于灌溉。南北方畦宽因栽植花卉种类的不同而不同，用于草花的播种地或移植地大多需要密植，畦宽不超过 0.8～1.0m。球根花卉和木本花卉的栽植地、切花生产地都保留较宽的株行距，畦宽为 1.6～2.0m。畦埂的宽度视土质不同而不同，砂质土可宽些，黏壤土可窄些，但不要小于 30cm，以便于来往行走。

6.1.2 育苗及肥水管理

幼苗的质量直接决定花卉的产量和品质，因此，育苗技术是花卉栽培管理的重要环节。目前，露地一二年生花卉多数通过播种育苗，且大部分的花苗都来自苗床育苗，还有少数不耐移植的花苗是直播育苗的。整个育苗管理环节包括分苗、间苗、移植、蹲苗等。露地球根花卉和宿根花卉等多年生花卉多数是通过分生繁殖来育苗的，即分球繁殖和分株繁殖。因此，种球或母株的质量决定种苗的质量，栽培过程中选择健康、无病虫的种球（母株）至关重要。无论是哪种花卉，前期培育优质的种苗，生长发育期提供科学的肥水管理措施，定能培育出优质的花卉产品。

6.1.2.1 露地一二年生花卉

（1）苗期管理

1）分苗　对于苗床育苗的花卉，当幼苗生长到一定大小时需要及时将紧密生长在一起的幼苗分开栽植。

① 分苗目的。给幼苗足够的生长空间和土壤营养面积，有利于通风透光，防止幼苗徒长，减少病虫害发生。

② 分苗时间及次数。当幼苗生长到 2～3 枚真叶时开始分苗。分苗的次数因种类不同而不同。小粒和微粒种子，如矮牵牛、金鱼草、虞美人、半枝莲等，幼苗太小，第一次分苗时要按丛进行栽植，每丛 5～10 株，待苗长大后进行第二次分苗，此时按照单株进行栽植。大粒种子只分苗一次，单株栽植。

③ 分苗方法。准备好营养钵和培养土，用小铲挖出苗床上的幼苗分栽到营养钵内，分栽时尽量多带土，少伤根，栽植不要太深，栽完后浇一次透水，放在半阴处缓苗 1～2d，然后移到阳光充足的地方进行管理。

2）间苗　间苗又称疏苗。对于露地直播的花卉，当小苗长到一定大小时需要及时间苗，即留下强壮苗，拔去弱小苗。

① 间苗目的。通过间苗来扩大株距，保证花苗有足够的空间和土壤营养面积，利于通风透光，防止幼苗徒长，减少病虫害发生。

② 间苗时间。一般在子叶发出后分数次进行，选择在雨后或灌水后进行。

③ 间苗方法。用手连根拔除弱小苗、徒长苗或畸形苗，留下健壮苗，同时，在间苗之后应再浇一次水，使留床苗的根系与土壤密接。

3）移植　移植是指将幼苗由育苗床移栽到花圃或花坛中的过程。除直播于花坛中的草花外，其他在苗床中育出的幼苗都需要移植。

① 移植目的。扩大幼苗的营养面积，增加光照，切断主根，促使侧根发生，形成发达的根系，抑制幼苗徒长，增加分枝，扩大着花部位。

② 移植时间。地栽苗在有 4～5 枚真叶时进行第一次移植，盆栽苗在有 1～2 枚真叶时开始移植。移植最好选在无风的阴天或降雨之前进行，一天之中，傍晚移植最好，经过一夜缓苗，根系能较快地恢复吸水能力，避免凋萎。

③ 移植方法。移植包括起苗和栽植两个步骤，起苗又包括裸根苗和带土苗两种，裸根苗多用于小苗或易于成活的大苗，带土苗多用于移植不易成活的花苗。大部分花卉需进行两次移植，第一次是从苗床移出来，先栽植于花圃内；第二次是将花圃中栽植的较大的花苗定植到花坛或绿地中。起苗后若来不及栽植时，为防止根系干燥影响成活率，常将已起出的幼苗培以湿润的土壤暂时放置，这一过程称为假植。移植之前，对苗床及栽植地均应事先浇足水，待表土略干后再起苗。移植穴要较移植苗根系稍大些，保证根系舒展；栽植深度应与原种植深度一致或稍深 1～2cm；栽植之后要将苗根周围的土壤按压实，并及时浇透水，小苗宜用喷壶浇水，大苗宜漫灌，幼嫩小苗还应适当遮阴。

4）蹲苗　对于苗床育苗的花卉，为控制幼苗徒长，使幼苗生长充实健壮，将幼苗移到冷床或温室前台，给幼苗充足的光照，适当减少水分的供应，降低温度，加强通风，控制幼苗快速生长。

5）苗期浇水　幼苗期小苗弱小，根系浅，所以需要多次浇水。小粒种子、微粒种子通常 1d 浇 1 次；中粒种子和大粒种子 3～4d 浇 1 次。尽量浇水后过几天，待土壤稍微干燥再进行松土，防止土壤板结，有利于幼苗生长。

（2）生长发育期管理

1）水分管理

① 灌溉方式。一二年生花卉生长季容易干燥，灌水次数较多。灌水可以采取漫灌、喷灌、滴灌等方式，各种灌溉方式各有其优缺点。

Ⅰ. 漫灌。我国北方干燥且地势平坦地区，栽培面积较大的情况一般采用漫灌，用电力抽取井水，经水沟引入畦面。此法设备费用较少，灌水充足，但易使土壤板结，整地不平整时，灌溉不均。

Ⅱ. 喷灌。利用喷灌设备，使水在高压下通过喷头喷成细小的雨滴进行灌水的方法。草坪及大面积栽培观赏植物时宜用喷灌。喷灌便于控制，可节约用水，改善环境小气候，但投资大。草坪或大面积栽培花卉时宜用喷灌。

Ⅲ. 滴灌。利用低压管道系统，使水呈点滴状，缓慢而经常不断地浸润植株根系附近的土壤。此法节省用水，且使用时株行间土面仍为干燥状态，因此可抑制杂草生长，减少除草用工和除草剂的消耗。缺点是投资大，管道和滴头容易堵塞，在接近冻结气温时就不能使用。因此大面积栽培观赏植物时很少使用该法。

② 灌溉用水。以软水为好，避免用硬水。灌溉用水最好是河水，其次是池塘水和湖水，不含碱质的井水也可以，但要注意井水温度过低时需要晾晒后使用。禁用工业废水。

③ 灌溉原则。花卉的需水量因种类、季节、植株的大小等不同而不同。花卉旺盛生长期要给予充足的水分来保证生命活动新陈代谢的顺利进行，保持较湿润的空气。结合光照，以防植株徒长。花芽分化期可以通过控制水分抑制营养生长，达到促进花芽分化的效果。开花结实期要求空气相对湿度较小，否则会影响正常授粉。开花后，如果土壤相对湿度过大，花朵易早落。种子成熟期要求空气干燥，可促进种子成熟。休眠或半休眠期植株生长缓慢，水分消耗减少，应减少浇水，以防烂根。夏季和春季干旱时期，多次灌水。在清晨和傍晚灌水。冬季在中午灌水。砂土和砂壤土灌水次数多。

2）施肥管理

① 常用肥料

Ⅰ. 有机肥料。常用有机肥料有以下几种。

ⅰ. 人粪尿：完全肥料，有机质含量5%～10%，氮0.8%～2.6%，磷（P_2O_5）0.16%～2.0%，钾（K_2O）0.19%～1.15%，可溶性盐1.5%，pH为中性，且易分解，肥效快。此肥料需要充分腐熟稀释后使用。因携带病菌，不宜在园林中直接施用，多用于苗圃中，也可作堆肥等其他肥料的氮源。为防止盆土碱化，喜酸花卉忌用此肥。

ⅱ. 饼肥：油料种子榨油后的残渣，包括花生饼、菜籽饼、豆饼等（见表6-1）。含有机质75%～85%，氮4%～7%，磷1%～3%，钾1%～2%。pH偏酸性。使用前充分腐熟，可作基肥和追肥，是喜酸花卉的主要肥料。

表6-1　饼肥氮、磷、钾含量表

种类	N/%	P/%	K/%
大豆饼	6.25～7.02	1.09～1.79	1.20～1.90
花生饼	6.39	1.10	1.90
棉籽饼	5.62	2.49	0.85
芝麻饼	4.90	2.00	0.92
菜籽饼	4.64	0.32	0.39

注：引自宛成刚、赵九州《花卉学》第四版。

ⅲ. 堆肥：各种动植物残体以及生活垃圾加适量氮肥或饼肥堆制腐熟而成。堆肥是完全肥料，肥效缓慢，含氮0.92%～1.77%、磷（P_2O_5）0.39%～0.80%、钾（K_2O）1.03%～1.64%，pH为中性，可用其改良土壤物理性质，多作基肥使用。

ⅳ. 厩肥：由家畜的粪便、杂草、饲草、饲料、垫土沤制而成。以氮肥为主，以磷钾肥为辅，肥力柔和，经充分发酵后可作基肥直接施入花圃或花坛。

ⅴ. 禽肥：鸡粪、鸭粪、鹅粪、鸽粪是良好的有机肥料，其氮、磷、钾含量均比家畜粪高，其中鸡粪和鸽粪的养分最高，鸭粪和鹅粪最低（见表 6-2）。鸡粪施用最广，含有机质 25.5%、氮 1.63%、磷 1.54%、钾 0.85%，是完全肥料，也是磷的主要来源，特别适宜观果类花卉使用。肥效缓慢，适合作基肥，但使用前必须充分发酵腐熟。

表 6-2 新鲜家禽粪便养分含量

种类	水分/%	有机物/%	氮/%	磷/%	钾/%
鸡粪	50.5	25.5	1.63	1.54	0.85
鸭粪	56.6	26.2	1.10	2.40	0.62
鹅粪	77.1	23.4	0.55	0.50	0.62
鸽粪	51.0	30.8	1.76	1.78	1.00

注：引自宛成刚、赵九州《花卉学》第四版。

ⅵ. 腐殖酸类肥料：以泥炭等为原料，加入适量的速效氮肥和磷钾肥制成，既含有丰富的有机质，又含有速效养分，兼有速效肥和迟效肥的特点。这种肥料一般与蛭石、珍珠岩混合制成人工基质，用于盆花栽培。

Ⅱ. 无机肥料。无机肥料又称为化学肥料或商品肥料。养分单一，含量高，肥效快，体积小，便于运输，而且清洁卫生，使用方便；长期使用会造成土壤板结，宜配合施用有机肥。常用的无机肥料有氮肥、磷肥、钾肥、微肥。

ⅰ. 硫酸铵[$(NH_4)_2SO_4$]：简称硫铵，含氮量 20%～21%，白色半透明，易溶于水，肥效快，是生理酸性肥料，忌与碱性肥料混用。作追肥，常用 1%～2%的水溶液浇施土壤或以 0.1%～0.2%的水溶液于晴天傍晚进行叶面喷施。作基肥，用量 30～40g/m^2。

ⅱ. 尿素[$CO(NH_2)_2$]：含氮量为 45%～46%，白色圆球状，是中性肥料，吸湿性很强，易溶于水，肥效较长。作追肥，常用 0.5%的水溶液浇施土壤或用 0.1%～0.3%的水溶液进行叶面喷施。

ⅲ. 硝酸铵（NH_4NO_3）：简称硝铵，含氮量 32%～35%，白色或淡黄色晶体，是中性肥料，吸湿性强，易溶于水，肥效快，易被植物吸收利用，多用作追肥。常用 1%的水溶液浇施土壤或以 0.1%～0.2%的水溶液于晴天傍晚进行叶面喷施。硝酸铵（NH_4NO_3）类化肥保管中需注意避免与有机肥和硫黄等物质混合放置，以防爆炸或燃烧。

ⅳ. 过磷酸钙[$CaH_4(PO_4)_2$]：简称普钙，含磷 16%～18%，灰白色或深灰色粉状，为酸性肥料，可作基肥和追肥。可用 1%～2%水溶液浇施土壤或 0.5%～1%叶面喷施。过磷酸钙易吸湿结块，不宜久放。作基肥，用量 40～50g/m^2，不能与草木灰、石灰同时施用。

ⅴ. 磷酸二氢钾（KH_2PO_4）：磷钾复合肥，含磷 53%、钾 34%，为白色结晶体，易溶于水，为速效肥，呈酸性。多以 0.1%～0.2%的溶液于晴天上午或傍晚进行叶面喷施，生长期特别是孕蕾前期多次使用可促进开花。

ⅵ. 磷酸铵：简称磷铵，是磷酸二氢铵（$NH_4H_2PO_4$）和磷酸氢铵[$(NH_4)_2HPO_4$]的混合肥，含磷 46%～50%、氮 14%～18%，呈白色颗粒状，易溶于水，为高浓度的速效肥，吸湿性小，既可用作基肥和追肥，又可用作种肥。

ⅶ. 硫酸钾（K_2SO_4）：含氧化钾（K_2O）48%～52%，为白色或灰白色结晶，易溶于水，为速效肥，呈酸性；多以 1%的水溶液浇施土壤或以 0.1%～0.2%的水溶液于晴天上午或傍晚进行叶面喷施，生长期，尤其是蕾前期，多次使用可促进开花；也可用于球根类花卉作基肥使用，效果更好。作基肥，用量 15～20g/m^2。

ⅷ. 氯化钾（KCl）：含钾50%～60%，为白色结晶，易溶于水，为生理酸性肥料。既可用作基肥，也可用作追肥。用1%～2%的水溶液浇施土壤，但球根类花卉不宜使用。

ⅸ. 硝酸钾（KNO_3）：含钾45%～46%，白色结晶，易溶于水，吸湿性小，呈酸性，既可作基肥，也可作追肥，用1%～2%的水溶液浇施土壤或以0.2%～0.3%的水溶液于晴天上午或傍晚进行叶面喷施，适用于球根类花卉。

ⅹ. 硫酸亚铁（$FeSO_4 \cdot 7H_2O$）：含铁20%，呈蓝绿色结晶，易溶于水，又称绿矾；以（1～5）∶100的比例与有机肥堆制后，可提高铁的有效性和长期性。以0.1%～0.5%的水溶液＋0.05%的柠檬酸混合液作根外追肥，喷施于黄化的植株上，有明显效果。按照饼肥∶硫酸亚铁∶水＝1∶5∶200的比例配成的矾肥水经发酵后，浇施喜酸性花卉，如杜鹃、山茶、栀子、红掌等，效果很好。作基肥，用量0.5g/m^2。

ⅺ. 硼肥：含硼17.5%的硼酸（H_3BO_3）或含硼11.3%的硼砂（$Na_2B_4O_7 \cdot H_2O$），呈白色结晶或粉末状，易溶于水。可以含硼酸0.025%～0.1%的水溶液或含硼砂0.05%～0.2%的水溶液喷施，也可撒施。作基肥，用量0.6g/m^2。硼是促进花芽分化以及开花结实的微量元素，对于观花、观果类花卉，在孕蕾期喷施硼肥水溶液有利于提高着花率、花色鲜艳度和结实率。

ⅻ. 锰肥：硫酸锰（$MnSO_4$）和炼钢含锰炉渣。硫酸锰易溶于水，作基肥，用量0.2～0.5g/m^2。作追肥，喷施0.05%～0.1%硫酸锰溶液10～15mL/m^2。

xiii. 铜肥：硫酸铜（$CuSO_4$）。易溶于水，作基肥，用量0.5～0.8g/m^2。作追肥，根外追肥0.02%～0.4%硫酸铜溶液10～15mL/m^2。

xiv. 锌肥：硫酸锌（$ZnSO_4$）。硫酸锌易溶于水，作基肥，用量0.6～0.8g/m^2。作追肥，根外追肥0.05%～0.1%硫酸锌溶液10～15mL/m^2。

Ⅲ. 新型肥料。常用新型肥料有以下几种。

ⅰ. 复合肥：N∶P_2O_5∶K_2O∶B∶Cu∶Zn∶Mo＝10∶5∶10∶0.02∶0.02∶0.02∶0.001，由氮、磷、钾和微量元素组成的肥料。复合肥料常作基肥或追肥。基肥，用量100～120g/m^2；追肥，用量50～70g/m^2。复合肥养分种类多，养分之间相互增效，对改善土壤结构有重要作用。但也存在养分比例比较固定，可能与土壤缺素之间存在矛盾的问题，并不适用于所有花卉。

ⅱ. 多功能肥料：在肥料合成或混合过程中，根据不同花卉的需要，在全价肥料中搭配除草剂或除锈剂以及各种土壤保湿剂等，不仅满足花卉对养分的需要，而且能够改善基质和保护基质作用，肥效长，成本低。

ⅲ. 菌肥（生物液肥）：含有大量活性微生物的一类生物肥料，是辅助性肥料，使用时必须与有机肥或化肥结合。菌肥中微生物的生命活动促进土壤中养分的分解，抑制土壤中有害微生物活动，有利于花卉根系的生长发育。目前，花卉生产中使用的主要菌肥有根瘤菌菌肥、磷细菌菌肥、钾细菌菌肥、抗生素菌肥等。

ⅳ. 控释肥：近年来发展起来的新型肥料，是通过一定技术预先设定肥料在花卉生长季节的释放模式（释放期和释放量），使养分释放规律与花卉养分吸收规律一致，从而达到提高肥效的目的。它是将多种化学肥料按一定配方混匀加工，制成小颗粒，在其表面包被一层特殊的由油脂、塑料等材料制成的包衣，能够在花卉整个生长发育时期慢慢释放的肥料。具有有效成分均匀释放、肥效长，可控制释放期和释放量的优点，克服了化学肥料溶解快、持续时间短、容易流失等缺点。

② 施肥方法。多采用基肥和追肥两种方式。厩肥和堆肥等常作基肥，多在整地前翻入土中；粪干和豆饼作基肥，含 N、P、K 总量较多，肥效长，缓效性好，可在播种或移植前进行沟施或穴施。追肥又叫补肥，多在生长季节分次施用。粪干和豆饼作追肥可以沟施或穴施；化肥作为速效性肥，肥效短，可 N、P、K 配合施用，常随水冲施，也可按株穴施，或按行沟施，或环状施，施后灌水，也可以叶面喷肥。

③ 施肥量及施肥次数。一般来说一二年生花卉整个生长期对氮肥、钾肥要求较高，以基肥为主，施用量为 1.13～2.25 kg/m^2；整个生长期可以分批进行追肥，追肥总量中氮肥 9.4～22.6g/m^2，磷肥（P_2O_5）7.5～22.6g/m^2，钾肥（K_2O）7.5～16.9g/m^2，但不同种类草花对肥料的需求量也不尽相同（见表 6-3）。整个生长期追肥次数为 3～4 次，第 1 次在春季开始生长后，第 2 次在快速营养生长期，第 3 次在开花前，第 4 次在开花后。一些春播花卉由于花期较长，所以在开花后期仍可以追肥。夏季施肥一般在清晨或傍晚进行，冬季施肥在中午前后进行，注意施肥时以土壤温度、空气温度和花卉温度尽量相差较小为宜。

表 6-3 主要草本花卉的适用肥料成分　　单位：g/m^2

花卉种类	氮(N)	磷(P_2O_5)	钾(K_2O)	花卉种类	氮(N)	磷(P_2O_5)	钾(K_2O)
一串红	22	36	37	彩叶草	40	36	40
孔雀草	22	36	37	百日草	40	36	50
鸡冠花	22	18	74	矮牵牛	90	36	40
紫菀	30	36	50	三色堇	25	40	30

6.1.2.2 露地球根花卉

（1）种球种植

露地球根花卉可以播种繁殖也可以分球繁殖，播种繁殖性状易发生分离，多数以分球繁殖为主。种球种植前先进行消毒处理，消毒药剂可以选用克菌丹、百菌清、多菌灵或高锰酸钾等，按照说明配制水溶液，浸泡 15～30min。种球种植可以沟播也可以穴播，一般小球沟播，行距减小，如小苍兰、番红花、葱兰等行距为 5～8cm；大球穴播，行距加大，如风信子、水仙、郁金香等行距为 20～30cm，美人蕉、大丽花等行距为 60～100cm。种植深度一般为球高的 3 倍，但种植深度也随土壤质地和种植目的的不同而不同，如黏重土壤可以浅种，疏松土壤可以深种；以繁殖栽培为目的的可以浅种，以生产栽培为目的的可以深种。覆土厚度因花卉的种类不同而不同，如晚香玉、葱兰等覆土厚度为球根的 1/4～1/3 至球根颈部，朱顶红覆土时需要将球根露出，百合科花卉覆土厚度为球根的 4 倍。

（2）肥水管理

1）水分管理　球根花卉对环境要求严格，需要精细化管理，要求种植在土质疏松肥沃的砂质壤土中，如果土质黏重或排水较差，就需要设置排水层，防止积水导致球根腐烂。整个生长发育各阶段需水量不同，快速生长期需要充足的水分，孕蕾期土壤适当湿润，花后水分减少。不同花卉需水不同，如唐菖蒲对水分敏感，4～7 枚叶期若水分缺少将会使花量显著减少；球根鸢尾较耐干旱，土壤过湿则球根腐烂；水仙喜水，尤其是多花水仙采用水田栽培。夏季雨季来临注意排涝。球根花卉的灌溉方式有漫灌、滴灌或喷灌，灌溉水质同一二年生花卉。

2）施肥管理　球根花卉在施肥过程中，基肥以有机肥或磷肥配合骨粉施用效果较好，但有机肥必须充分腐熟，否则会导致球根腐烂。以化肥为基肥，施用量氮肥为 15.0～

22.6g/m^2，磷肥（P_2O_5）为10.3～22.6g/m^2，钾肥（K_2O）为18.8～30.0g/m^2。追肥以磷钾肥为主，以氮肥为辅，其中茎叶快速生长期以施用氮肥为主，开花结果及子球膨大期以施磷钾肥为主，及时控制氮肥施用。追肥施用量为硝酸铵3g/m^2，过磷酸钙8g/m^2，氯化钾6g/m^2（肥料的种类和特性详见露地一二年生花卉）。施肥方式有按株穴施，或按行沟施，或环状施，施后灌水，也可以叶面喷肥。夏季施肥一般在清晨或傍晚进行，冬季施肥在中午前后进行，注意施肥时以土壤温度、空气温度和花卉温度尽量相差较小为宜。

（3）注意事项

种球种植前球根按照大小要进行分级，按照不同级别进行栽培。球根花卉的根系比较少而且脆嫩，折断后不易再生，生长期内不要进行移植。大多数球根花卉叶片比较少或有定数，碰伤后不易恢复，会降低光合能力，影响开花和新球产生，因此，生长期一定要注意对叶片的保护。为减少养分的消耗，开花后要及时剪掉残花，使营养转移到新球上来。在繁殖种球时将出现的花蕾及时去掉。为防止春植球根发生冻害，以及秋植球根因雨水多发生腐烂现象，球根花卉生长结束后，要及时采收。采收过早，球根不够充实；采收过晚，不好确定球根的位置，采收时容易损坏球根。采收一般在茎叶枯黄尚没有落下时进行。球根采收后要进行储藏。不同球根储藏的方法不同，如大丽花、美人蕉等储藏时要保持一定的湿度和低温条件，需要埋藏或窖藏，温度一般在4～5℃。唐菖蒲、郁金香、球根鸢尾等储藏时需要通风干燥条件，可以摊放在高架上进行储藏。注意防止虫害和鼠害。

6.1.2.3　露地宿根花卉

（1）育苗管理

宿根花卉可以种子繁殖也可以无性繁殖，无性繁殖以分株繁殖和扦插繁殖为主。播种繁殖的苗期管理同一二年生花卉的苗期管理。扦插繁殖和分株繁殖的技术和方法见第3章。

（2）水分管理

多数宿根花卉根系比较强大，能深入地下，因此，比较耐旱，一般土壤湿度以田间持水量60%～70%为宜。整个生长发育不同阶段根据天气变化进行水分管理，苗期的水分管理同一二年生花卉。成株时在春季发芽前后、生长旺盛期、开花前后、秋季封冻前进行灌水。水分管理也因种类不同而不同，如铃兰、玉簪比较喜欢湿润，要求干了就得浇水。宿根花卉的灌溉方式有漫灌、滴灌或喷灌，灌溉水质同一二年生花卉。

（3）施肥管理

宿根花卉对养分的要求较大，常以速效肥为主，配以一定比例的长效肥，以维持营养体的功能，使宿根能顺利度过冬季不良环境，保证次年萌发时有足够的养分供应。以厩肥、堆肥等有机肥为基肥时施用量为1.13～2.25kg/m^2，以化肥为基肥时施用量为硝酸铵22g/m^2、过磷酸钙50g/m^2、氯化钾18g/m^2。追肥分期分批进行，一般整个生长发育期追肥3～4次，第一次在春季开始生长后，第二次在开花前，第三次在开花后，第四次在秋季休眠后，施用量为硝酸铵5g/m^2、过磷酸钙8g/m^2、氯化钾3g/m^2（肥料的种类和特性详见露地一二年生花卉）。施肥可按株穴施，或按行沟施，或环状施，施后灌水，也可以叶面喷肥。夏季施肥一般在清晨或傍晚进行，冬季施肥在中午前后进行，注意施肥时以土壤温度、空气温度和花卉温度尽量相差较小为宜。

（4）注意事项

宿根花卉是多年生花卉，随着生长年限的逐渐增加，因根蘖过多、过密，株丛过大，常常发生生长势衰退现象，容易感染病虫害，此时需要及时更新复壮，即春季发芽前后，将植株挖出来，进行分株，几株为一丛，重新栽植。

6.1.3 中耕除草

（1）目的

在花卉生长发育的不同阶段，疏松表土，除去杂草，增加土壤温度，促进土壤空气流通和土壤有益微生物活性，加速土壤养分分解与转化，减少杂草对花卉营养和水分的争夺，为花卉的生长发育提供更加有益的环境。

（2）方法

松土深度为3～5cm，松土时要去除杂草。杂草与花卉争夺营养和水分，严重影响园林美观，必须尽早、尽小、除尽，不留种子，不留根系。小面积可以人工除草，大面积可以采取地膜覆盖的方法，或者采用除草剂。除草剂类型有灭生性除草剂（对所有植物都有毒害作用）、选择性除草剂（有选择地毒杀植物）、内吸型除草剂（吸收至植物体内，输导传遍全体）、触杀型除草剂（接触植物体后，杀死接触部分）。除草剂具有选择性、传导性、持久性、高效性等特点，比人工除草效率高几十倍，而且除草及时，但也存在污染环境，对当茬或后茬作物有药害，存在残留，会产生杂草的抗药性及抗药性杂草种群。生产上可以有选择地使用除草剂，选用低毒、无异味、挥发性小、对环境安全的除草剂。

6.1.4 整形与修剪

（1）整形

整形是指根据植物生长发育特性和观赏、生产的需要，对花卉施以一定的技术措施以培养出符合需要的花卉结构和形态的一种技术。露地花卉的整形方式比较简单，一般以自然形态为主，也可根据需要进行设计整形。

1）单干式　只留主干，不留侧枝，枝顶端仅留一朵花，如独本菊、独头大丽菊等。

2）多干式　留数个主枝，每一枝干顶端开一朵花，开花数较多，如多本菊、大丽菊、一串红等。

3）丛生式　通过植物自身的分蘖或生长期多次摘心、修剪，多次促生新枝，全株呈现低矮状，开花数较多，如矮百日草、半边莲、矮牵牛、一串红等。

4）悬崖式　全株枝条向同一方向伸展并下斜，也可以通过篱园或花架悬垂下来，多用于小菊品种的整形。

5）攀缘式　主要用于蔓生花卉的整形，使其茎蔓在有一定形状的支架上攀援，如大花牵牛、茑萝、香豌豆、风船葛、爬山虎、凌霄、紫藤、葡萄等。

6）匍匐式　利用枝条的自然生长特性，使其茎蔓匍匐地面生长，如旱金莲、蔓锦葵、地被菊、铺地柏等。

7）圆球式　通过人工多次摘心和短截，将整个树形修剪成圆球形或扁球形，如大叶黄杨、小叶女贞、龙柏、枸骨等。

8）象形式　将整个植株修剪、蟠扎成各种动物或花瓶或建筑物等形状，如小叶女贞、刺柏、圆柏等。

（2）修剪

修剪是指对花卉的某些器官进行部分疏剪的技术。修剪是在整形的基础上进行的。

1）摘心　摘除枝梢顶芽（连同顶部嫩梢），可以促进分枝达到枝繁叶茂的效果，抑制徒长，促使植株矮化，推迟花期（每摘一次，推迟 2～5d），如一串红、矮牵牛、翠菊、菊花等。花穗长或自然分枝能力强的花卉不适合摘心，如鸡冠花、凤仙花、罂粟、紫罗兰、麦秆菊等。

2）抹芽　去除多余的腋芽（或侧枝）来限制枝条数的增加和花量，使所留的花朵营养充足、花朵硕大，如菊花、大丽花等。另外，有些宿根花卉和木本花卉的茎基部萌发的脚芽也要去除，以此来减少营养的消耗，如芍药、牡丹等。

3）去侧蕾或去残花　去除多余的侧蕾，仅留主蕾或最大的花蕾，如独本菊、芍药、大丽花等。剪除残花，可以集中养分以及避免影响观赏性，如蟹爪兰、菊花、仙客来、蝴蝶兰等。

4）折梢或捻梢　折梢就是将新梢折曲，但连而不断；捻梢是将枝梢捻转。二者的目的均是抑制新梢的生长，促进花芽的形成，如牵牛花、茑萝等。

5）曲枝　为使枝条生长均匀，常将生长势强的枝条向一侧压弯，将弱枝扶直，达到抑强扶弱的效果，如各种盆景、大丽菊等。

6）支柱与绑缚　高大的植株或具有攀缘性的花卉需要立支柱，将植株绑扎好，防止遇到雨天或大风天倒伏，如菊花、香石竹、蝴蝶兰、飘香藤等。

7）剪枝　剪除病枯枝、重叠枝、徒长枝、花后残枝等，以此来改善通风透光条件，减少营养消耗，如月季、牡丹、杜鹃、山茶等。

6.1.5 防寒与降温

（1）防寒越冬

1）覆盖法　对于二年生花卉、宿根花卉、露地越冬的球根花卉和木本花卉，幼苗的防寒越冬可在霜冻到来前进行，在畦面上覆盖干草、落叶、马粪、草席、蒲席、薄膜等达到保温效果。

2）灌水法　由于水的热容大，灌水后能提高土壤的导热能力，使深层土壤的热量容易传导到土表面，从而提高近地表空气温度，因此，冬灌能减少或防止冻害，春灌有保温、增温效果。常在严寒来临前 1～2d 进行冬灌，可提高地面温度 2～2.5℃。

3）培土法　对于落叶宿根花卉和进入休眠状态的花灌木，可在冬季来临前培土压埋或开沟覆土压埋根颈部或地上部分，可以起到防寒保温的效果，待春季萌芽前再将培土扒开，植株可继续生长。

4）浅耕法　浅耕可减弱由水分蒸发产生的冷却作用，同时，因土壤疏松，有利于太阳辐射热的导入，对保温和增温有一定效果。

5）包扎法　一些大型观赏树木茎干常用草或塑料薄膜包扎防寒，如芭蕉、香樟等。

除以上方法外，还有设立风障、利用冷床、喷施药剂、减少氮肥施用、增施磷钾肥料等增加抗寒力的方法，都是有效的防寒措施。

（2）降温越夏

夏季温度过高会对花木造成危害，可通过人工降温保护花木安全越夏。人工降温措施包括叶面及畦间喷水、搭设遮阳网或草帘覆盖等。覆盖厚度一般为 3～10cm，不宜太厚，以防止杂草生长。目前，还有用黑色聚乙烯薄膜、铝箔片等作覆盖物的。以聚乙烯薄膜为覆盖物时，应预先于其上打些孔洞，以利雨水渗入。

6.2 盆栽花卉栽培与管理技术

栽植于各种类型和质地的容器中的花卉称为盆栽花卉，简称盆花。将花卉栽植于盆中便于控制环境条件，有利于协调营养生长与生殖生长的关系，实现花卉的促成栽培或抑制栽培。盆栽花卉既可以放在室内也可以置于庭院，搬运方便，易于管理。

在盆中将不同的花卉按照一定的艺术造型栽植在一起形成组合盆栽，这种组合盆栽富有自然美和艺术美，给人一种清新和谐、诗情画意之感，大大提高了盆栽花卉的观赏效果和经济价值。

6.2.1 花盆

盆栽花卉在栽培过程中需要选择合适的花盆，花盆的大小、质地、颜色、造型、耐性等都会影响盆花的观赏价值。按照花卉的质地将花盆分为以下几种。

(1) 素烧盆（泥瓦盆）

由泥砂和黏土烧制而成的花盆，该类型价格低廉，排水透气性好，适应花卉的生长，但表面粗糙，美观性稍差些。

(2) 陶瓷盆

由陶土烧制而成，色彩艳丽、外观美，不易破损，但透水透气性差，不太适应花卉的生长，可套在泥瓦盆的外侧作为装饰。

(3) 彩釉盆

在已烧成瓷的釉面上描绘纹样、填彩，再入红炉低温烧烘后制成的一种花盆。该类型质地牢固、体积大，外有图案，观赏价值高，不易破损，但笨重、透水透气性差，不太适应花卉的生长，可套在泥瓦盆的外侧作为装饰。

(4) 塑料盆

以塑料为材料制成的花盆，有硬质、软质和发泡盆三种。该类型轻便、价格价廉、不易破损，但透水透气性差，不太适应花卉的生长，可作为短期生长用盆。软塑料钵可作临时育苗营养钵（仿瓷塑料盆）。

(5) 紫砂盆

属于陶瓷盆的一种，其特点是结构致密，接近瓷化，强度较大，颗粒细小，素雅大方，有古玩感，但不具有瓷胎的半透明性。排水透气性界于泥炭盆与陶瓷盆之间。常用于名贵花卉的栽培或制作盆景用。

(6) 木盆（桶）

以木材为原料制成的花盆，用于大型木本花卉的栽培，如南洋杉、苏铁、橡皮树等。

除了以上质地的花盆外，还有石盆、玻璃钵、纸钵、水养盆等。石盆透气性较差，比较沉重，不易搬运，适用于大型花材的栽培；玻璃钵透气性较差，质量轻，耐腐蚀，造型丰富，美观大方；纸钵质量轻，易破损，不能重复利用，主要用于育苗。

花盆的形状多样，大小不等，深浅不一。柱状立体栽培容器向上延伸的高度，最高可达 2m，中心有透气层，从立柱最高处浇水，水分可平均分到各层，一次浇水可维持 20～30d，这种结构可以进行组合盆栽，不仅美观而且节约空间，可以应用到宾馆、饭店、街道等。

6.2.2 培养土

盆栽花卉种类繁多，生态各异，对栽培土壤的要求不同。花卉在有限的空间里生长，其根系局限于花盆中，因此，盆土的营养成分和理化性质对花卉生长至关重要。一般盆栽花卉对培养土的要求是疏松、透气、透水，能固持水分和养分，有适宜的 pH 值和 EC 值，无有害微生物和其他有害物质。

6.2.2.1 营养土类型与花卉生长

（1）常见培养土

1）园土　菜园、果园、苗圃或种过豆科植物的表层土壤。该土壤肥力高，团粒结构好，但缺水时容易板结，水量多时透水透气性差，是构成盆栽花卉营养土的主要成分。

2）腐叶土　阔叶树的落叶与厩肥、园土、骨粉、掺入土壤等通过发酵而成。肥力好，腐殖质和矿物质含量高，土质疏松，透气透水，质轻，pH 4.6～5.2，偏酸性，是盆栽花卉理想的土壤。

3）松针土　松柏科的落叶、地表苔藓类植物腐熟后或与土壤混合的产物。具有充足的营养，富含腐殖质，有较好的保水能力和防虫作用，pH 3.4～4.0，偏酸性，适用于杜鹃的栽培生产。

4）堆肥土　将旧的培养土或园土与植物的残枝败叶、作物秸秆、生活垃圾等堆积发酵而成，富含有机质、矿物质，pH 6.5～7.5，偏碱性，也是盆栽花卉比较理想的土壤。

5）草皮土　取草地或牧场表层 5～8cm 的土，腐熟后可应用，富含矿物质，腐殖质少，pH 6.5～8.0。

6）沼泽土　池塘、沼泽边缘上层 10cm 的土壤，由苔藓、水草加土腐熟而成，含腐殖质较多，南方 pH 3.4～4.0，北方呈碱性到中性。

7）河砂　颗粒较粗，透气透水，不具有团粒结构，不含营养，用来改善土壤的通透性；也可以单独用来扦插或播种。

8）蛭石　云母类次生硅质矿物在 800～1100℃高温下膨胀而成（15 倍以上），带菌少，容重小（0.07～0.25g/cm^3），总孔隙率 95%，通气持水性强（55%），一般中性至微碱性（6.5～9.0），吸水能力强（100～650kg/m^3），绝缘性好，但使用后易破碎，使用 1～2 次，其结构就劣变。使用后可作肥料或施用到土壤中。适宜规格：栽培用颗粒＞3mm，育苗用颗粒 0.75～1mm。

9）泥炭　泥炭是由苔藓、苔草、芦苇等水生植物以及松、桦、赤杨等陆生植物在水淹、缺氧、低温、泥砂掺入等条件下未能充分分解而堆积形成的，由未完全分解的植物残体、矿物质和腐殖质组成。容重 0.2～0.6g/cm^3，总孔隙率 77%～84%；pH 3.0～7.5；有机质含量 40.2%～68.5%，其中腐殖酸含量 20%～40%，全氮 0.49%～3.27%，全磷 0.01%～0.34%，全钾 0.01%～0.59%。褐泥炭炭化年代较短，呈黄色至褐色，有机质较多，微酸，褐泥炭加砂是扦插的良好床土，胡敏酸可刺激发根。黑泥炭炭化年代较长，呈黑色，有机质较少，矿物质含量高，砂多，pH 6.5～7.0。

10）珍珠岩　由灰色火山岩（铝硅酸盐）加热至 1000℃时，颗粒膨胀形成，直径 1.5～4mm，灰白色。轻质团聚体，容重小（0.03～0.16g/cm^3），总孔隙率约为 93%，通气排水性好。pH 值为 7.0～7.5，养分不能被利用。吸水量是自身重的 2～3 倍；稳定性好，不易分解，但受压易破碎。

（2）花卉对培养土酸碱度的要求

花卉种类不同，对土壤酸碱度的要求也不同（见表 6-4）。根据花卉对土壤酸碱度的要求，可将其分为酸性花卉、中性花卉和碱性花卉三种类型。

表 6-4 常见花卉的适宜土壤酸碱度

种类	适宜酸碱度	种类	适宜酸碱度	种类	适宜酸碱度
紫菀	6.0～8.0	仙客来	5.5～6.5	灯芯草	6.0～7.0
藿香蓟	5.0～6.5	大丽花	6.0～8.0	菊花	5.5～6.5
庭荠	6.0～8.0	风信子	6.5～7.5	芍药	6.0～8.0
蒲包花	5.5～6.5	洋水仙	6.5～7.0	仙人掌类	7.0～8.0
金鱼草	6.0～7.0	郁金香	6.5～7.5	蜀葵	6.0～8.0
大波斯菊	5.5～6.5	花毛茛	6.0～8.0	萱草	6.0～8.0
勿忘草	6.5～7.5	朱顶红	5.5～6.5	鸢尾	5.5～7.5
彩叶草	4.5～5.5	美人蕉	6.0～7.0	天竺葵	5.0～7.0
鸡冠花	6.0～7.5	唐菖蒲	6.0～8.0	马蹄纹天竺葵	5.0～7.0
一串红	6.0～7.5	大岩桐	5.0～6.5	盾叶天竺葵	5.5～7.0
福禄考	5.0～6.0	番红花	6.0～8.0	非洲紫苣苔	6.0～7.5
罂粟花	6.0～7.5	水仙	6.5～7.5	吊钟海棠	5.5～6.5
耧斗菜	5.5～7.0	西府海棠	5.0～6.5	铁线蕨	4.0～5.5
毛地黄	6.0～7.5	贴梗海棠	5.5～7.5	凤梨	4.0～4.5
桂竹香	5.5～6.5	栀子	5.0～6.0	文竹	6.0～8.0
矮牵牛	6.0～7.5	欧石楠	4.0～4.5	鸟巢蕨	5.0～5.5
雏菊	5.5～6.5	樱花	5.5～6.5	波士顿蕨	5.5～6.5
矢车菊	6.0～7.5	丁香	6.0～7.5	君子兰	5.5～6.5
凤仙花	5.5～6.5	月季	6.0～7.0	花烛	5.5～6.5
铁线莲	5.5～7.0	山茶	4.5～6.5	拖鞋兰	5.6～6.0
百日草	6.0～8.0	金钟花	6.5～8.0	花叶万年青	5.0～6.0
三色堇	6.3～7.3	金银花	6.5～7.0	印度橡皮树	5.5～7.0
报春花	6.5～7.0	瑞香	6.5～7.5	喜林芋	5.5～6.5
西洋樱草	7.0～8.0	一品红	6.0～7.0	瓜叶菊	6.0～7.5
牵牛花	6.0～7.5	蓝色八仙花	4.0～4.5	非洲紫罗兰	5.5～7.5
石竹	7.0～8.0	红色八仙花	6.5～7.0	棕榈类	5.0～6.3
香堇	7.0～8.0	广玉兰	5.0～6.0	毛叶秋海棠	6.0～7.0
金盏菊	6.5～7.5	杜鹃	4.5～5.5	蟆叶秋海棠	6.3～7.0
紫罗兰	6.0～7.5	李叶绣线菊	6.0～8.0	椰子类	5.0～6.5
倒挂金钟	6.0～6.5	香豌豆	6.5～7.5	万寿菊	5.5～6.5

注：引自《中国花经》并做修改。

1）酸性花卉　要求土壤 pH<6.5。常见花卉有杜鹃、兰花、山茶、八仙花、广玉兰、栀子、彩叶草、铁线莲、蕨类、凤梨类、秋海棠、茉莉、石楠、马尾松等。

2）中性花卉　要求土壤 pH 值在 6.5～7.5 之间。大部分花卉属于中性花卉。

3）碱性花卉　要求土壤 pH 值在 7.5～8.0 之间。常见花卉有石竹、香堇、仙人掌、玫瑰、柽柳、白蜡等。

6.2.2.2 培养土的配制与消毒

（1）培养土的配制

培养土的配制因花卉种类、生态类型等不同而不同，实践中很难找到统一的配方，但是总的要求是改善土壤的理化性质，提高培养土腐殖质含量，增大土壤的透水性和透气性。培养土通常由园土、砂、腐叶土、松针土、蛭石、珍珠岩、泥岩等材料按照一定的比例配制而成，各地材料来源和习惯不同，选择的材料也不同，一般可选择其中的几种材料按照不同比例配制即可。

常用的配方见表 6-5。

✣ 表 6-5 花卉常用的培养土配方

培养土成分	比例	性质	适宜的花卉
腐叶土：园土：砂土	4：3：2.5	中性或偏酸性	通用
泥炭土：园土：砂土：饼肥	3：1.5：2：0.5	中性或偏酸性	通用
腐叶土：泥炭土：木屑(腐熟)：蛭石(腐熟厩肥)	4：4：1：1	酸性	喜酸耐阴花卉
泥炭土(或腐叶土)：园土：蛭石：砂土	4：2：2：1	中性或偏酸性	凤梨科、萝藦科、爵床科及多浆植物
泥炭土(或腐叶土)：园土：蛭石：砂土	5：2：2：1	弱酸性	天南星科、竹芋科、苦苣苔科、蕨类及胡椒科
腐叶土：园土：粗砂：骨粉(或草木灰)	3：3：3：1	中性或弱碱性	陆生型仙人掌类(昙花、令箭荷花等)
腐叶土：园土：粗砂：细碎瓦片(或贝壳粉)	2：3：4：1	中性或弱碱性	陆生型仙人掌类(仙人掌、仙人球、山影拳等)
园土：砂土：腐熟木屑(或泥炭土)	2：1：1	中性	喜阴湿花卉
堆肥土：园土	1：1	中性	一般花木类
水苔：棕榈纤维	2：1	弱酸性	气生兰
松针土		酸性	杜鹃类
泥炭土(草木灰)：珍珠岩：蛭石	1：1：1	中性或弱碱性	育苗基质
珍珠岩：蛭石：砂土	1：1：1	中性	扦插基质

注：引自陈雅君、毕晓颖《花卉学》。

（2）培养土的消毒

为防止盆栽花卉土传病害或虫害的发生，需要对培养土进行消毒处理。培养土的消毒方法很多，可根据实际需要选择适宜的消毒方法。

1）物理方法

① 高温闷棚。夏季高温季节将培养土用塑料薄膜盖严，保持封闭状态 15～20d。密闭期间，白天膜内温度 55～60℃，25cm 深土层全天温度均在 50℃左右，约 15d 即可杀灭疫病病菌、立枯病病菌、黄萎病病菌等。但有一些深根性病菌如根肿病病菌、根腐病病菌等特别耐高温，处理时间需要达到 30～50d。

② 蒸汽消毒。用导管将蒸汽锅炉加热所得的 100～120℃的蒸汽热能输送到培养土中，消毒 40～60min，或将 60～80℃的蒸汽通入营养土中处理 1h，可以起到杀死病原菌的目的。

③ 直接加热消毒。对于少量的培养土，可用高压灭菌锅在 121℃下维持 20min 或用铁锅在温度 120℃下不断翻动，维持 30min 达到消毒效果。

④ 施用生物菌。通过向培养土中施入大量有益菌类，使土壤中的各种有害微生物得以

控制和杀灭，以防止发生土传病害。生物菌有机肥施用量为7500～15000g/hm^2，喷洒1周内忌喷洒杀菌剂。

2）化学药剂处理

① 氯化苦溶液。将营养土每平方米打25个深约25cm的小洞，用土壤注射器往每个小洞里喷氯化苦溶液5mL，并在表层浇水，提高土壤湿度，立即覆盖地膜，密闭熏蒸10～15d，揭开地膜，待药液挥发后定植。但氯化苦在土壤中易漂移，易被物质吸收，不易散发，对线虫和杂草防治效果差。

② 福尔马林溶液。使用40%福尔马林溶液500mL/m^2均匀浇灌后覆盖薄膜，密封1～2d，揭开后翻晒7～10d。也可以将稀释50倍的福尔马林溶液，浇灌在翻晒的培养土上，用量25kg/m^2，然后封闭3～6d，再晾晒10～15d。

③ 甲基硫菌灵。用50%甲基硫菌灵可湿性粉剂8g，兑水2～3kg，掺细土5～6kg做成药土，在花卉播种时作上盖土或下垫土，对多种真菌性病害防效显著。

④ 多菌灵或五氯硝基苯。用50%多菌灵可湿性粉剂2g掺培养土5～6kg拌匀，防治苗期多种真菌性病害。将40%五氯硝基苯粉剂8g加入5～6kg培养土中拌匀，对多种真菌性病害防效显著。

6.2.3 盆栽技术

（1）上盆

将苗床中的幼苗或育苗容器中的幼苗移出后，栽植到花盆中的操作过程即上盆。

1）具体操作步骤

① 按照幼苗的大小选择合适的花盆，在花盆底部排水孔上垫两块瓦片，以防盆土露出或排水孔堵塞。

② 向盆内填入少量粗培养土（或碎石块、炉渣等）保持良好的排水层。

③ 填入部分细培养土。

④ 将幼苗放在花盆中央，一只手扶苗使苗直立，另一只手拿花铲继续添加细培养土，盆土加至盆沿口1.5～3cm的距离。如为小苗，则不要使劲用手按压盆土，以免根系损伤，也不要使劲墩盆，以免将细土翻到盆底，影响排水；如为大苗，则一边填土，一边将土压实，以免苗浇水后倒伏。

⑤ 浇透水，放置在阴凉处缓苗。

2）注意事项　选盆适中，省土，节省空间；新盆用水浸泡，减少盐害；盆底孔底垫瓦片，或碎盆渣；苗尽量带土，提高成活率；放苗，填土，提苗，填土，不要填满，留1.5～3cm；以浇透水为宜。

（2）换盆

换盆是指把盆栽植物从一个盆换到另一个盆的操作过程。下面两种情况需要换盆：

① 小盆换大盆。随着盆内植株不断长大，应不断更换更大型号的盆，以满足花卉生长发育的需要，顺便修剪病残根系，同时对可进行分株的花卉进行分株。

② 换土不换盆，也称为翻盆。盆内植株生长已经达到一定程度，不再生长了，但盆土营养已经消耗殆尽，需要不断补充或更新养分，顺便修剪病残根系，同时对可进行分株的花卉进行分株。

1）具体操作步骤　换盆时，分开左手手指，手掌置于盆面上，用食指和中指按住植株茎基部，将盆提起倒置，并用右手叩击或用木棒敲打，利于土壤与盆分离，将植物带土球从盆中取出。土球取出后，若是球根花卉可以将原土球肩部和四周外部旧土刮去一部分，剪除近盆边的老根、枯根和卷曲根，同时分株；若是一二年生花卉可以将土球直接栽植，勿使土球破裂，盆底排水物可以少填或完全不填；若是木本花卉可以将土球适当切除一部分。

换盆次数因花卉不同而不同，草本花卉每年一次，木本花卉 2～3 年换盆一次，常绿植物换盆时避开花期，其他花卉在秋冬季节换盆。换盆后第 1 次应充分灌水，使根系与土壤密接，以后以保持土壤湿润为度，但水分不宜过多，因为换盆后根系受伤，吸收减少，否则根部伤处会腐烂。换盆后最初数日宜置于阴处缓苗。

2）注意事项　换盆时要待盆土略干时才能进行，以利脱盆。刚浇过水的，不宜换盆，易弄碎泥团。换盆时不能去除太多的旧土，因为易损伤毛根，导致花卉吸水能力下降而死亡。换盆结合分株繁殖同时进行。

(3) 倒盆

倒盆是指倒换花盆的位置，从一个地方搬到另一个地方。下面两种情况需要倒盆：

① 由于不同结构的温室内部各处小气候有差异，盆花生长出现不匀称现象，这时需要及时倒盆。

② 在温室摆放的盆花由于生长株幅越来越大，造成拥挤现象，这时需要通过倒盆加大盆间距，增加通风透光性，使花卉生长均匀。

(4) 转盆

转盆是指原地以不同的角度转换花盆的方向。在单屋面温室或窗台摆放花盆时，受花卉植物向光性的影响，花卉生长向阳光充足的方向偏离，偏离的程度与花卉生长速度有关，生长速度越快偏离越严重，偏离的结果是破坏了花卉原有的株型，使之失去匀称和平衡。现代温室和双屋面南北延长的温室光线照射均匀，盆花生长无偏离现象，不用转盆。

(5) 扦盆

扦盆是指用小铁耙或小铁铲或其他工具对盆土表层进行松耙，使土壤疏松，利于透气透水，同时除去土壤表面的青苔和杂草。主要应用于树木盆景。

6.2.4　浇水与施肥

6.2.4.1　浇水

(1) 浇水原则

1）依花卉对水分的需求不同浇水　总体浇水要求：旱生花卉宁干勿湿，湿生花卉宁湿勿干，中生花卉见干见湿。一二年生花卉和球根花卉多次灌水。仙人掌及多浆植物等需水量较少的种类要少浇水。蕨类植物、兰科植物、秋海棠类植物生长期要求丰富的水分。蕨类植物中肾蕨需水少些，在光线不强的室内，保持土壤湿润即可；铁线蕨需水较多，常将花盆放置于水盘中或栽植于小型喷泉之上。

2）依花卉不同生长期对水的需求不同浇水　花卉进入休眠期后，浇水量较少或不浇水；从休眠期进入生长期，浇水量逐渐增加；生长旺盛时期，浇水量要充足；开花前浇水量应适当控制，盛花期适当增加，结实期要适当减少。

3）依季节温度不同浇水　春季浇水量要比冬季多些，草花每隔 1～2d 浇水 1 次；花木每隔 3～4d 浇水 1 次。夏天温室花卉每天早晚各浇 1 次。放置在露地上的盆花每天浇 1 次。夏季雨水较多时，应注意盆内勿积雨水，可在雨前将花盆向一侧倾倒，雨后要及时扶正。秋季放置在露地上的盆花，其浇水量可减至每 2～3d 浇 1 次。冬季低温温室的盆花每 4～5d 浇水 1 次；中温温室和高温温室的盆花一般 1～2d 浇水 1 次。

4）依温室内的湿度不同浇水　温室内湿度高少浇水，湿度低多浇水。

5）依盆内基质的状况浇水　黏性大的基质少浇水，黏性小的基质多浇水。砂土和砂壤土灌水次数多。

6）依花卉生长状态浇水　观察植株的生长状态，枝叶萎蔫表明缺水，枝叶挺拔表明不缺水。移植后需要加强水分管理，一般需要浇水 2～4 次。根系弱的浇水 2 次，根系强的浇水 3～4 次，分别是移植后浇水 1 次、过 3d 浇水 1 次、再过 5～6d 浇水 1 次、再过 10d 浇水 1 次，以后进行正常的灌水。

7）依盆的大小浇水　盆小或植株较大者，盆土干燥较快，浇水次数应多些；反之宜少。一次性灌透，切勿只灌表皮形成夹干。

（2）浇水方式

盆花可以采取手工浇水方式，也可以喷灌或滴灌。根据盆土的缺水状况可以采取下列浇水方式。

1）放水　生长旺季，浇大水，过量无虑。

2）浇水　浇透水，不窝水，不能浇半截水（拦腰水）。

3）找水　根据不同盆土的需求来浇水，个别缺水，特别对待。

4）勒水　浇水过量则造成危害，停止浇水，进行松土，干透再浇。

5）喷水　对长势慢、下层盆土仍含水的盆花，给叶面进行喷水，4～6d 后再浇水。

6）扣水　对于因换盆伤根易造成腐烂的种类，将 60％含水量的盆土墩实，不浇水。

6.2.4.2　施肥

（1）施肥原则

根据花卉的种类不同、生育期不同来施肥。一般观叶植物以氮肥为主，观花观果类以磷钾肥为主，球根类花卉宜多施钾肥，一年多次开花的宿根及木本花卉（香石竹、月季）开花前后应施重肥，喜肥的花卉（如大岩桐）应薄肥勤施。追肥应于生长期和开花前后进行。幼苗期应以氮肥为主，孕蕾期应多施磷肥。生长旺期和分化期 1～2 周施一次，休眠期或半休眠期少施或不施。对于元旦春节开花的花卉，9～10 月追施几次。温暖生长旺季可以多追肥几次，寒冷季节或温室内温度不高时可以少施几次。夏季施肥一般在清晨或傍晚进行，冬季施肥在中午前后进行，注意施肥时以土壤温度、空气温度和花卉温度尽量相差较小为宜。

盆花施肥注意事项：

① 忌浓肥。一般应掌握薄肥勤施的原则，以七分水三分肥为标准。

② 忌热肥。盆花夏季施肥，不宜在中午或中午前后进行，因为这时盆土温度高，追肥容易伤根。一般可在傍晚进行，并注意施后浇水。

③ 忌生肥。施用不经腐熟的肥料，不但容易生蛆、生虫、散发臭气、影响卫生、污染环境，而且遇水发酵产生高温，容易伤根系。

④ 忌坐肥。换盆时，可施基肥。但肥的上面要加一层土，或把肥料埋入盆底边土中。不可将根直接坐于肥上，否则容易把根烧死。

⑤ 忌肥料单一。要求多种肥料配合使用，防止发生缺素症。

⑥ 无机肥料的使用要求合适的酸碱度和 EC 值。

（2）施肥方式及施肥量

常用基肥有人粪尿、牛粪、鸡粪、蹄片和羊角等，用量不要超过盆土的20%，放于花盆的底部和四周。追肥以薄肥勤施为原则，以饼肥、油渣、无机肥料为主，也可施用硫酸铵、过磷酸钙、硫酸钾等（肥料的种类和特性详见露地一二年生花卉）。追肥要在晴天进行，施肥前先松土，等盆土稍干后再施肥，施肥后第二天浇一次透水。叶面喷肥时有机液肥的浓度不超过5%，化肥不超过0.3%，微量元素不超过0.05%，叶背面气孔多，吸肥能力强，喷施在叶背面吸收效果好。

6.2.5　整形与修剪

（1）整枝

1）自然式　着重保持花卉的自然姿态，仅对交叉、重叠、丛生、徒长枝稍加控制，使其更加完美。

2）规则式　依人们的喜爱和情趣，利用花卉的生长习性，经修剪整形做成各种设计的姿态，达到寓于自然高于自然的艺术境界。在确定整枝形式前，要充分了解植物的特性，枝条纤细且柔韧性较好者，可整成镜面形、牌坊形、圆盘形或S形。

（2）绑扎与支架

对于茎枝纤细柔长或攀缘植物的盆栽花卉，为了整齐美观或为了做成扎景，常设支架或支柱，同时进行绑扎。攀缘性花卉，如大花牵牛、香豌豆、藤本月季等，常扎成屏风形或圆球形支架，使枝条盘曲其上，以利通风透光和便于观赏；花枝细长的花卉，如切花菊、小苍兰、香石竹等，常设支柱或支撑网。我国传统名花菊花，盆栽中常设支架或制成扎景，形式多样，引人入胜。

制作支架常用的材料有竹类、芦苇以及紫穗槐等。在长江流域及其以南各地常用棕线、棕丝或是其他具韧性且耐腐烂的材料绑扎。

（3）剪枝

1）短截　将枝条先端剪去一部分，剪时要充分了解花卉的开花习性，注意留芽的方向。在当年生枝条上开花的花卉种类，如扶桑、倒挂金钟、叶子花等，应在春季修剪，而一些在二年生枝条上开花的花卉种类，如山茶、杜鹃等，宜在花后短截枝条，使其形成更多的侧枝。留芽的方向要根据生出枝条的方向来确定，若要其向上生长则留内侧芽，若要其向外倾斜生长则留外侧芽。修剪时应使剪口呈斜面，芽在剪口的对方，以距剪口斜面顶部1～2cm为度。

2）疏剪　将枝条自基部完全剪除，主要是剪除一些病虫枝、枯枝、重叠枝、细弱枝等。花卉移植或换盆时如果伤及根部，伤口应修整，剪去老残冗根以促其多发新根，但对生长缓慢的种类，不宜剪根。为了保持盆栽花卉的冠根平衡，根部进行了修剪的植株，地上部亦应适当疏剪枝条。一般落叶植物于秋季落叶后或春季发芽前进行修剪，月季、大丽花、八仙花、迎春等花后剪除残花枝梢，促其抽发新枝，下一个生长季开花硕大艳丽。常绿花卉一般不宜剪除大量枝叶，只有在伤根较多情况下才剪除部分枝叶，以利平衡生长。

（4）摘心与抹芽

1）摘心　摘心能促进激素的产生，导致养分的转移，促发更多的侧枝，有利于花芽分化。对于分枝性不强、分枝少、花着生枝顶的花卉，常通过摘心来控制其生长高度。摘心因具抑制生长的作用，所以次数不宜过多，一般2～3次。对于一株一花或一个花序，以及摘心后花朵变小的种类不宜摘心，此外球根类花卉、攀缘性花卉、兰科花卉以及植株矮小、分枝性强的花卉均不摘心。

2）抹芽或除芽　将多余的芽全部除去，这些芽有的是过于繁密，有的是方向不当，是与摘心有相反作用的一项技术措施。抹芽时间应尽早，在芽开始膨大时进行，以免消耗营养。有些花卉，如芍药、独本菊等，仅需保留中心一个花蕾时，其他花芽全部摘除。

6.3 花卉的无土栽培

花卉无土栽培是指不用或部分不用天然土壤，用营养液或固体基质代替土壤，给花卉提供生长发育所必需的营养元素的栽培方法。无土栽培目前已成为设施花卉栽培的重要内容，也是花卉工厂化生产的重要形式，是发展高效花卉的新途径。

6.3.1 无土栽培的特点

（1）产量高

无土栽培方法可以解决土壤种植过程中，水分、空气以及养分供应的矛盾，尤其是水分和空气往往是一对很难协调的因素。无土栽培有良好的水分来源，在光合作用中可与CO_2产生更多的碳水化合物，培养出来的花卉产品产量比土壤栽培高出一倍以上。

（2）品质好

无土栽培的花卉，不仅产量高，而且品质好。无土栽培所使用的营养液是根据花卉生长发育规律的需要精心配制的，因此有利于花卉迅速生长，提高产品品质。无土栽培的花卉进入盛花期早，花多、朵大、色艳、花期长、香气浓、绿叶经久不落，不仅能提高观赏价值，而且产花周期短，单位面积产花量高。

（3）节省肥水

土壤栽培约有一半养分和大部分水分被流失掉，而无土栽培的营养液可以回收再利用，或采用流动培养，避免土壤栽培时肥水的流失，所以能省水，许多资料表明，无土栽培比土壤栽培可节省用水50%～70%。同时，无土栽培可避免水溶性养分被土壤固定，提高了养分的有效性，因此省肥。

（4）劳动强度小、省工省时

由于无土栽培不需要中耕、除草等田间操作环节，而且营养液又是自动化或机械控制，所以能节省劳动力。无土栽培所用的容器主要是塑料的，所用基质，如蛭石、珍珠岩等都很轻，重量只有土壤的十几分之一，搬运便捷。

（5）管理方便、应用范围广

无土栽培不受位置限制，室内、阳台、屋顶、空闲荒坡或盐碱地、沙漠等均可进行无土栽培。工厂化无土栽培环境条件可控性强，管理方便，只要定期补充事先配好的营养液和不断补充水分就可以了。

（6）产品卫生健康

由于无土栽培经常更换营养液或每茬都需要更换基质或对基质进行消毒处理，所以基质不带危害植物的病虫害。然而，土壤栽培却经常因为土壤、环境、其他花卉以及前茬植物等因素的影响，使花卉因病虫害的危害而减产。无土栽培无需粪肥，可减少寄生虫卵及公害污染，营养液的配制科学且卫生，所生产的产品往往能达到无公害绿色食品的要求。

在积极促进无土栽培技术在生产中运用的同时，我们还应该清醒地认识到目前无土栽培投资大，特别是起始投资较大；有些病害如防治不力，传播较快；营养液的配制和供应复杂，需要具备一定的专业技术才能掌握；基质、设备消毒要求严格。

6.3.2 无土栽培的方法

（1）水培法

用各种方法将花卉的茎的基部固定，根系完全悬浮于营养液（雾滴）中，营养液内氧气充足，并处于黑暗状态。在技术上常用的类型有深液流技术、浮板毛管水培法、营养液膜技术、动态浮根法、鲁 SC 系统、雾培（气培）等。

1）深液流技术　简称 DFT（deep flow technique），是指植株根系生长在较深且流动的营养液层内的一种水培技术。整个系统包括种植槽、定植板及定植杯、储液池和营养液循环系统四部分（见图 6-1）。

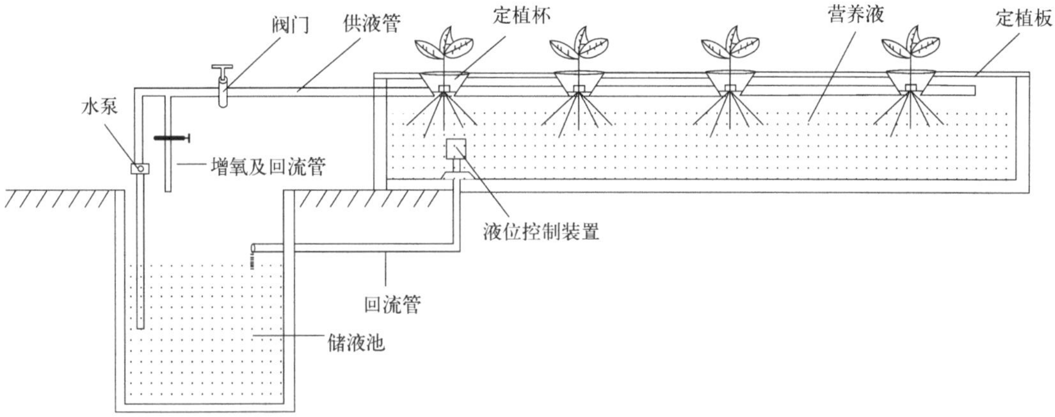

图 6-1　水泥砖结构深液流水培种植系统纵切面示意图

① 种植槽。种植槽一般长度为 10～20m，宽度为 1～1.5m，深度为 0.12～0.2m。建造时首先把地面整平、打实，在建槽的位置铺上一层 3～5cm 的河砂夯实，然后在河砂层上铺上 5cm 厚的混凝土作为槽底，在混凝土槽底上面的四周用水泥沙浆砌砖形成槽框，再用高标号水泥砂浆批荡种植槽内外，最后再加上一层水泥抹光表面，以防止营养液的渗漏。

② 定植板及定植杯。定植板用硬泡沫聚苯乙烯板块制成，厚 2～3cm，宽度与种植槽外沿宽度一致，长度一般为 150cm，板面开若干个定植孔，孔径为 5～6cm。定植孔内嵌一只塑料定植杯，高 7.5～8.0cm，杯口的直径与定植孔相同，杯口外沿有一宽约 5mm 的唇，以卡在定植孔上，不掉进槽底。杯的下半部及底部开有许多 ϕ3mm 的孔。

③ 储液池。建造时池底要用 10～15cm 混凝土加 ϕ8@20 钢筋制成，池壁用 18～24cm 砖砌，＃100 水泥砂浆批荡，水泥（高标号）膏抹光。同时，地下储液池池面要比地面高出 10～20cm 并要有盖，防止雨水或其他杂物落入池中，保持池内黑暗以防藻类滋生。

④ 营养液循环系统。由供液系统和回流系统两部分组成。供液系统包括供液管道、水

泵、调节流量的阀门等，供液管道包括从地下储液池经由水泵然后通向各个种植槽的各级管道（所有的管道均需采用塑料管，勿用镀锌水管或其他金属管）。回流系统包括种植槽中的液位调节装置和回流管道。

特点：该系统根系生长环境相对较稳定，营养的补充和调节方便；材料来源方便，管理简化，栽培范围广；养分利用率高，不污染环境。但成本较高，病害易蔓延，技术要求较高。

2）浮板毛管水培法　简称 FCH（floating capillary hydroponics），是由种植槽、浮板、定植板及定植杯、储液池、循环管道及控制系统五部分构成（见图 6-2）。

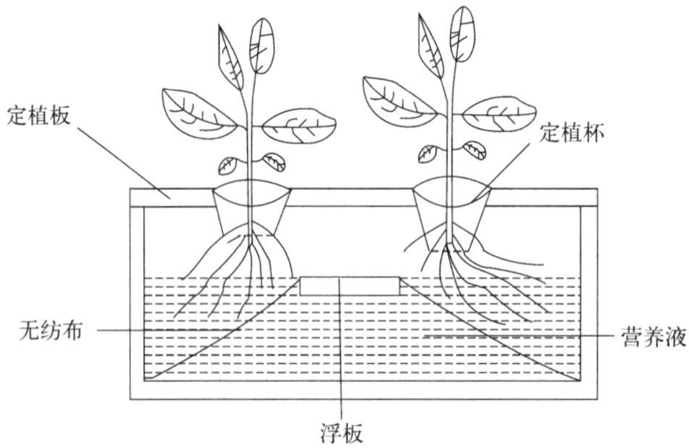

图 6-2　浮板毛管水培种植槽剖面图

① 种植槽。由定型聚苯乙烯板制成，长 15～20m，宽 0.4～0.5m，深 0.1m，槽内铺 0.3～0.8cm 厚的聚乙烯薄膜，营养液深度为 3～6cm。

② 浮板。漂浮在营养液面上的聚苯乙烯泡沫板，厚 1.25cm、宽 10～20cm，板上覆盖一层亲水性无纺布（作为湿毡，规格为 $50g/m^2$），两侧延伸入营养液内，通过毛细管作用，使浮板始终保持湿润。

③ 定植板及定植杯。定植板由聚苯乙烯泡沫板制成，厚 2.5cm，宽 40～50cm，覆盖于种植槽上。在定植板上开两排定植孔，孔径与育苗杯外径一致，孔间距为 40cm×20cm。定植杯一般口径 5～6cm，外缘唇宽 5mm，杯深 7.5～8.0cm。秧苗栽入定植杯内，然后悬挂在定植板的定植孔中，正好把槽内的浮板夹在中间，根系从定植杯的孔中伸出后，一部分根爬伸生长到浮板上，产生根毛吸收氧气，另一部分根伸到营养液内吸收水分和营养。

④ 储液池。储液池为地下式，可以用砖和水泥砌成，也可以用钢筋和水泥筑成，为了防止营养液渗漏，通常会在池内壁涂上防渗材料。栽培温室需 $5\sim6m^3$/亩（1 亩≈$667m^2$）的储液池 1 个。

⑤ 循环管道及控制系统。种植槽坡降 1∶100，左右安装进水管，中间安装排液装置，进水管处同时安装空气混入器，增加营养液的溶氧量。排液管道与储液池相通，种植槽内营养液的深度通过液层控制装置来调节。一般在秧苗刚定植时，种植槽内营养液的深度保持 6cm，定植杯的下半部进入营养液内，以后随着植株生长，逐渐下降到 3cm（见图 6-3）。

特点：该系统改善了根系供氧条件，解决了营养液中水气矛盾，提高了植物根际供氧水平。营养液供给稳定，不怕短期停电，设备投资少，运行能耗较低。

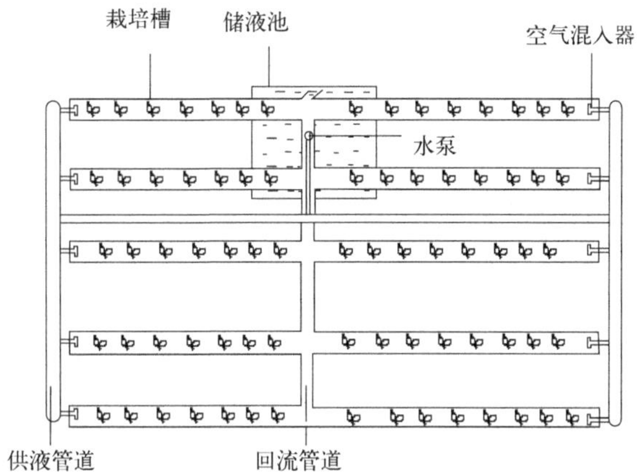

图 6-3　浮板毛管水培平面图

3）鲁 SC 系统（基质水培法）　鲁 SC 无土栽培系统是一种自动虹吸循环供液无土栽培装置。该装置主要包括栽培槽、供排液系统和储液池三部分（见图 6-4）。

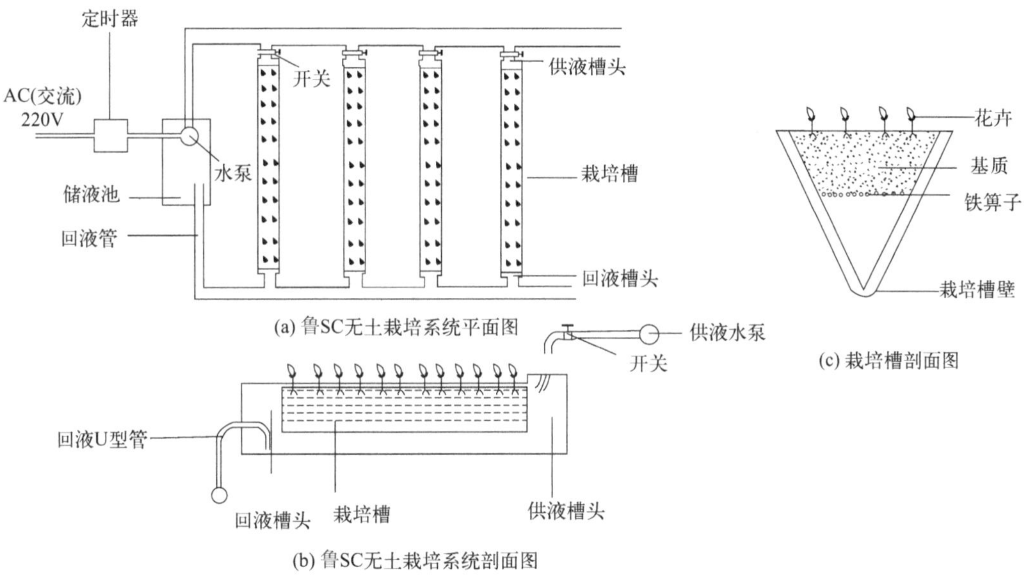

图 6-4　鲁 SC 无土栽培系统结构图

① 栽培槽。栽培槽呈倒三角形，长 2.5～3.0m，上口宽、槽高均为 20～22cm，中间设垫箅一层，上铺棕皮，填入基质，垫箅下部为空间，供营养液流动。栽培槽两端各设 10cm 空当，一端与进水管相连，另一端设虹吸排液管，供液达到一定高度后，营养液由虹吸管自动排出，自上而下循环供液。

② 供排液系统。供液管是由直径 25mm 的钢管或硬质塑料管制成。在每个栽培槽的供液槽头处设一水龙头，由该水龙头为供液槽头供液。排液槽头处设直径 20～24mm 虹吸管排液，排出的营养液由排液总管流回储液池进行循环供液。供液时间和供液次数由定时器自动控制，实现全自动供液。营养液由定时器自动控制供液量和次数，一般每天供液 3～4 次，

每次 15min。不同苗龄、不同植株大小及不同季节的供液量、供液次数不同。

③ 储液池。储液池为地下式，栽培温室需 5～6m^3/亩的储液池 1 个。储液池由水泥砖砌成，用优质水泥抹面防止漏水。

特点：该系统稳定，空间利用率高，但一次性投资较大。

4）营养液膜技术（nutrient film technique，NFT） 将花卉种植于一层很薄（0.5～2.0cm）的营养液层上，液体不断循环流经花卉根系，既保证不断供给作物水分和养分，又不断供给根系新鲜氧气。该技术的设施主要由种植槽、储液池、营养液循环流动系统三部分组成。NFT 法栽培花卉灌溉技术大大简化，不必每天计算花卉需水量，营养元素均衡供给。此套设备成本低，基础设施安装简便，种植过程中操作简单，设备采光好，通风好，根系供养充分，利于植物生长，提高花卉产量和质量。但因为营养液是一薄层，不能停电，否则花卉容易因干旱死亡。

5）动态浮根法（dynamic root floating，DRF） 指栽培床内进行营养液灌溉时，花卉根系随着营养液的液位变化上下浮动。营养液达到设定的 8cm 深度后，栽培床内的自动排液器将超过深度的营养液排出去，使水位降至设定的 4cm 深。此时上部根系暴露在空气中可以吸氧，下部根系浸在营养液中不断吸收水分和养料。动态浮根系统由栽培槽、储液池、营养液循环流动系统等组成。

6）雾培 又称气雾栽培，是利用喷雾装置将营养液雾化成小液滴，每隔 2～3min 向根系喷营养液几秒钟，以提供花卉生长所需的水分和养分的一种无土栽培技术，营养液循环利用，但营养液中肥料的溶解度应高，且要求喷出的雾滴极细。雾培设备由栽培槽、喷雾装置、循环系统、自控系统构成（见图 6-5）。

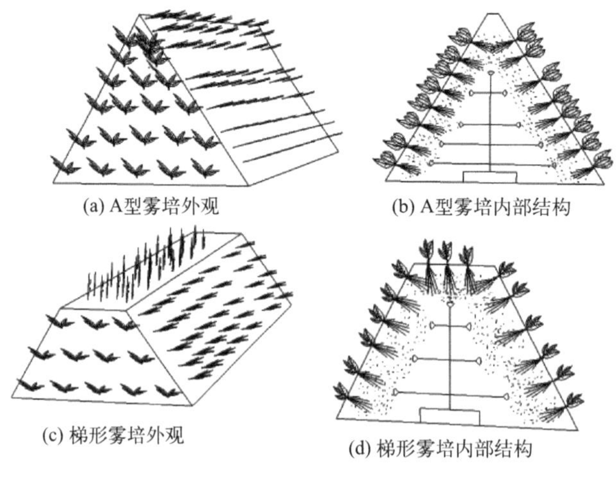

图 6-5 雾培示意图

特点：该法根系水气矛盾解决得较好，水分和养分利用率高，节省占地面积，提高单位面积产量，易实现自动化管理。但一次性投资大，设备的可靠性要求高，根际环境不稳定，病害易蔓延，管理技术要求高。

（2）基质培

在一定的容器中装入基质固定花卉，通过基质-营养液系统或基质-固态肥系统，为花卉生长提供养分和水分的一种无土栽培方式。常用基质有砂培、砾培、锯木、泥炭、蛭石、珍珠岩、岩棉等。在基质栽培中，要依花卉生态习性不同和基质的理化性质不同，选择适宜的基质，以利于花卉的生长。基质培的分类方法很多，按照基质的性质分为无机基质栽培、有机基质栽培和有机无机混合基质栽培（简称复合基质栽培）。按照栽培方式的不同分为槽式栽培、柱状垂直栽培、长袋状栽培等。

1）槽式栽培　将栽培用的固体基质装入一定种植槽中来栽培花卉。槽式栽培常采用有机基质和容重较大的基质。有机基质栽培是将发酵消毒后的动物粪便和植物茎秆或饼肥按比例混合，制成全有机、营养元素齐全的生物复合肥，混入固体基质中，然后采用软滴灌带，直接滴灌清水。栽培槽可用砖、水泥、混凝土制成，槽高 20cm（4 块砖叠起），内径宽 48cm（2 块砖横放），长度根据温室的地形而定，一般 5～10m，现代大型温室可达 30m。也可建 V 字形栽培槽，宽 20cm，深 20cm，长 5～10m。栽培槽底部铺一层 0.1mm 厚的塑料薄膜（以防土壤病虫的危害），然后把基质填入栽培槽中。该系统具有简易、节能、高效等特点。

2）柱状垂直栽培　将固体基质装入长形袋状或柱状的立体容器中，竖立排列于温室或大棚之中，容器四周螺旋状开孔，以种植小株型花卉的方法。常采用容重较小的基质。一般每个立柱高 2m，需要 8～10 个栽培钵串叠而成。栽培钵规格为 30cm×30cm×17cm，每个栽培钵可种植 4～6 株，采用开放式灌溉施肥方法进行基质栽培。该类型具有空间利用率高、产量高、采摘方便等特点，用在生态园中以满足趣味性和规模化生产，有效地解决了城市种植土地紧张的难题，绿化城市环境，净化空气。

3）长袋状栽培　栽培袋采用直径 15cm、厚 0.15～0.20mm 的黑色耐老化的聚乙烯筒膜，长度一般为 2m，底端扎紧以防基质落下，从上端装入基质 10～15L，上端扎紧然后悬挂在温室中，袋子的周围开一些 2.5～5cm 的孔来排除积存的水分和营养液，用以栽种花卉。也可剪制成 70cm 长的枕头袋，内装基质 20～30L，平置地面栽培花卉。在袋的底部和两侧各开 0.5～1.0cm 的孔洞 2～3 个，以利于排出积存的液体。

6.3.3 无土栽培的基质

（1）理想基质的要求

理想基质的要求包括：适于种植众多种类花卉；容重轻，便于大中型盆栽花木的搬运，减轻屋顶的承重荷载；总孔隙率大，达到饱和吸水量后，尚能保持大量空气空隙，以利根系的生长和扩展；吸水率大，持水力强，过多的水分易疏泄，不致发生湿害；具有一定的弹性和伸长性，既能支持住花卉地上部，又不妨碍花卉地下部伸长和肥大；浇水少时，不开裂；绝热性较好；本身不携带病虫草害；不易变形变质，便于重复使用时进行灭菌灭害；本身有一定肥力，且不会发生化学反应。

（2）基质配方

常用基质有河砂、草炭土、蛭石、泥炭、珍珠岩、陶粒、岩棉、锯末、树皮和砻糠灰等，特点见 6.2.2.1 部分相关内容。下面介绍几种配方。

1）常用基质配方　草炭土∶珍珠岩∶砂土＝1∶1∶1；草炭土∶珍珠岩＝1∶1；草炭土∶砂土＝1∶1；草炭土∶蛭石∶珍珠岩＝2∶1∶1；草炭土∶珍珠岩∶树皮＝1∶1∶1。

2）美国加利福尼亚大学混合基质　$0.5m^3$ 细砂＋$0.5m^3$ 泥炭＋145kg 硝酸钾＋145kg 硫酸钾＋4.5kg 白云石或石灰石＋1.5kg 钙石灰石＋1.5kg 过磷酸钙（20% P_2O_5）。

3）美国康奈尔大学混合基质　0.5m^3 泥炭＋0.5m^3 蛭石或珍珠岩＋3.0kg 石灰石＋1.2kg 过磷酸钙（20% P_2O_5）＋3.0kg 三元复合肥。

4）中国农科院蔬菜花卉所无土栽培基质　0.75m^3 泥炭＋0.13m^3 蛭石＋0.12m^3 珍珠岩＋3.0kg 石灰石＋1.0kg 过磷酸钙（20% P_2O_5）＋1.5kg 三元复合肥。

6.3.4 营养液的配制与管理

（1）营养液的组成

花卉生长所必需的营养元素主要有碳（C）、氢（H）、氧（O）、氮（N）、磷（P）、钾（K）、钙（Ca）、镁（Mg）、硫（S）、铁（Fe）、锰（Mn）、硼（B）、锌（Zn）、铜（Cu）、钼（Mo）、氯（Cl）16 种；其中，前 9 种为大量元素，后 7 种为微量元素，各营养元素的功能及无机盐成分详见第 3 章（花卉与营养部分）。

（2）营养液的配制原则

1）水源的水质符合要求　水源要求少菌、洁净、有毒物质不超标（见表 6-6），井水、自来水、河水或雨水均可。按照水的硬度划分，营养液用水硬度一般不能超过 10 度。

表 6-6　水中重金属、有毒物质和水质含量标准

名称	标准	名称	标准
汞/(mg/L)	≤0.001	硬度/度	≤10
砷/(mg/L)	≤0.05	pH 值	5.5～8.5
氟化物/(mg/L)	≤3.0	溶存氧/(mg/L)	≥4～5
硒/(mg/L)	≤0.02	氯化钠/(mg/L)	≤100
六六六/(mg/L)	≤0.02	余氯	≤0.01%
镉/(mg/L)	≤0.005	重金属	允许范围之内
铅/(mg/L)	≤0.05	EC 值	优质水<0.2mS/cm，允许用水 0.2～0.4mS/cm，不允许用水≥0.5mS/cm
铬/(mg/L)	≤0.05		

2）含有植物必需的各种元素，有合适的数量和比例　营养液必须含有花卉所需的营养元素，且以易于溶解的盐类形式存在。营养元素的量一般应控制在 0.4%以内。对微量元素要严格控制，原则上任何一种元素的浓度都不能下降到它原来在溶液内浓度的 50%以下。

3）具有适宜的 EC 值和 pH 值　配制营养液时，如果花卉摄取负离子多于正离子，则溶液变碱；反之则变酸。在进行营养液酸碱度的平衡时，要使相反的电荷成对存在。一般营养液的 pH 值在 6.5 时，花卉优先选择 NO_3^-；若营养液的 pH 值在 6.5 以上或为碱性时，则以 NH_4^+ 形式提供较合适，但溶液中氮素总量不得超过 25%。在栽培中经常使用的螯合剂有 EDTA（乙二胺四乙酸）-Fe，为黄色结晶粉末，易溶于水。在碱性高的溶液中使用铁螯合物，铁能形成稳定的化合物，以在营养液中保持有效状态。若营养液 pH 值过高，铁对植物无效。

4）各化合物应长期保持有效性　化合物种类要少、成本低、取材容易。

（3）营养液的配制方法

1）常用配方　霍格兰营养液配方见表 6-7，道格拉斯孟加拉国营养液配方见表 6-8，日

本园试营养液配方见表6-9，菊花、非洲紫罗兰和唐菖蒲营养液配方见表6-10。

✣ 表6-7 霍格兰营养液配方

元素种类	药品名称	分子式	标准浓度/(mg/L)
大量元素	四水硝酸钙	$Ca(NO_3)_2 \cdot 4H_2O$	945
	硝酸钾	KNO_3	506
	硝酸铵	NH_4NO_3	80
	磷酸二氢钾	KH_2PO_4	136
	七水硫酸镁	$MgSO_4 \cdot 7H_2O$	493
Fe盐溶液	七水硫酸亚铁	$FeSO_4 \cdot 7H_2O$	13.9
	EDTA钠盐	$Na_2 \cdot EDTA$	18.65
微量元素	碘化钾	KI	0.83
	硼酸	H_3BO_3	6.2
	一水硫酸锰	$MnSO_4 \cdot H_2O$	16.90
	七水硫酸锌	$ZnSO_4 \cdot 7H_2O$	8.6
	二水钼酸钠	$Na_2MoO_4 \cdot 2H_2O$	0.25
	五水硫酸铜	$CuSO_4 \cdot 5H_2O$	0.025
	六水氯化钴	$CoCl_2 \cdot 6H_2O$	0.025

注：调pH值至5.8左右需大约加入1mol/L NaOH溶液0.5mL/L。

✣ 表6-8 道格拉斯孟加拉国营养液配方

药品名称	分子式	标准浓度/(mg/L)	
		1	2
硝酸钠	$NaNO_3$	0.52	1.74
硫酸铵	$(NH_4)_2SO_4$	0.16	0.12
过磷酸钙	$Ca(H_2PO_4)_2$	0.43	0.93
碳酸钾	K_2CO_3	—	0.16
硫酸钾	K_2SO_4	0.21	—
硫酸镁	$MgSO_4$	0.25	0.53

✣ 表6-9 日本园试营养液配方

元素种类	药品名称	分子式	标准浓度/(mg/L)
大量元素	四水硝酸钙	$Ca(NO_3)_2 \cdot 4H_2O$	945
	硝酸钾	KNO_3	809
	磷酸二氢铵	$NH_4H_2PO_4$	153
	七水硫酸镁	$MgSO_4 \cdot 7H_2O$	493
微量元素	七水硫酸亚铁	$FeSO_4 \cdot 7H_2O$	13.21
	二水乙二胺四乙酸二钠	$Na_2EDTA \cdot 2H_2O$	17.68
	三水乙二胺四乙酸铁钠	$NaFeEDTA \cdot 3H_2O$	20
	一水硫酸锰	$MnSO_4 \cdot H_2O$	1.61
	四水硫酸锰	$MnSO_4 \cdot 4H_2O$	2.13
	硼酸	H_3BO_3	2.86
	七水硫酸锌	$ZnSO_4 \cdot 7H_2O$	0.22
	五水硫酸铜	$CuSO_4 \cdot 5H_2O$	0.08
	二水钼酸钠	$Na_2MoO_4 \cdot 2H_2O$	0.02

2）营养液配制　营养液配制过程包括母液的配制和工作液的配制。

母液即浓缩液，其配制过程与植物组织培养中母液配制类似，这里就不赘述，配制好的母液存放在阴凉处或黑色瓶中保存。工作液的配制过程包括称量母液、微肥、调酸、测试pH值和EC值、定容等过程。

表 6-10 菊花、非洲紫罗兰和唐菖蒲营养液配方

药品名称	分子式	标准浓度/(g/L)		
		菊花	非洲紫罗兰	唐菖蒲
硫酸铵	$(NH_4)_2SO_4$	0.23	0.156	0.156
硫酸镁	$MgSO_4$	0.78	0.45	0.55
硝酸钙	$Ca(NO_3)_2$	1.68	—	0.62
硝酸钾	KNO_3	—	0.70	—
硫酸钾	K_2SO_4	0.62	—	—
硫酸钙	$CaSO_4$	—	0.21	0.25
磷酸二氢钾	KH_2PO_4	0.51	—	—
磷酸氢钙	$CaHPO_4$	—	—	0.47
过磷酸钙	$Ca(H_2PO_4)_2$	—	1.09	—
氯化钾	KCl	—	—	0.62

注意事项：

① 注意避免难溶性物质沉淀的产生。在配制母液或者工作营养液时，混合与溶解肥料严格注意顺序。要把钙离子和硫酸根离子、磷酸根离子分开，即硝酸钙不能与硫酸盐类如硫酸镁、磷酸盐类如磷酸二氢钾等混合，以免产生硫酸钙或磷酸钙沉淀。在配制母液时，一般将它们分成 A、B、C 三种，称为 A 母液、B 母液、C 母液。A 母液以钙盐为中心，凡不与钙作用而产生沉淀的盐都可放在一起。B 母液以磷酸盐为中心，凡不与磷酸根形成沉淀的都可放在一起。C 母液是由铁和微量元素合在一起配制而成的。

② 母液因其用量小，可以浓缩很高的倍数。母液的浓缩倍数，应以不致过饱和析出为准，其倍数以配成整数为好，方便操作。一般大量元素浓缩 200 倍，微量元素浓缩 1000 倍。

③ 若母液需储存较长时间，应将其酸化，以防沉淀产生。母液应储存于黑暗容器中。

(4) 营养液的使用与更新

1) 营养液的使用　营养液的一般使用原则是满足根系水分和养分的需求，协调氧气、养分、肥料之间的关系，达到高效、经济的目的。使用量因无土栽培方法的不同及花卉种类不同而不同，对于基质栽培的可以进行定时、定量、间断供液，每天 1～3 次，每次 20～30min，供液量以可见 20%～30% 的回液量为宜。对于水培可以连续供液，也可以间断供液。间断供液一般每隔 2h 供液 30min；连续供液一般是白天供液，晚上停止。

2) 营养液的补充与更新　营养液经过一段时间的使用后，离子浓度、pH 值、EC 值等均发生变化，可以采用加水、加肥及调 pH 值的方法进行调整。营养液一般使用 3～4 周后就需要全部排掉，重新配制，以防某些离子过度积累而造成中毒现象。

6.4 花期调控技术

每种花卉都有其自然开花的时间，因而形成了四季有花的景象。在花卉生产中有时需要根据市场需要或应用需求按时提供花量丰富的花卉产品，这就需要对不在自然花期的花卉进行调控，使其开花，以满足节日用花或举办展览会用花的需求。花期调控是指人为采用一些技术措施使花卉的花期提前或延后的技术，其中使花期比自然花期延后的栽培方式称为抑制栽培，使花期比自然花期提前的栽培方式称为促成栽培。

花期调控是一项复杂的技术，在花期调控前需要充分掌握市场需求、生产能力、花卉品种的特点、该品种生长发育特性、各种栽培措施，做到环境估计充分、市场预测准确、生产

成本低廉等。根据花卉成花及开花机制（详见第2章）和休眠机制（详见第3章），针对不同花卉采用恰当的技术措施来改变或干预成花时间和休眠时间，控制生长节奏，达到控制花期的目的。下面介绍几种花期调控的办法。

6.4.1 温度调控

温度调控主要用于温度诱导成花的花卉种类和花芽分化有临界点温度的花卉种类。另外，对有休眠特性的花卉种类也可以通过温度处理打破休眠，因此，通过不同温度处理可以解决某些花卉的休眠、春化作用、生长发育等问题。

（1）低温处理

1）低温延长休眠　对正处于休眠的植株，在春季自然气温未回暖前给予1～4℃的低温，可延长休眠期，延迟开花，适用于各种耐寒耐阴的宿根花卉及某些木本花卉。球根花卉，如郁金香、风信子、球根鸢尾、香雪兰、唐菖蒲等，可以将种球储藏于0～5℃低温条件下强迫其休眠，以此来延迟栽种，推迟花期。

2）低温打破休眠　许多在冬季低温休眠、春季和（或）夏季开花的木本花卉，在处于休眠初期或休眠后期时若给予一定的低温处理，打破休眠，可以开花，如碧桃在0℃下放置4～8周，杜鹃花在2～10℃下放置4～6周均可以打破休眠。牡丹9～10月起苗、上盆，盆养生根后进入冷库，0～4℃下冷藏6～7周可以打破休眠，提前开花。

3）低温解除莲座化　对于原产于温带地区的宿根花卉，如丝石竹、紫菀、洋桔梗、菊花等，在冬季低温到来前及短日照条件下植株容易呈莲座化，当给予0～5℃的低温处理时可以解除莲座化，再给予较高的温度就可以抽薹开花。

4）低温完成春化　二年生花卉、春天开花的宿根花卉和春天开花的某些花木类，在生长发育中需要一个低温春化过程才能抽薹开花，低温春化温度一般为－5～15℃，最有效温度为3～8℃，如紫罗兰、铃兰、报春花、毛地黄、桂竹香、洋桔梗、牛眼菊、满天星、牡丹、芍药等。秋植球根花卉需要0～9℃的低温处理才能完成春化作用，如郁金香，低温处理有2种方式，即5℃球和9℃球。5℃球处理方法为在1月1日之前播种的种球于5℃下干藏9～12周，在1月1日之后播种的种球于2℃下干藏9～12周，完成春化，提前开花。9℃球处理方法为10月25日之前于9℃下冷藏一段时间后，11月5日之前于7℃下处理一段时间，12月1日之前于5℃下处理一段时间，然后保持温度在0～2℃，共计保持低温时间9～12周，相对湿度在90%～95%。

5）低温花芽分化和花芽发育　原产于温带中北部地区、寒带以及高山地区的花卉，花芽分化多在20℃以下较凉爽的气候条件下进行，如八仙花、卡特兰属、石斛属的某些种类。许多二年生花卉，如金盏菊、雏菊、金鱼草、三色堇、紫罗兰、羽衣甘蓝等花卉，花芽分化也要求低温条件。宿根花卉芍药一般要求0～2℃的低温处理，早花品种需要25～30d，中晚花品种需要40～50d，完成花芽发育，提前开花。某些秋植球根类花卉尽管花芽分化要求较高温度，但花芽分化之后的发育初期要求一定的低温条件，此时期的最适低温因花卉的种和品种不同而异，如郁金香为2～9℃，风信子为9～13℃，水仙为5～9℃，香雪兰为10℃左右，百合为0～3℃，必要的低温期为6～13周。

6）低温促进生长　很多原产于夏季凉爽地区的花卉，在夏季炎热的地区生长得不好，也不能开花，降低温度在28℃以下，这样植株处于继续活跃的生长状态中就会继续开花，如仙客来、吊钟海棠、蓬蒿菊、天竺葵等。为延长开花的观赏期，在花蕾形成、绽蕾或初开时给予较低温度，可获得延迟开花和延长开花期的效果。采用的温度，根据植物种类和季节不同，一般用5℃、10℃和12℃。

（2）高温处理

1）高温促进生长　冬季温度低，植物生长缓慢、不开花，这时如果增加温度可使植株加速生长，提前开花。这种方法适用范围广，包括露地的二年生花卉、宿根花卉，如石竹、桂竹香、三色堇、雏菊等；春季开花的低温温室花卉，如天竺葵、仙客来；南方的喜温花卉，如非洲菊、五色茉莉，以及经过低温休眠的露地花木类，如牡丹、杜鹃、桃花等。开始加温日期以植物生长发育至开花所需要的天数来推断。温度是逐渐升高的，一般用15℃的夜温，25～28℃的日温，在加温的时候要每天在枝干上喷水。原来在夏季开花的南方喜温植物，当秋季温度降低时停止开花。如果及时移进温室加温，常可使它继续开花，如茉莉、硬骨凌霄、白兰花、黄蝉等。

2）高温打破休眠　处于休眠期的某些球根花卉可以将种球置于较高的温度条件下打破休眠，如郁金香6月下旬采收后于30～35℃下处理3～5d，30℃下干燥2周，可以提前解除休眠；香雪兰于30℃下处理40～60d可以打破休眠。

6.4.2 光照调控

利用花卉对光照的敏感性不同，通过调控光照时间来进行促成栽培或抑制栽培。

（1）长日照处理

主要用于在短日照季节里长日照花卉的促成栽培或短日照花卉的抑制栽培。

在短日照季节里，要想使长日照花卉提前开花或使短日照花卉延后开花，需要用补加人工光的方法延长每日连续光照的时间，达到12h以上。人工补光的时间可以采用明期延长法（在日落前或日出前开始补光，延长光照5～6h）、暗期中断照明法（在夜间22:00至次日凌晨2:00用辅助灯光照1～2h以中断暗期长度）、终夜照明法（整夜用光强在100lx以上的灯照明）。例如，唐菖蒲冬季促成栽培时，在日落之前加光，使每日有16h光照，并结合加温，可在冬季及早春开花。蒲包花冬季促成栽培时，用14～15h的光照处理能提前开花。菊花抑制栽培时，选择晚花的秋菊或部分寒菊品种，9月上旬开始人工补光，11月上中旬停止补光，推迟花期至春节前开放。一品红延长光照时间至16h，或在午夜进行2～4h的光中断，可抑制花芽分化，推迟开花。人工补光可采用白炽灯、日光灯、节能灯、高压钠灯等，悬挂在植株上方20cm处。

（2）短日照处理

主要用于在长日照季节里，短日照花卉的促成栽培或长日照花卉的抑制栽培。

在长日照季节里，要想使短日照花卉提前开花或使长日照花卉延后开花，需要用黑色的遮光材料，在白昼的两头，进行遮光处理，缩短白昼，加长黑夜。例如，一品红一般在9月中旬以后，室内温度在18～21℃，每天17:00至次日8:00置于黑暗中，处理40～50d可开花。秋菊或寒菊在7月底以后每天17:00至次日8:00置于黑暗中，处理30d可现花蕾，9月下旬可开花，遮光处理时注意夜间通风；蟹爪兰经同样的处理，60d可开花。遮光材料要密闭，不透光，防止低照度散光产生的破坏作用。又因为它是在夏季炎热季节使用的，对某些喜凉的植物种类，要注意通风和降温。适用短日照促使开花的种类还有叶子花、落地生根、菊花、毛茉莉等。

(3) 颠倒昼夜

适用于夜间开花的植物，如昙花，在花蕾长 6～8cm 的时候，白天把阳光遮住，夜间用人工光（$100W/m^2$）照射，4～6d 使之在白天开花，并且可以延长开花期 2～3d，从而改变其开花短暂的习性。

(4) 调节光照强度

部分花卉不能适应较强的光照，特别是花蕾形成以后，可以用遮阳网进行适当的遮光处理，或把花卉移到光线较弱的地方，可以延长开花时间，如牡丹、月季和香石竹在开花期适当遮光，每朵花的观赏期可以延长 1～3d。

6.4.3 栽培技术措施调控

某些花卉可以通过调整播种期、整枝和修剪、肥水控制来调控其开花时间。

(1) 调整播种期

花卉植物由生长至开花有一定的速度和时限，通过控制繁殖期、种植期、萌芽期、上盆期、翻盆期等常可控制花期。早开始生长的早开花，晚开始生长的晚开花。分批种植，分批开花。利用该法进行花期调控时要明确花卉种类或品种在什么季节、什么栽培条件下、哪种栽培技术下播种，计算从播种到开花需要的天数是花期调控的关键。例如，一串红 8 月下旬播种，11 月中下旬上盆，不断摘心，第二年 3 月 10 日最后一次摘心，则“五一”开花，冠幅 35～50cm。若 11 月中旬扦插，经不断摘心后，“五一”开花。鸡冠花、百日草、四季秋海棠等，7 月上旬播种，可“十一”开花。万寿菊在扦插后 10～12 周开花。球根花卉的种球多数储藏在冷库里，计算从冷库取出在适宜温度下栽培至开花的天数是球根花卉花期调控的依据。例如，唐菖蒲在 3 月种植 6 月开花，7 月种植 10 月开花。水仙、风信子在花芽分化后，冬季开始水养期的早晚决定了其开花期的早晚。

(2) 整枝和修剪

菊花、一串红、康乃馨、万寿菊、孔雀草、大丽花等常采用摘心方法控制花期。扶桑、茉莉、月季等在当年生枝条上开花的花木可用修剪法控制花期，在生长季节内，结合肥水，加强管理，早修剪使早长新枝的，早开花，晚修剪则晚开花。月季、狗尾红、一串红等在开花后，剪去残花，可陆续开花。剥去侧芽、侧蕾，有利顶芽开花；摘除顶芽、顶蕾，有利侧芽、侧蕾生长开花。环割使养分积聚，有利开花。秋季结扎枝条，可促使叶片提早变色。9 月把江南槐嫁接在刺槐上，一个月后就能开花。玉兰当年嫁接带花蕾的枝条，第二年就能在小植株上开花。

(3) 肥水控制

1) 水分控制　某些花卉在其生长期间控制水分，可促进花芽分化。梅花在生长期适当进行水分控制，形成的花芽多。石蒜在秋季使之干旱，分化出饱满的花芽，供水 5d 后花茎伸长开花。只要掌握好吸水至开花的天数，就可用开始供水的日期控制花期。紫萼、酢浆草也可这样处理。在干旱的夏季生长季节，增加灌水能促进开花。唐菖蒲在花蕾出苞时，大量灌水一次，约可提早 1 周开花。某些花木在春夏之交，花芽已分化完成，遇上夏季自然的高温干旱，就会休眠，如人为给予干旱环境，也会进入暂时休眠状态，此后再供给水分，常可在当年第二次开花或结果，如丁香、玉兰、黄金条、海棠、郁李等。

2) 施肥控制　多年生草本花卉在开花末期增施氮肥可以延缓植株衰老，在气温适合的条件下常可延长花期一个月，如高山积雪、兔子花等。花卉开花之前，如果施了过多的氮肥，植株徒长，表现细弱常延迟开花，甚至不开花。但在植株进行一定营养生长后，增施磷、钾肥有促进开花的作用。

6.4.4 化学药剂调控

利用植物激素处理可以打破花卉休眠，促进茎叶生长、花芽分化和开花。

（1）赤霉素（GA_3）

赤霉素 GA_3 在花期控制上的效果是最为显著的，用 10～500mg/L 的 GA_3 处理牡丹、芍药的休眠芽，7d 后解除休眠，芽就开始萌动。将 10～500mg/L 的 GA_3 喷洒在杜鹃、牛眼菊、毛地黄、桔梗、红花吊钟柳上，可以代替低温的作用，促使植株早抽薹开花。将 100～500mg/L 的 GA_3 喷洒在君子兰、菊花、紫罗兰、金鱼草、报春花、仙客来、水仙、水芋的花茎上，能使花茎伸出植株之外，有利观赏；喷洒在山茶、茶梅的花蕾上，能加速花蕾膨大，使之在 9～11 月间开花。蟹爪兰花芽分化后，用 20～50mg/L 的 GA_3 喷洒能促进开花。用 50mg/L 的 GA_3 喷洒非洲菊，可提高采花率。将 500mg/L 的 GA_3 喷洒在含笑上，可使它在 9～10 月开花，且能长出短的花柄。

（2）生长素和细胞分裂素

利用萘乙酸（NAA）、吲哚丁酸（IBA）、6-BA、2,4-D 等处理可延迟或提前开花。秋菊花芽分化前，用 50mg/L 的 NAA 每 3d 处理 1 次，一直延续至 50d，可以推迟花期 10～14d。樱花、连翘、杜鹃等在花芽开始分化后用 50～500mg/L 的 6-BA 处理，可以促进开花；在营养生长期处理，能增加叶片数目；在临近花芽分化期处理，则多长幼芽；现蕾后处理，没有效果。

（3）乙烯利

用 1000mg/L 乙烯利喷洒白雪丹，可提前开花，对斑条花叶兰也有同样效果。天竺葵生根后，用 500mg/L 乙烯利喷洒 2 次，第 5 周喷 100mg/L 赤霉素，可使其提前开花并增加花朵数。

（4）其他激素

矮壮素、多效唑、丁酰肼等植物生长延缓剂可延缓花卉生长，使茎叶浓绿，增加花量，促进开花。例如，用 0.3%矮壮素浇灌山茶，可以促进花芽形成，浇灌唐菖蒲可产生侧花枝，浇灌叶子花可缩短开花的节数并提前开花，浇灌杜鹃可提前产生花蕾早开花。用 1000mg/L 丁酰肼处理杜鹃花花蕾，可以延迟开花 10d 左右。用 20～40mg/L 多效唑处理水仙，可延迟开花 1～13d，延长花期 4～6d。

第7章

花卉的应用

花卉植物因其具有种类繁多、类型多样、姿态优美、色彩丰富等特点，在城市园林和室内装饰设计中占有重要的地位。花卉的应用一般是根据花卉应用生态性、艺术性、功能性、文化性和经济性原则，人为运用花卉材料通过色彩设计、构图设计等来创造美的过程，从而实现“生境”、“画境”和“意境”三境界完美结合。

7.1 花卉在园林中的主要应用形式

7.1.1 花坛

花坛是指在有一定几何轮廓线的范围内按照一定的规则栽种的花卉。传统花坛要表现的是花卉群体的色彩美以及由花卉群体所构成的图案美。现代花坛规模巨大、形式多样，图案由静态构图到动态构图，空间由室外到室内，形式由平面到立体。花坛的装饰性和观赏性很强，常在规则式园林中使用，布置在广场和道路中央、两侧或周围，起到装饰美化、分隔空间、疏导交通、烘托节日气氛、提供游览休憩场所的作用。

7.1.1.1 花坛的分类

（1）按照花坛表现主题的不同分类

1）花丛花坛（盛花花坛） 该花坛表现的是花卉盛花时群体的色彩美。以群体花卉呈现的华丽色彩为主题，其外形的几何轮廓较丰富，内部图案纹样力求简洁鲜明。花丛花坛主要由观花草本植物组成，可由不同品种、不同花色的同种花卉组成，也可由不同种类花卉组成。一般花卉高度为20～40cm，花朵覆盖叶丛的覆盖度高，花色纯正鲜艳，花期一致，花期长达3～4个月。纹样设计以简约为主（见图7-1书后另见彩图）。

根据单体平面种植轮廓长和宽的比例不同，可将花丛花坛分为单体花丛花坛和带状花丛花坛。单体花丛花坛纵轴与横轴长度之比为(1∶1)～(1∶3)，主要用作主景。带状花丛花坛纵轴与横轴长度之比为(3～4)∶1，主要用作配景，布置在带状种植床内，如道路两侧、建筑基础、墙基、岸边或草坪上，有时也作为连续风景独立构图。花材选择可以是单一品种，也可以是不同品种组成图案或成段交替种植。

图 7-1 花丛花坛

2）模纹花坛 该花坛表现的是花卉植物所构成的精美图案。花坛的外形轮廓比较简单，均是规则的几何图案，强调的是内部繁杂华丽的纹样，花卉本身的个体美和群体美均处于次要位置。适宜选择低矮、耐修剪、修剪后发叶快、分枝能力强的花卉植物，也可以配置一定的草皮或建筑材料，如色砂、瓷砖等。常选用的花卉有五色草、锦熟黄杨、彩叶草、百里香、半枝莲、香雪球、矮生藿香蓟、薰衣草或小叶黄杨、桧柏、小灌木等（见图 7-2）。

图 7-2 模纹花坛

模纹花坛既可以独立为一个整体，也可以分散在两侧成带状，图案纹样要求朴素大方、色彩艳丽、简洁明快。此类花坛利用时间长，从 3 月至 10 月。但花坛施工比较复杂，需要精细管理，多设置在园林的重要位置。模纹花坛根据图案纹样的不同分为毛毡花坛、彩结花坛和浮雕花坛。毛毡花坛是指用低矮观叶植物组成一定的精美复杂图案纹样，花坛的表面被修剪得十分平整，整个花坛好像华丽的地毯。彩结花坛是指按一定纹样种植花卉，模拟绸带编成的彩结式样，组成构图轮廓，图案线条粗细相等，条纹间可用草坪或彩色砂石填铺。浮雕花坛的表面根据图案的要求被修整成凹凸不平的样子，像木刻和石雕一般。

（2）按照空间位置分类

1）平面花坛　花坛表面与地面平行，主要观赏花坛的平面效果。

2）斜面花坛　花坛设置在斜坡或阶地上，也可以布置在建筑的台阶两旁或台阶上，花坛表面是斜面。

3）立体花坛　花坛向空间伸展，具有竖向景观。花坛结构较高，呈立体结构。其中央一般为花台形式；或对其中央位置进行突出的处理，即在中央位置设置一定的艺术形象（模型），如肖像、动物造型、文字、树桩、山石等，从而形成了具有不同主题内容的立体花坛（见图 7-3～图 7-6，书后另见彩图）。

图 7-3　肖像花坛

图 7-4　文字花坛

（3）按照花坛的组合分类

1）独立花坛　具有一定几何形状，且作为局部构图主体的花坛。独立花坛一般为规则式平面花坛。花坛平铺地面，其外形整齐，形状多样，外形轮廓线呈一定几何形状，如三角形、四方形、多边形、菱形、半圆形、圆形及椭圆形。有的是单面对称，有的是多面对称。因其占地面积小，可布置于街道或道路的交叉口、公园的进出口广场上、小型的公共建筑正前方及小型建筑广场的正中央。

图 7-5 动物造型花坛

图 7-6 实物造型花坛

2）花坛群　由相同或不同形式的数个单体花坛组成，在构图及景观上具有一致性。因为规模很大，所以一般设置在大型的建筑广场上、大型的公共建筑前方或是大规模的规则式园林中。

7.1.1.2　花坛设计要点

花坛设计除了遵循花卉种植设计的基本原则外，还要考虑因地制宜、主题突出、比例适中、考虑视错觉、便于施工和养护管理等。

（1）花坛与环境相协调

花坛常设置于重要美化的地段，一般设置在主要交叉道口、公园出入口、主要建筑物前以及风景视线集中的地方，但在交通环岛、交通主要干道、出入口广场等处设置花坛时必须考虑行车和人流量，不能造成遮挡视线、影响分流、阻塞交通等问题，需要合理组织空间。

花坛设计形式、大小、高低和花卉品种色彩应与周围环境协调一致。花坛布置必须从属于整个空间的安排，作为主景的花坛，在各方面都要突出一些，可以丰富多彩，一般外形对称设置。作为配角的花坛，构图中心为装饰性喷泉或群雕，花坛图案和色彩都要居于从属地位，一般设置在主景主轴的两侧，且至少是一对花坛构成的花坛群，布置简单，以充分发挥陪衬主体景物的作用，不能喧宾夺主。花园出入口应设置成规则整齐、精致华丽的花坛，以花丛花坛为主。主要交叉路口或广场上设置花坛时以鲜艳的花丛花坛为主，并配以绿色草坪效果为好。纪念馆、医院设置花坛时以严肃、安宁、沉静为宜，以模纹花坛为主。花坛的形状与周围环境相协调，如长方形的广场设置长方形花坛，圆形的中心广场以圆形花坛为好，3条道路交叉口的花坛，设置马鞍形、三角形或圆形均可。

(2) 花坛尺度设计

花坛的高度应在人们的视平线以下，使人们能够看清花坛的内部和全貌。花坛主要以平面观赏为主，植床不能太高，中间高四周稍低，或内高外低呈立体状。花坛设置还应考虑光照等多方面的因素，以满足不同花卉对光照的要求。花坛轴线与建筑物轴线需一致，广场花坛占地面积为广场总面积的1/5～1/3，不论独立花坛还是组合花坛，尽可能与雕塑、纪念碑、水池等统一起来。独立花坛的直径或短轴一般不超过8～10m，高度应不超过8m。道路两侧的带型花坛，宽度根据道路宽度而定，但不能等于或大于道路宽度，同时花坛周围应该留有一定的观赏空间，通常为观赏对象高度的3倍距离或水平方向上留出观赏对象平面直径1.2倍的距离。

模纹花坛面积不宜过大，否则在视觉上容易造成图案变形。纹样条纹不可过细，以五色草为例不可窄于5cm。模纹花坛中斜面形式的花坛设计时要考虑花坛的高度和角度及位置，高度一般不超过8cm，斜面花坛的角度为33°～37°，斜面支架花坛的角度为45°～60°。

立体花坛要处理好造型与骨架的关系，确定了造型的尺寸后，骨架应该做得瘦一些，留出栽植物的空间。造型物比例适合，且考虑视错觉等的影响，造型尺寸不能完全写实，要具体情况具体分析，结合多方因素，最后做到协调美观。造型的垂直投影占花坛面积的30%～40%。自重和配重的比例为1∶3，造型自重包括骨架、植物材料、基质的总重量。花坛的高度一般应在人的视觉观赏范围内，一般直径为4～6cm。

(3) 花坛色彩配置

花丛花坛色彩设计按照前面讲述的色彩应用的基本原理，根据环境选用花坛色调，如在公园、剧院和草地上应选择暖色花卉做主体，使人感觉鲜明活跃；而办公楼、纪念馆、图书馆，则应选用冷色的花卉，使人感到安静幽雅。花坛配色不宜太多，一般花坛2～3种颜色，大型花坛4～5种颜色，配色多且复杂时难以表现群体的花色效果，显杂乱，同时要注意色彩视错觉的应用。在色彩上主次要分明。可按照对比色配色，活泼明快，给视觉一种强烈的对比感觉，如红色+绿色（猩红鸡冠+扫帚草）、橙色+蓝紫色（金盏菊+雏菊、金盏菊+三色堇）等，也可以近似色配色，浓淡比例要协调，如红+黄+白（一串红+黄早菊+白早菊）。近年来单一色块的花坛应用频多，不仅可以用于大空间，也可以用于小空间的单色花坛或由多个单色花坛组成的花坛群。还有单色与白色或单色与绿色（主要为绿篱和草地）搭配的花坛。模纹花坛的色彩设计应该以图案纹样为依据，用植物的色彩突出纹样，使之清晰而精美。立体花坛应与环境的格调、气氛相吻合，且色彩受植物材料的限制，造型物本身色彩不是很丰富，可以通过将造型物放在一些色彩艳丽、图案简洁的平面花坛中加以协调。

(4) 花坛图案设计

花丛花坛以平面应用居多，图案设计应尽量简洁，避免烦琐，以大的色块取胜。外部轮廓主要是几何图形的组合（见图7-7）。正方形、矩形可以更合理地利用空间，能突出地表现整齐、大方、稳重、庄重的效果。三角形可以反映进取、斗争、奋发向上的精神。圆形是理想、圆满的造型，给人以平稳、安静、柔和、完美、松弛的感觉，具有包容性，可以反映团圆、团结、幸福美好、柔和、舒畅、轻盈的感觉。由各种曲线组成的不规则、自然式花坛给人以优美、柔和、舒畅、轻盈的感觉，有的给人热情、奔放的感觉，在各类园林绿地、水畔、道路两侧等应用较多。花坛大小要适度，平面过大在视觉上会引起变形，一般观赏轴在

8～10m之间，最大直径不超过20m。平面布局上可以采取对称、拟对称或自然式，花坛的轴线应与所在地建筑物或广场的轴线方向一致，两者的轴线应采用平行的方向。

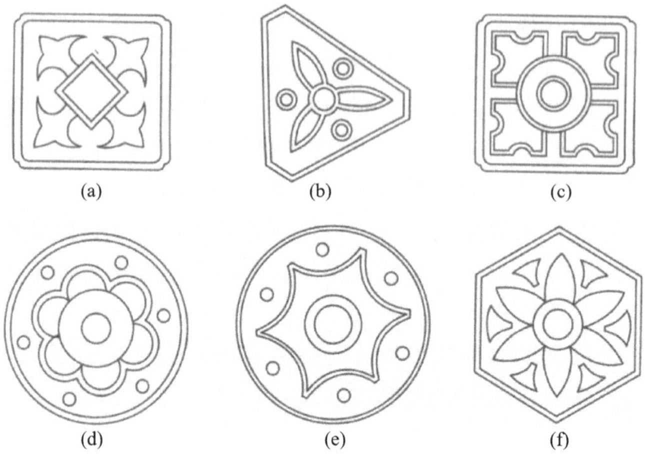

图 7-7 花坛图案纹样示例

模纹花坛以突出内部纹样精美华丽为主，纹样部分可以设计成花瓣类、星芒类、多边形、自然曲线类、水纹云卷类、徽章类、自然形体类、文字类等。

立体花坛可选用叶色不同的植物表现精美细致、变化多样的图案，图案可以为雕像、花篮、动物模型、图徽、警句、树桩、假山、建筑小品等。

（5）花坛植物的选择及配置

花卉的种类很多，其形态色彩各异。花坛花卉的选择与配置，既要考虑花坛的类型与特点、位置与周围环境条件，还要考虑季节等诸多因素。

花丛花坛宜选用观花草本花卉，要求其花期一致，花朵繁茂，盛开时花朵能掩盖枝叶，达到见花不见叶的效果。为了维持花卉盛开的华丽效果，必须及时更换花卉。常用的一二年生花卉有金盏菊、雏菊、万寿菊、翠菊、三色堇、一串红、鸡冠花、半枝莲、羽衣甘蓝、矮牵牛、彩叶草等；常用的宿根花卉有四季秋海棠、荷兰菊、小菊类、鸢尾类、石竹、玉簪等；常用的球根花卉有郁金香、风信子、大丽花、美人蕉、水仙等。适合花坛中心的植物有苏铁、蒲葵、叶子花、一品红、杜鹃、桂花、海桐、大叶黄杨、龙舌兰等。适合花坛镶边的植物有彩叶草、扫帚草、天门冬、垂盆草、沿阶草、半枝莲、美女樱等。

模纹花卉配置中，不同色彩的五色草是最理想的栽植材料。五色草不仅色彩鲜艳、高矮整齐，更重要的是其叶子细小、株型紧密，可以做出2～3cm的线条来，所以用其最易于组成细致精美的装饰图案。除此之外，也可选用香雪球、皱菊、百日草、四季秋海棠、孔雀草、三色堇、半枝莲。因为模纹花卉的设计和施工费工费时，投资大，所以选用的花卉必须观赏期较长才能经济合算。

立体花坛在植物选择上基本与模纹花坛的一致。各种造型主要用毛毡花坛的手法完成，常见的是将五色草附着在预先设计好的模型或骨架上，也可选用易于盘扎、弯曲、修剪、整形的植物材料，如小菊、常春藤等。

在四季花坛植物的选择中，春季花坛以4～6月开花的一二年生花卉为主，再搭配一些盆花，常用的花卉有三色堇、矮一串红、雏菊、金盏菊、桂竹香、大花天竺葵、月季、瓜叶菊、天竺葵、茼蒿菊、旱金莲、金鱼草等。夏季花坛以 7～9 月开花的草本花卉为主，再搭配一些盆花，常用的花卉有石竹、一串红、百日草、万寿菊、半枝莲、鸡冠花、矢车菊、美女樱、宿根福禄考、凤仙花、大丽花、翠菊、高山积雪、扶桑、五色梅、四季秋海棠等。秋季花坛以 9～10 月开花的草本花卉为主，再搭配一些盆花，常用的花卉有早菊、滨菊、翠菊、一串红、荷兰菊、日本小菊、大丽花等。冬季花坛以 11 月至次年 3 月开花的草本花卉为主，再搭配一些盆花，常用的花卉有羽衣甘蓝、红甜菜等。

（6）花坛的边缘处理

为防止花坛内水土流失，避免游人践踏，经常对花坛的边缘进行处理。一般处理方法为设置桩缘石或矮栏杆。常见的桩缘石有砖、混凝土石、条石、假山石等。一般高度 10～15cm，宽度 10～15cm，兼有坐凳功能的可增加到 50cm。矮栏杆可以由竹木、铁、钢筋混凝土等材质制成，高度一般不超过 40cm。纹样需要简洁，色彩以白色或墨绿色为主；也可以通过种植边缘植物形成围栏，植物选择如葱莲、韭莲、麦冬、吉祥草、地肤、雀舌黄杨、红花檵木、金叶女贞、紫叶小檗等。

7.1.1.3　花坛设计图

花坛的设计图包括总平面图、花坛平面图、花坛立面图、设计说明。

（1）总平面图

用总平面图标出花坛空间的大小及花坛的大小，花坛所在位置的周边环境，包括建筑物边界线、道路、山坡、高大树木等，并绘制出花坛平面轮廓。依环境大小，比例为(1∶1000)～(1∶500)。

（2）花坛平面图

花坛平面图标出花坛的图案纹样和所选用植物。在轮廓线内部画出各种植物的分布区域，在每个区域上标出各种植物的名称，并且在图纸的一侧列出植物名录，标注植物的名称、编号、拉丁名、规格（株高及冠幅）、花色、花期及数量等，以便于准备植物材料。在季节花坛设计中还要标明花坛在不同季节的轮替花卉。平面图应尽量详细，较大花坛比例为(1∶50)～(1∶10)，精细模纹花坛比例为(1∶30)～(1∶2)。

（3）花坛立面图

花坛立面图用来展示及说明花坛的景观。花坛中某些局部，如造型物等细致部分必要时需要绘制立面放大图，其比例和尺寸需要准确，为制作和施工提供准确数据。可以一季景观为例绘制，也可分别绘出各季景观，选用比例(1∶200)～(1∶100)。

（4）设计说明

设计说明书简单阐述花坛的主题、构思，并说明设计图中难以表现的内容，文字精练。对花坛周边环境状况、立地条件、设计意图及相关问题进行说明。对植物材料的要求包括育苗、用苗量的计算、育苗方法、起苗、运苗及定植要求。

7.1.2　花境

花境是指模拟自然风景中野生花卉生长的规律，运用艺术创作的造景手法，选择多年生花卉和花灌木为主要材料，以自然式种植于林缘、草坪、路畔、水旁等场所，从而达到平面、立面、色彩、季相景观上均衡、自然和谐，符合美学和生态原理的一种植物造景手法。

花境不仅表现花卉植物的个体美，还展示了花卉植物的群体美，一次种植后可多年使用，一般四季有景，寒冷地区也可三季有景。花境的应用不仅增加了自然景观，还有分隔空间和组织游览路线的作用。

7.1.2.1 花境的分类

（1）按观赏角度分类

1）单面观花境　传统的花境形式，多临道路设置，常以建筑物、基墙、树丛、绿篱等为背景，整体上前低后高，供一面观赏，后边缘线多采用直线，前边缘线可为直线或自由曲线，为观赏者提供一种节奏感和韵律感（见图 7-8）。

图 7-8　单面观花境

2）双面观花境　没有背景，多设置在草坪上或树丛间，植物配置时中间高，两侧低，供两面或多面观赏，边缘线基本平行，可以是直线，也可以是自由曲线，多设置在草坪、道路、广场的中央（见图 7-9，书后另见彩图）。

图 7-9　双面观花境

3）对应式花境　在园路两侧、草坪中央或建筑物周围设置相对应的两个花境，组成一组景观，这两个花境采用拟对称的手法以求节奏和韵律的变化（见图 7-10，书后另见彩图）。

图 7-10　对应式花境

（2）按应用场地分类

1）林缘花境　主要在自然风景林的林缘配置，多以常绿或落叶乔灌木为背景呈带状分布，常与草坪衔接过渡，以丰富林缘色彩，层次感强，自然野趣浓，生态价值高（见图 7-11）。

图 7-11　林缘花境

2）路缘花境　在园林中游步道旁边的花境，可以单边布置，也可夹道布置，可起到引导空间的作用，或形成夹景。如果在花境尽头有亭、雕塑、水体等还可形成聚焦，烘托气氛，给人亲近自然感。若在公路或街道的隔离绿化带中设置花境，应注意考虑行人、车辆的速度因素，合理放大景观尺度（见图 7-12）。

3）墙垣花境　设置在墙体、植篱、栅栏、篱笆、树墙或坡地的挡土墙以及建筑物前的花境，多带状布置，可以柔化建筑物生硬的边界，弥补景观的枯燥单一，起到基础种植的作用（见图 7-13）。

4）岛式花境　位于城市绿地或草坪中央，为双向或四面观赏的独立式花境，通常以高大浓密的植物为视觉焦点，四周的植物高度逐步降低，形成岛状（见图 7-14）。其花境在周围空间的位置设置应考虑人视觉的变化规律。以人视高 1.65m 为例，即视平线以下 90°范围

图 7-12 路缘花境

图 7-13 墙垣花境

内，与铅锤方向呈 30°（约 0.97m）的区域为被忽略区域，与铅锤方向呈 40°（约 1.4m）的区域为视线模糊区，与其紧邻的 30°范围内（1.4～3.1m）为视线清晰区，剩下 20°范围内是图案缩小变形区。合理的花境位置的确定能更好地突出花境效果，既能起到分隔、分流的作用，又能活跃气氛。

5）岩生花境　以岩生花卉为主要材料，模拟岩生植物或高山植物的生长环境，将植物栽植成自然状态的花境（见图 7-15）。一般置于阳光充足的山坡或缓坡地带，充分利用植物多样的姿态或匍匐或下垂，高低错落、疏密有致，在石缝中生长茂盛。植物的柔美和岩石的坚硬强烈对比，自然天成，野外情趣浓厚。

6）滨水花境　在草坡与水体衔接处，或水体驳岸边以多年生花卉结合湿生植物布置的花境，利用不同种类、不同数量的乔灌木来丰富景观，形成美丽的滨水景观（见图 7-16）。

（3）按植物材料分类

1）一二年生花卉花境　以一二年生花卉为素材配置的花境，其优点是花卉种类繁多，

图 7-14　岛式花境

图 7-15　岩生花境

图 7-16　滨水花境

花色艳丽，花境效果突出，缺点是缺层次，冬季效果差。常用花卉有万寿菊、一串红、三色堇、羽衣甘蓝、矮牵牛、雏菊、金盏菊、风铃草、鸡冠花等。

2）宿根花卉花境　以适应性强、能露地越冬的宿根花卉为素材配置的花境。宿根花卉种类繁多，栽培简单，繁殖容易，群体效果显著，季节明显，养护成本比一二年生花境低。常用的宿根花卉有菊花、荷兰菊、黑心菊、落新妇、金鸡菊、芍药、萱草、柳叶马鞭草、穗花婆婆纳、密花千屈菜、黄菖蒲、毛地黄、钓钟柳等。

3）球根花卉花境　以球根花卉为素材配置花境。球根花卉花期较短，主要集中在早春或初夏。常用的球根花卉有百合、海葱、石蒜、大丽菊、水仙、风信子、郁金香、唐菖蒲等。

4）观赏草花境　以莎草科、灯芯草科等禾本科观赏草类为素材配置的花境，其优点是品种丰富，适应性强，栽培管理容易，养护要求低，叶色丰富，并且自然优雅，朴实刚健，回归自然。常用观赏草有细叶芒、斑叶芒、花叶蒲苇、玉带草、矮蒲苇、狼尾草、血草等。

5）专类植物花境　由一类或一种植物组成的花境称为专类植物花境。这类花境花期比较集中，花期、株型、花色等丰富变化。如不同花色和品种的郁金香花境、牡丹花境、玫瑰花境、蕨类植物花境等。

6）混合花境　多以花灌木为背景，以色彩艳丽、姿态多样的多年生花卉为骨架植物，用观赏草或常绿草来丰富叶形、叶色，并以低矮的一二年生花卉为点缀花境的镶边材料。该类花境具有植物材料多样性、观赏期长等特点。

（4）按观赏时间分类

1）春季花境　多用春季开花的花卉配置花境，花境整体色调明快，体现了勃勃生机，春意盎然。常用植物有郁金香、石竹类、马蔺、鸢尾类、飞燕草、金盏菊、三色堇、羽衣甘蓝、雏菊等。

2）夏季花境　多用夏季开花的花卉配置花境。常用植物有美人蕉、蜀葵、射干、天人菊、唐菖蒲、姬向日葵、萱草类、矢车菊、玉簪、鸢尾、百合、宿根福禄考、桔梗、晚香玉、葱兰、月见草、金鸡菊、红花鼠尾草、夏堇等。

3）秋季花境　多选菊科花卉、秋季开花的植物及各种适宜观赏草类，也可用观果类、色叶类植物配置花境，体现金秋丰收、色彩斑斓的意境。常用植物有菊花、紫菀、一枝黄花、大丽菊、马兰、松果菊、雁来红、百日草、鸡冠花、万寿菊、醉蝶花、紫茉莉、蒲草、狼尾草、芒草、翠菊、南天竹、紫金牛等。

4）四季花境　每个季节都有不同的植物开花，在花境的色彩、形态上都有变化。此类花境营造难度较大，在设计时应突出特点，扬长避短，冬季萧条时可添加针叶树和常绿植物来营造冬季景观，体现不畏冰雪的顽强生命力，或添加一些冬季开花的植物，如结香、蜡梅等，也可利用观干、观茎或观果的植物，如红瑞木、紫薇、龟甲竹、木瓜、海棠等。

7.1.2.2　花境设计要点

花境的设计遵从功能性、生态性、艺术性、经济性等原则，种植形式、植物的选择搭配、季相变化、色彩搭配、立面效果、平面效果等多方面综合考虑，使花境成为林灌、草地、道路等的合理过渡，柔化边界，活跃景观。

（1）植床设计

花境的大小依环境空间的大小而不同，一般环境空间大，花境也相应增大；环境空间小，花境也相应减小。花境的种植床是带状的，通常长轴长度不限，但为了管理方便以及体现植物布置的节奏、韵律，可以把过长的植床分成几段，每段长度以不超过 20m 为宜，段与段之间可留1～3m的间歇地段，可设置座椅或其他园林小品。花境长轴边缘线可以设计成直线，也可以设计成自由曲线。在花境的朝向方面，对应式花境要求长轴沿南北方向伸展，使左右两个花境可以光照均匀。其他花境可自由选择方向，但注意不同方向植材所受的光照条件不同。

花境的短轴长度有一定的要求，过窄难以体现群落的整体景观，过宽则超过视觉鉴赏范围，也给管理造成困难。一般情况下，混合花境和双面花境较宿根花境及单面花境宽些，一般单面混合花境4～5m，单面宿根花境2～3m，双面花境4～6m，家庭小花园花境1～1.5m，一般不超过宽的1/4。较宽的单面花境种植床与背景之间可留出70～80cm的小路，便于管理和通风，并能防止作背景的乔灌木的根系侵扰花境植物。

依环境土壤条件和装饰要求，种植床可设计成平床或高床，并且应有2%～4%的排水坡度。土质较好、排水力强的土壤，设置于绿篱、树墙前及草坪边缘的花境宜采用平床；而在排水差的土质、阶地挡土墙前的花境，为了与背景协调，可用30～40cm的高床，边缘用不规则石块镶边，或用蔓性植物覆盖边缘，营造或粗犷或柔和的自然感。

（2）背景设计

单面观花花境需要背景。背景可用绿色的树墙或高篱，也可用建筑物的墙基及各种栅栏，背景色彩应尽量单一，基调一致，以绿色和白色为宜。在配置花境时，应注意与背景、周围环境能够匹配，达到和谐美。如果背景颜色或质地不理想，可在背景前种植高大的绿色观叶植物或攀缘植物。实际设计中若背景是白色墙体，花境靠近白墙的植物宜选用色彩鲜艳或花色深重的品种；若背景颜色是较深的绿篱或树丛，花境靠近绿篱的植物宜选用色彩浅淡明亮的品种。背景是花境的组成部分之一，可与花境有一定距离，也可不留距离。

（3）边缘设计

花境边缘不仅确定了花境的种植范围，也便于所处位置的草坪修剪和园路清扫工作，同时避免行人践踏，起到保护作用。高床边缘可用自然石块、砖块、碎瓦、木条等垒砌而成。平床可用低矮植物镶边，以15～20cm为宜。可选用同种植物，也可用不同植物，后者更接近自然。如果花境前面为园路，边缘用观赏草镶边，宽度在30cm以上。若要求花境边缘整齐分明，还可在花境边缘与环境分界处挖宽20cm、深40～50cm的沟，填充金属或塑料条板，防止边缘植物侵蔓路面或草坪。镶边花卉可以是多年生草本花卉，也可以是常绿矮生灌木，如马蔺、酢浆草、葱兰、沿阶草、雪叶菊、锦熟黄杨等。

（4）种植设计

1）植物选择　首先要全面了解植物的生态习性，选择适应场地的种植材料。同一花境中植物的生活习性应该一致，且为能在当地露地越冬、不需要特殊管理的宿根花卉和小灌木，同时也可以选择一些球根花卉和一二年生花卉。具体考虑的生态因子有温度、光照、水分、空气（包括风与植物、空气污染物与植物），以植物间的相互作用，尽量选种相互促进、控制病虫害的植物组合，如牡丹＋芍药、红瑞木＋槭树、石榴＋太阳花、月季＋石榴、百合＋绣球、百合＋美人蕉等或金盏菊＋月季，尽量避免抑制生长甚至导致死亡的植物组合，如接骨木＋松、玫瑰＋木樨草、绣球＋茉莉、大丽菊＋月季、玫瑰＋丁香等，或互为寄主和传播病虫害的组合，如二针松/油松/马尾松/黄山松十芍药科/玄参科/毛茛科/马鞭草科/凤仙花科等。此外，土质、水肥的要求可在施工中和以后的管理上逐步满足。

植材有较高的观赏价值，如芳香植物、花形独特的花卉、花叶均美的植材、观叶观果植物、少量斑叶植物等，并且有较长的观赏期，一般花境应做到四季有景，寒冷地区可做到三季有景。在株形上，基本上可分为球形、圆锥形、扁平状，球形植物为花境中不同植物之间的过渡，圆锥形植物能够打破水平的线条，加强空间的垂直感，而扁平状花材则可填充在植物之间的空隙中，使花境整体更加丰满。

在种植形式上，花境有多个品种以团块形式组合在一起，品种之间可看出明确的轮廓界限，相互协调搭配，形成一个整体。植物的奇数组合一般效果较好，高大丰满的种类也可单独种植，形成焦点。在应用中应注意不同的植物的团块大小、疏密应有所变化，避免看起来大小一致显得呆板僵硬。最后还要注意植物质感的合理搭配，呈现出丰富、多样的对比。

2）色彩设计　花境色彩设计遵循前面阐述的艺术设计原理，颜色是由花色、叶色产生出来的。在花材的选择上，由主花材形成基调，次花材作为配调，由各种花材共同形成季相景观（每季一般以 2～3 种花材为主形成季相主题，其他花卉为辅，用来烘托主材）。常用的花境色彩设计主要有以下 4 种基本配色方法。

① 单色系设计。一般不常用，只在强调某一环境的某种色调或一些特殊需要时使用。

② 相近色设计。常在强调季节的色彩特征时使用，如早春的鹅黄色、秋天的金黄色等。具有浪漫的格调，但注意与环境相协调一致。

③ 补色设计。多用于花境的局部配色，使色彩鲜明艳丽。

④ 多色设计。这是花境常用的配色方案，使花境具有鲜艳、热烈的气氛。但要注意依据花境的大小、环境色彩、季节变化选择适宜的花色数量。小面积、较短的花境色彩不宜过多，防止产生杂乱感。大面积、较长的花境可以选择多色、对比色，但要注意色彩的面积不能等量分布，要有主次，以求丰富中的统一，也要注意色调上力求统一。常用的对比是在色相环上相距 60°、90°、120°、180°的色彩，这些对比给人或协调柔和，或活泼明朗，或鲜明动感，或强烈兴奋的感觉。运用主色调或运用色彩的呼应关系来调和，使色彩间保持有机的、内在的联系，尽可能让色彩之间保持局部的或全面关系上的呼应，达到调和色彩搭配的效果。

3）季相安排　花境的季相是通过种植设计来实现的。利用花期、花色及各季节所具有的代表性植物来创造季相景观。花境在某一季节中，开花植物应散布在整个花境内，以保证花境的整体效果，而且尽量做到四时有景，寒冷地区三季有景，不能偏枯偏荣。季相设计应该按照春花、夏花、秋花、冬花不同时间段列出植物材料的花期。对于球根花卉，可与常绿低矮地被配置，这样夏季球根地上部分枯萎修剪后也不会露黄土。冬季则有观叶、观果植物可赏，观赏草虽然冬季地上部分枯萎，但其发散的株型和干枯的花絮在整个冬季都存在，仍具有较高的观赏价值。在混合花境中，要注意一些冬季开花的植物要种在后面，避免夏季景观单调或凌乱。

在平面种植图上标出花卉的花期，然后按月份或季节顺序检查花期的连续性，并注意各季节开花植物的分布情况，使花境成为一个连续开花的群体。此项设计也可结合花境的色彩设计同时进行。

4）平面设计　花境从平面上看是沿着长轴呈带状演进的自然式种植，在平面种植上采用自然块状混植方式，基本单元为自然式的花丛，每个花丛中花卉种类及种植株数取决于花境中该花丛在平面上面积的大小和该种类单株的冠幅。通常一个单元以 5～10 种以上的种类自然混交组成，各花丛间应衔接紧密，疏密得当。若花境面积较小，植物品种不宜过多；若花境花轴较长，在平面设计时可分段进行，必要时主要花材可重复出现，形成一定的韵律变化，再组合成一个连贯、完整的花境。

5）立面设计　花境要有较好的立面观赏效果，充分体现群落美。花境的层次模式可分为前景、主景、背景，也可分为近景、中景、远景。一般而言，中景的位置宜安放主景，远景或背景是用来烘托主景的，而前景是用来装点画面的，这三个层次使花境景观丰富而不单调。在设计中需要考虑植株的高度、植株的形态和花序的类型以及植株的质感。

① 植株的高度。在花境立面设计中，要根据花境的类型合理配置高度不同的植株。对一个有背景的花境来讲，一般把最高的植物种植在后面，最矮的种植在前面或四周，中间用种类丰富的宿根花卉。设计岛式花境时把最高的植株放在中间，四周用低矮植株进行围合，形成空间上的起伏，层次上的丰富。在实际操作中，也可适当地把一些稍高的植物前移，避免呆板，对一些高大的观赏草类如芒、蒲苇等可种植于前缘或分散于花境，使花境氛围活跃、跳动，使人心动，形成高低错落、参差有致、富有变化的花境景观。

② 株形和花序。株形和花序也是影响花境景观的重要因子。根据植株花朵的外形不同，可将植物分成水平型、直线型、独特型三大类。水平型植株多为单花顶生或伞形花序，开花密集，植株圆浑，开花时形成水平方向的色块，如福禄考、八宝、蓍草、金光菊等。直线型植株多为顶生总状花序或穗状花序，植株耸立，形成明显的线型，如羽扇豆、毛地黄、美人蕉、一枝黄花、火炬花、飞燕草、蛇鞭菊、金鱼草等。独特型植株兼有水平及竖向效果，如鸢尾、鹤望兰、大花葱、百合、红掌、石蒜等。在花境的立面设计中尽量与这三类植物外形比较，尤其是平面与竖面结合的景观效果更好。

③ 植株的质感。不同质感的植株搭配尽量做到协调一致。质感粗糙的植物拉近距离，如观赏草类；质感细腻的植株拉远距离，如景天类植株。质感搭配时根据花叶的不同形状及质感的不同进行巧妙搭配，使细腻与粗糙糅合在一起，让花境更加活泼生动。

7.1.2.3　设计图绘制

花境设计图包括花境位置图、平面图、立面效果图等。

（1）位置图

花境的位置图用平面图表示，标出花境所在位置的周边环境，包括建筑物、道路、山坡、高大树木等，以及光照、风向等自然条件。依环境大小，比例尺可选用(1∶100)～(1∶500)。

（2）平面图

花境的平面图通常要求在图纸上先画出花境的轮廓线和背景，然后在轮廓线内部画出各种植物的分布区域，在每个区域上标出各种植物的名称，并且在图纸的一侧列出植物名录，标注植物的名称、编号、拉丁名、品种、株高、花色、花期及数量等，以便于准备植物材料。平面图应尽量详细，比例以(1∶50)～(1∶100)较适宜。品种所用株数＝栽培面积/植株冠幅，其中植株冠幅一般指植株成熟个体的冠幅（m 或 cm）。如果栽植的是小苗，则应该以小苗的冠幅计算。

（3）立面效果图

立面效果图是为了确定花境在立面上的层次关系，同时在施工时对植物的位置能有一个更确切和感性的认识。通常绘制出效果最好的一季景观就行。立面效果图的比例通常为(1∶100)～(1∶200)。

（4）设计说明

可以阐述一些图纸上难以表达的内容或一些特殊要求。包括设计意图、设计创意及后期的管理要求等，要言简意赅，可附在花境平面图上，也可单独列出。

7.2 花卉在室内的应用

花卉在室内的装饰一般根据空间特点、使用功能、个人喜好等，应用形式灵活多样。小面积的居住和办公室空间主要采用盆花装饰、瓶景或箱景、插花艺术和压花艺术等形式；大型公共室内空间和观赏温室等可以采用上述形式，也可以采用大型园艺塔、立体景观设计等应用形式。下面就盆花装饰、插花艺术和干燥花装饰进行重点介绍。

7.2.1 盆花装饰

用盆栽花卉美化室内外，没有固定模式，主要根据空间大小、建筑形式的差异、人们的爱好和利用方式的不同，因地制宜地按照一定的艺术原则进行科学的设计和布局，从而创造出精美的装饰效果。

7.2.1.1 盆花与室内环境

室内不同位置环境条件有所不同，其中温度和光照对盆花的生长发育及观赏寿命影响较大。不同盆花耐寒性和耐阴性不同，在花卉的室内设计中要根据室内不同位置环境条件的变化选择适宜的盆花。

（1）盆花与室内光照

按照盆花对光照要求的不同，将盆花分为喜阴盆花、耐半阴盆花、中性盆花、喜阳盆花四种类型。

1）喜阴盆花　这类盆花连续放在没有光照的地方2～3个月不会发生生命力衰退的现象，一般放置在距离窗户较远的阴暗位置，常见盆花有一叶兰、虎尾兰、铁线蕨、吊竹梅等。

2）耐半阴盆花　这类盆花放在没有光照的地方1～2个月不会发生生命力衰退的现象，一般放在光线稍微明亮的位置，常见盆花有粗肋草、黛粉叶、网纹草、绿萝、喜林芋、合果芋、苞叶芋等。

3）中性盆花　这类盆花适宜生长在有散射光的地方，一般放置在没有阳光射入的窗户或邻近明亮窗口但没有阳光直射的位置，常见盆花有香龙血树、常春藤、八角金盘、万年青、袖珍椰子、散尾葵、虎耳草、花烛、兜兰、蝴蝶兰、棕竹、文竹、杜鹃、凤梨、吊兰、仙客来、孔雀木、倒挂金钟、龟背竹、椒草、鹅掌柴、蟹爪兰、秋海棠等。

4）喜阳盆花　这类盆花适宜生长在有直射光的地方，一般放置在有阳光直射的阳台或窗户旁，常见盆花有天竺葵、叶子花、山茶、变叶木、一品红、橡皮树、白兰、桂花、双色茉莉、米兰、仙人掌及多浆植物等。

（2）盆花与室内温湿度

室内温度与盆花的生长温度差异不大。在一定湿度的情况下大部分室内盆花的最高生育温度为30℃，原产于热带的盆花的最低温度一般为15℃，原产于亚热带地区的盆花的最低温度为10～13℃，大部分盆花适宜生长的温度范围为18～21℃，人类生活和工作的环境温度一般在15～25℃，因此大部分盆花均可以在室内生长。人类生活环境的空气相对湿度一般在50%～60%，有些盆花喜欢空气相对湿度为70%～90%的环境，如猪笼草、鸟巢蕨、肾蕨等；有些盆花喜欢空气相对湿度为10%～40%的环境，如仙人掌及多浆植物。在盆花的实际应用中，可以根据盆花的要求来进行人工调控，利用加湿器或通风等方式来达到盆花要求的空气相对湿度要求。

7.2.1.2　盆花装饰的原则

盆花装饰遵循花卉设计的基本原理，遵循盆花的生长习性、生态要求、观赏特性等，按照点、线、面布局，因地制宜、比例协调地进行室内装饰。

盆花本身和室内空间及陈设之间都有一定的比例关系。偌大的空间中装饰小的盆花，无法显示出气氛，也不协调；若小空间装饰大的盆花，显得臃肿闭塞，缺乏整体感。因此，根据室内建筑空间的组成大小、形状及门窗的方位、尺度，选择相应尺度的盆花进行布置，使其彼此之间比例恰当、尺度适宜、色彩和谐、主次分明，富有节奏感和整体感。

我国各地自然条件、经济状况、民族习俗和植物种类千差万别，室内装饰布置要从实际出发，灵活运用，并要突出地方特点和风格，讲究实用性要求。例如，茎叶粗糙的植物，可产生稳重之感；高大的苏铁、棕榈，可表现严肃威武的气氛；枝叶细腻、姿态飘逸的植物，具有亲切、温顺之感；蕨类、文竹、吊兰等，具有生动、自然的气氛。栽植容器也要突出地方特色，尽量选用具有地方特色的花盆。塑料盆、玻璃缸盆，一般多作为套盆使用。

7.2.1.3　盆花装饰的方式

（1）规则式

以图案式或几何图形进行设计布局，以及利用同等体形、同等大小和高矮一致的植物材料，以行列或对称均衡的方式组织分隔和装饰室内空间，使之充分体现图案美的效果，显得庄严、雄伟、简洁、整齐（见图 7-17）。这种配置方法适用于门厅、走廊、展览室及西式客厅。

图 7-17　规则式盆花摆放

（2）自然式

以突出自然景观为主。在有限的室内空间中，经过精巧的室内布置表现出大范围的景观，也是把大自然精华，经过艺术加工，引入室内，自成一景（见图 7-18）。所选用的植物要反映出自然界植物群落之美，可单株、多株点缀，或组织分割室内空间，模拟自然界的精致配置。要求摆设富有自然情趣及节奏感，置身其中宛如世外桃源。这种配置方式占地面积大，一般大型公共场所及宾馆采用此方法，例如一些宾馆在大厅将瀑布、山泉、假山、廊、亭引入其中，创造出仿佛真山真水的境地。常用的盆花有南洋杉、龙血树、马拉巴栗、苏铁、袖珍椰子、散尾葵、竹芋、蕨类、凤梨类等。

图 7-18 自然式盆花摆放

（3）镶嵌式及悬垂式

镶嵌式盆花装饰是在墙壁及柱面适宜的位置，镶嵌上特制的半圆形盆、瓶、篮等造型别致的容器，栽上一些别具特色的观赏植物，以达到装饰目的，也可在墙壁上设计制作不同形状的洞柜，摆放栽植下垂或横生的耐阴花卉，形成具有壁画般生动活泼的效果。悬垂式盆花装饰是利用金属、塑料、竹、木或藤制成吊盆，栽入悬垂性的花卉，悬吊于窗口、顶棚或依墙依柱悬挂，枝叶曼妙婆娑，线条优美多变，点缀空间，活跃气氛。这种处理手法和镶嵌式一样，具有不占室内地面的特点。选择悬吊的位置时，应尽量避开人们经常活动的空间（见图 7-19，书后另见彩图）。适合做镶嵌式或悬垂式造型的植物一般具有枝叶自然下垂、姿态潇洒自然、装饰性强等特点，如吊兰、常春藤、吊竹梅、蔓生绿萝、花叶蔓长春、肾蕨、佛珠、球兰等。

图 7-19 镶嵌式及悬垂式

（4）组合式

组合式指灵活地把以上各种方法混用于室内装饰，利用植物的高低、大小及色彩的不同，将其按照艺术设计的手法组合在一起，形成一幅优美的图画。要遵循高矮有序、互不遮挡的原则（见图 7-20，书后另见彩图）。高大植物居后或居中，矮生及丛生植株摆放在前面或四周，以达到层次分明的效果，也可以结合根雕艺术、盆景艺术于组合盆栽中，使其具有诗情画意之美。

图 7-20　组合式

（5）瓶栽或箱栽式

瓶栽，即在各种大小、形状不同的玻璃瓶、透明塑料容器、金鱼缸、水族箱内种植各种矮小的植物以供观赏和装饰室内。通常的栽培方式有袖珍花园、玻璃瓶花园等（见图 7-21，书后另见彩图）。在容器内，除瓶口及顶部作为通气孔外，大部分是封闭的，其物理性状稳定，受光均匀，气温变化小，水分循环吸收利用，适宜微型低矮、耐阴、生长缓慢的植物，如铁线蕨、肾蕨、苔藓、卷柏等，搭配一些观叶植物，如冷水花、鸭跖草、非洲紫罗兰等，配上小山石、鹅卵石、小桥、茅舍等，形成自然景观或体现山林妙趣，摆放于架、桌、床头柜上，可为日常生活增添无限乐趣。

图 7-21　瓶栽式

7.2.1.4　盆花装饰技艺

（1）办公场所的绿化装饰

1）主出入口的绿化装饰　主出入口是人们进出必经之路，是迎送宾客的场所。要求朴实大方、充满活力。通常采用规则式对称手法，选用体形壮观的高大花卉配置于门内外两边，周围以中小型植物配置2～3层，形成对称整齐的花带、花坛，使人感到亲切明快。常用大型盆花有南洋杉、大型龟背竹、叶子花、发财树、菜豆树、棕竹、散尾葵、兰屿肉桂等。

2）门廊的绿化装饰　进门后的空间，装饰要简洁明快，重点突出屏风前的配置。一般多采用规则式，后排可以摆放等高的常绿南洋杉、黄杨球、棕榈等做背景，中排放置应时的八仙花、一品红、菊花、万年青等，前排以低矮的文竹或天门冬镶边，柱面可悬吊蕨类及吊兰等植物，配合门洞，形成整体的景观效果。

3）楼梯的绿化装饰　楼梯转角平台处，靠角可摆放一盆形态优美、常绿的橡皮树、棕竹、棕榈等植物，或不等高地悬吊1～2盆吊兰、常春藤等植物。在楼上下踏步平台上，靠扶手一边交替摆放较低矮的万年青、一叶兰、沿阶草及地被菊等小盆花，上下楼梯时，给人一种强烈的韵律感和轻快感。

4）天井的绿化装饰　天井的绿化装饰方式多采用山石、水池与植物相配，或组合成盆景形式，也可搭棚架，种植攀缘植物，显得生动活泼，别具一格。

5）屋顶花园的绿化布置　高楼屋顶风大，夏炎冬寒，且干旱，但阳光充足，稍加改造，可进行各种绿化装饰，并可结合生产进行育苗，栽种瓜果蔬菜，对建筑还有冬保温、夏隔热以及保护屋顶的作用。屋顶绿化的方式，可参照园林设计及室内绿化装饰布局的方法，可自然式、规则式，也可混合式。观赏性屋顶花园，还可设阴棚、花架、花台、花池、水池、温室及园林小品等。

（2）各种会场的绿化装饰

1）政治性会场　要采用对称均衡的形式进行布置，显示出庄严、稳定和严肃的气氛，以常绿植物为主调，适当点缀少量色泽鲜艳的盆花，使整个会场布局协调一致。主席台后边按照一定间隔摆放体型端庄的南洋杉、黄杨球等；两侧摆放体量较大的苏铁、棕竹等；主席台前边摆放枝叶细小、密集的天门冬、沿阶草等。如果会议桌是圆形的，一般在圆桌中间摆放观叶植物，如鹅掌柴、一叶兰、万年青等，注意高度要求低于桌面，桌面上可以摆放几盆精巧的盆花或者插花。

2）欢迎、表彰、欢送、联欢会、节日庆典等场所　多采用组合式手法布置，以点、线、面相连的手法装饰空间，选用色、香、形俱全的各种类型，观叶与观花、盆花与插花、盆栽与盆景互相搭配，布局高低错落，色调万紫千红，营造出热烈、亲切、轻松、愉快、活泼的气氛。

3）音乐欣赏会场　要求环境幽静素雅，以自然式手法布置，选择体形优美、线条柔和、色泽淡雅的观叶植物，有节奏地布置，使花卉装饰艺术与音乐艺术融为一体。

4）悼念会场　应以松柏类常青植物为主，配以花圈、花篮、花束，用规则式布置手法形成万古长青、庄严肃穆的气氛。来参加悼念的人员心情沉重，整体色彩效果不要过于冷感，适当点缀一些白色、蓝色、青色、紫色、黄色的花卉，以激发人们化悲痛为力量的情感。

（3）家庭居室的绿化装饰

1）客厅的绿化装饰　客厅是多功能场所，可谓装饰重点，布置力求朴素、热情美观，盆花摆放要突出重点，切忌杂乱，注意与家居风格和色彩相一致。首先选择株高叶大的马拉巴栗、散尾葵、垂枝榕、巴西铁、绿巨人等装饰墙角及沙发旁，也可设置花架摆放观赏风梨、孔雀竹芋等盆花装饰墙角。茶几摆放盆景或瓶栽植物，博古架可摆放盆景、茶花、根艺、石玩及收藏的艺术品等。窗框上悬吊1～2株不同高度的蕨类植物或吊兰、常春藤等。除盆、箱、篮外，结合室内特点，瓶栽花卉也以其独特风韵受到青睐。

2）书房的绿化装饰　书房是以学习为主的场所，需要一个清洁雅致、舒适的环境，内容要简洁大方，应选用体态轻盈、姿态潇洒、文雅娴静的植物，如文竹、兰花、水仙、吊金钱、吊兰、蕨类等，摆放点缀于书桌、书架一角，或博古架上，也可以摆放微型盆景或东方式插花，形成文雅的气氛，给人以奋发向上的启示。

3）卧室的绿化装饰　卧室以冷色调为好，光线也不可太强，要求环境清雅，宁静、舒适，利于入睡，植物配置要和谐，少而精，多以1～2盆色彩素雅、株形矮小的植物为主，如文竹、吊兰、镜面草、冷水花、铁线蕨、袖珍椰子等，忌色彩艳丽、香味过浓、气氛热烈。

4）阳台的绿化装饰　阳台的绿化既要考虑观赏效果，又要考虑阳台的生态环境和花卉的生态习性，要讲究虚实结合、留有空间、巧妙配色形成色彩韵律。可以根据阳台面积的大小，打造阳台“小花园”。植物应选择具有一定抗性的喜光、耐阴、耐旱、耐寒以及根系较浅，适宜盆栽、箱栽及槽栽的花卉。但不同方向的阳台选择的植物也不同，南面阳台选择喜光照、耐高温的花卉，如茉莉、桂花、米兰、叶子花等木本花卉，或者半枝莲、康乃馨、仙人掌及多浆植物，还可以种植一些藤本或攀缘花卉，如牵牛花、茑萝、小葫芦等。北面阳台选择耐阴或喜半阴的花卉，如万年青、兰花、君子兰、仙客来、杜鹃、山茶、含笑等。

（4）街道和广场的盆花装饰

广场在进行花卉装饰时，因本身比较开阔，人流量较大，盆花装饰应保证交通安全、便利，所占面积不宜过大。植物种类可以选择体量较大、体态端庄的观叶盆花和花色艳丽、花期一致的观花盆花，也可以将枝叶细腻、花小株矮的盆花成群或成片或以带状布置，但要注意株形整齐、品种单一、色彩对比，尤其是大色块形成对比，效果更突出。在立体空间上标语牌、伟人像、纪念碑和观礼台的四周，也是花卉装饰的重点地段，还可以围绕灯柱或行道树做圆圈布置。有时也用许多小型盆花组成牌楼、象形动物、几何图案和字样等，或用小菊组成各种艺菊等，以增加欢快气氛。

7.2.2 插花艺术

插花艺术是切取植物可以供观赏的花、叶、果、枝等为主要素材，通过艺术构思、剪裁整形与摆插来表现自然美与生活美的一门造型艺术。狭义的插花艺术仅指将切花花材插在器皿中的摆设花。广义上，凡利用鲜切花花材造型，具有装饰效果或欣赏性的作品，都可称为插花艺术，既包括使用器皿的摆设花，也包括不使用器皿的摆设花，还包括花束等。

7.2.2.1 插花艺术的特点

插花艺术与盆景、雕刻、造园等艺术一样，同样遵循造型艺术设计的基本原理，根据构思选择花材进行创作，借此表达一种主题，传递一种情感，使人赏心悦目，获得精神上的愉悦与美感。插花艺术具有一定的文化特征，体现一个国家、一个民族及一个地区的文化传统，同时还具有自身独有的特点。

（1）时间性强

插花艺术由于素材具有生命力，有生命的材料就有生命期限，即插花艺术具有瞬时性艺术创作和艺术欣赏活动的特点，一般时间在 7d 左右。构思和造型过程要求灵活而快速，并且花材要求经常性更换，重新布置。

（2）随意性强

插花艺术在材料的使用和造型的设计上都表现出极大的随意性和灵活性，因为在创作过程中即使没有合适的容器，没有高档的花材，只要有一把剪刀和一个容器就可以利用身边的任何植物来创作，既可以是宅旁的绿叶、路边的野花，也可以是瓜果梨桃，随意取材，即兴表达。

（3）装饰性强

插花艺术作品极具感染力，具有立竿见影的艺术效果，这是因为插花作品的风格特点、意境表达、形状与大小、色彩与造型均可以随环境、季节来表达，达到和谐的艺术效果。用来装饰家庭，无论是客厅还是居室，陈设一瓶造型优美、色调相宜的插花，会顿觉室内生机勃勃、春意盎然，真可谓“插花一瓶，满室生辉”。

（4）充满生命活力

以活体植物为素材进行艺术创作，花材色彩艳丽、姿态优美、芳香四溢，独具大自然的气息，能给人以优美、高雅的享受。

7.2.2.2 插花艺术分类

（1）按艺术风格分类

1）传统东方式插花　以中国和日本为代表，以线条造型为主，注重自然韵味，构图活泼多变，讲究构想和意境。插花用材比较简单，多以木本花材为主，色彩淡雅，不求量多色重，但求韵致与雅趣，重视花材的表现力。

2）传统西方式插花　以美国、法国和荷兰等欧美国家为代表，以几何图形构图，讲究对称与平衡，注重整体的色块效果，富于装饰性。插花用材多以草本花材为主，花朵丰腴，色彩鲜艳，用花量较多，表现热情奔放、华丽富贵的风格。

3）现代式插花　融合了东西方插花艺术的特点，既有优美的线条，也有明快艳丽的色彩和较为规则的图案，更渗入了现代人的意识，如追求变异、不拘一格、自由发挥，既具装饰性，又有一些抽象的意念。

（2）按艺术表现手法分类

1）写实手法　以现实具体的植物形态、自然景观、动物或其他物体的特征为原型进行艺术再现。主要形式有自然式、写景式和象形式三种。自然式主要表现花材的自然形态美，可以是直立型、倾斜型和下垂型等。写景式是指模仿自然景色，将自然景观浓缩于盆中的插花形式。象形式是指模仿动物或其他物体的形态进行的插花创作。

2）写意手法　东方式插花所特有的手法。利用花材的谐音、品格或形态等各种属性来表达某种意念、情趣或哲理，寓意于花。配以贴切的命名，使观赏者产生共鸣，随着作者进入一个特定的意境，继续寻思、品味。古代的理念花、心象花、格花及现代的命题插花均属于写意插花。

3）抽象手法　不以具体的事物为依据，也不受植物生长的自然规律的约束，只把花材作为造型要素中的点、线、面和色彩因素来进行造型。可分为理性抽象和感性抽象。理性抽象主要是强调理性，不表达情感，纯装饰性插花。用抽象的数学和几何方法进行构图设计，以人工美取胜，具有一种对称、均衡的图案美，注重量感、质感和色彩。感性抽象不受任何约束，无固定形式，可任由作者发挥灵感来创作，随意性强，变异性较大。

（3）按用途分类

1）礼仪插花　这类插花主要是为了社交、喜庆迎送等礼仪活动，用来表达友爱、尊重、欢快的气氛进行的插花艺术品，造型要求简单整齐、色彩明快，用材量大。常用的礼仪插花有花篮、花束、花圈、手捧花、头饰花等。

2）艺术插花　主要是为了艺术欣赏，注重主题表达、寓意深远、内涵丰富，造型上可以灵活多变，既可以有东方式插花的线条美，又可以有西方式插花的色彩美，也可以有现代式插花的自由表现。

3）生活插花　随意性比较强，可以任意选取身边的任何容器作花器，利用野花、野草、蔬菜、瓜果等鲜活材料随意创作。注重点缀室内，烘托气氛，注重形式美。

7.2.2.3　花材

（1）花材的分类

1）按花材的形态特征分类

① 线形花材。外形呈细长的条状或线形的花材，如唐菖蒲、蛇鞭菊、紫罗兰、金鱼草、银芽柳、红瑞木、散尾葵、尤加利叶、跳舞兰等。

② 团块形花材。外形呈较整齐的团形、块形或近似圆形的花材，如菊花、月季、康乃馨、非洲菊等。

③ 异形花材。外形不规整、结构奇特别致的花材，如鹤望兰、红掌、石斛兰、小苍兰、海芋、百合等。

④ 散（点）形花材。外形由整个花序的小花朵构成星点状蓬松轻盈状态，如满天星、勿忘我、情人草、黄莺、小菊花、石竹梅等。

2）按构图作用分类

① 骨架花材。在构图中定高度和定外形骨架的花材，如线形花材中的花材一般作为骨架花材。

② 主体花材。完成整个造型轮廓的花材，如线形花材或团块形花材均可以作为主体花材。

③ 焦点花材。插在整个造型的视觉（兴趣）中心部位（即焦点处）的花材，如团块形花材和异形花材可以作为焦点花材。

④ 填充花材。填补造型空间部位，完善造型的花材，如散（点）形花材中的花材可以作为填充花材。

3）按花材使用器官分类

① 切花。以从植株上剪切下来的花作为插花的花材。有单花与花序之分，都以观花为主，如香石竹、唐菖蒲、菊花、月季、百合、郁金香、非洲菊、马蹄莲等。

② 切叶。以从植株上剪切下来的叶片作为插花的花材，如广东万年青、蕨类、一叶兰、八角金盘、文竹、龟背竹等。

③ 切枝。以从植株上剪切下来的木本枝条作为插花的花材，如银芽柳、五针松、雪松等。

④ 切果。以从植株上剪切下来的果实作为插花的花材，如火棘、金橘、南天竹、五彩椒、佛手、紫珠等。

4）按花材性质分类

① 鲜花花材。全部或主要用鲜花进行插制。它的主要特点是最具自然花材之美，色彩绚丽、花香四溢，蕴含真实的生命力，有强烈的艺术魅力，应用范围广泛。其缺点是水养持久性差，费用较高，不宜在暗光下摆放。

② 干花花材。全部或主要用自然的干花或经过加工处理的干燥植物材料进行插制。它既不失原有植物的自然形态美，又可随意染色、组合，插制后可长久摆放，管理方便，不受采光的限制，尤其适合暗光摆放。在欧美一些国家和地区十分盛行干花作品。其缺点是怕强光长时间暴晒，也不耐潮湿的环境。

③ 人造花花材。人工仿制的各种植物材料，包括绢花、塑料花、涤纶花等，有仿真性的，也有随意设计和着色的，种类繁多。人造花多色彩艳丽，变化丰富，易于造型，便于清洁，可较长时间摆放。

（2）花材采集与选购

1）花材剪取时间　为减少花材水分散失，一般花材剪取选择在气温较低、无风、无强光照射时进行，清晨最好，傍晚亦可。不同花材剪取时间不同，如香豌豆，必须每枝上着生的3～4朵花有50%全开放后才能剪，花蕾时剪取难以开放。牡丹、芍药、香石竹等以花蕾时剪切为宜，存放时间长，水养能开放。月季、荷花以含苞待放时剪切为宜。

2）花材选购　在购买花材时选择茎部挺拔有力、花叶翠绿、花半开、花托弹性好为最佳，若茎下端黏滑或有臭味者则不要购买。

3）花材包扎　花材采集或选购后，应注意包扎。一般选择用报纸把花朵小心包好，切勿暴晒于阳光下或受风侵袭。

7.2.2.4 插花常用用具

（1）花器及垫座

1）花器　按照材质不同分为陶瓷、塑料、玻璃、金属等。花器选配主要根据插花的环境、使用的花材、表达的情趣以及构图的需要等因素来定。插花时必须把花器视为作品的一部分来考虑整体效果。大型作品要选用有一定重量和体形的花器，室内宜用小型花器，花器的质感亦要与花材相配。中式摆设的环境与花材要协调，一般不宜选用太豪华的花器。当花材色彩较深时，花器宜色浅；反之，花材颜色浅淡则花器可稍深，深淡相映才能托出花之艳丽。一般外形简洁、中性色彩的花器如黑色、灰白色、米色、浅蓝色、暗绿色、紫砂等对花材的适应性较广，使用较普遍。

2）垫座　插花作品配上几架垫座，不仅增加美感，而且更显高贵雅致。此外，垫座还能起到均衡作用，使作品获得协调一致的效果。垫座除选择名贵的花梨木、红木制的几架外，还有树根制品、木板、竹垫、草垫、塑胶垫等。

（2）固定花材用具

1）花插　又名剑山，是由许多铜针固定在锡座上铸成，具有一定重量以保持稳定，形状有长方形、圆形、半月形等。花茎可直接插在这些铜针上或插入针间缝隙加以定位。使用寿命较长，是浅盘插花必备的用具。

2）花泥　又名花泉，是由酚醛塑料发泡制成，可随意切割，吸水性强，干时很轻，浸水后变重，有一定的支撑强度，花茎插入即可定位，简单方便，尤其适用于西方式插花。但插后的孔洞不能复原，使用1～2次后即需更换。浸泡花泥时，应让其自然吸水，切忌用手强制按压，否则内部空气难以排出，吸水不彻底。

3）铁丝网　由细铁丝编织成六角形孔网。高型花器不能使用剑山，可采用铁丝网。把网卷成筒状插入瓶内，花茎插入网孔，利用铁丝得以定位。当粗茎花材插入花泥中时，也需在花泥外罩一层铁丝网以增加强度。大型作品可用铁丝网包裹花泥，再用铁丝固定在需插花之处。

（3）其他工具

1）剪刀、刀、锯、铁丝钳　剪刀是必备工具，尤其修剪木本植物，可以根据需要准备各种类型的剪刀，如枝剪和普通剪等。刀用来切削草本花枝，以及雕刻和去皮。花艺设计时，往往为求速度，多用刀而不用剪。锯主要用于截取和修剪较粗的木本植物。铁丝钳用于剪断铁丝。

2）金属丝　一般较多使用 18# ～28# 的铅丝，号码越大，铁丝越细。最好用绿棉纸或绿漆做表面处理。在插花过程中，对花茎细小、柔软或脆弱易断的花材，要将金属丝插入花头或茎内，使其坚挺，易于造型。

3）绿色胶带　用铁丝缠绕过的花枝可用绿色胶带缠卷覆盖。折断的花枝欲继续使用可先用金属丝连接，再用绿胶带包卷，使其复原。

4）喷水壶　花材整理修剪后，未插之前及插好之后都要喷水，以保持花材新鲜。

7.2.2.5　制作方法

（1）东方式插花艺术

1）风格特点

① 追求自然之“真”。传统的东方民族酷爱自然、崇尚自然，对自然之美最有独特的审美情趣和审美观点，是以自然界中生长的花木为表现的物象，讲求“物随原境，形肖自然，虽由人作，宛自天开”。

② 追求人文之“善”。中国文化受儒家思想的影响极深，而儒家美学思想是以“善”为宗旨，所以中国人的审美观也以“善”为核心，在这种文化思想的指导下，对花卉也赋予了美好的象征含义，讲求材必有意，意必吉祥，如生活中人们称松、竹、梅为“岁寒三友”，以此象征傲雪凌霜、不畏严寒的品格。

③ 追求艺术之“美”。插花创作中的艺术美包括素材美、布局美、色彩美、造型美。善用木本花材，突出线条造型。如梅花因其横斜疏影、曲折多姿的姿态美，雅而不艳、幽香远逸的色彩美，逢冰雪而怒放、不畏严寒的内涵美成为传统艺术插花的最佳素材。花材的位置也讲究疏密有致、起伏有势、虚实结合、刚柔相济、气脉相连。如“画苑布置为妙”“得画家写生折枝之妙，方有天趣”。

④ 追求“圣”洁之尊。东方人认为花卉是神圣的，以一种崇敬的心情去对待她，以花悟道、修身养性，使插花也有一种神圣感，讲求“心正花正”，进而“花正心正”。以自然之美来正人之心态，来怡情娱趣，这是真正的艺术境界。

2）造型设计　一般都由三个主枝构成骨架，然后再在各主枝的周围，插些长度不同的辅助枝条以填补空间，使花型丰满并有层次感，为了方便，我们把最长的花枝称为第一主枝，以此类推。第一主枝是最长的枝条，一般选取具有代表性的枝条作为第一主枝。第一主枝的插放位置决定花型的基本形态，如直立型、倾斜型、平展型、下垂型和合并花型（见图 7-22，书后另见彩图）。第二主枝是协调第一主枝，使之更为完美的枝条。第二主枝一般与第一主枝使用同一种花材，以弥补第一主枝之不足，向前倾斜的空间伸展，使花型具有一定的宽度和深度，呈现立体感。第三主枝是起稳定作用的枝条，主要作用是使花型得以均衡。可与第一、第二主枝取同一花材，也可另取其他花材。若第一、第二主枝用了木本花材，则第三主枝可选草本花材，以求形体和色彩有所变化。从枝是陪衬和烘托各主枝的枝条，其长度应比它所陪衬的枝条短，辅助于各个主枝的周围，数量根据需要而定，能达到效果即可。

(a) 直立型

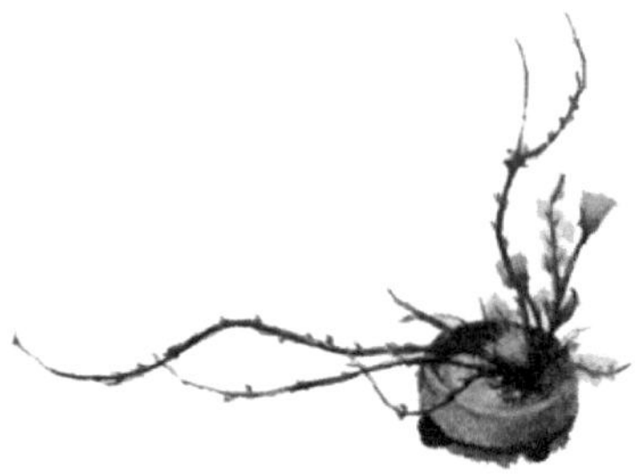

(b) 平展型

(c) 下垂型

(d) 合并花型

图 7-22 东方式插花类型

3）基本步骤　首先，确立主题，立意构思。其次，设计造型（手绘设计图）。再次，根据立意和构思选取花器和花材。再次，制作造型，用第一主枝插出花型的基本形态，定出花型高度，第一主枝的长度取花器高度与直径之和的 1.5～2 倍，一般盆插取 1.5 倍，瓶插取 2 倍；用第二主枝定花型的宽度和深度，使花型呈现立体感，其长度应为第一主枝的 1/2 或 3/4；第三主枝是起稳定作用的枝条，主要作用是使花型得以均衡，它的长度应是第二主枝的 1/2 或 3/4。最后，插从枝并填充花、衬叶，遮盖花泥。

（2）西方式插花艺术

1）风格特点　用花量大，多以球根花卉为主，花朵丰满硕大，给人以繁茂之感；构图多用对称均衡或规则的几何形，追求块面和整体效果，极富装饰性和图案之美；色彩浓重艳丽，气氛热烈，有豪华富贵之气魄；不讲究花材的个体美或姿态美，尤其是不讲究花材的枝叶组合和表现力，花材仅起到遮挡花泥和容器的作用。

2）造型设计　西方式插花讲究几何造型，追求群体的表现力。构图上多采用均衡对称的手法，表达稳定和规整的造型，体现人为力量之美。花型设计可以采用对称式和不对称式两种类型（见图 7-23，书后另见彩图）。

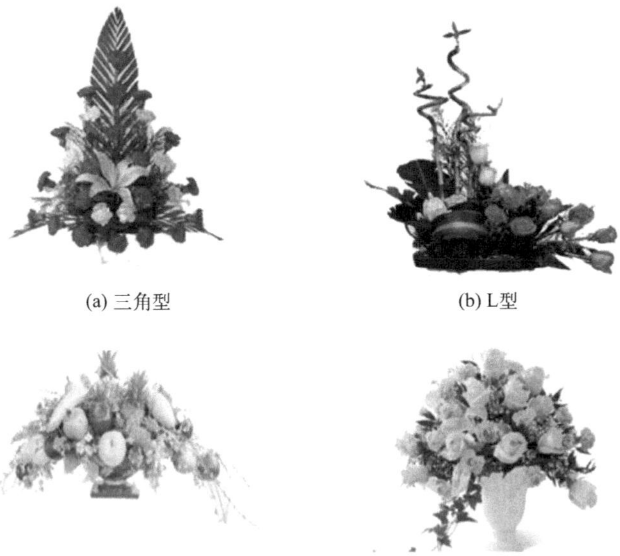

(a) 三角型　(b) L型　(c) 扇型　(d) 球型

图 7-23　西方式插花类型

对称式花型一般作品外形轮廓整齐对称，可在中轴线两侧或上下均匀布置形状、数量、色彩相同的花材，也可在中轴两侧选择不同的花材，通过量、色和形等不同因素保持两侧平衡，只要中轴两侧尺寸相等则可，如半球型、水平型、圆型、三角型、扇型、倒 T 型等。不对称式花型一般外形轮廓不对称，常见的有 L 型、S 型、新月型、不等边三角型等。

3）基本步骤　首先，确立主题，立意构思，体现积极、健康、美好寓意。其次，设计造型（手绘设计图）。再次，根据立意和构思选取花器和花材。再次，制作造型，用骨架花插出花型骨架，定出花型高、宽、深等外形轮廓。一般选用浅色的浅盆或高脚杯等，以花型把花器遮掩住不外露为宜。定焦点，插焦点花。插主体花，一般先插轮廓线，再在轮廓线范围内插入其他花朵，完成花型主体。最后，用填充花、衬叶填空，遮盖花泥。整体体现轮廓清晰、焦点明确、花叶朝向围绕焦点向四周散开，色彩和谐。

（3）现代自由插花

1）风格特点　融合东西方传统插花优点，既讲究东方式的线条，又注重西方式的色彩，兼顾装饰性和深远的意境。花材选择更加丰富，创作手法更加多变，常使用绑扎、缠绕、编织、粘贴、穿刺、分解、重组、架构、作框等表现手法。特别强调装饰性、特殊性，更具时代感和生命力。

2）造型设计　现代式插花所用的花材并非表现其本身的自然形态和神韵，只是造型的一个素材。用花材表现点、线、面，是构成某种需要的抽象形态。花材可以是鲜切花，也可以是绢花、塑料花、金属花等。在造型设计上以非自然的手法和构筑的意念，强调创造性构成，构图灵活，造型多变，花器形态设计独特，使构图更具表现力（见图 7-24，书后另见彩图）。

3）基本步骤　首先，确立主题，立意构思。其次，设计造型（手绘设计图）。再次，根据立意和构思选取花器和花材。最后，使用绑扎、缠绕、编织、粘贴、穿刺、分解、重组、架构、作框等表现手法进行造型制作。

图 7-24 现代式插花类型

7.2.3 干燥花装饰

干燥花是指将植物材料经过脱水保色和定型处理后制成的具有持久观赏性的植物制品。不仅指干燥后的植物花朵，也泛指花、叶、茎、果实、种子和根等器官材料，它着力体现花卉的自然风貌和韵味，具有独特的魅力。干燥花既有鲜花之形、色、姿、韵，又取干花之经久不凋，是人们掌握自然原理以及运用科学技术与高超艺术手法达成的，是基于自然又高于自然的艺术成果。干燥花根据保持形态不同分为立体干燥花和平面干燥花两种。立体干燥花也叫干花，是指对植物材料进行保色、保形或人工造形处理制成的植物制品，如胸花、花束、花环、花篮等。平面干燥花也叫压花，是指对植物材料进行保色、压制、定形和干燥处理形成的植物制品，如书签、贺卡、请柬、干花画等。

7.2.3.1 干花

（1）花材的选择

制作干花的花材来源广泛，可以是人工栽培的切花，也可以是野生花卉。对于干燥花，素材最好选择刚开放、质地坚韧、花瓣含水量少、花瓣厚实、花型较小的花卉。对于干燥叶，素材要求叶片厚实、质地粗糙、柔韧性好、易整形、不易卷曲的花卉。常见适宜做干花的花卉有千日红、一品红、补血草、霞草、麦秆菊、天人菊等（见图 7-25，书后另见彩图）。

图 7-25 干花

(2) 花材的干燥

1) 自然干燥法 通过空气的自然流通来除去植物材料中水分的方法，这是最原始、最简易的一种干燥方法，但需时较长，适用于含纤维多、水量低、花型小、茎短的植物材料。根据植物材料的放置方式，自然干燥法又可分为悬挂干燥法、平放干燥法与竖立干燥法。

① 悬挂干燥法。适用于干燥枝干较柔软、花朵较大的花卉，如玫瑰、千日红、麦秆菊、鸡冠花、勿忘我、向日葵等。操作方法：将整理好的花材 5～10 个扎成一束，以花穗向下的方式悬挂，放在避雨、避光、干燥、通风的地方一周后植物材料就会干燥。要求花材自然悬垂，每束花材不宜过多，悬挂时花材之间留有一定间距。

② 平放干燥法。适用于茎秆较软、花穗较重的花材，如高粱、谷穗、稻穗、豆荚、松果、苔藓等。要求将花材平放，以便果穗自然展开。操作方法：将花材整理好后平放于干燥通风、避光、避雨的平台上，待一周左右花材完全干燥即可。注意摆放时要稀疏，不要重叠，以免相互压迫导致花穗变形。

③ 竖立干燥法。适用于枝茎较硬或过软、花头多的花材。在需要有下垂效果时也可以用此法，如千日红、麦秆菊等用此法比悬挂干燥法干燥速度快且花形美观。操作方法：将无秆的花材用铁丝或已干燥的茎秆连接，将接好枝干的花材插于空容器中，放在干燥、通风、避光、避雨处，待其自然干燥即可。枝干较硬的花材，如八仙花，可直接插于空瓶中任其干燥。

2) 加温干燥法 给花材适当加温来破坏内部原生质结构，使水分加速蒸发，这种干燥方法称为加温干燥法。一般能用常温干燥法的花材都可用此法进行干燥。该法具有干燥效果好、干燥时间短等优点，对提高干燥花品质有极大好处。含水量较高的花材更适合用此法。目前常用的加温干燥法有烘箱干燥法、干花机干燥法和微波干燥法。

3) 低温干燥法 利用 0～10℃冷空气作为干燥介质强制干燥的方法称为低温干燥法。由于低温下酶活性被抑制，制作的干花均能保存较好的色泽，但要求高且耗时长。适用于加温干燥法的花材也可用此法干燥。应注意，原产于热带、亚热带地区的花材不耐寒也不耐冷藏，故不宜采用此法。

4) 减压干燥法 以减压空气为干燥介质的干燥方法。把花材放入抽成一定真空的密闭容器中使花材内部水分迅速蒸发或升华达到干燥目的，目前这种方法只用于永生花的生产中。

5) 重压干燥法 为制作平面压花常用的干燥方法，给花材施以适当的压力，就可以保持它的平面形态。比较传统的重压干燥法有重石压花法与标本夹压花法，注意压力大小适中。

6) 埋没干燥法 将花材埋没于硅胶、食盐、河砂等细粒状定形材料中进行干燥，适用于干燥玫瑰、芍药等大型含水量高的花材。埋没时要求花面朝上，深度必须在 7cm 以上，干燥时间 7～10d。

7) 液剂干燥法 利用甘油和福尔马林等具有吸湿性、非挥发性的有机液剂处理花材，使花材内部水分被有机液剂替代。处理后的花材一般具有亮丽的光泽和柔软的质感，但在高温环境下花材内部容易渗出液剂，花材霉变、色彩较暗。具体操作：取一定量的甘油与等量的温水混合后，将花材插入其中，使其慢慢干燥。若想快速干燥，花枝长度不要超过 50cm，同时切口以上 10cm 的茎表皮剥去，以提高花材吸收液体的速度。

7.2.3.2 压花

压花是指利用物理和化学方法，将植物材料经脱水、保色、压制和干燥等科学处理形成平面花材的过程。用来压花的植物材料叫压花花材。广义的压花花材是指所有的植物根、茎、叶、花、果、树皮等。狭义的压花花材是指花卉植物材料的花朵、花瓣、叶片等。不仅成花可以用于压花，路边的野花野草也可以用于压花，花卉生产或者插花时剪下的花蕾、叶片等材料都可以用于压花，树皮、落叶也是压花的好材料（见图 7-26，书后另见彩图）。

图 7-26 压花

（1）常用工具

1）剪刀、镊子、解剖刀和美工刀等　用来解剖和分解新鲜的植物材料。

2）吸水纸　在压制花材的过程中，吸水纸的功能是摆放花材和吸收水分。压制花材时，需要将植物材料整齐地摆放在吸水纸上。具有吸水功能的纸都可以使用，多数为棉质的，可以重复使用。吸水纸有很多种，如废报纸、餐巾纸、厨房用纸、高丽纸、宣纸、毛边纸、棉纸、手工纸、薄海绵等。

3）压花板　用来压制花材的板有木板（有孔或者无孔）、微波压花板和陶瓷片等。

4）施加压力的工具　如砖块、石头、重书、箱子等；固定压花板用的绳子、带子、不锈钢夹子、螺钉、塑料夹等。

5）干燥剂和干燥板　不同的压花工具采用不同的化学干燥剂。常用的干燥剂有硅胶（又称矽胶）、活性铝土、生石灰、碳酸钙氧化物等。使用最广泛的干燥剂是硅胶，它无色、无味、安全，通常生产商会在包装里加入一些蓝色显色晶体。当硅胶干燥时显色晶体为蓝色；当硅胶吸水后显色晶体会由蓝色变为淡紫色，最后变成粉红色。通过加热去掉水分后，硅胶又恢复蓝色，这样硅胶可循环再用。干燥板是将硅胶或者其他干燥剂嵌入纸板内的一种干燥材料，也叫吸水板。压制花材时，为了最大限度地吸水，常把植物材料夹在两块干燥板之间。

6）密封盒和密封袋　压制花材时，为了创造一个干燥的小环境，将硅胶和压花板（压有花）放进一个密封的盒子里，或者将压有花的干燥板放进一个密封的袋子里。这样，植物材料内的水分会被干燥剂或者干燥板除去。

7）电器及衬底材料　如电熨斗、电子干燥箱、烤箱、微波炉等。衬底材料是制作压花艺术作品时使用的衬底，也就是压花的载体。压花用的衬底材料非常广泛，有纸质材料、木质材料、纤维织物、玻璃和陶瓷等。

8）颜料　在对衬底进行背景处理时，可以使用各种颜料，如粉彩、水彩、广告颜料、彩色笔、彩色铅笔、喷漆等。其中，粉彩，也叫色粉条，是使用得最多的一种颜料。

9）粘贴剂、保护材料及画框　粘贴剂有胶水、白乳胶、糨糊、热压缩胶膜等。保护材料有干燥剂、保护树脂等。画框一般选用市场销售的各种画框，也可以根据作者的需要制作木质或纸质、藤质、布质的画框。

（2）压制方法

1）自然重压法　用砖头、石头、箱子或厚书等硬重的其他东西压制。将分解好的花材放于吸水纸（卫生纸、棉纸、报纸等）上，几层吸水纸加一层花材，一般可重复放七层左右，最后用砖头等施以均衡重压即可，放于通风干燥的地方，勤换吸水纸，最好一天换 1 次，7～10d 材料就逐渐压干了。花材数量不多时，也可直接用厚书压制花材，将重物压在书上。自然重压法方便、经济，但由于干燥过程不是密闭式，无法与空气绝缘，处理时间太长，所以花叶颜色不够理想。如果遇到下雨或潮湿的天气，花材就更容易褪色、发霉。因此，这种方法只适合在干燥的季节干燥的天气使用。

2）常见压花器压制法　压花器是由压花板、海绵、干燥剂、密封盒组成。压花板是长方形的，其四周有 4 个孔，用 4 颗螺钉来固定。将分解好的花材摆放在吸水纸上，再放一层吸水纸和一层海绵，一般可重复放七层左右，最后置于两块压花板中间，拧紧螺钉，放入有干燥剂的密封盒之中。一般来说，3d 时间就可压干花材。

第8章

一二年生花卉

8.1 定义与特性

8.1.1 一年生花卉

一年生花卉是指在一个生长季内完成全部生活史的花卉，即花卉从播种到开花结实、死亡在一年内完成，一般春季播种，夏秋开花结实，入冬前死亡。常见的一年生花卉有鸡冠花、万寿菊、凤仙花等。园艺中许多多年生花卉在露地环境中进行栽培时，对当地的气候条件不适应，不能适应冬季的严寒，出现生长不良或两年后生长状况变差的现象，由于它们具有容易结实、当年播种就可以开花的特点，故常作为一年生花卉在当地应用，如美女樱、藿香蓟、一串红等。

8.1.2 二年生花卉

二年生花卉是指在两个生长季内完成全部生活史的花卉，即花卉从播种到开花结实、死亡需要跨越两年。二年生花卉一般秋季播种，播种后第一年仅进行营养生长形成营养器官，次年开花结实而后死亡。常见的二年生花卉有羽衣甘蓝、须苞石竹、紫罗兰、风铃草等。

二年生花卉喜冷凉环境，耐寒性强，有的能耐0℃以下的低温，但不耐夏季高温。春化作用一般在0～10℃情况下30～70d完成，自然界中越过冬天就通过了春化作用。大多数二年生花卉喜阳光充足，仅少部分喜欢半阴环境，如三色堇。通常二年生花卉要求在长日照条件下进行花芽分化。

8.1.3 一二年生花卉主要特性

一二年生花卉种类繁多，多数由播种繁殖，具有繁殖系数大、栽培简单、生长快速整齐、经营周转快等优点，但也有花期短、管理繁、用工多、使用成本高等缺点。

一二年生花卉自播种至开花所需时间短，色彩艳丽，群体栽植观赏效果好，是园林中花坛、花境的主要材料，也可以植于庭院、阳台花池、门廊种植池、墙基及岩石园等地，还适合做盆栽以及用作切花。

8.1.4 繁殖与栽培管理要点

（1）繁殖要点

1）繁殖方式 一二年生花卉通常以播种繁殖为主。一些多年生作一二年生栽培的花卉，也可采用扦插繁殖，如金盏菊、半枝莲等。

2）播种时间 一年生花卉一般在春季播种，通常在春季晚霜过后，气温稳定在大多数花种子萌发的适宜温度时可露地播种。为了提早或延迟开花，也可以借助温室、温床、冷床等保护地进行播种育苗，华北地区正常春播时间为 3 月中下旬至 4 月中上旬，华南地区为 2 月底至 3 月下旬，华中地区为 3 月中旬至下旬。

二年生花卉一般在秋季播种，种子发芽适宜温度低，早播不易萌发。在冬季特别寒冷的地区，如东北地区，则可在温室进行秋季播种。

（2）栽培管理要点

1）整地作床 露地花圃育苗，需先制作播种床。播种床的土层厚 30cm 左右，整地作畦时施以腐熟的堆肥或厩肥作基肥，再耙平畦面。

2）苗期管理 经播种的种子萌发后，仅施稀薄液肥，并及时灌水，但要防止积水。苗期避免阳光直射，适当遮阴，但不能引起黄化。为了培育壮苗，苗期还应进行多次间苗或移植，移苗最好在阴天进行。

3）水肥管理 花卉种类不同，需水量也不同。一二年生花卉多数容易干旱，灌溉次数比宿根花卉和木本花卉多。种子发芽时需要较多的水分，幼苗期必须经常保持湿润，生长时期需要足够的水分维持生长。开花结果时，要适当控制水分，防止枝叶徒长，影响开花。不同品种的花卉对养分的要求不同，同一种花卉不同时期对不同元素的需求量也有所不同。一二年生花卉对氮、钾要求较高，施肥以基肥为主，生长期可根据生长的情况施肥。在幼苗期、生长期需足够的氮肥，配合磷钾肥。开花期停止施肥。开花后期可用追肥延长花期。

4）摘心及抹芽 为了使植株整齐、株型丰满，促进分枝或控制植株高度，延缓花期，常采用摘心的方法。如万寿菊、波斯菊生长期长，为了控制高度，于生长初期摘心。需要摘心的种类有五色苋、金鱼草、金盏菊、千日红、百日草、银边翠等。有时为了促进植株的伸长生长，减少花朵的数量，使营养供给顶芽，采取摘除侧芽的方法（称为抹芽），如鸡冠花、观赏向日葵等。

5）支柱与绑扎 一二年生花卉中有些株型高大，上部枝叶、花朵过于沉重，遇风易倒伏，还有一些蔓生性植物，均需进行支柱与绑扎才利于观赏。

6）剪除残花与花葶 对于连续开花且花期长的花卉，如一串红、金鱼草等，花后应及时摘除残花，剪除花葶，不使其结实，同时加强水肥管理，以保持植株生长健壮，继续开花。

8.2 常见的一二年生花卉

8.2.1 矮牵牛

（1）形态特征

矮牵牛（*Petunia hybrida*），别名碧冬茄，原种原产于南美阿根廷、巴西及乌拉圭，我国于 20 世纪初开始引种栽培。茄科碧冬茄属多年生或一年生草本植物，常作一年生栽培。

株高 30～60cm，全株被腺毛。叶卵形或椭圆形，全缘。花单生于叶腋。花萼 5 深裂，花冠漏斗状，形似喇叭（图 8-1）。花色有红色、白色、粉色、紫色及各种带斑点、网纹、条纹等的花色。花期 4～11 月。蒴果。种子千粒重约 0.1g。

图 8-1 矮牵牛

（2）品种分类

矮牵牛园艺品种丰富，按花朵类型分为大花型（花径 10～15cm）、小花型（花径 3～5cm）、多花型（花径 4～5cm，着花数量多）、丰花型（花径 5～9cm，着花数量介于大花和多花之间）、垂吊型（花径 4～6cm，分枝下垂，适宜吊盆栽培）。

按花瓣数量分为单瓣类和重瓣类。

按花色分为紫红色、鲜红色、桃红色、纯白色、肉色及多种带条纹品种（红底白条纹、淡蓝底红脉纹、桃红底白斑条等）。

同属植物约 25 种，常见栽培的有撞羽矮牵牛（*P. violacea*）、腋花矮牵牛（*P. axillaris*）等。

（3）生态习性

矮牵牛为长日照植物，喜温暖和阳光充足的环境以及疏松肥沃的微酸性土壤。不耐霜冻，怕雨涝。生长适温 16～25℃，冬季温度 4～10℃，低于 4℃时植株生长停止，耐寒品种能耐－2℃低温，耐热品种能耐 35～38℃的高温。矮牵牛对环境适应性强，具有连续开花的特点。生长期要求阳光充足，光照不足，则叶多花少。大部分品种从播种至开花需 100d 左右。冬季室内盆栽，温度低，日照短，茎叶生长茂盛，但不易着花；春季日照渐强，很快就从茎叶顶端分化花蕾。

（4）繁殖技术

矮牵牛主要采用播种法繁殖，播种时间根据上市时间而定。在南方地区一年四季均能播种，从播种到开花大约需要 3 个月，如 10 月需花，则一般于 7 月播种。北方地区温度超过 20℃时可以播种。矮牵牛中重瓣或大花品种不易结实的可采用扦插繁殖，规模化生产还可用叶片、花朵、下胚轴等作外植体进行组培繁殖。

（5）栽培管理

矮牵牛生长、开花均需要充足阳光，在长、短日照下花芽均能分化。短日照容易促进侧芽生长，使植株矮化，开花较紧密；在夏季的长日照强光下则分枝少，花蕾顶生，开花提前，花期缩短。适当遮阴有助于花大色艳和延长开放时间。耐旱怕涝，生长季节需充足的水分，花期应保证浇水充足，否则易导致花朵过早萎蔫。施肥应适量，小苗生长前期可勤施薄肥，以氮肥、钾肥为主。若枝条有徒长，可适当补充钙、镁的复合肥，浓度控制在 0.1%～0.2%之间；生长旺盛期每 15d 追施稀薄肥液 1 次，以有机肥为主。矮牵牛对硼和钙的需求相对较多，叶片出现条状黄化时，常为缺硼和钙，注意及时补施。

（6）主要应用

矮牵牛开花繁盛，花期长，色彩多样，是优良的花坛和盆栽花卉，常用于窗台美化、景点摆设、城市景观布置等。

8.2.2　一串红

（1）形态特征

一串红（*Salvia splendens*），别名象牙红，原产于巴西。唇形科鼠尾草属多年生亚灌木状草本植物，常作一年生栽培（图 8-2）。茎直立，高 80～100cm，钝四棱形。叶对生，卵圆形，边缘具锯齿，茎生叶有长叶柄，无毛。顶生总状花序，花 2～6 朵轮生；花萼钟形，红色；花冠呈红色筒状伸出萼外；花有红色、紫色、蓝色、白色等颜色。花期 3～10 月。小坚果。种子千粒重约 2.8g。

图 8-2　一串红

（2）品种分类

一串红同属植物 700 余种，常见栽培的还有朱唇（*S. coccinea*）、一串蓝（*S. farinacea*）、一串紫（*S. splendens* var. *atropurpura*）、一串白（*S. splendens* cv. *Alba*）等。

一串红园艺品种丰富，生产上常根据植株高矮进行分类，主要分为矮性品种（株高＜30cm）、中性品种（株高 35～40cm）、高性品种（株高＞65cm）。

（3）生态习性

一串红喜温暖、湿润、阳光充足的环境，耐半阴，怕霜寒。在肥沃、疏松、pH 5.5～6.5 的土壤中生长良好。

（4）繁殖技术

一串红一般以播种繁殖为主，从播种至开花约 3 个月，具体播种时间可以根据需花期和各品种生育周期的长短进行，使其应时开花。一串红种子发芽需要光照，无需覆土，播后喷雾浇水，盖上报纸或透气薄膜保湿，基质温度保持 20～22℃，经 10～14d 发芽。也可扦插繁殖，扦插后 10～20d 就可生根，30d 就可分栽。扦插苗须经多次摘心才能开花。从扦插至开花约 130d。

(5) 栽培管理

一串红喜温暖向阳的环境，在出苗和缓苗期间，白天适宜温度 25～30℃，夜间适宜温度 18～20℃，定植后，保持昼温 20～25℃，夜温 13～16℃，有利于植株生长。在维持适宜温度的同时，尽可能提供强光照。但在炎热的夏季，应加遮阳网进行遮阴，以防灼伤叶片。一串红定植时施用适量有机肥作基肥，缓苗后，适时浇水。每月追肥 2～3 次，花前增施磷肥、钾肥，可使开花繁茂。去除残花后，要浇足水，7d 后施 1 次薄肥水，其后，勤施肥水，可促生新梢，利于再次开花。

小苗长出 3～4 对真叶时，留 2 对叶摘心，可促使侧枝萌发，增加花枝。一般每次摘心后可延迟 25～30d 开花，因此可通过摘心修剪调节花期，一般在预定花期前一个月进行最后一次摘心，使其应时开放。

(6) 主要应用

一串红花朵繁密，色彩艳丽，常用作花丛、花坛、花境的主体材料。矮生品种可盆栽，用于窗台、阳台美化和屋旁、阶前点缀。

8.2.3 鸡冠花

(1) 形态特征

鸡冠花 (*Celosia cristata*)，别名鸡髻花、老来红，原产于非洲、美洲热带和印度。苋科青葙属一年生直立草本植物，株高 30～150cm (图 8-3)。全株无毛。茎粗壮直立。单叶互生，卵形、卵状披针形，全缘或有缺刻。花多数，极密生，形成扁平肉质鸡冠状、卷冠状或羽毛状的穗状花序；花被片红色、紫色、黄色、橙色，或红色、黄色相间。胞果。种子千粒重约 1.0g。花果期 7～9 月。

图 8-3 鸡冠花

（2）品种分类

鸡冠花园艺品种丰富，可分为以下几种。

1）根据外形分类

① 球状花型。花冠部分特别紧密而呈球状的种类。

② 羽状花型。花型呈羽毛状，花冠似火焰，色彩鲜艳。

③ 矛状花型花冠类。花冠呈圆锥状，花穗短而紧缩。

2）根据花序的形状分类

① 普通鸡冠。高度因品种差异很大，高型品种株高 80～120cm，矮型品种 15～40cm，极少有分枝。花扁平而且皱褶似鸡冠状，花色有紫红色、深红色、粉红色、淡黄色或乳白色，单色或复色。

② 子母鸡冠。株高 30～50cm。多分枝而斜出，全株呈广圆锥形，紧密而整齐。主干顶生花序形状大，皱褶而呈倒圆锥形，主序基部旁边生多数小序，各侧枝顶端相似，花色橘红色。

③ 圆绒鸡冠。株高 40～60cm。肉质花序卵圆形，花朵紧密，上面密被茸毛，具有丝绒光泽。

④ 凤尾鸡冠（*Celosia cristata*“*Plumosa*”），又名芦花鸡冠或扫帚鸡冠，株高 30～150cm。茎直立，叶卵状披针形，花序由多数小花序聚集成穗状，为腋生的聚伞花序或排成圆锥花序。

（3）生态习性

鸡冠花喜炎热而空气干燥的环境，不耐寒。喜深厚肥沃、排水良好、呈弱酸性的砂质壤土，适宜 pH 5.0～6.0，忌黏质土壤。喜肥，在瘠薄土壤中生长差，花序变小。怕潮湿，忌积水。栽培适宜温度 18～24℃，开花期适宜温度 24～26℃，冬季温度低于 10℃植株停止生长。鸡冠花喜阳光充足，若光线不足，茎叶易徒长，叶色淡绿，花朵变小。种子自播能力强，生命力可保持 4～5 年。

（4）繁殖技术

鸡冠花一般采用播种繁殖，3 月于温床播种。种子萌发嫌光性，需盖土，但种子小，覆土要薄，发芽适温为 20～22℃，播后 7～10d 发芽。

（5）栽培管理

鸡冠花为阳性植物，不喜荫蔽，怕潮湿，忌积水，出苗后要保证阳光充足。当幼苗长出 3～4 片真叶时，即可定植。但要注意鸡冠花属直根系，移栽时应带土坨，尽量避免或减少根系损伤。切花栽培定植密度株行距 20cm×50cm，露地栽培定植株距为 30～40cm。鸡冠花生长适温为 18～24℃，一般来说，鸡冠花只要在 10℃以上就不会受冻害，超过 35℃对植株生长有影响。鸡冠花移栽约 7d 后开始施肥，每隔半月施 1 次液肥。鸡冠形成前可追施磷肥、钾肥，以使花大色艳。鸡冠形成后，可 7～10d 施 1 次液肥。鸡冠花怕水涝，浇水应见干见湿。土壤过湿或施肥过量都会导致植株徒长和开花延迟。

直立分枝少的鸡冠花品种要及时去除侧芽，保证顶部花序的营养。矮生多分枝的鸡冠花品种定植后要及时摘心，以免主、侧枝花大小悬殊，影响观赏效果。一般头状鸡冠花生长期不摘心，穗状鸡冠花在 7～8 枚叶时应及时摘心，促使其多分枝。

（6）主要应用

鸡冠花高型品种适用于花境、花坛，还是很好的切花材料，切花瓶插能保持 10d 以上，也可制干花，经久不凋。矮型品种则适合盆栽或绿地边缘种植。

8.2.4 万寿菊

（1）形态特征

万寿菊（*Tagetes erecta*），别名臭芙蓉，原产于墨西哥及中美洲，中国各地均有分布。菊科万寿菊属一年生草本植物（图 8-4）。株高 50～150cm。茎直立，粗壮。叶对生或互生，羽状分裂，裂片呈长椭圆形或披针形，边缘具细锯齿；叶缘背面有少数腺体，具特殊气味。头状花序单生，舌状花为黄色或暗橙色，管状花花冠为黄色。花期 7～9 月。瘦果。种子千粒重 3g 左右。

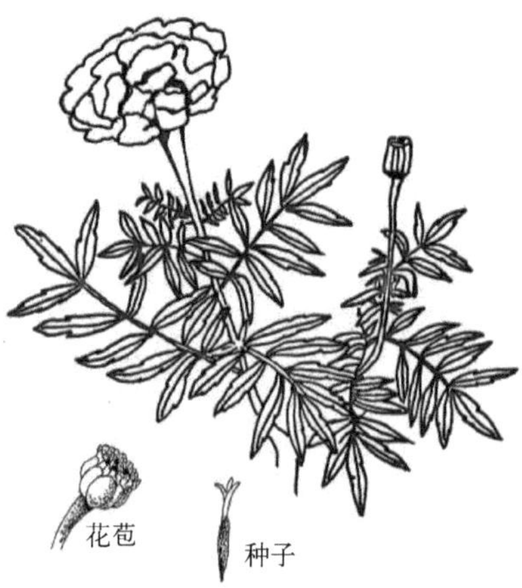

图 8-4 万寿菊

（2）品种分类

万寿菊品种根据植株的高低可分为高茎种（70～90cm）、中茎种（40～60cm）、矮生种（30～40cm）三种类型。

同属常见的栽培种还有孔雀草（*T. patula*）、细叶万寿菊（*T. tenuifolia*）、芳香万寿菊（*T. lemmonii*）等。

（3）生态习性

万寿菊喜温暖湿润、阳光充足的环境。生长适宜温度为 15～26℃，花期适宜温度为 18～20℃，生长环境适宜空气相对湿度为 60%～70%。夏季高温 30℃以上植株徒长，花量少。低于 10℃，则生长迟缓，冬季温度不宜低于 5℃，否则易受冻害。对土壤要求不严，以肥沃、排水良好的砂质壤土为宜。

（4）繁殖技术

万寿菊以播种繁殖为主，也可采用扦插、组织培养等方法繁殖。万寿菊四季均可播种，发芽适温 20～22℃，播后 7d 出苗，在适宜条件下，从播种到开花需 60～80d。育苗基质 pH 5.8～6.5，种子发芽不需要光，播种后可用蛭石或细土覆盖，覆土 0.8～1cm。扦插繁殖宜用嫩枝扦插，一般于 5～6 月进行，插后 10～15d 生根，扦插苗较播种苗开花早，一般 30～40d 可开花。生产上还可以叶片为外植体进行组培繁殖。

（5）栽培管理

万寿菊种苗长出 3～4 对真叶后移苗，30d 后定植，高茎品种株距 40～50cm，矮茎品种株距 30cm。万寿菊喜光，充足的阳光有利于植株生长健壮，花色艳丽；阳光不足，茎叶柔软细长，开花少而小，但栽植初期，尽量避免阳光直射，夏季适当遮阴。幼苗移栽后浇透水，缓苗期过后，浇水掌握见干见湿的原则。高温期要严格控制水分，以稍干燥为好。万寿菊不宜施肥过多，除施基肥外，在其生长发育期，一般每隔 3～4 周追施 1 次稀薄液肥即可。万寿菊喜钾肥，氮、磷、钾的施肥比例一般为 15∶8∶25。花谢后，及时剪除残花和过密茎叶，施 1～2 次速效性肥料，继续开花。

（6）主要应用

万寿菊花色艳丽、花期长，常用来点缀花坛、广场，布置花丛、花境等。另外，万寿菊植株对氟化氢、二氧化硫等气体有较强的抗性和吸收作用。在工业上，万寿菊因含有丰富的叶黄素，可作为食品、饲料、医药的原料。

8.2.5 金鱼草

（1）形态特征

金鱼草（*Antirrhinum majus*），别名龙头花、龙口花，原产于地中海沿岸，世界各地广泛栽培。玄参科金鱼草属多年生草本植物，常作一二年生栽培（图 8-5）。株高 20～120cm，茎直立。上部叶螺旋状互生，披针形至长圆状披针形，全缘。总状花序顶生，密被腺毛；花萼 5 深裂；花冠呈筒状唇形；花色有红色、橙色、黄色、粉色、紫色、白色及复色等。花期 5～7 月。蒴果。种子千粒重 0.12g。

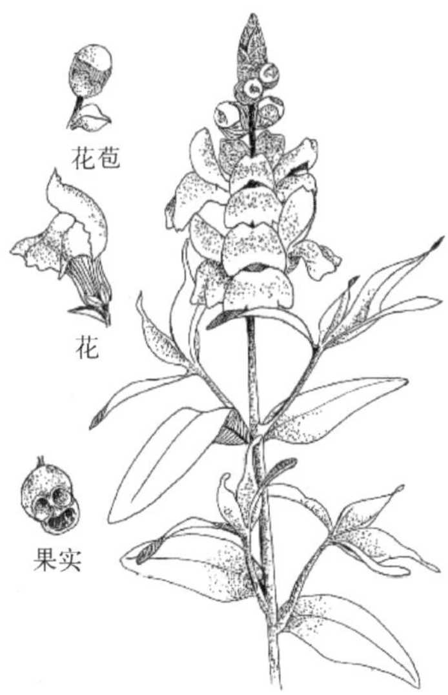

图 8-5　金鱼草

（2）品种分类

金鱼草有单瓣和重瓣品种之分，栽培品种多达数百个。根据植株高度分类如下：

1）高型品种　株高 90～120cm，分枝少，花期较晚而且长。主要有两个品系："蝴蝶"

系列（“Butterfly”），花为正常整齐型，似钓钟柳，花色丰富；“火箭系列”（“Rocket”），有10个以上不同花型，适合在高温下生长，为优良切花品种。

2）中型品种　株高45～60cm，分枝多，花色丰富。

3）矮型品种　株高15～30cm，分枝多，花小，花色丰富，花期较早。

（3）生态习性

金鱼草喜凉爽和阳光充足的环境，怕炎热。生长适温15～26℃，耐寒，能在0～12℃下生长。现蕾后如遇较低温度，较大花蕾会受寒害。在0℃下3h以上，花蕾全部遭受寒害，甚至全株枯死。小花由基部向上逐渐开放。要求排水良好的肥沃土壤，较耐碱性。从播种至开花70～84d。

（4）繁殖技术

金鱼草以播种繁殖为主，也可扦插。一般8～9月播种，第二年5～6月开花，播后在15℃左右条件下，约10d出苗，4枚真叶时，移植1次，7～8枚真叶时定植。金鱼草中的一些优良品种及重瓣品种不易结实，可采取嫩枝扦插的方法，扦插宜在6～7月进行。一般扦插后10～15d生根，20d后即可移栽。

（5）栽培管理

当幼苗长出4枚叶时即可移栽，通常进行2～3次移栽后定植。定植后浇1次透水，以后视天气情况而定，防止土壤过干、过湿。在生长期每隔10～15d追肥1次。前期以氮肥为主，进入花芽分化期增施磷钾肥。金鱼草开花期较长，花期可适当追肥2～3次，并保持土壤湿润，促使植株生长健壮，开花繁茂。当主茎有4～5节时进行摘心，促使多发分枝，增加着花部位，达到花繁枝密的观赏效果。花后要及时剪除残花，促使下部侧枝萌发，能开花不断。供切花用的品种在生长过程中则应随时摘除侧枝、侧芽，使养分集中在主枝上。夏季炎热，不利开花，可在夏季花后进行重剪，并加强肥水管理，进入秋季后，金鱼草生长势逐渐增强，10月份时会再次进入盛花期，一直至11月份，经几次霜冻后植株逐渐死亡，如放入温室中，则可安全越冬，作多年生栽培。

（6）主要应用

金鱼草株型挺拔，花色浓艳丰富，花型奇特，是布置花坛、花境的优质材料。矮生品种和中型品种可作盆花栽培，点缀窗台、阳台和门庭，或成片摆放组成各种景点。高型品种常用作花境中的背景材料，也是很好的切花花卉，瓶插水养时间持久。另外，金鱼草对氟化氢的抗性很强，适宜配置在工、矿企业污染区。

8.2.6 大花马齿苋

（1）形态特征

大花马齿苋（*Portulaca grandiflora*），别名半枝莲、松叶牡丹、太阳花，原产于巴西。马齿苋科马齿苋属一年生肉质草本植物，株高10～30cm（图8-6）。茎平卧或斜生，多分枝。叶密集于枝端，叶呈圆柱形。花单生或数朵簇生于枝端，萼片2枚；花瓣5枚或重瓣，有红色、紫色或黄白色。蒴果。种子千粒重约0.10g。花期6～9月，果期8～11月。

（2）品种分类

同属植物约200种，广布热带、亚热带至温带地区，常见栽培的还有毛马齿苋（*P. pilosa*），茎密丛生，铺散，叶互生，叶片近似圆柱形，顶端较细。腋内有茸毛，茎部

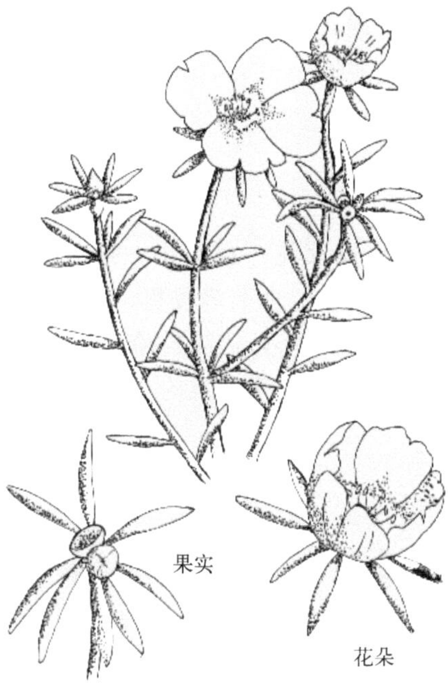

图 8-6 大花马齿苋

密集，花色为红紫色。

大花马齿苋园艺品种很多，有单瓣、半重瓣、重瓣之分。现代培育的品种许多是多倍体和杂交一代品种，如“太阳钟”系列（“Sundial”），大花，重瓣，花期比其他品种早 2 周左右。花色有黄色、蓝紫色、橙色、红色、粉红色、白色以及各种混合色。

(3) 生态习性

大花马齿苋喜欢温暖、干燥和阳光充足的环境，在阴暗潮湿之处生长不良。极耐瘠薄，一般土壤都能适应，对排水良好的砂质土壤特别钟爱。见阳光花开，早、晚、阴天闭合，故又有太阳花、午时花之名。

(4) 繁殖技术

大花马齿苋以播种繁殖为主，自播能力也很强。春季、夏季、秋季均可播种。种子发芽适温 21～25℃，当气温 20℃以上时种子萌发，播后 10d 左右发芽。扦插繁殖常用于重瓣品种，5 月初至 8 月底均可。剪取 5cm 左右的嫩茎顶端进行扦插，新扦插苗可遮阴，也可不遮阴，只要保持一定湿度，一般 10～15d 即可成活，之后进行正常的养护即可。

(5) 栽培管理

大花马齿苋栽培较为容易，小苗长出 1～2 对真叶时可移植，也可进行多次移植，开花期也可进行，移植时可不带土。喜温暖向阳环境，生长适温为 25～30℃，20℃以下生长缓慢，冬季温度不宜低于 10℃，夏季高温长势减弱，开花少。对光照反应敏感，光照越充足则生长越健壮。忌水涝，生长期若土壤过湿，则茎叶徒长、柔软，花朵稀疏；若土壤过于干旱，茎叶萎缩，茎节缩短，花朵亦小。栽培基质以湿润为宜，一般春季、秋季每周浇水 1～2 次，夏季每周浇水 2～3 次。注意避免排水不畅或空气相对湿度过大引起的烂茎现象。

（6）主要应用

大花马齿苋植株矮小，花色鲜艳，花期长，宜布置于花坛、花境、道路两旁、岩石园等地，也可盆栽或植于吊篮中作庭院装饰。

8.2.7 三色堇

（1）形态特征

三色堇（*Viola tricolor*），别名蝴蝶花、猫脸花，原产于欧洲。堇菜科堇菜属二年生或多年生草本植物，高 10～40cm（图 8-7）。地上茎较粗，直立或稍倾斜，有棱。基生叶呈长卵形或披针形；茎生叶呈卵形或长圆状披针形，边缘具稀疏的圆齿或钝锯齿。花大，通常每朵花有紫色、白色、黄色三种颜色。蒴果。种子千粒重约 1.40g。花期 4～7 月，果期 5～8 月。

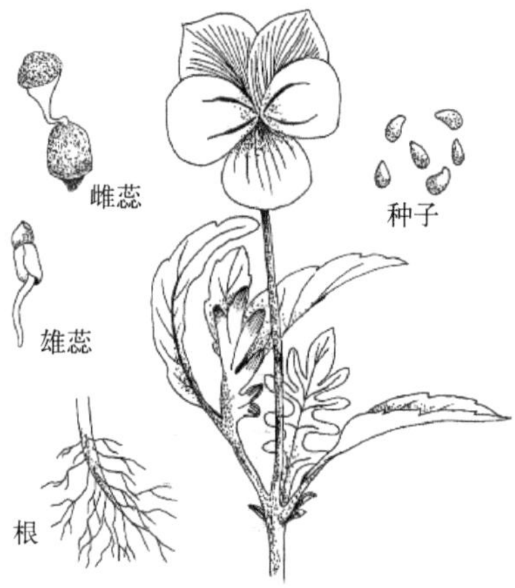

图 8-7 三色堇

（2）品种分类

同属植物 500 余种，广布温带、热带及亚热带，我国约有 111 种，南北各省区均有分布。

1）三色堇同属常见的栽培种

① 香堇（*V. odorata*）。株高 10～20cm，全株被柔毛。茎极短，有匍匐茎。叶呈心状卵形至肾形，具钝齿。2～4 月开花，花色有深紫堇色、浅紫堇色、粉红色或纯白色，芳香。

② 角堇（*V. cornuta*）。株高 10～30cm，茎丛生，短而直立。叶互生，披针形或卵形，有锯齿或分裂。花梗腋生，花瓣 5 枚，花径 2.5～4.0cm。花色丰富，花瓣有红色、白色、黄色、紫色、蓝色等颜色，常有花斑，有时上瓣和下瓣呈不同颜色。

③ 紫花地丁（*V. chinensis*）。根出叶，花色为紫堇色，植株矮小，宜作地被，原产于中国。

2）三色堇园艺品种根据花型大小的分类

① 巨花系品种。花径 10cm，如壮丽大花（cv. *Majestic Giant*）、奥勒冈大花（cv. *Oregon Giant*）、罗加和集锦（cv. *Rogglis Elite Mixture*）。

② 大花系品种。花径 6～8cm，如瑞士大花（cv. *Swissis Giant*），为花色鲜艳的矮生性品种。

③ 中花系品种。花径4～6cm，如三马杜（cv. *Tri～mardeau*）、海玛（cv. *Hiemalis*），适用于布置花坛。

④ 小花系品种。花径3～5cm，丛生，花多。

⑤ 微型花系品种。由角堇及其近缘野生种选育出的品种群，花径1.5～2.5cm。

（3）生态习性

三色堇喜凉爽和阳光充足的环境，怕高温和积水。耐寒抗霜，低于－5℃时叶片受冻，边缘变黄；长江以南地区可露地越冬。在昼温15～25℃、夜温3～5℃条件下植株生长良好。昼温连续在30℃以上花芽消失或不能形成花瓣。昼温持续25℃时，只开花不结实，即使结实，种子也发育不良。喜肥沃、湿润、排水良好、富含腐殖质的砂壤土，适宜pH 5.4～7.4。

（4）繁殖技术

三色堇的繁殖方式主要有播种繁殖、扦插繁殖和分株繁殖。播种繁殖春季、秋季皆可进行，播后避光条件下7～10d发芽，14～15周开花。扦插一般在夏季或秋季进行，插后经2～3周后即可生根，随后进行正常养护即可。分株则在花后进行，分株后置于半阴处缓苗，1～2周后将植株移至光照处正常养护。

（5）栽培管理

三色堇一般在幼苗长出4枚叶子时可以定植，移植时根部要带土球，否则不容易成活。定植后注意遮光保湿，缓苗后，基质见干浇水。小苗必须经过28～56d的低温环境才能顺利开花。若有乍热、高温达30℃以上的天气，应力求通风良好，降温以防枯萎死亡。三色堇喜充足光照环境，光照不足，开花不佳，在栽培过程中应保证植株每天接受不少于4h的光照。因其根系对光照敏感，在有光条件下，幼根不能顺利扎入土中，所以胚根长出前不需要光照，当小苗长出2～3枚真叶时，应逐渐增加日照，使其生长得更为茁壮。生长过程中栽培基质以稍干燥为宜，土壤过湿，容易遭受病虫害。生长初期施肥应以氮肥为主，临近花期增施磷肥。生长期每20～30d施肥1次，以含钙的复合肥料为主。

（6）主要应用

三色堇品种繁多，花色奇特，适宜布置花坛、花境或草坪边缘；也可盆栽于室内观赏。

8.2.8 美女樱

（1）形态特征

美女樱（*Glandularia×hybrida*），别名铺地锦、四季绣球，原产于巴西、秘鲁、乌拉圭等地。马鞭草科美女樱属多年生草本植物，常作一二年生栽培（图8-8）。株高10～50cm，全株有细茸毛，茎四棱形。叶对生，深绿色，长圆形，边缘有钝锯齿。穗状花序顶生或腋生，花小而密集，呈伞呈房状，花冠呈筒状，有白色、粉色、红色、复色等，具芳香。种子千粒重约2.8g。花期6～9月。

（2）种与变种

同属常见栽培种还有细叶美女樱（*G. tenera*）、加拿大美女樱（*G. canadensis*）等。

园艺变种较多，常见的有：

① 白心美女樱（var. *auriculiflora*），花冠喉部为白色，大而显著。

② 斑纹美女樱（var. *striata*），花冠边缘有斑纹。

③ 大花美女樱（var. *grandiflora*），高约30cm，株幅可达50cm，适合作吊篮、窗台及

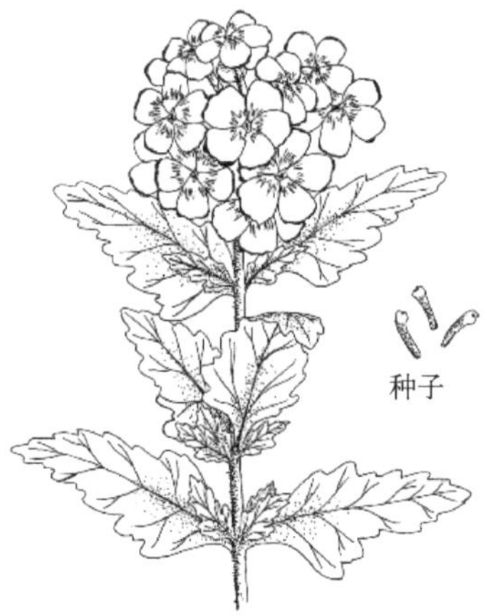

图 8-8 美女樱

地被用花。

④ 矮生美女樱（var. *nana*），植株高 20cm 左右，抗白粉病，该系列从苗期就体现粗壮的趋势，植株健壮繁茂，花朵大而多。

（3）生态习性

喜温暖湿润、阳光充足的环境。生长适温 5～28℃，最适宜温度为 16℃，冬季可耐 −5℃的低温。北方多作一年生草花栽培，在炎热夏季能正常开花。对土壤要求不严，在疏松肥沃的土壤中生长良好。

（4）繁殖技术

北方通常播种繁殖或扦插繁殖，南方暖地宿根露地越冬，可在早春分株繁殖。美女樱的种子因外层的种皮含有抑制物质，故发芽率不高，播种前可先将种子泡水一天，发芽适温 15～20℃，播种后 2～3 周才开始出苗。播种春季、秋季均可，常以春播为主。扦插于 4～7 月进行，剪取稍木质化的枝杈，剪成 5～6cm 长的插条，插于湿砂床中，插后要立即遮阴，经 2～3d 后可见散射光，以促进生长，大约经 2 周后可发出新芽、生根。

（5）栽培管理

美女樱播种出苗后经过 1～2 次分苗，即可移植于温床或营养钵中，然后在晚霜过后，定植到露地，定植时应适量施入基肥。美女樱耐高温，在炎热的夏季也能正常开花。栽培场地要求光照充足，若光照不足，植株易徒长，开花少且株姿疏散。

美女樱对水分比较敏感，怕干旱又忌积水。幼苗期基质必须保持湿润，有利于幼苗生长。一般冬季、春季应少浇，天气干热时要及时浇水，高温季节浇水要充足。生长期每月追施 1～2 次稀薄液肥，生长旺季每 1～2 周追施 1 次复合液肥。

（6）主要应用

美女樱花期长，花色丰富，耐空气污染，常作花坛、花境的材料，或在林缘、草坪成片栽植；矮生品种适宜盆栽或吊盆栽培，可装饰窗台、阳台或走廊；美女樱还可作切花材料。

8.2.9 醉蝶花

（1）形态特征

醉蝶花（*Tarenaya hassleriana*），别名西洋白花菜、蜘蛛花，原产于热带美洲，白花菜科醉蝶花属一年生草本植物。株高 40～150cm，花茎直立，全株被黏质腺毛，有特殊臭味。掌状复叶，小叶 5～7 枚，矩圆状披针形。总状花序顶生，花瓣呈玫瑰红色或白色。花期 6～9 月。蒴果。种子千粒重约 1.8g。

(2) 栽培种与品种

醉蝶花属植物约有 150 种，我国有 6 种，园林中常见栽培的还有：

① 黄醉蝶花（*T. lutea*），花朵为鲜橙黄色，原产于美国。

② 三叶醉蝶花（*T. graveolens*），三出复叶，花呈白色或淡黄色，原产于北美地区。

园艺栽培品种有“樱桃女王”“紫女王”“彩色喷泉”等。

(3) 生态习性

醉蝶花喜温暖，耐炎热，耐干旱，不耐寒，夏季为生长期，遇霜冻植株即枯死。喜阳光充足，略耐半阴，能自播。对土壤要求不苛刻，在水肥充足的肥沃地，植株生长健壮；一般肥力中等的土壤，也能生长良好；砂壤土或黏重的土壤或碱性土中生长不良。播种至开花只需要 60～75d，花期长达 3～4 个月，花谢后可修剪促进侧枝继续开花。

(4) 繁殖技术

醉蝶花主要采用播种繁殖和扦插繁殖。醉蝶花种子需进行变温处理或者在温差较大的季节播种，播种发芽率更好。一般白天温度在 20℃左右，昼夜温差达到 15℃时醉蝶花种子容易发芽。夏季播种醉蝶花时，可先把种子放入 5℃的冰箱内冷藏 24h，然后取出在自然高温下放置 24h，通过人为进行变温处理后再进行播种。扦插繁殖在春季、秋季均可进行，约 7d 后可生根，2 周后上盆或移栽。插穗生根的最适温度为 18～25℃，低于 18℃，插穗生根困难；高于 25℃，插穗的剪口容易受到病菌侵染而腐烂。

(5) 栽培管理

醉蝶花喜阳光充足也耐半阴，不耐寒，遇霜冻植株即枯死。生长期间白天适温 20～32℃，夜间适温 16～28℃，高温和低光照都会造成徒长，低温则会导致植株停止生长。施肥宜淡肥勤施，并且在施肥过后，晚上要保持叶片和花朵干燥。若作盆栽，孕蕾期需施 2～3 次稀薄的复合液肥，春节期间即可开花。盛夏应每天浇水。醉蝶花喜欢较高的空气相对湿度，空气相对湿度过低会加快单花凋谢，最适空气相对湿度为 65％～75％。

醉蝶花在开花之前一般进行 2 次摘心，以促使萌发更多的开花枝条。当苗高 6～10cm 并有 6 枚以上的叶片后，把顶梢摘掉，保留下部的 3～4 枚叶，促使分枝。在第 1 次摘心 3～5 周后，或当侧枝长到 6～8cm 长时，进行第 2 次摘心，即把侧枝的顶梢摘掉，保留侧枝下面的 4 枚叶。2 次摘心后，株型会更加理想，开花数量也多。栽植于园林绿地时，应将残花及时摘除，使其不结籽以延长花期。

(6) 主要应用

醉蝶花轻盈飘逸，似彩蝶飞舞，常用于庭院布置、花坛背景，以及制作盆花和切花，在园林应用中，可根据其耐半阴的特性，种在林下或建筑阴面观赏。此外，醉蝶花是非常优良的抗污花卉，对二氧化硫、氯气的抗性都很强，在污染较重的工厂矿山也能生长良好。

8.2.10 雏菊

(1) 形态特征

雏菊（*Bellis perennis*），别名春菊、延命菊，原产于欧洲，菊科雏菊属多年生草本植物，常作一二年生草本栽培。株高 15～20cm（图 8-9）。叶基生，长匙形或倒卵形。头状花序单生，舌状花一层，雌性，舌片白色带粉红色；管状花多数，两性，均能结实。瘦果。种子千粒重 0.2g。花期 3～6 月，果期 5～7 月。

图 8-9 雏菊

(2) 种与品种

雏菊同属植物约有 7 种，我国常见 1 种。作观赏栽培种的还有：

① 全缘叶雏菊（*B. integrifolia*），花径 2.5cm，花呈淡紫色或白色，具有极高的观赏价值，原产于北美地区。

② 林地雏菊（*B. syluestris*），花序下垂，花较大，舌状花色浅，顶端为深红色。分布于欧洲南部。

雏菊经过多年的栽培与杂交选育，在花型、花期、花色和株高方面较野生型有了很大改进，已筛选出许多园艺品种，形成不同的系列品种群。国内外常见的栽培品种群有：

① 哈巴内拉系列（Habanera Series），花瓣长，花期初夏。

② 绒球系列（Pomponette Series），花重瓣，具有褶皱花瓣。

③ 罗加洛系列（Roggli Series），花期早，花量大，半重瓣。

④ 塔索系列（Tasso Series），花重瓣，具有褶皱花瓣。

(3) 生态习性

雏菊喜冷凉气候，忌炎热。喜光，耐半阴，喜肥沃、湿润且排水良好的土壤。种子发芽适温 22～28℃，生长适温 20～25℃。雏菊生性强健，具有一定的耐寒能力，地表温度不低于 3～4℃条件下可露地越冬，但重瓣大花品种耐寒力较差。

(4) 繁殖技术

雏菊常进行播种繁殖，一般于 8～9 月进行露地播种，寒冷地区也可以在温室内进行早春播种。播种后 3～5d 就可以发芽，7d 可出苗。也可采用分株繁殖的方法，通常于 3～4 月或花后 6 月间将老株挖出，按 3～5 棵为一丛将根茎掰开，然后分丛栽植，20d 左右可萌发新枝，极易成活。

(5) 栽培管理

雏菊的根系发达，须根多，极耐移植，甚至在大量开花时也可移植。小苗第一次移植后，15～20d 可定植于露地。雏菊喜凉爽、光照充足的环境，在 4℃以上可安全越冬，温度低于 10℃时，生长相对缓慢，株形减小，开花延迟。如温度高于 25℃，花茎会拉长，生长势及开花量都会衰减。夏季气温升高，不利于雏菊生长，因此一般都用秋播苗来避开 5 月份以后气温升高的环境。雏菊喜水，喜肥。幼苗期可施用氮、磷、钾比例为 14∶0∶14，浓度为 50mg/kg 的复混肥水，每半个月 1 次，让幼苗在越冬前发棵，植株生长矮壮，增强抗病力，有利于翌年生长开花。定植后，N、P、K 比例调整为 20∶10∶20、14∶0∶14，两种比例交替使用，施用浓度 75mg/kg，每周一次，直至初开花。生长期间要经常松土，促发须根，防止徒长。

(6) 主要应用

雏菊花型可爱，花色明媚，宜作花坛、花境的镶边植物，沿着小径栽植；还可用于盆栽观赏。

8.2.11 金盏菊

(1) 形态特征

金盏菊 (*Calendula officinalis*)，别名金盏花、黄金盏，原产于中海地区和中欧、加那利群岛至伊朗一带。菊科金盏菊属多年生草本植物，常作一二年生栽培。株高 30～60cm，茎常自基部分枝，绿色或多少被腺状柔毛；基生叶长圆状倒卵形或匙形，全缘或具疏细齿；茎生叶长圆状披针形或长圆状倒卵形；头状花序单生茎枝顶端，舌状花有黄色、橙色、橙红色、白色等颜色，也有重瓣、卷瓣和绿心、深紫色花心等品种。瘦果。种子千粒重约 9.35g。花期 4～9 月，果期 6～10 月。

(2) 品种分类

金盏菊属植物，有 20 余种，我国常见栽培 1 种，即金盏菊。常见栽培的园艺品种有：

① 邦·邦 (Bon bon)，株高约 30cm，花色有黄色、杏黄色、橙色等。

② 吉坦纳节日 (Fiesta gitana)，株高 25～30cm，重瓣早花种，花色有黄色、橙色、双色等。

③ 卡布劳纳 (Kablouna) 系列，株高约 50cm，大花种，花色有金黄色、橙色、柠檬黄色、杏黄色等，具有深色花心。

④ 红顶 (Touch of red)，株高 40～45cm，花重瓣，花色有红色、黄色和红黄双色，每朵舌状花顶端呈红色。

⑤ 宝石 (Gem) 系列，株高 30cm，花重瓣，花色有柠檬黄色、金黄色。

依花径的大小分为大轮种（花径在 10cm 以上，多作为切花用)、中轮种（花径在 6～8cm 之间，可作切花或盆栽）和小轮种（花径 4～6cm，花繁密，多作盆栽和花坛栽培用)。依花型分为单瓣、重瓣。

(3) 生态习性

金盏菊喜阳光充足且凉爽的环境，不耐阴，怕酷热和潮湿，稍耐寒。在我国长江以南地区可露地越冬，在黄河以北地区需入冷床或进行地面覆盖露地越冬。耐瘠薄土壤，但以疏松、排水良好、土壤肥沃适度的土质为好，有一定的耐旱力。金盏菊种子能自播，常温下种子发芽力可保持4年。

(4) 繁殖技术

金盏菊主要采用播种繁殖，个别优良品种也可用扦插繁殖。常以秋播或早春温室播种为主。金盏菊发芽力强，若保持土壤湿润，温度在20～22℃之间，7～10d发芽。

(5) 栽培管理

金盏菊幼苗长出3枚真叶时移栽一次，待5～6枚真叶时定植。定植后7～10d，摘心促使分枝或用0.4% B_9（矮壮素）溶液喷洒叶面1～2次来控制植株高度。金盏菊生长适温为7～20℃，冬季气温10℃以上，金盏菊容易发生徒长。夏季气温升高，茎叶生长旺盛，若气温超过30℃植株生长不良，叶黄脱落，不能开花，即使开花花朵变小，花瓣显著减少。生长期日照充足，有利植株生长，若光照不足，基部叶片容易发黄，甚至烂根死亡。温室栽培空气湿度不宜过高，否则容易遭受病害，应加强通风。幼苗期以稍湿为好，有利于茎叶生长，冬季提高抗寒能力。成株期以稍干为宜，可以控制茎叶生长，以免引起徒长。生长期每半月施肥1次以补充养分消耗。

另外，金盏菊容易杂交，若要留种，不同品种应隔离栽培。

(6) 主要应用

金盏菊花色金黄，如同金盏，适宜布置花坛和花境，还可作盆栽和插花观赏。金盏菊对二氧化硫、氧化物和硫化氢都有较强的抗性，是工矿区绿化、美化的优良花卉。

8.2.12 翠菊

(1) 形态特征

翠菊（*Callistephus chinensis*），别名江西腊、七月菊，原产于中国，世界各地均有栽培。菊科翠菊属一年生或二年生草本植物（图8-10）。株高15～100cm，茎直立，有纵棱，被白色糙毛。叶互生，卵形、匙形或近圆形，边缘粗锯齿，两面被稀疏的短硬毛。头状花序单生于茎枝顶端，原种花直径5～8cm，舌状花花色浅堇色至蓝紫色，管状花为黄色；园艺栽培品种花直径3～15cm，花色丰富，有桃红色、橙红色、粉红色、紫色、蓝色、白色、乳黄色、浅黄色等。瘦果。种子千粒重约2.0g。春播花期7～10月，秋播花期5～6月。

图8-10 翠菊

(2) 品种分类

翠菊属仅一种，栽培品种极为丰富，依其花色、花期、株形、株高、花型的不同有不同的分类品种。

根据花序形状可分为单瓣型、内抱型、外翻型（包括著名的驼羽型）、管花型。根据花瓣的形态变化和花序的组成形状，大致分为放射型、叠球型、托挂型、驼羽型等。按植株的高度不同可分为矮型、中型和高型。

翠菊的常见盆栽品种有小行星系列、矮皇后系列、迷你小姐系列、波特·佩蒂奥系列、矮沃尔德西、地毯球、彗星系列等。

(3) 生态习性

翠菊喜肥沃、排水良好的砂质壤土和向阳的环境，生长适宜温度为15～25℃，耐寒性不强，秋播越冬最低温度为2～3℃，夏季不喜欢酷暑，不耐旱，在炎热环境中花期延迟，或开花不良。高型品种适应性较强，随处可栽；中矮型品种适应性较差，要精细管理。

(4) 繁殖技术

翠菊主要采用播种繁殖，春季、夏季、秋季皆可进行。一般多在春季播种。因品种和应用目的不同，播种期也有差异。如矮生品种四季均可播种，而多采用春播。中型品种通常5～6月播种，8～9月开花；8～9月播种，冷床越冬，翌年5～6月开花。高型品种春季、夏季皆可播种，均于秋季开花，只是早播种的开花时植株高且叶片老，基部叶片容易枯黄脱落，因此以初夏播种为宜。翠菊的种子发芽率在50%左右，有些品种可达95%以上。播种后在18～21℃条件下5～7d即可发芽。

(5) 栽培管理

翠菊幼苗极耐移植，长出2枚真叶时，就可分苗移植到露地养护。春播苗经过1～2次移植后，于6月初定植于露地。矮型品种在开花时还可移植，而高型、中型品种适宜早移植，否则恢复生长较慢，影响开花质量。如需上盆，可先地栽，待快开花前带土坨上盆。翠菊怕高温，不耐寒，在通风良好且阳光充足的环境中生长旺盛。翠菊属长日照植物，对日照反应比较敏感，光照不足会抑制植株开花和生长。在每天15h长日照条件下，保持植株健壮，开花可提早。若短日照处理，植株长高，开花延迟。对于切花品种，在幼苗期至少需要4周的光照时间，14～16h/d。在短日照的自然条件下要进行补光，夜间需补光4h。如果植株只在短日照的条件下生长，叶片会出现簇状化，影响正常开花。

翠菊为浅根性植物，生长期应经常进行灌溉。翠菊喜肥，幼苗移植后，每半个月施肥一次。栽种翠菊的土地不宜重茬，连续栽植易造成生长不良，优良性状退化，甚至会导致植株枯萎死亡。

(6) 主要应用

翠菊品种丰富，花色鲜艳，花型多变，观赏价值高。矮生种用于盆栽、花坛观赏，高秆种用作切花观赏。

8.2.13 石竹

(1) 形态特征

石竹（*Dianthus chinensis*），原产于我国北方，俄罗斯西伯利亚和朝鲜也有分布。石竹科石竹属多年生草本植物，常作为一二年生草本栽培。株高30～75cm，全株无毛。茎直立，节部膨大似竹。单叶对生，线状披针形，全缘或有细小齿，基部抱茎。花单生于枝端或数朵花集成聚伞花序，具芳香；花有红色、紫红色或白色等，花瓣 5 枚，顶缘不整齐齿裂，喉部有斑纹（图 8-11）。蒴果。种子千粒重约 1.12g。花期 5～6 月，果期 7～9 月。

图 8-11 石竹

（2）种与变种

同属约有 300 种，我国有 14 种，常见栽培石竹的种、变种如下。

1）须苞石竹（*D. barbatus*） 株高可达 60cm，全株无毛。茎直立，微四棱。叶对生，披针形。花多数，集成头状，花瓣有粉色、白色、红色、紫色等颜色。花期春季、夏季。

2）锦团石竹（*D. chinensis* var. *heddewigii*） 植株较矮。茎光滑多分枝。叶对生，线状披针形，色彩变化丰富。花单生，有粉色、红色、白色或复色，单瓣或重瓣，芳香。花期 4～5 月。

3）少女石竹（*D. deltoides*） 株高 15～40cm，灰绿色。茎匍匐地面，适宜作地被植物。叶小，线状披针形，着生于花茎。花单生于茎端，繁密，具长梗，有须毛，花有白色、黄色、红色等，芳香。花期 5～6 月。

4）常夏石竹（*D. plumarius*） 株高约 30cm，全株光滑无毛，有白霜。茎直立，丛生型。茎、叶对生，厚，长线形，顶端锐尖，叶较其他石竹细。花单生或 2～3 朵生长于枝的顶边缘，芳香，花瓣 5 枚，有白色、红色或紫色，喉部常有紫黑色斑，先端尖裂。花期 6 月。

5）石竹梅（*D. Latifolius Willd*） 是中国石竹和美国石竹的杂交品种。叶较宽，长椭圆状披针形，色稍浅。每个花序着花 1～6 朵，花瓣表面常具银白色的边缘，多为复瓣至重瓣，背面全为银白色，花萼开裂。花期长。

6）瞿麦（*D. superbuse*） 株高 30～40cm。茎丛生，直立，绿色，无毛，上部分枝。叶对生，多皱缩，展平叶片呈条形至条状披针形。花顶生，呈疏圆锥花序，花瓣呈羽状深裂，有紫色、粉色、白色等颜色。

7）香石竹（*D. caryophyllus*） 株高 40～70cm，全株无毛，粉绿色。茎丛生，直立，基部木质化，上部稀疏分枝。叶对生，线状披针形。花常单生于枝端，有时 2 朵或 3 朵，有香气，为粉红色、紫红色或白色。有很多园艺品种，常用作切花。

（3）生态习性

石竹喜阳光充足、干燥、通风及凉爽湿润的气候。耐寒、耐旱，不耐酷暑。要求肥沃、疏松、排水良好及含石灰质的壤土或砂质壤土，忌水涝，喜肥。

（4）繁殖技术

石竹以播种繁殖为主，根据需求可选择春播或秋播。播后温度适宜 5d 后即可发芽，10～15d 即可出苗，从播种到成苗约需 80d。扦插繁殖多用于繁殖特殊变种，生长期可随时进行扦插。

（5）栽培管理

当播种苗长出 3～4 枚真叶时即可移植，株高长至 10cm 左右时可定植。石竹生长适宜温度 15～20℃。冬季应放温室中，温度保持在 12℃以上。生长期要求光照充足，夏季以散射光为宜，避免烈日暴晒。温度高时要遮阴、降温。石竹浇水应掌握不干不浇原则。秋季播种的石竹，11～12 月浇防冻水，第 2 年春天浇返青水。整个生长期每 3 周施 1 次追肥。当土壤 pH 值低于 6.5 时其中应加石灰，用量为 $250g/m^2$。

石竹生长期可摘心 2 次，令其多分枝，及时摘除腋芽，减少养分消耗。花后剪除残花，注意肥水管理，秋季还可再次开花。石竹属种间容易自然杂交，留种必须进行种间隔离。

（6）主要应用

石竹叶似竹叶，花朵色艳繁茂，多用于布置花坛、花境、花带、地被等，亦可作盆栽观赏。

8.2.14 花菱草

（1）形态特征

花菱草（*Eschscholtzia californica*），原产于美国加利福尼亚州。罂粟科花菱草属多年生草本植物，常作一年生栽培。株高 30～60cm，茎直立，分枝多，开展。基生叶为灰绿色，多回散出羽状细裂，裂片呈线形锐尖、长圆形锐尖或钝、匙状长圆形；茎生叶与基生叶同。花单生于茎和分枝顶端，花瓣 4 枚，三角状扇形，黄色，基部具橙黄色斑点。蒴果。种子千粒重 1.43～1.67g。花期 4～8 月，果期 6～9 月。

（2）种与品种

花菱草属约 12 种，中国广为引种栽培 1 种。园艺上常见供观赏栽培的还有丛生花菱草（*E. caespitosa Benth.*）、兜状花菱草（*E. cuculata Greene.*）。园艺栽培品种有白花、密丛、橙花、红粉花等品种。

（3）生态习性

花菱草较耐寒，喜冷凉、干燥气候，不耐湿热，炎热的夏季处于半休眠状态，常枯死，秋后再萌发。花菱草属肉质直根系，不耐移植，大苗移栽成活率低。宜疏松肥沃、排水良好、土层深厚的砂质壤土，也耐瘠薄土壤。喜阳光充足，花多在阳光下开放，阴天及夜晚闭合，能自播繁殖。

（4）繁殖技术

花菱草以播种繁殖为主。在冬季土壤不结冻的地区行秋播。中国北方地区于早春在室内育苗，播后约 7d 发芽。花菱草也可早春播种，播后 10～15d 出苗。

（5）栽培管理

花菱草为肉质直根系，宜直播。我国北方地区可于早春在温室内育苗，在真叶开展前起苗上盆。约 4 月中下旬即可脱盆带土定植，5 月末可开花。花菱草忌酷热，耐霜寒，生长适宜温度为15～25℃。对冬季温度要求不是很严，只要不受到霜冻就可以安全越冬；在温度30℃以上时死亡。在晚秋、冬季、早春，需充足的直射光，有利于植株花芽分化。夏季若遇到高温日照强烈天气，需要遮阴50%左右。

花菱草不耐湿涝，阴雨天过长，易受病菌侵染。最适空气相对湿度为40%～60%。定植后，每隔半个月追施薄肥1次，直到3月份停止。生长旺盛期及开花期，每隔10～15d施用追肥1次。春季、夏季雨水过多，花菱草根颈部易发黑霉烂，可于3月中、下旬在花菱草根部撒草木灰预防根部腐烂，同时注意及时排涝，加强通风。

(6) 主要应用

花菱草茎叶嫩绿带灰色，花色鲜艳夺目，是良好的花带、花境和盆栽材料，也可用于草坪丛植。

8.2.15 香雪球

(1) 形态特征

香雪球（*Lobularia maritima*），别名小白花、庭荠，原产于地中海沿岸。十字花科香雪球属多年生草本植物，常作一二年生栽培。茎基部木质化，株高10～40cm，全株被银灰色“丁”字毛。叶互生，条形或披针形，全缘。小花密生聚集为伞房状花序，淡紫色或白色，芳香。短角果。种子千粒重约0.28～0.33g。温室栽培的花期为3～6月，露地栽培的为9～10月。

(2) 品种分类

香雪球有重瓣和斑叶观叶品种，其中斑叶品种叶缘为白色或淡黄色。另有一些矮生品种，高仅10cm。常见栽培的园艺品种有复活节圆帽、雪晶、新雪毯、彩毯、玫瑰日、雪堆、阿佛洛狄特和新水晶等。

(3) 生态习性

香雪球喜冷凉，忌湿热，忌涝，要求阳光充足，也耐半阴。对土壤要求不严，比较耐干旱瘠薄，但在肥沃、排水良好的土壤上生长良好。种子能自播繁衍。

(4) 繁殖技术

香雪球以播种繁殖为主，可春播或秋播。发芽适温22～25℃，5～10d发芽。从播种到开花需8～9周。也可用嫩枝扦插繁殖。

(5) 栽培管理

香雪球幼苗长出4枚真叶时，即可移植。温室栽培起苗上盆后，浇定根水，保证充足光照，60d左右现初花。室外栽培在温度持续稳定在5℃以上时即可移栽定植。香雪球性强健，开花期移栽也很容易成活。香雪球喜干燥，阴雨天过长，易受病菌侵染。最适空气相对湿度为40%～60%。能耐轻度霜寒，室外越冬应予以保护，在昼温15～25℃、夜温10～13℃下生长良好。炎夏前进行重剪，放凉爽处越夏，则秋后开花更盛。香雪球需要全光照，光强以保持在40000～60000lx为宜，但在半遮阴的环境下可延长花期。

香雪球移植7d后进行正常的水肥管理，每半月浇1次稀薄复合肥液。过度施肥会导致小叶、植株木质化、下部叶片发黄；肥力不足会导致叶片大、叶色浅和小花；肥力中等有利于植株生长。

(6) 主要应用

香雪球株矮而多分枝，花色优美，具芳香，是布置岩石园、花坛、花境的优良花卉，同时还是优良的蜜源植物。

8.2.16 虞美人

（1）形态特征

虞美人（*Papaver rhoeas*），原产于欧洲。罂粟科罂粟属一年生草本植物，茎直立，株高25～90cm。叶互生，叶片轮廓为披针形或狭卵形，羽状分裂。花单生于茎和分枝顶；花瓣4枚，紫红色，基部通常具深紫色斑点。蒴果。种子千粒重约0.143g。花果期3～8月。

（2）种与变种

同属植物有100多种，主产于中欧、南欧至亚洲温带，少数种产于美洲、大洋洲和非洲南部。中国有7种3变种和3变型，分布于东北部和西北部，或各地栽培。常见栽培的种有冰岛罂粟（*P. nudicaule*）、东方罂粟（*P. orientale*）等。

（3）生态习性

虞美人喜光照充足、气候凉爽的环境，较耐寒耐旱，忌炎热多湿环境；直根性，不耐移植。能自播繁衍，对土壤要求不严，宜栽植在通风和排水良好的地方。

（4）繁殖技术

虞美人主要进行播种繁殖，长江流域一带常于9～10月播种，播后约7d后出苗。北方寒冷地区春季播种。因种子细小，播种要精细，宜拌细砂，覆土宜薄。

（5）栽培管理

虞美人花及同属植物均为直根性，须根少，不耐移植，宜直播，园林栽植最好用营养钵或小纸盆育苗，连钵或盆移植，否则很难成活或生长不良。虞美人喜冬暖夏凉、光照充足的环境。生长适宜温度12～20℃。夏季温度升高，虞美人长势减弱，地上部分枯黄死亡。生长期要求光照充足，每天至少要有4h的直射日光。播种时，要施足底肥，生长期喜潮润的土壤，要适时浇水。浇水应掌握“见干见湿”的原则，刚栽植时，控制浇水，以促进根系生长，现蕾后充足供水，保持土壤湿润。开花前应施稀薄液肥1～2次，现蕾后每间隔3d叶面喷施1次0.1%磷酸二氢钾液，有利于催花。

（6）主要应用

虞美人花色丰富、花期长，适宜用于花坛、花境栽植，也可盆栽或作切花用。

8.2.17 羽衣甘蓝

（1）形态特征

羽衣甘蓝（*Brassica oleracea* var. *acephala f. tricolor*），别名叶牡丹、牡丹菜等，原产于地中海沿岸至小亚细亚一带。二年生草本植物，为十字花科芸薹属甘蓝种的一个变种。株高30～60cm。茎短缩，密生叶片。叶片肥厚，倒卵形，被有蜡粉，外部叶片呈粉蓝绿色，内叶叶色丰富，有白色、粉红色、黄色、黄绿色等颜色。总状花序顶生，有小花20～40朵（图8-12）。花期为4月。角果。种子千粒重约1.6g。种子成熟期为6月。

（2）品种分类

羽衣甘蓝根据叶色可分为红紫叶和白绿叶两类。前者心叶为紫红色、淡紫红色或雪青色，种子为红褐色；后者心叶为白色或淡黄色，茎部为绿色，种子为黄褐色。根据叶型分类可分为皱叶型、圆叶型、波浪叶型和裂叶型。

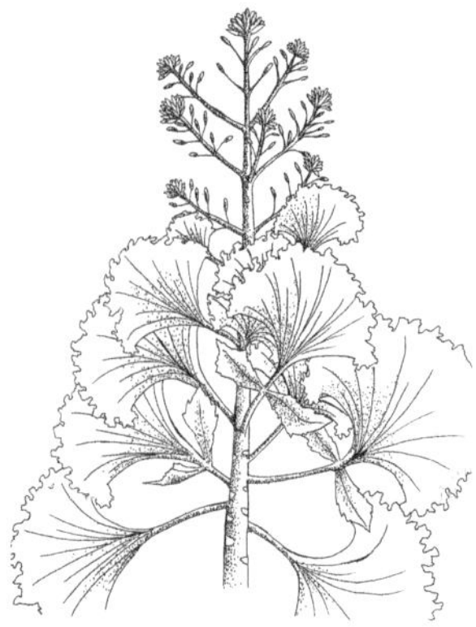

图 8-12 羽衣甘蓝

(3) 生态习性

羽衣甘蓝喜冷凉气候，极耐寒，不耐涝。可忍受多次短暂的霜冻。能够忍受北方炎热的夏季，生长适宜温度 20～25℃，种子发芽适温 18～25℃。喜肥水，对水需求量较大，但不耐涝。喜阳光，耐盐碱，耐贫瘠，适应性较强，以疏松、肥沃的砂质壤土、壤土及轻黏土为宜，在钙质丰富、pH 值 5.5～6.8 的土壤中生长最旺盛。

(4) 繁殖技术

羽衣甘蓝通常采用播种的方法繁殖。南方常于秋季 7～8 月播于露地苗床，北方一般早春 1～4 月在温室播种育苗。羽衣甘蓝种子细小，覆土宜薄，以没种子为度。播种后浇透水放散光处，保持土壤湿润，7d 后种子就能发芽。

(5) 栽培管理

当播种苗长出 4～5 枚真叶时可进行移植，定植前通常进行 2～3 次移植。南方于 11 月中下旬进行定植，北方于 5 月中旬定植。定植时注意深度，切不可把幼苗心叶埋住。定植后及时浇水，保持土壤湿润，雨天及时排水、防涝。缓苗后及时追肥。羽衣甘蓝是喜肥植物，生长期间要多追肥，保证营养充足。

羽衣甘蓝属长日照植物，喜阳光，需要在较低温度条件下完成春化阶段并在长日照条件下开花结实。在营养生长期间（未完成春化阶段以前），较长日照和较强的光照有利于生长。耐寒耐热，能耐－5℃的低温，在 30～35℃的条件下也能生长。

(6) 主要应用

观赏羽衣甘蓝叶色丰富多变，叶形也不尽相同，观赏价值高，是装饰花坛、花境等园林绿地的优良观叶植物。

8.2.18 桂竹香

(1) 形态特征

桂竹香（*Cheiranthus cheiri*），别名香紫罗兰、黄紫罗兰，原产于南欧。十字花科桂竹香属多年生草本植物，常作二年生栽培（图 8-13）。株高 30～70cm。茎直立或上升，多分枝，全株被贴生长柔毛。基生叶呈莲座状，叶片呈倒披针形至线形；茎生叶较小，互生，近无柄。总状花序顶生，萼片 4 枚；花瓣 4 枚，橙黄色或黄褐色，具芳香。长角果。种子千粒重 1.42～1.79g。花期 4～5 月，果期 5～6 月。

图 8-13　桂竹香

（2）品种分类

同属种约有 10 种，常见栽培的还有七里黄（*C. alionii*）、西伯利亚桂竹香（*C. xallionii*）、丘园桂竹香（*C. kewensis*）等。

（3）生态习性

桂竹香喜阳光充足、凉爽的气候，稍耐寒。适宜生长于疏松、肥沃、排水良好的土壤，能耐轻度盐碱土。畏涝忌热，雨水过多则生长不良。

（4）繁殖技术

桂竹香采用播种繁殖或扦插繁殖。播种可于 9 月上旬播于露地，大约经 7d 便可出苗。重瓣种不结种子，可扦插繁殖。

（5）栽培管理

桂竹香苗期在长江流域以南地区可露地越冬，冬季在－5℃时可生长。北方冬季宜移入低温温室，保持昼温 15℃以下、夜温 10℃左右可安全越冬。栽培期间保持通风良好和光照充足，控制水分，适当修剪，施以有机肥，稍多施磷、钾肥可防止倒伏。花后剪去花枝，补施 1～2 次稀薄液肥，注意补充水分，可发出新枝，至 9 月还可再次开花。

（6）主要应用

桂竹香花色金黄且具有芳香，是良好的观花材料，可以用来布置花坛、花境等绿地，也可盆栽观赏。高型品种还可用作切花。

8.2.19　白晶菊

（1）形态特征

白晶菊（*Chrysanthemum paludosum*），原产于欧洲。菊科白晶菊属二年生草本花卉（图 8-14）。株高 15～25cm。叶互生，宽线形至匙形，1～2 回羽裂。头状花序顶生，盘状，边缘舌状花为银白色，中央筒状花为金黄色。花期 3～5 月。瘦果。

（2）生态习性

喜温暖湿润和阳光充足而凉爽的环境，光照不足时开花不良。较耐寒，不耐高温，耐半

图 8-14 白晶菊

阴。适宜生长在疏松、肥沃、排水性好的壤土中。

(3) 繁殖技术

白晶菊采用播种繁殖，通常在秋季 9～10 月播种，发芽适宜温度为 15～20℃，将种子与少量细砂或培养土混匀后撒播于苗床中，覆土厚度以不见种子为宜，保持湿润，5～8d 发芽。

(4) 栽培管理

白晶菊生长适宜温度 15～25℃，冬季低于－5℃要适当做好防寒工作，高于 30℃生长不良。白晶菊虽耐寒，但冬季幼苗最好放在塑料大棚或冷室内越冬。幼苗定植后略加追肥，促进其生长健壮。定植后 7～10d 浇水 1 次。生长期内每半个月追施 1 次氮磷钾复合肥，因其开花量大，宜在花期补充磷肥、钾肥。

(5) 主要应用

白晶菊矮而强健，多花，花期早，花期长，成片栽培耀眼夺目，适合盆栽、组合盆栽观赏或早春花坛、花境等园林绿地美化。

8.3 其他一二年生花卉

其他一二年生花卉见表 8-1。

表 8-1 其他一二年生花卉

中文名称	拉丁学名	科属	观赏特性	繁殖	栽培要点	主要应用
矢车菊	*Centaurea cyanus*	菊科矢车菊属	高 30～70cm 或更高；花有紫色、蓝色、浅红色、白色等颜色；花果期 2～8 月	播种	较耐寒，喜光，耐瘠薄，中水，中肥	花境、切花、盆栽
黑心菊	*Rudbeckia hirta*	菊科金光菊属	株高 60～100cm；花心隆起，紫褐色，周边瓣状小花，金黄色；花期自初夏至降霜	播种、分株、扦插	耐旱，喜阳，不择土壤，中肥	庭院、花境

续表

中文名称	拉丁学名	科属	观赏特性	繁殖	栽培要点	主要应用
天人菊	*Gaillardia pulchella*	菊科天人菊属	高20～60cm；花黄色；花期7～10月	播种、扦插	不耐寒，耐热，耐半阴，砂质壤土，中水，中肥	耐风、抗潮、耐旱，是良好的防风定砂植物
麦秆菊	*Helichrysum bracteatum*	菊科蜡菊属	茎直立，高40～150cm；花有白色、粉色、橙色、红色、黄色等颜色；花期7～9月	播种	喜温暖和阳光，不耐寒，忌酷热，不择土壤，中水，中肥	花境、丛植、切花、干花
五色菊	*Brachycome iberdifolia*	菊科五色菊属	株高20～45cm；花有蓝色、粉色、白色等颜色；花期夏季、秋季	播种	喜温暖，喜光，不耐寒，忌炎热，忌涝，中肥	花境、盆花
矮生向日葵	*Helianthus annus*	菊科向日葵属	株高30～80cm，多分枝；花色金黄；花期7～10月	播种	喜温暖，喜光，不择土壤，中水，中肥	庭院、花境、花坛，亦可作切花、盆栽
春黄熊菊	*Ursinia anthemoides*	菊科熊菊属	株高30～40cm；花有黄色、橙色等颜色；花期6～9月	播种	喜冷凉，湿润和阳光充足	花境、丛植
千日红	*Gomphrena globosa*	苋科千日红属	高20～50cm；花有红色、粉色、白色等颜色；花期7～10月	播种、扦插	喜光，耐干热，耐旱，不耐寒，耐修剪，壤土，中水，重肥	花境、盆花、切花、干花
五色苋	*Altemanthera bettzichiana*	苋科虾钳菜属	茎直立斜生，多分枝，高10～20cm；叶片有红色、黄色、绿色或紫褐色	扦插、分株	喜光，略耐阴，喜温暖湿润，不耐热，不耐旱，不耐寒，砂壤，中水，中肥	花坛、地被、花境、盆栽
香豌豆	*Lathyrus odoratus*	豆科山黧豆属	茎攀缘，蔓长3m；花色丰富；花果期6～9月	播种	喜冬暖夏凉，喜光，不择土壤，中水，中肥	垂直绿化，切花
羽扇豆	*Lupinus micranthus*	豆科羽扇豆属	茎直立，高20～70cm；总状花序顶生，花色丰富；花期3～5月	播种、扦插	喜凉爽，喜光，耐旱，微酸性砂壤，中水，重肥	花境、丛植、盆栽、切花
风铃草	*Campanula medium*	桔梗科风铃草属	茎直立，株高50～120cm；花有白色、粉色、蓝色、紫色等颜色；花期5～6月	播种、分株	喜冬暖夏凉，喜光，可耐半阴，微酸性砂质壤土，中水，重肥	花境、丛植、盆栽、切花
六倍利	*Lobelia erinus*	桔梗科半边莲属	茎直立，株高10～30cm；花有白色、红色、蓝色等颜色；花期夏季、秋季	播种	喜凉爽，喜光，砂壤，中水，少肥	花境、花坛、地被、盆栽
花烟草	*Nicotiana alata*	茄科烟草属	茎直立，高60～150cm；花有白色、红色、粉色、紫黄色等颜色；花期夏季、秋季	播种	喜温暖，耐旱，不耐寒，长日照，微耐阴，壤土，中水，重肥	花境、花丛、盆栽、切花
蓝英花	*Browallia speciosa*	茄科蓝英花属	株高60～150cm；花蓝紫色至白色；花期夏季	播种、扦插	喜凉爽，喜壤土，耐贫瘠，中水，轻肥	花境、花丛、盆栽、切花、岩石园
蛾蝶花	*Schizanthus pinnatus*	茄科蛾蝶花属	株高50～100cm；圆锥花序顶生，花有白色、红色、蓝紫色等颜色；花期4～6月	播种	喜冬暖夏凉，稍耐寒，喜光，耐半阴，砂壤，中水，中肥	盆栽、花坛、花境、切花
银边翠	*Euphorbia marginata*	大戟科大戟属	高可达60～80cm；叶片翠绿，叶缘为银白色；花朵繁多，花色洁白	播种	喜光，不耐阴，怕潮湿，耐干旱，忌积水，壤土，中水，中肥	花坛、花境、庭院、岩石园、切花
古代稀	*Clarkia amoena*	柳叶菜科山字草属	高30～60cm；穗状花，有粉色、白色、紫色、鲜红色及复色等；花期5～6月	播种	喜光，喜冷凉气候，忌酷热和严寒，壤土，中水，中肥	花坛、花境、盆栽、切花

续表

中文名称	拉丁学名	科属	观赏特性	繁殖	栽培要点	主要应用
山字草	*Clarkia elegans*	柳叶菜科山字草属	株高30～100cm；花有紫色、橙粉色、淡紫色、红色、深紫红色等颜色；花期5～6月	播种	喜凉爽，不耐寒，喜光，壤土，中水，轻肥	花坛、花境、盆栽、切花
飞燕草	*Consolida ajacis*	毛茛科飞燕草属	直立，高30～60cm；总状花序，花有白色、红色、蓝紫色等颜色；花期5～6月	播种	喜冷凉，喜光，稍耐阴，喜排水良好的酸性土，中水，中肥	花境、丛植、切花
翠雀花（大花飞燕草）	*Delphinium grandiflorum*	毛艮科翠雀属	直立，高50～100cm；总状花序顶生，蓝色或紫蓝色；花期8～9月	播种、扦插	耐寒，耐半阴，壤土，中水，中肥	花境、丛植、切花
黑种草	*Nigella damascena*	毛茛科黑种草属	直立，多分枝，高30～50cm；花有粉色、紫色、白色等颜色；花期6～7月	播种	耐寒，喜光，砂质壤土，中水，重肥	花境、丛植、干花
毛蕊花	*Verbascum thapsus*	玄参科毛蕊花属	直立，高150～200cm；穗状花序，黄色；花期6～8月	播种	喜凉爽，较耐寒，喜光，壤土，忌积水，中肥	花境、岩石园、丛植
夏堇	*Torenia fournieri*	玄参科夏堇属	高15～30cm；花色有紫青色、桃红色、粉红色、深蓝色、浅蓝色、紫色等；花期7～10月	播种、扦插	喜温暖，喜光，耐半阴，高湿，中肥	花坛、地被
龙面花	*Nemesia strumosa*	玄参科龙面花属	高30～60cm；花白色、各种黄色、红色以及蓝色，喉部为黄色，常具斑点；花期4～6月	播种	喜温暖，不耐寒，喜光，壤土，中水，中肥	花境、盆栽、切花
猴面花	*Mimulus hybridus*	玄参科沟酸浆属	茎匍匐生长，高30～40cm；花为黄色；花期5～10月	播种、扦插、分株	长日照，喜凉爽，较耐寒，耐半阴，砂壤，中水，中肥	花坛、盆栽
毛地黄	*Digitalis purpurea*	玄参科毛地黄属	直立，高60～120cm；总状花序，有白色、粉色和深红色；花期5～6月	播种	较耐寒，耐干旱，耐瘠薄，喜阳且耐阴，壤土，中水，重肥	花坛、花境、丛植、岩石园
柳穿鱼	*Linaria vulgaris*	玄参科柳穿鱼属	高20～80cm；花有玫红色、粉色、青紫色等颜色；花期6～9月	播种	较耐寒，喜光，砂壤，中水，中肥	花坛、花境、盆栽、切花
高雪轮	*Silene armeria*	石竹科蝇子草属	高30～50cm；复伞房花序，花有粉色、白色、雪青色等颜色；花期5～6月	播种	喜光，喜温暖，较耐寒，不择土壤，中水，中肥	花坛、花境、地被、岩石园

第9章

宿根花卉

9.1 概述

9.1.1 宿根花卉的定义

宿根花卉指个体寿命超过两年，可持续生长，多次开花、结果，且地下根系或地下茎形态正常，未发生变态的一类多年生草本花卉。这类植物通常在冬季来临时，停止生长或地上部分的茎叶枯萎，地下部分在土壤中宿存越冬，翌年春季再萌芽生长，如菊花、芍药、萱草等。

宿根花卉依是否落叶及休眠习性不同，可分为落叶宿根花卉和常绿宿根花卉两类。

（1）落叶宿根花卉

原产于温带和寒带，耐寒性强，冬天地上部分茎、叶全部枯死，地下部分在土壤中休眠宿存越冬，到春季气候转暖时，地下部着生的芽或根蘖再萌发、生长、开花结实，故又称露地宿根花卉，如芍药、鸢尾、萱草、玉簪等。

（2）常绿宿根花卉

原产于热带、亚热带或温带温暖地区，大多是常绿的，耐寒力弱，温度低时停止生长，呈半休眠状态，如君子兰、鹤望兰等。

9.1.2 宿根花卉的特点

（1）具有休眠特性

原产于温带的耐寒、半耐寒的宿根花卉具有休眠特性，其休眠器官芽或莲座枝需要冬季低温解除休眠，在次年春季萌芽生长。通常由秋季的降温与短日照条件诱导休眠器官形成。春季开花的种类越冬后在长日照条件下开花，如风铃草；夏秋开花的种类需在短日照条件下开花或由短日照条件促进开花，如秋菊、长寿花、紫菀等。原产于热带、亚热带的常绿宿根花卉，通常只要温度适宜即可周年开花。夏季温度过高可能导致半休眠，如鹤望兰。

（2）繁殖与栽培容易

宿根花卉一般采用播种、扦插、分株的方式进行繁殖，只要在适宜的繁殖季节采用科学的管理方法，都能获得较高的繁殖系数。宿根花卉在栽培技术上相对容易，而且成本低，一次投入，可以多年观赏使用。

(3) 其主根、侧根可以存活多年

宿根花卉多数种类具有不同粗壮程度的主根、侧根和须根。其主根、侧根可存活多年，由根茎部的芽每年萌发形成新的地上部开花、结实，如芍药、火炬花、松果菊等。也有不少种类地下部具根茎，根茎能存活多年，根茎上着生须根和芽，每年由根茎的顶芽萌发形成地上部开花、结实，并在叶腋内形成侧芽，侧芽萌发后继续横向延伸形成根状茎及新的顶芽，如荷包牡丹、鸢尾等。

(4) 适应性强，多年开花不断

大多数的宿根花卉都具有较强的抗性，如耐旱、耐寒、耐水湿、耐瘠薄、耐盐碱和石灰质土壤等。在一次种植后能多次开花，不需要太多养护，只要依季节和天气的变化，对其进行必要的肥水管理即可正常生长和开花结果。

9.2 常见的宿根花卉

9.2.1 香石竹

(1) 形态特征

香石竹（*Dianthus caryophyllus*），原产于地中海、南欧及西亚。石竹科石竹属多年生宿根草本植物，高 25～100cm，全株稍被白粉，灰绿色（图 9-1）。茎直立，多分枝，节间膨大。叶片呈线状披针形，全缘，基部抱茎。花常单生于枝端，有时 2 朵或 3 朵，有香气，为粉红色、紫红色或白色。蒴果。花期 5～8 月，果期 8～9 月。

图 9-1 香石竹

(2) 品种分类

香石竹品种极多，植株特点、花型、花色千变万化，分类方法也各不相同。按切花整枝方式可分为标准型（大花型一枝一花）和射散型（小花型一枝多花）。按用途可分为切花品种和盆栽品种，切花品种是目前主要栽培和应用的品种。按花色（组合）可分为纯色香石竹（Clove）、异色香石竹（Bizarre）、双色香石竹（Flake）、斑纹香石竹（Picotee）。

园艺界通常将香石竹分为 3 类 4 型 11 系。因篇幅有限，不再一一叙述。

（3）生态习性

香石竹喜通风良好、干燥和阳光充足的环境。生长要求排水良好、腐殖质丰富、保肥性强、呈微酸性的土壤。生长适温15～25℃。香石竹花期长，露地栽培主要花期在5～6月和9～10月；温室内如精心养护，温度、湿度适宜，可全年开花。一般每朵花开放时间为15～25d。

香石竹喜凉爽，不耐炎热，可忍受一定程度的低温。周年生产的适宜温度（昼温/夜温）分别为，夏季18～25℃/13～15℃，冬季15～18℃/7～10℃，春季和秋季18～19℃/12～13℃。若夏季气温高于35℃，冬季低于7℃，生长均十分缓慢甚至停止。

（4）繁殖技术

香石竹可采用扦插、播种、组织培养等方法进行繁殖。切花生产中多用扦插繁殖。扦插繁殖多在春季进行。组织培养主要用于脱毒母株的繁殖，切花生产中生产脱毒苗的主要手段为用茎尖进行去毒培养，然后大量扩繁。

（5）栽培管理

香石竹定植后至开花所需时间一般在4～5个月，可根据市场需求，适当调节定植时间。定植株行距为15cm×15cm，栽植深度3～5cm，以香石竹能直立即可，45株/m^2。香石竹喜光照充足的环境，适宜其光合作用的最低自然光强是25000lx，7～8月遮光85%以上，冬季全光照条件下生长。光强与单位面积切花产量有明显的正相关性。

香石竹不耐水湿，浇水应掌握“见干见湿”的原则，避免积水。春季和夏季生长旺盛期需水量较大，应适当增加浇水次数；秋季和冬季则减少浇水次数，保持土壤微湿即可。香石竹生长期长，需不断补充肥料。幼苗期多施氮肥，促进植株生长；开花期则应多施磷钾肥，以促进花芽分化和开花。施肥应薄肥勤施，避免浓肥烧根。整枝修剪是香石竹栽培管理中的重要环节，目的在于控制花期、保证开花质量。一般进行两次整枝，分别在6月上中旬和7月中旬至8月上旬进行。整枝时留头数量依植株生长势强弱而定，一般留4～6个头。定植后3周左右进行摘心处理，以促进分枝。长至适当高度时再进行摘蕊处理，保持植株形态美观。栽培过程中还需注意及时设立支架防止倒伏，保持株形优美。采花后应及时施肥补充养分，促进植株恢复生长。

（6）主要应用

香石竹花朵繁茂，花色品种繁多，花期长，是重要的切花之一，矮生品种常盆栽观赏。其花还可提取香精作化妆品材料。

9.2.2 萱草

（1）形态特征

萱草（*Hemerocallis fulva*），原产于我国南部、欧洲南部及日本。百合科萱草属多年生草本植物。株高60～100cm，根状茎粗短，具肉质纤维根（图9-2）。叶基生成丛，条状披针形。圆锥花序顶生，有花6～12朵，花色为橘黄色。花期6～8月。有重瓣品种。单花开放1d，有朝开夕凋型、夕开次晨凋的夜开型以及夕开次日午后凋谢的夜昼开型。

（2）常见栽培种

萱草为萱草属植物的统称，自然种类约14种，中国有11种。园艺上常见的栽培种有黄花菜（*H. citrina*）、大苞萱草（*H. middendorfii*）、小黄花菜（*H. minor*）、花萱草（*H. hybridus*）等。

图 9-2 萱草

（3）生态习性

萱草习性强健，耐寒，适应性强，喜湿润也耐旱，喜阳光又耐半阴。对土壤选择性不强，但以富含腐殖质、排水良好的湿润土壤为宜。

（4）繁殖技术

萱草可采用分株、播种、组培等方法进行繁殖。园林栽培常采用分株法繁殖。播种繁殖宜秋播，一般播后 30d 左右出苗。夏、秋种子采下后立即播种，20d 左右出苗。播种苗培育 2 年后开花。规模化生产常采用幼嫩叶片、花蕾、花托、子房等作为外植体进行组培繁殖。

（5）栽培管理

萱草在华北地区、华东地区可以露地栽种。在 15～25℃ 的温度下生长得最快。萱草喜欢明亮的环境，能耐半阴，生长期间应确保萱草每天能接收到足够的阳光，但夏季强烈阳光下应避免过度暴晒，以免叶片受损。萱草喜肥，栽植时注意要施入充分腐熟的厩肥作基肥，定植后苗期适量地追施氮肥，初夏临近花期时追施磷钾肥，花期一般不施肥，若植株的长势不旺，可以用 0.5%尿素溶液进行叶面追肥。

（6）主要应用

萱草花色鲜艳，栽培容易，园林中多丛植于花境、路旁、林下，供观赏。萱草对氟十分敏感，常被用作监测环境是否受到氟污染的指示植物。

9.2.3 菊花

（1）形态特征

菊花（*Dendranthema morifolium*），原产于我国。菊科菊属多年生宿根草本植物，株高 60～150cm（图 9-3）。茎直立，分枝或不分枝，被柔毛。叶呈卵形至披针形，长 5～15cm，羽状浅裂或半裂，有短柄。头状花序，舌状花颜色多种，管状花为黄色。花期 9～11 月。瘦果。种子千粒重约 1g。

（2）品种分类

菊属有 30 余种，我国原产的有17种，常见的有毛华菊（*Ch. vestitum*）、紫花野菊（*Ch. zawadskii*）、野菊（*Ch. indicum*）、小红菊（*Ch. chanetii*）、甘菊（*Ch. lavandulifolium*）等。栽培品种丰富，全世界有 2 万～2.5 万个，我国现存的有 3000 个以上，园艺上一般分类如下：

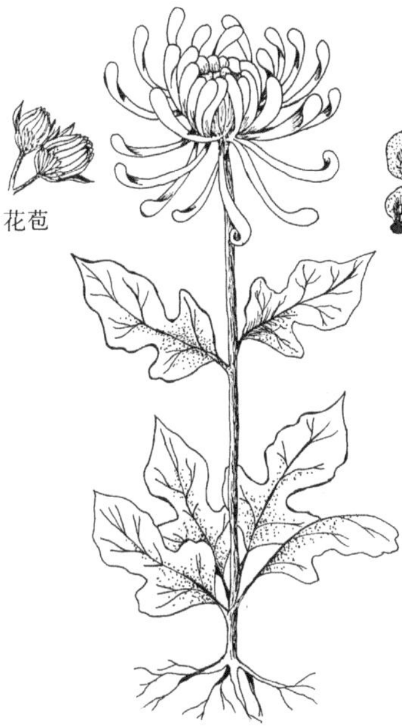

图 9-3　菊花

① 根据花期分为春菊、夏菊、秋菊和寒菊。

② 根据对日照的反应分为极敏感品种、较敏感品种、敏感品种、不敏感品种和极不敏感品种。

③ 根据花径大小分为小花和大花两个品种群。前者花径一般在 6cm 以下，茎较细而分枝多，叶小而薄，花序多而密生，花型变化小，多数为露心的平瓣或匙瓣花形整齐品种。后者花径在 6cm 以上，茎较粗而分枝少，叶大，花型丰富多样。

④ 根据花瓣类型分为平瓣类、匙瓣类、管瓣类、桂瓣类、畸瓣类 5 种类型，各类下面根据花瓣特征又分为不同型，共 11 个型。

⑤ 根据栽培和应用方式分为盆栽菊、造型艺菊、切花菊、花坛菊。

⑥ 根据用途可分为药用菊（如怀菊、杭菊、滁菊、亳菊等）、食用菊（如黄山贡菊）、观赏菊等。

（3）生态习性

菊花喜温暖、湿润、阳光充足的环境，忌荫蔽，较耐旱，怕涝，在地势高燥、土层深厚、富含腐殖质、排水良好的微酸性到中性的砂壤土中生长良好，忌连作。耐寒，严冬季节根茎能在地下越冬。花能经受微霜，但幼苗生长和分枝孕蕾期需较高的气温。5℃以上地上部萌芽，10℃以上新芽伸长，多数品种 15～20℃花芽开始分化，32℃以上生长减慢。地下根茎耐低温极限一般为－10℃，部分小菊（如地被菊）能耐－30～－20℃的低温。低温对花色有明显影响，深色品种在低温下颜色更深；气温低于 13～15℃时，白色品种可能显出粉红色或淡紫色。

（4）繁殖技术

菊花常用的繁殖方法有播种、分株、嫁接、压条及组织培养等。通常以扦插繁殖为主，可选择嫩枝、脚芽及叶芽进行扦插。嫩枝扦插每年 3～8 月皆可进行，芽插宜秋冬季节进行，叶芽插用于繁殖珍稀品种。

分株繁殖一般应用于培养早菊、大立菊和悬崖菊。嫁接繁殖多用于培育大立菊、塔菊等，用青蒿、黄蒿、白蒿作砧木，多采用枝接法。播种繁殖于 2～4 月间播种，1～2 周即可萌芽，正常情况下当年即可开花。

（5）栽培管理

1）切花菊栽培管理　切花菊整体生长周期一般在 100～110d 之间，生产上根据预定花期确定育苗和定植时间。定植株行距也因栽培季节、品种特性、整枝方式而异。一般独本菊栽培的定植密度为 55～65 株/m^2，多头菊栽培则一般为 20～30 株/m^2，定植深度夏菊为 2cm 左右，秋菊为 2.5cm 左右。

菊花是短日照植物，在短日照下能提早开花。不同的菊花品种花芽分化对光照的敏感性不同。根据菊花的这一生理特性，可利用人工光照（遮光或补光）来控制花芽分化，达到周年均衡上市的目的。花芽分化除受日照的制约外，还受温度的影响，一般 15～20℃生长较快，15℃以下生长缓慢，多数品种不能形成花芽，已形成花芽的如遇上 10℃以下温度也不能展开。根据菊花对光温的这一特点，可在不同季节种植不同品种，以及采取不同的光照和温度管理措施，来控制菊花的上市时间，达到应节适销（表 9-1）。

表 9-1　菊花花期控制

应市季节	品种名称	定植期温度	花芽分化期温度	孕蕾至破蕾期温度
早夏(5～6 月)	五月黄、六月黄、黄中王、粉红、四月白	2～3 月定植，夜温 14℃左右，昼温 25℃左右	夜温 16℃左右，昼温 17～25℃	夜温 10～13℃，昼温 25～30℃
夏季(7～9 月)	黄中王、巨星白、台红二号	4～6 月定植，夜温 17℃左右，昼温<33℃	夜温 25℃左右，昼温<33℃	通过遮阴、加强通风等手段降温，最高温不能超过 33℃
早秋(10～11 月)	黄锈风、尖叶黄、台黄、台红、牡丹红	7～8 月定植，夜温 25℃以下，昼温<33℃	夜温 15～17℃，昼温<30℃	夜温 15℃左右，昼温 27℃左右
秋冬(12 月至翌年 1 月)	黄锈风、三色白、秀风白、牡丹红、尖叶黄	9～10 月定植，夜温 14℃左右，昼温 25～27℃	夜温 16℃左右，昼温在 25℃左右	夜温 14℃左右，昼温 20～25℃

菊花喜湿润，其水分需求与生长发育和季节密切相关。小苗期间需控水，以利发根；生长旺盛期需给予充足的水分；高温干燥的季节，除了浇水外，还可进行叶面喷水；花期应限制浇水，并避免直接往花朵上喷水。切花菊生育期长，养分需求量大，除了定植时多施长效有机肥作基肥外，还应多次施加追肥。花芽分化前一般以氮肥为主，适当增施磷钾肥，现蕾后以磷钾肥为主；同时还可进行根外追肥，喷施 0.2％～0.5％磷酸二氢钾水溶液和 0.1％尿素溶液。

另外，还应注意适时疏蕾、摘心和整枝，调节生长势，控制花期，对植株高大的品种还应立柱张网，防止倒伏。

2）盆栽菊栽培管理　菊花盆栽的品种主要有独本菊、立菊两种类型。栽培方法大致分为三种，即一段根法（长江、珠江流域及西南地区）、二段根法（东北地区）、三段根法（华北地区）。无论采用哪种方法，在栽培时都应施足底肥。在菊苗正常生长时，10d 左右施 1 次淡肥水，立秋后植株生长旺盛，施肥次数可增加，肥料浓度亦可加大，当花蕾形成时应施含磷、钾的肥料，施肥应于傍晚进行，第二天清早再浇一次水，以保证根部正常呼吸。盆栽菊花浇水要注意适时适量，一般情况下水分不宜过多。在生长期间可多次进行摘心或抹芽处理，调节植株长势。孕蕾期应摘除过多的花蕾和侧蕾，使养分集中供应给主蕾。同时还应及时剪除枯枝、病枝和弱枝，保持植株整洁美观。

（6）主要应用

菊花是优良的切花材料，也可制作盆景、各类艺术造型、盆栽等，还广泛应用于花坛、花境及地被栽植。

9.2.4 非洲菊

（1）形态特征

非洲菊（*Gerbera jamesonii*），原产于南非。菊科大丁草属多年生宿根草本植物（图9-4）。全株被毛，根状茎短。叶基生莲座状，叶片呈长椭圆形至长圆形，边缘不规则羽状浅裂或深裂。花葶单生，或少数有数个丛生，头状花序单生于花葶之顶，舌状花呈镀针形，1～2轮或多轮，管状花呈上、下二唇状；花色有白色、红色、粉红色、玫红色等。花期11月至翌年4月。瘦果。

图9-4 非洲菊

（2）种与品种

非洲菊多用作切花和盆栽。切花型非洲菊花梗笔直、花径大，花期长，可以终年开花，瓶插的寿命较长。切花按照花瓣类型分为单瓣、半重瓣、重瓣这些类型，也可以按照颜色分为红色系、黄色系、粉色系、橙色系和白色系等系列。盆栽型非洲菊通常花期一致，花色丰富多变，生育期较短，多花性较强。常见栽培的品种有桑巴（Samba）、节日（Fertival）、化妆舞会（Masquerdae）等。

同属栽培种有重瓣非洲菊（*G. jamesonii* var. *plena*）、绿叶大丁草（*G. viridifolia*）等。

（3）生态习性

非洲菊喜冬暖夏凉、光照充足、通风良好的环境。较耐寒，可忍受短期0℃的低温。华南地区可露地栽培，华东地区、华中地区、西南地区可以覆盖保护越冬，华北地区需在温室中栽培。喜富含腐殖质且排水良好的疏松、肥沃的砂质壤土，忌重黏土，宜微酸性土壤，在中性和微碱性土壤中也能生长。

（4）繁殖技术

非洲菊的种苗繁殖方法主要有播种、分株、组培等。播种繁殖常用于盆栽和育种，因非洲菊为异花授粉植物，自交不育，若要采种，花期需进行人工辅助授粉，种子后代易发生变异且种子的寿命很短。通常在种子成熟后即行播种，播后7～10d发芽。分株繁殖一般在4～5月或9～10月进行，通常每3年分株一次，分切的子株需带新根、新芽和2～4枚叶，盆栽不宜过深，以根茎部略露出土面为宜。切花生产多用组培繁殖。组培繁殖常取未显色花蕾，消毒后剥离花托作为外植体进行组培繁殖。

（5）栽培管理

非洲菊主要作切花栽培，定植后在整个生长期不再移植，一般定植后4～6个月进入产花期，2～3年后长势逐渐衰退，因此切花生产一般以2～3年为一个生长周期。非洲菊喜光，生长期需要充足的光照。夏季光照时间长，应及时加遮阳网，避免叶片被灼伤。非洲菊生长的最适宜温度为20～25℃，冬季适温12～15℃，10℃时生长缓慢甚至停止生长。温度高于30℃生长明显变慢，35℃以上则停止生长。非洲菊对温差十分敏感，温差太大会造成畸形花，影响花卉品质。温度的调节可通过加热、通风、遮阴等手段来实现。

非洲菊具肉质根，喜欢湿润的基质和较为干燥的空气湿度，生长期应充分供水，但注意不能积水，空气相对湿度以70%～80%为宜，浇水时注意从叶面下浇或采用滴灌的方法，防止浇灌造成根茎部位浸水，导致生长点腐烂。生长旺季应加大水肥管理，一般1～2周追肥1次，追肥以速效氮磷钾肥为主，冬季每2～3周进行1次追肥并适当降低氮肥用量，增加磷钾肥的用量，提高植株的抗病虫害能力和抗寒能力。夏季气温高，植株生长缓慢或进入休眠状态，应停止或减少施肥。盛花期可采用根外追肥的方法，每10d喷施1次0.2%的复合磷酸氢钾溶液，如新叶出现淡黄转白现象，可喷0.2%的硫酸亚铁溶液进行补铁。

（6）主要应用

非洲菊花朵硕大，花枝挺拔，花色艳丽，水插时间长，是重要的切花装饰材料。可作为盆栽观赏，也可点缀庭园、草坪边缘、林下，给人以赏心悦目的美感。

9.2.5 荷兰菊

（1）形态特征

荷兰菊（*Aster novi-belgii*），菊科紫菀属多年生宿根草本植物（图9-5）。株高40～90cm，有地下走茎，主茎直立，多分枝。叶呈长圆形至条状披针形，全缘或有浅锯齿。头状花序顶生，舌状花为蓝紫色、紫红色等，管状花为黄色。瘦果。花果期8～10月。

（2）品种分类

紫菀属植物约有600种，广泛分布于温带地区，我国约100种。常见栽培的种还有高山紫菀（*Aster alpinus*）、意大利紫菀（*Aster amellus*）、美国紫菀（*Aster novae-angliae*）、重冠紫菀（*Aster diplostephiodes*）、圆苞紫菀（*Aster maackii*）等。

荷兰菊园艺栽培品种丰富，根据花色可分为玫瑰红色系、蓝色系、粉色系和淡堇色系等系列品种。

图 9-5　荷兰菊

（3）生态习性

荷兰菊喜阳光充足和通风良好的环境，适应性强，喜湿润但耐干旱、耐寒、耐瘠薄，对土壤要求不严，适宜在肥沃和疏松的砂质壤土中生长。在我国东北地区荷兰菊能露地越冬。

（4）繁殖技术

荷兰菊可采用扦插、分株和播种的方式进行繁殖。扦插繁殖常于 5～6 月进行，插后 2～3 周即可生根，生根后即可定植。分株繁殖可在 4～5 月新芽长出后进行，一般可隔年分株一次。播种于春季在温室或温床内进行，保持 18～20℃，约 7d 后可发芽。

（5）栽培管理

荷兰菊喜欢温暖、湿润、阳光充足的环境。生长适宜温度在 18～21℃，耐寒，也耐高温，但夏季高温、高湿环境下，设施栽培应注意通风降温，避免白粉病等病虫害发生。荷兰菊耐干旱也耐瘠薄，但在栽种前应施足基肥，生长期每 2 周追施 1 次稀薄液肥。天旱时要及时浇水。荷兰菊耐修剪，在栽培中应注意适时进行修剪和摘心以使株型丰满，花繁色艳。

（6）主要应用

荷兰菊习性强健，花色雅致，花朵娇小，适合用于布置花坛、花境，或在路边栽培供观赏，也可盆栽观赏。

9.2.6　紫松果菊

（1）形态特征

紫松果菊（*Echinacea purpurea*），菊科紫松果菊属多年生宿根草本植物（图 9-6）。高 60～150cm，全株具粗毛，茎直立。基生叶端渐尖，卵形或三角形，边缘具疏浅锯齿；茎生叶叶柄基部略抱茎，卵状披针形。头状花序单生于枝顶，或数朵聚生，舌状花为紫红色，管状花为橙黄色。花期 6～9 月。

（2）品种分类

紫松果菊属原产于美国中部地区，栽培变种有大花种、红花种、白花橙心种和白花绿心种。市场上常见栽培的园艺品种有：

图 9-6 紫松果菊

①“盛会”系列，株高 45～60cm，冠幅可达 55～60cm。花色有浓艳玫瑰红色和白色。

②“第一夫人”系列，也称“盛世”系列，株高 70～90cm，冠幅可达 45～60cm。叶片狭长，花大，养护管理粗放。花色有玫瑰红色和白色。

③“盛情”系列，株高 45～75cm，冠幅第一年为 25～50cm。是首个播种繁殖的混合花色分离品种组成的紫松果菊。花色有红色、紫色、白色、黄色。

（3）生态习性

紫松果菊习性强健，喜温暖，耐寒，耐干旱，但不耐湿热。喜光，也能耐半阴，不择土壤，在深厚、肥沃、富含腐殖质的土壤上生长良好，花大，色艳。适合早春或晚秋播种，可自播繁殖。

（4）繁殖技术

紫松果菊的繁殖方法主要有播种繁殖、分株繁殖和扦插繁殖。北方地区以播种繁殖为主，一般在春季 4 月份进行播种，发芽时对光照要求不严格，播后 4～10d 可发芽。

（5）栽培管理

紫松果菊属长日照植物，在植物开花阶段每天要保证 14～16h 光照才能正常开花，北方地区一般在 5 月下旬才能开花，花期可持续到 9 月。耐寒，在我国东北地区可露地安全越冬，生长期昼温保持在 16～24℃，夜温以 10～16℃为宜。紫松果菊露地播种至出苗前后，应注意保持土壤湿润，见干即浇。移栽应带土移植，起苗前浇透水，以免伤根。幼苗生长初期需水量较少，在北方 4 月中旬应及时浇返青水，生长期要及时浇水，入冬前还要浇 1 次封冻水，以利来年生长。紫松果菊在不同生长阶段营养需求不同，幼苗期以氮肥为主，配施磷钾肥。开花前施 1 次磷钾肥。为使紫松果菊来年开花良好，秋末要清园，加强管理，施入基肥。

（6）主要应用

紫松果菊生长健壮，花期长，是园林中为数不多进入深秋仍在盛开的多年生宿根品种。同时也是野生花园和自然地的优良花卉，还是良好的药用植物和蜜源植物。

9.2.7 芍药

（1）形态特征

芍药（*Paeonia lactiflora Pall*），分布于中国、朝鲜、日本、蒙古及俄罗斯。毛茛科芍药属多年生宿根草本植物（图 9-7）。根粗壮，分枝为黑褐色。株高 40～70cm。下部茎生叶为二回三出复叶，上部茎生叶为三出复叶；小叶呈狭卵形、椭圆形或披针形。花数朵，生于茎顶和叶腋，有时仅顶端一朵开放，花为白色，有时基部具深紫色斑块。蓇葖果。花期 5～6 月，果期 8 月。

图 9-7　芍药

（2）品种分类

芍药属约 35 种，我国有 11 种，主要分布在西南地区、西北地区，少数种类在东北地区、华北地区，长江两岸各省（区、市）也有分布。芍药的园艺品种很多，花色丰富，花型多变，园艺上依花色、花期、花型及瓣型的不同来分类，与牡丹的分类方法大同小异。

1）根据花期分类　芍药根据花期可分为早花类（花期为 5 月 10～18 日）、中花类（花期 5 月 18～25 日）、晚花类（花期为 5 月 25～30 日）。

2）根据花型及花瓣形状分类　花瓣有单瓣类、千层类、楼子类、台阁类 4 种类型。花型有荷花型、菊花型、金蕊型、托挂型、金环型、皇冠型、绣球型等。

3）根据花色分类　芍药根据花色可以分为白色系、黄色系、粉色系、红色系、紫色系等。

（3）生态习性

芍药喜阳光充足，不耐水涝，耐寒，有较宽的生态适应幅度。在中国北方地区可以露地栽培。在土层深厚、疏松且排水良好的砂质壤土中生长良好。芍药是长日照植物，在秋冬短日照季节分化花芽，春天长日照下开花。若日照时间过短（少于 8～9h），会导致花蕾发育迟缓，叶片生长加快，开花不良，甚至不能开花。

（4）繁殖技术

芍药传统的繁殖方法主要有分株、播种、扦插、压条等。其中以分株法最为易行，被广泛采用。播种法仅用于培育新品种，生产嫁接牡丹的砧木，生产药材。

分株在芍药越冬芽充实到土地封冻前均可进行；春天分株根系受伤较多，在开花前新根长不出来，萌芽后只能靠地下肉质根内储存的一点营养来供应植株抽梢展叶，必然生长不良，甚至死亡，故有“春天分芍药，到老不开花”之说。

播种繁殖要随采随播，不宜隔年播种，如需短期储存以砂藏为好，以防脱水而影响发芽率。播种前用40～50℃温水浸种24h后再行播种，播种后，当年不发芽，可长根7～10cm。播后翌年萌芽前（清明前）扒去堆土，以待萌芽破土。

（5）栽培管理

芍药根系呈肉质且长，栽培基质宜土质肥沃且排水良好，不宜连作。栽植时间9月下旬至10月上旬，株行距60cm×60cm，栽植深度为芽上覆土1～2cm。栽后浇透水。当天气转冷，气温显著下降时，再培土10～15cm，以保护植物安全越冬。芍药喜肥，在孕芽期、现蕾期需及时追施磷钾肥，霜降后再施1次复合肥。芍药喜旱怕涝，在高温干旱的季节要注意浇水，保持土壤湿润但不过涝即可。

芍药在种植期间要适时进行修剪，以使芍药花多色艳，生长健壮，通常每年春天萌芽前应对不协调的过高枝条短截或“回缩”修剪，保持株形整齐；萌芽后，及时疏除过密的枝条、侧芽及土芽，保持通风透光。3月中旬至4月上旬，摘去弱小花蕾、畸形花蕾；5月及时剪掉残花；秋末剪掉弱枝、病枝、枯枝、残叶，清园并集中烧毁以减少病虫的发生。

（6）主要应用

芍药花大色艳，花型奇特，常被用于城市公园、街道、广场及庭院的绿化美化，也可盆栽观赏。

9.2.8 玉簪

（1）形态特征

玉簪（*Hosta plantaginea*），百合科玉簪属多年生宿根草本植物（图9-8），根状茎粗厚。叶呈卵状心形、卵形或卵圆形。花葶高40～80cm，具几朵至十几朵花；花为白色，芳香。蒴果。花期5～10月。

图9-8 玉簪

（2）品种分类

玉簪属共有43种，我国产3种，包括玉簪、紫萼（*Hosta ventricosa*）和东北玉簪（*Hosta ensata*）。现在世界上玉簪的园艺栽培品种已达4000个以上，多为花叶品种。我国从20世纪80年代开始引进玉簪品种，根据北京植物园对引种及栽培的玉簪品种的分类整理，玉簪品种主要有以下几类。

① 根据叶型分为大叶型、中叶型、小叶型和微叶型。大叶型仅有 5 个品种，分别为蓝布雷斯、全貌、Winter snow、高大玉簪、高男孩，其中以蓝布雷斯的叶最大（叶面积约 35mm×20mm）。微叶型有 17 个品种，最小的品种是 Craeker Curmbs（叶面积约 6mm×3mm）。中叶型和小叶型栽培品种较多，分别为 106 个、194 个。中叶型玉簪品种有金叶紫萼、中国玉簪类、高从玉簪类等。小叶型品种有圆叶玉簪类、狭叶玉簪、闭合玉簪、皱叶玉簪等。

② 根据叶色分为绿叶品种群、蓝叶品种群、黄叶品种群、叶缘变叶品种群、叶中变叶品种群、条纹或斑纹叶品种群。

③ 根据花期分为早花品种（花期 5 月中下旬至 6 月下旬）、中花品种（花期 6 月下旬至 7 月下旬）、晚花品种（花期 7 月下旬至 9 月初）、迟花品种（花期 9 月之后）。

（3）生态习性

玉簪喜阴湿环境，不耐强烈日光照射。喜肥沃、湿润的砂壤土，极耐寒，在中国大部分地区均能露地越冬，地上部分经霜后枯萎，来年春天萌发新芽。

（4）繁殖技术

玉簪多进行分株繁殖，也可播种繁殖。分株繁殖一般在春季发芽前或秋季叶片枯黄后进行。分株时将老株挖出，去掉根际土壤，在阴凉处晾晒 1～2d，使其失水，以免太脆切时易折，用利刀切分成一株一芽或每丛 3～4 个芽的状态，切口处涂抹草木灰或硫黄粉防止病菌感染。注意分出来的每株都要带有一定数量的根系，并适当修剪叶片。分割下来的小株在稀释后的百菌清液中消毒 5min 后取出晾干，即可栽植，栽后浇 1 次透水，保持半阴环境，一般当年即可开花。

玉簪种子秋季成熟后采集晾干，第 2 年 3～4 月播种。播种繁殖的实生苗生长比较缓慢，一般 3 年后才可开花。近年来园艺师们用组织培养的方法，取叶片、花器作外植体均能获得幼苗，不仅生长速度较播种快，还可提早开花。

（5）栽培管理

玉簪习性强健，耐寒冷，喜温暖气候，但夏季高温高湿（35℃以上，空气相对湿度在 80%以上）的环境不利于其生长；当环境温度在 10℃以下时停止生长，地下部分在土壤中宿存越冬。

玉簪喜阴湿环境，种植地忌阳光直射，否则叶片容易被晒伤，轻则发白，重则枯焦。露天栽植以通风、湿润、不受阳光直射的遮阴处为好。栽植前施足基肥，生长过程中以薄肥勤施、营养齐全为原则，忌施肥过多。植株抽生花茎后，可追施磷钾肥，以促进叶绿花茂。玉簪喜水，不耐干旱，生长期注意浇水，但忌积水。

（6）主要应用

玉簪是典型的阴生植物，在园林中常用于林下作地被植物，也可盆栽观赏或作切花用。近年已选育出矮生及观叶品种，多用于盆栽观赏或作切花、切叶。

9.2.9 荷包牡丹

（1）形态特征

荷包牡丹（*Lamprocapnos spectabilis*），原产于中国，日本、朝鲜、俄罗斯也有分布。

罂粟科荷包牡丹属多年生宿根草本植物（图 9-9），高 30～60cm 或更高。肉质根状茎，易折断。全株光滑无毛，具白粉。叶互生，二三出复叶，有长柄，小叶有深裂，形似牡丹叶。总状花序弯向一侧，呈弓形，有小花数朵至 10 余朵，花朵下垂，花瓣 4 枚，外侧 2 枚膨大，桃红色，呈心囊状，内部 2 枚呈白色，形似荷包。花期 4～6 月。蒴果。

图 9-9　荷包牡丹

（2）品种分类

荷包牡丹的变种有白花荷包牡丹（*L. f. alba*），其茎秆为绿色，花为白色。同属植物约 15 种，常见栽培的还有大花荷包牡丹（已更名为黄药，罂粟科黄药属）、加拿大荷包牡丹、白兜荷包牡丹等。

（3）生态习性

荷包牡丹喜富含腐殖质、排水良好的壤土，在黏土和砂土中都生长不良。耐寒，喜半阴半阳的环境，忌阳光直射、高温、水涝。

（4）繁殖技术

荷包牡丹常进行分株繁殖和播种繁殖。分株宜在早春发芽前或秋季进行，因其根半肉质，易折断，挖取时应小心，分株时每块带 3～5 个芽，然后另行栽种。播种繁殖一般在 10 月进行，播后保持土壤湿润，经一段低温后，多在春季发芽，移栽后 2～3 年才能开花。也可对当年采收的种子进行层积处理，早春时播种。

（5）栽培管理

荷包牡丹属阴性植物，适宜栽植在园林、庭院的树荫下、建筑物的背阴面和假山石的庇荫处。耐寒，春季气温 3～5℃即可萌芽，生长适宜温度 15～25℃，35℃以上生长滞缓，进入开花期后夜间温度以不低于 5℃、白天以 25℃以下为宜，温度越低，花期越长。当温度高时，可适当浇水以降低地温，有利于延长花期。盛夏茎叶逐渐枯黄进入休眠期。休眠地下茎入冬后可耐－30～－25℃的低温。

荷包牡丹生长期对养分需求较高，当新芽长至 6～7cm 时，可追施 1 次腐熟的稀薄液肥或复合肥，以后每半月施 1 次肥，直至开花。花蕾形成期施 1 次 0.2%的磷酸二氢钾或过磷酸钙溶液，能促使花大色艳。花后若不留种，应及时剪去残花，以免消耗过多的养分。生长期宜保持土壤湿润，但不要积水，连阴雨天注意排水防涝，以免烂根。入冬后浇 1 次封冻水，有利于植株的防寒越冬。

（6）主要应用

荷包牡丹因花似荷包，叶似牡丹，轻盈飘逸，非常惹人喜爱，在园林中可布置花境、花坛，亦可在疏林中作地被，还可盆栽观赏或作切花使用。

9.2.10　蓍草

（1）形态特征

蓍草（*Achillea wilsoniana*），菊科蓍属多年生草本植物（图 9-10），有短的根状茎。茎直立，高 35～100cm，全株被柔毛。叶互生，无柄，条状披针形，基叶裂片抱茎，叶缘呈锯齿状或浅裂。头状花序，舌状花 7～8 朵，白色或粉红色，单轮排列。花期 6～8 月。瘦果。

图 9-10　蓍草

（2）种与品种

蓍属植物约 200 种，我国有 15 种，常见的有齿叶蓍（*A. acuminata*）、高山蓍（*A. alpina*）、阿尔泰蓍（*A. ledebouri*）、短瓣蓍（*A. ptarmicoides*）等。园艺中常见的栽培品种有：

① 多叶蓍“科罗拉多”（*A. millefolium* “Colorado”），株高 60cm，由红色、粉红色、黄色、乳白色、纯白渐变色和杏色等混合而成。

② 重瓣蓍“贵族”（*A. tarmica* “Noblessa”），株高 30cm，花为白色，叶缘有小齿，无茸毛。

③ 金耆草“金唱片”（*A. tomentosa* “Goldie”），株高 20cm，花为黄色，叶缘有小齿，披白茸毛。

（3）生态习性

蓍草喜阳光充足的环境，也耐半阴，耐寒，耐旱，喜高温，耐酷暑。不择土壤，耐贫瘠力强，但以土壤肥沃、排水良好的石灰质砂壤土为宜。

（4）繁殖技术

蓍草可采用播种、分株、扦插的繁殖方式。播种于春季或秋季进行，播后7d左右出苗，蓍草种子发芽力可保持2～3年。分株繁殖一般在春季气温回升、新芽尚未萌发之前，结合换盆或移栽进行。扦插繁殖宜选用砂土作基质，在温度20～30℃的条件下15～20d可生根。

（5）栽培管理

蓍草生长适宜温度为15～25℃。夏季炎热多雨时，下部叶常变枯黄，应注意遮阳并清理下部密集的叶片，及时排水。蓍草喜日照充足，在半阴处也可生长良好，但是开花量会减少。生长期间土壤保持湿润即可，炎夏时需向叶面喷水。施肥以基肥为主，以农家肥、堆肥等有机肥为佳。生长期施1～2次肥料，忌偏施氮肥，否则花色不佳。蓍草属须根系植物，根蘖性较强，若连年种植，会使土层内被较多的老根占据，影响新根的萌发，造成地面部分萎黄。因此蓍草栽培应进行倒茬或重新种植。栽培2～3年的蓍草若还需继续种植，应在春季或秋季将植株挖去，剪去部分老根，整地施肥后重新种植。

（6）主要应用

蓍草花色丰富，花期持久，是布置岩石园、花台、花境等绿地的理想材料，尤其是其耐高温能力强，是夏季花坛不可多得的花材。蓍草还是良好的鲜切花材料。

9.2.11 天竺葵

（1）形态特征

天竺葵（*Pelargonium hortorum Bailey*），牻牛儿苗科天竺葵属多年生宿根草本植物（图9-11），高30～60cm。茎直立，基部木质化，具浓烈鱼腥味。叶互生，叶片呈圆形或肾形，边缘波状浅裂，表面叶缘以内有暗红色马蹄形环纹。伞形花序腋生，具多朵花，花瓣为红色、橙红色、粉红色或白色。蒴果。花期5～7月，果期6～9月。

图9-11 天竺葵

（2）种与品种

天竺葵属约 250 种，主要分布于热带，特别集中分布于南非。我国已知较为普遍引种的约 5 种，无野生种。我国引种栽培的 5 种是蔓生天竺葵（*P. peltatum*）、香叶天竺葵（*P. graveolens*）、马蹄纹天竺葵（*P. zonale*）、家天竺葵（*P. domesticum Bailey*）和菊叶天竺葵（*P. radula*）。园艺上常根据天竺葵植株特点将其分为直立天竺葵和垂吊天竺葵；根据观赏特性将其分为观叶和观花两类，前者如枫叶天竺葵（*P.* cv. *Vancouver Centennial*），而大多数天竺葵品种都属于观花类，花朵颜色鲜艳，花型各异。

（3）生态习性

天竺葵喜温暖、湿润和阳光充足的环境。不耐寒，短时间能耐 5℃低温，怕水湿和高温，6～7 月呈半休眠状态。宜肥沃、疏松和排水良好的砂质壤土。

（4）繁殖技术

天竺葵常用播种和扦插的方法进行繁殖。播种以春季、秋季为好。播种后 5～7d 发芽。天竺葵扦插易生根，全年都可进行，但以 4～5 月和 8～9 月为最佳扦插期，夏季高温时期植株呈半休眠状态，且插穗容易腐烂，不宜扦插。若条件适宜，扦插后 2 周左右即可生根。

（5）栽培管理

天竺葵喜光，稍耐阴，在光照条件充足的情况下枝叶繁茂，生长健壮，在夏季要防止强光直射，注意遮阴。生长适宜温度为 13～25℃，能耐短时间 5℃的低温。天竺葵喜干燥通风的环境，浇水要适当控制，浇水遵循“不干不浇，浇则浇透”的原则，雨天要及时排除积水，以免引起黄叶和烂根。天竺葵春季、秋季生长旺盛，开花不断，需肥较多，一般每 7～10d 施 1 次液肥，可用腐熟的饼肥水浇施；在花芽形成期每 2 周追施 1 次磷肥。夏季植株进入休眠状态，一般不需施肥。

天竺葵从小苗开始就应进行整形修剪，以使植株冠形丰满紧凑。一般苗高 10cm 时摘心，待新枝长出后再摘心 1～2 次。一般在早春、初夏和秋后修剪 3 次。第一次在 3 月份，主要是疏枝；第二次在 5 月份，剪除已谢花朵及过密枝条；立秋后进行第三次修剪，主要是整形。

（6）主要应用

天竺葵花色艳丽，花期长，广泛应用于园林绿地景观配置，也可盆栽观赏。

9.2.12　补血草

（1）形态特征

补血草（*Limonium sinense*），分布于我国滨海各省区，生长在沿海潮湿盐土或砂土上。蓝雪科补血草属多年生宿根草本植物（图 9-12），高 15～60cm，全株（除萼外）无毛。叶基生，倒卵状长圆形、长圆状披针形至披针形。花序呈伞房状或圆锥状；花序轴具 4 个棱角或沟棱；穗状花序；花萼呈漏斗状，蓝紫色，观赏品种有粉色、黄色、白色等；花冠为黄白色。北方花期为 7～11 月，南方花期为 4～12 月。

（2）常见栽培种

补血草属植物约有 150 种，主要为多年生草本植物，少数为一年生植物或亚灌木。常见的栽培种还有黄花补血草（*L. aureum*）、金色补血草（*L. aureum*）、二色补血草（*L. bicolor*）、珊瑚补血草（*L. coralloides*）、宽叶补血草（*L. latifolium*）、深波叶补血草（*L. sinuatum*）等。

图 9-12 补血草

不同种各自具有独特的形态特征和生长习性，适合在不同环境条件下种植，如金色补血草耐旱，是优良的砂生观赏植物；二色补血草耐盐碱，可作为盐碱地拓荒植物；宽叶补血草则广泛应用于花坛中，以及作切花材料。

（3）生态习性

补血草喜凉爽干燥气候，喜强光照，忌炎热多湿环境。要求疏松、透气、排水良好的石灰质微碱性土壤。

（4）繁殖技术

生产上多用组培法育苗。苗长到 5～8 枚叶即可定植。也可播种繁殖，但种子较小，应精细化耕作，播后约 7d 发芽。

（5）栽培管理

补血草喜阳光充足、通风良好的环境，生长适宜温度 15～25℃，不喜荫蔽，生长期每日应保证 14h 以上的日照。夏季高温潮湿，应注意通风，浇水时避免淋湿叶和花；补血草移栽时应施足基肥，因补血草对硼的需求量高，基肥中应加入硼酸 0.2kg/亩，生长期每月施 1 次复合肥，每隔 3～4d 浇 1 次水。在花序抽生及生长发育期，水、肥要充足，否则花枝短小，花朵不繁茂。生长期的补血草会倒伏，所以大棚栽植要拉网架，盆栽则立支柱。在补血草第 1 次花切取后，及时剪去老枝枯叶，利于新芽萌发。花后保留母株，继续加强管理，可连续产花 4～5 年，但通常 3 年以上切花品质下降，应立即更新。

（6）主要应用

补血草花期长，花色丰富，观赏价值高，可用于园林绿地景观配置。也可做切花，还可制成干花，是家居装饰的上佳选择。

9.3 其他宿根花卉

其他宿根花卉见表 9-2。

✣ 表9-2 其他宿根花卉

中文名称	拉丁学名	科属	观赏特性	繁殖	栽培要点	主要应用
黑心菊	*Rudbeckia hirta*	菊科金光菊属	花心隆起，紫褐色；周边瓣状小花，金黄色；花期自初夏至降霜	播种、扦插、分株	适应性强，不耐寒，耐旱，喜向阳通风的环境，一般土壤均可栽培	庭院、花境
大花金鸡菊	*Coreopsis drummondii*	菊科金鸡菊属	花色金黄，花大色艳，可从5月开到10月；叶片密集，可观花、观叶	播种、分株	耐寒耐旱，对土壤要求不严，喜光，但耐半阴，适应性强，对二氧化硫有较强的抗性	疏林地被、花境
大滨菊	*Chrysanthemum maximum*	菊科滨菊属	花朵洁白素雅；株丛紧凑，具香气；花期5～7月	播种、扦插、分株	喜光，生长适温15～30℃，耐半阴，不择土壤，pH值以6.5～7.0为宜	花境、地被、盆栽
勋章菊	*Gazania rigens*	菊科勋章菊属	花形奇特，花色丰富，花心形似勋章；花期4～5月	播种、扦插、分株	喜光，喜凉爽，耐旱，耐贫瘠，忌炎热雨涝	疏林地被、花境
堆心菊	*Heleniun bigelovii*	菊科堆心菊属	花色纯黄；花期7～10月	播种	喜温暖向阳环境，抗寒耐旱，适生温度15～28℃，不择土壤	花坛、花境、花丛
丽蚌草	*Arrhenatherum elatius*	禾本科燕麦属	草叶丛生，线形，具银白色的边缘	分株	喜凉爽湿润气候，喜阳耐阴，忌酷暑，耐寒耐旱，不择土壤，容易栽培	盆栽、花坛、花境
落新妇	*Astilbe chinensis*	虎耳草科落新妇属	株高30～200cm；圆锥花序硕大，花色丰富；花期6～7月	播种、分株	喜光，耐寒，耐半阴，在湿润的环境下生长良好。耐寒，但不耐夏季高温，对土壤适应性强	花境、切花
聚花风铃草	*Campanula glomerata*	桔梗科风铃草属	花冠为紫色、蓝紫色或蓝色；花期7～9月	播种、分株	喜冬暖夏凉，喜光，耐半阴，喜干，耐旱，对土壤要求不严	花境、盆栽、切花
翠雀	*Delphinium grandiflorum*	毛茛科翠雀属	花为蓝紫色或淡紫色，花型似蓝色飞燕；花期5～6月	分株、扦插	耐干旱，耐寒，喜冷凉气候，忌炎热	花坛、花境、切花
少女石竹	*Dianthus deltoides*	石竹科石竹属	株高15～40cm；花为白色、粉色或红色；花期6～9月	播种、扦插、分株	耐寒，忌炎热，喜光，忌涝，耐干旱瘠薄，对土壤要求不严，在碱性土壤中生长良好	地被、花坛、花境
瞿麦	*Dianthus superbus*	石竹科石竹属	株高50～60cm；花为粉红色；花期6～9月	播种	喜温暖潮湿环境，耐寒。宜肥沃的砂质壤土或黏质壤土	地被、花坛、切花
常夏石竹	*Dianthus plumarius*	石竹科石竹属	株高15～30cm；花色有紫色、粉红色、白色，芳香；花期5～10月	播种、分株、扦插	喜温暖，喜光，不耐寒。要求土壤深厚肥沃，在中性、偏碱性土壤中生长良好	地被、花坛、花境
八宝景天	*Hylotelephium erythrostictum*	景天科八宝属	株高30～50cm，丛生；花色有白色、紫红色、玫红色；花期7～10月	扦插、分株	喜强光、干燥、通风良好的环境，极耐寒；耐贫瘠和干旱，忌雨涝积水	花境、花坛、疏林地被
假龙头	*Physostegia virginiana*	唇形科假龙头属	株高60～120cm；穗状花序顶生，花色丰富；花期7～9月	分株、扦插	喜光，耐寒，耐热，耐半阴，喜疏松肥沃、排水良好的砂质壤土	花境、盆栽、切花
丛生福禄考	*Phlox subulata*	花荵科天蓝绣球属	株高10～15cm；花数朵生于枝顶，花色有淡红色、紫色或白色；花期5～12月	扦插、分株	喜温暖湿润的环境，对土壤要求不严，耐寒，耐旱，耐瘠薄，生长强健	地被、花坛、花境

续表

中文名称	拉丁学名	科属	观赏特性	繁殖	栽培要点	主要应用
紫花地丁	*Viola philippica*	堇菜科堇菜属	高5～20cm；花色有紫堇色或淡紫色；花果期4～9月	播种	喜光，耐阴，耐寒，不择土壤，适应性极强	地被、花坛、花境、盆栽
地被菊	*Chrysanthemum morifolium*	菊科菊属	植株低矮，株型紧凑；花色丰富，花朵繁多；花期9～10月	分株、扦插	喜光，耐旱，耐寒，忌积涝。喜疏松肥沃土壤	地被、盆栽
酢浆草	*Oxalis corniculata*	酢浆草科酢浆草属	高10～35cm；花色有粉色、黄色、白色；花期5～9月	播种、分株	喜向阳、温暖、湿润的环境，耐旱，不耐寒，对土壤适应性强	地被、盆栽、花境
剪秋罗	*Silene fulgens*	石竹科剪秋罗属	高50～80cm；聚伞花序，深红色；花期6～7月	播种、分株	耐寒，喜冷凉，喜光，耐半阴，对土壤要求不严	花坛、花境、切花
山桃草	*Gaura lindheimeri Engelm*	柳叶菜科山桃草属	高60～100cm；花色为白色至粉色；花期5～8月	播种	喜凉爽、湿润和阳光充足的环境，耐寒，对土壤要求不严	花境、盆栽
东方罂粟	*Rhodiola dumulosa*	罂粟科罂粟属	高60～90cm；花色有橙色、红色、粉色；花期6～7月	播种、分株	喜光，喜肥沃疏松砂质壤土。耐寒，具直根，不耐移植	花坛、庭院、花境
蓝亚麻	*Linum perenne*	亚麻科亚麻属	高40～80cm；花色为浅蓝色；花期5～7月	播种、分株	喜光，耐寒，喜肥沃、排水性良好的土壤	花境、花丛
白头翁	*Pulsatilla chinensis*	毛茛科白头翁属	高15～35cm；花色为蓝紫色；花期4～5月	播种	喜凉爽干燥，耐寒，耐旱，不耐高温	花境、花坛
非洲紫罗兰	*Saintpaulia ionantha*	苦苣苔科非洲堇属	小花秀雅，花色丰富；花期8～9月	播种	喜温暖湿润，不耐寒，不耐瘠；喜疏松、排水良好的微酸性土壤；生长适温15～26℃	盆栽、花境

第 10 章

球根花卉

10.1 概述

10.1.1 球根花卉的定义

球根花卉是指具有由地下茎或根变态形成的膨大部分的多年生草本花卉。球根花卉偶尔也包含少数地上茎或叶发生变态膨大者。球根花卉广泛分布于世界各地。全世界栽培的球根花卉有数百种，其中属单子叶植物的约 10 个科；属双子叶植物的约 8 个科。按地下部分的器官形态，球根花卉可分为鳞茎类、球茎类、块茎类、根茎类、块根类。

10.1.2 球根花卉的生育特点

球根花卉根据原产地的生育习性与对环境条件的要求，露地栽培常分为春植球根与秋植球根两类。

（1）春植球根

春植球根花卉主要分布在南非、中南美洲和北半球温带，这些地区夏季雨量充沛，冬季干旱寒冷，春季至秋季为生长季。球根花卉在春季定植发芽，夏初至秋开花，秋季球根成熟，冬季地上部枯萎后球根休眠越冬。此类球根花卉生长期要求较高的温度，不耐寒。例如，大丽花、唐菖蒲、马蹄莲、晚香玉等。

（2）秋植球根

秋植球根花卉主要分布在地中海沿岸，包括小亚细亚、好望角和美国加利福尼亚等地。这些地区秋季、冬季、春季降雨，夏季干旱，从秋季至来年的春天是生长季。秋季球根花卉较耐寒，喜凉爽气候而不耐炎热，一般秋季定植后发芽或不发芽，春季生长开花，夏季地上部枯萎，球根休眠越夏。例如，郁金香、水仙、风信子、葡萄风信子、百合等。

春植球根花卉一般在生长期进行花芽分化；秋植球根花卉多在休眠期进行花芽分化，此时提供适宜的环境条件，是提高开花数量和品质的重要措施。球根花卉多要求日照充足，喜疏松肥沃、排水良好的砂质壤土。

10.2 常见的球根花卉

10.2.1 唐菖蒲

(1) 形态特征

唐菖蒲（*Gladiolus gandavensis*），原产于非洲南部、地中海及小亚细亚地区。鸢尾科唐菖蒲属多年生草本植物（图 10-1）。球茎呈扁圆球形，外包有棕色或黄棕色的膜质包被。叶基生或在花茎基部互生，剑形。花茎直立，高 50～80cm，不分枝；顶生穗状花序，花色有红色、黄色、白色或粉红色等。蒴果。花期 7～9 月，果期 8～10 月。

图 10-1 唐菖蒲

(2) 品种分类

唐菖蒲品种繁多，其形态、性状多样，园艺上常按生育习性、花期、花朵大小等进行分类。

① 按生育期长短分：早花类，种植种球后 70～80d 开花；中花类，种植种球后 80～90d 开花；晚花类，栽种后 90～100d 开花。

② 按花型分：大花型，花径大，排列紧凑，花期较晚，新球与子球发育均较缓慢；小花形，花朵稍小，花瓣有皱褶，常有彩斑；报春花型，花形似报春，花序上花朵少而排列稀疏；鸢尾型，花序短，花朵少而密集，向上开展，呈辐射状，对称，子球增殖力强。

③ 按花色分：白色系、粉色系、黄色系、橙色系、红色系、浅紫色系、蓝色系、紫色系、烟色系及复色系。

(3) 生态习性

唐菖蒲喜温暖凉爽气候，不耐寒，是典型的长日照植物，长日照有利于花芽分化，光照不足会减少开花数，但在花芽分化以后，短日照有利于花蕾的形成和提早开花。栽培土壤以肥沃、排水良好、富含有机质、pH 值不超过 5.6～6.8 的微酸性砂质壤土为宜。

（4）繁殖技术

唐菖蒲主要采用分球繁殖、组培繁殖和播种繁殖。播种繁殖多用于新品种选育。唐菖蒲种子无休眠期，应随采随播。一般在9月播种，播种后很快发芽，当年可长出2枚叶。分球繁殖容易，但繁殖系数小，生产上常选择花瓣和侧芽作为外植体进行组培繁殖获得种球。

（5）栽培管理

唐菖蒲露地栽培北方需待晚霜后，南方可周年种植。栽植前施足底肥，栽植株行距15cm×(15～20) cm，覆土5～10cm，种植种球1.2万～2万个/亩。定植后及时浇水，待出芽后控水2周以利于根系生长。

唐菖蒲为喜温植物，不耐低温，萌芽期一般白天15℃，夜间5～10℃；生长期白天20～25℃，夜间12～18℃；3～7枚叶期最低不应低于10℃，高温不超过28℃。唐菖蒲对日照的时间有严格的要求，14h以上的日照有利于花芽分化，生长期保证12h以上的光照时间。唐菖蒲种植过程中要始终保持土壤湿润，避免忽干忽湿，二叶期若遇干旱易出现盲花。喜肥，于二叶或三叶期、孕穗期各追肥1次，以利花芽分化、花茎发育及新球形成。施肥量氮180kg/hm^2，磷120kg/hm^2，钾90～120kg/hm^2。另外，风大的地区需拉网防止倒伏。株高10cm时拉网，以后随植株增高逐渐上升到约50cm高度。

（6）主要应用

唐菖蒲与切花月季、康乃馨和非洲菊被誉为“世界四大切花”，在世界各地普遍栽培。地栽可布置花境、专类花坛、庭院等。矮生品种还可盆栽观赏。

10.2.2 百合

（1）形态特征

百合（*Lilium brownii* var. *viridulum*），原产于北半球温带地区，中国是世界百合的分布中心，各地广为栽培。百合科百合属多年生草本植物（图10-2）。多数种为直立茎，少数为匍匐茎。鳞茎呈球形，淡白色。叶散生，披针形、窄披针形至条形，全缘。花单生于茎顶，多花种为总状花序或不典型伞形花序；花呈喇叭形，有香气，乳白色，外面稍带紫色；花被片内、外两轮，各3枚。蒴果。花期5～6月，果期9～10月。

（2）品种分类

百合原种有120个左右，中国分布46个和18个变种，其中36个和15个变种为中国特有。用于园艺育种和栽培的有40～50个，用于商品化生产的只有20个左右，主要包括麝香百合（*Lilium longiflorum*）、毛百合（*L. dauricum*）、卷丹（*L. lancifolium*）、山丹（*L. concolor*）、天香百合（*L. aurantum*）等。

国际百合学会在1963年分类系统的基础上，提出了目前普遍认可的分类系统。该系统根据百合亲本的产地、亲缘关系、花色和花型姿态等特征将百合品种分为以下9类。

1）亚洲百合杂种系（Asiatic hybrids） 由分布在亚洲地区的百合种类及其杂交种杂交产生。花小到中型，花朵朝上，花色较丰富且均匀，或花被片前端和花喉对比强烈，部分有明显的束状斑点，多数品种无散点，或有圆形的明显散点。多数品种没有香味。

2）星状百合杂交系（Martagon hybrids） 本系杂种与栽培品种由欧洲百合（*L. martagon*）与汉森百合（*L. hasonii*）种或杂种衍生。花通常较小，数量多，花头朝下。

3）白花百合杂种系（the Candidum hybrids） 本系中的杂种与栽培品种是由白花百合

图 10-2 百合

（*L. candidum*）、加尔顿百合（*L. chalcedonicum*）和其他欧洲种衍生出来的。花中到大型，通常呈钟形或包头巾状，多向下。花颜色较淡或是比较柔和的色调，没有束状斑点，散点从没有至很多，花常有香味。

4）美洲百合杂种系（the American hybrids） 所有的杂种或栽培品种均来源于美洲的原种。花小到中型，花头多数朝下，颜色鲜艳。通常花被片前端和中心对比明显，没有束状斑点，散点非常明显，分布至少超过花被片的 1/2，通常呈圆形且外围多有一圈色晕。乳突无或不明显，花味淡。花被片狭窄，前端的左右两边微卷至全卷。

5）喇叭百合杂种系（the Trumpet hybrids） 由通江百合（*L. sargentiae*）、宜昌百合（*L. leucanthum*）、湖北百合、王百合等杂交而来。根据花型姿态，又进一步划分为喇叭花型、碗花型、花朵下垂或仅半段反曲型和旭日型。

6）东方百合杂种系（the Oriental hybrids） 由天香百合、红花百合等与湖北百合杂交选育而来。多数品种花中到非常大型，斑点从无到多数，有时覆盖每枚花被片的一半以上。多数花有香味。叶散生，宽到非常宽。

7）其他类型（Miscellaneous hybrids） 所有上述未提及的百合类型，但品种较少。

8）原种（Lily species） 包括所有的原生种及其亚种、变种和变型，以及直接从原种中选育出来的品种。

9）麝香百合杂种系（Longiflorum hybrids） 又名铁炮百合，由麝香百合（*L. longiforum*）、台湾百合（*L. formosanum*）等杂交而来。花为喇叭形，平展，容易感染病毒，常见的品种有 Avita、Snow Queen、Como 等。

园艺上目前观赏栽培的主要是麝香百合杂种系、亚洲百合杂种系和东方百合杂种系系列品种。

(3) 生态习性

百合喜冷凉湿润气候，生长适温白天为 20～25℃，夜间为 10～15℃，5℃以下或 28℃以上生长发育几乎停止。喜肥沃、腐殖质多、排水良好、pH 6～7 的微酸性砂质壤土。多数种类耐寒不耐热，喜半阴环境，以自然日照的 70%～80%为好。

(4) 繁殖技术

百合的繁殖方法有播种、分小鳞茎、鳞片扦插和分株芽等，生产上主要有鳞片扦插、子球繁殖和珠芽繁殖 3 种。播种繁殖主要在育种上应用，春季、秋季皆可播种，麝香百合、王百合、台湾百合等子叶出土者多行秋播，播后 7d 长出胚根，14d 出芽，次年可开花。毛百合、青岛百合等子叶不出土者播种后发芽迟缓，常行春播，播后 2～3 年开花。

鳞片扦插适宜不易形成小鳞茎的种类，花后鳞茎进入休眠状态之前及早挖出鳞茎，将老鳞上充实、肥厚的鳞片逐个分掰下来，每个鳞片的基部应带有一小部分茎盘，稍阴干，然后斜插于盛好河砂（或蛭石）的苗床中，保持基质湿润，在 20℃左右条件下，约 45d 鳞片伤口处即生根。培养到次年春季，鳞片即可长出小鳞茎，小鳞茎培养 3 年左右即可成为开花种球。分球和小鳞茎繁殖一般在秋季进行，此时百合的地上部分已经枯萎，鳞茎进入休眠期，适合进行分球。

卷丹百合、铁炮百合、鳞茎百合等可产生大量珠芽，可用珠芽进行繁殖。从珠芽长成大鳞茎至开花，通常需要 2～4 年的时间。

(5) 栽培管理

百合露地栽培宜选阳光充足、土层深厚、土质疏松、排水良好的平地或坡地，田间栽培宜用高畦，忌连作。定植时间可根据栽培类型确定，北方一般 9～10 月，南方可稍晚，能在低温到来前充分发根即可，春末不宜种植。百合基生根可存活 2 年，一般不必每年起球，园林中的百合栽培，可 3～5 年起球 1 次。种植前施足基肥，百合所需氮∶磷∶钾比例应为 5∶10∶10。百合根系浅，栽植深度约为鳞径的 2 倍。株行距(15～20)cm×(20～40)cm。不同品种群和不同鳞茎规格种植密度不同，亚洲百合杂种系周径 12～14cm 的鳞茎每亩种植 3 万～4 万个种球，东方百合杂种系和麝香百合杂种系周径 12～14cm 的鳞茎每亩种植种球 2.5 万～3 万个。种植后 3～4 周不施肥，如果土壤过分干燥，需浇水保持土壤湿润，百合发芽出土后要及时追肥，每隔 7d 施肥 1 次。土壤干旱时，将水溶性肥料溶解到水里进行施肥；土壤湿度大时，喷施叶面肥。

百合喜光照充足，但夏秋季温度高，光照强，不利于百合生长，应注意用遮阳网进行遮光，一般亚洲百合杂种系遮光约 50%，东方百合杂种系和麝香百合杂种系遮光约 70%。若秋、冬季切花生产，则要采用灯光照明来延长光照时间。一般每晚补光 4～6h，使全天光照时间能够达到 16h 即可。

(6) 主要应用

百合种类繁多，有食用百合、药用百合及观赏用百合等。观赏用百合花姿雅致，是全世界广为栽培的切花之一；还可栽植于庭院、花境及各类绿地进行观赏。

10.2.3 水仙

(1) 形态特征

水仙（*Narcissus tazetta L.* var. *chinensis Roem*），石蒜科水仙属多年生球根草本植物

（图 10-3）。鳞茎呈球形至卵球形，鳞茎皮为棕褐色。茎生叶互生，带状线形。花茎直立；一葶一花或多花的伞形花序，有花 4～8 朵；花被片 6 枚，白色，芳香；副花冠呈浅杯状，淡黄色。蒴果。花期春季。

图 10-3 水仙

（2）品种分类

水仙属植物全世界共有 800 多种，其中 10 多种具有极高的观赏价值。常见的栽培品种主要有中国水仙（*N. tazetta* var. *chinensis*）、喇叭水仙（*N. pseudo-narcissus*）、围裙水仙（*N. bulbocodium*）、仙客来水仙（*N. cyclamineus*）、橙黄水仙（*N. incomparabilis*）、西班牙水仙（*N. triandrus*）、法国水仙（*N. tazetta*）、红口水仙（*N. poeticus Sm*）、丁香水仙（*N. jonquilla*）、芳香水仙（*N. odorus*）等。

水仙园艺品种丰富，根据其来源和特性可以分为多个类别。例如，按原产地不同可分为中国水仙和洋水仙，其中中国水仙主要品种有金盏银台（单瓣）和玉玲珑（重瓣）；洋水仙泛指源自欧洲并在全球广泛种植的水仙品种，如喇叭水仙、法国水仙等，它们各自具有独特的花形、花色和香气。

（3）生态习性

水仙喜冷凉、湿润、冬无严寒、夏无酷暑、阳光充足且无强光直射的环境。适宜在疏松、肥沃、深厚、保水力强而又排水良好的土壤中生长。多花水仙耐寒力弱，喇叭水仙、红口水仙、丁香水仙等多数种类较耐寒。

水仙属秋植球根花卉，秋冬季节地下部生长，经过一段时间低温后在早春迅速发叶生长并开花。花后当气温逐渐升高后叶片枯黄进入夏季休眠，花芽分化在休眠期完成，大约要经历 2 个月的时间，鳞茎花芽分化的适宜温度为 18～20℃，花芽的发育、花茎伸长需经过一个低温期，适宜温度为 9～10℃。

（4）繁殖技术

水仙通常以分球繁殖为主，一般在秋季进行。繁殖时将母球两侧分生的小鳞茎掰下作种球，另行栽植，次年可产生新球。但这种方法繁殖系数低，为提高繁殖系数，水仙可用鳞片扦插繁殖。鳞片扦插适期 6～9 月，生根适宜温度 25℃左右，经 12～15 周后可见鳞茎盘周围发生小鳞茎。生产上还可用带鳞茎盘的鳞和幼嫩花序作外植体进行组培繁殖。

（5）栽培管理

水仙可在盆中水养，也可露地栽培。多数水仙品种都适宜露地栽培，如中国水仙、红口水仙等。水仙露地栽培常于 10～11 月下种。种植前深翻土壤并施足基肥，种植深度 10～15cm，株距 10～15cm，栽植后在精细管理条件下英国水仙、丁香水仙等可年年开花，而中国水仙、黄水仙、红口水仙等要栽培 2～3 年才能开花。

水仙花生长前期喜凉爽，后期喜温暖，中期耐寒而不宜有剧烈的温差变化。前期温度保持 15～18℃有利于生根。当芽长至 5～6cm 时降温至 7～12℃有利于植株生长。当气温升至 20～24℃、空气相对湿度为 70%～80%时最宜鳞茎生长膨大。水仙花是短日照球根植物，生长期通常以每天给予 6h 左右光照为佳。

水仙花好肥，除施足底肥外，还应勤施追肥。出苗后至春节前每半月施一次肥，以促使水仙营养生长，利于生成壮苗，这个时期施肥以氮肥为主。春节以后，气温逐渐回升，水仙花生长逐渐加快，需肥量也随之加大，可每隔 7d 追肥 1 次薄肥，施肥以氮、磷、钾配合施用为宜。谷雨之后，停止施肥。此后，水仙花将随气温升高而逐步转入休眠。

（6）主要应用

中国水仙花芬芳清新，素洁幽雅，适宜水培，置于案头、窗台美化环境，也可用来布置花坛、花境或作为盆栽观赏。洋水仙品种繁多，花色鲜艳，可露地栽植于园林绿地供人欣赏，同时还是良好的切花材料。

10.2.4　郁金香

（1）形态特征

郁金香（*Tulipa gesneriana*），原产于地中海沿岸、中亚细亚和土耳其等地。百合科郁金香属多年生草本植物（图 10-4）。鳞茎偏圆锥形，直径 2～3cm，外被淡黄色至棕褐色皮膜，内有肉质鳞片 2～5 枚。茎叶光滑，被白粉。叶 3～5 枚，带状披针形至卵状披针形，全缘并呈波形。花单生于茎顶，大型，直立杯状，花色丰富，有红色、黄色、橙色、粉色、紫色等颜色。蒴果背裂，种子扁平。花期 3～5 月。

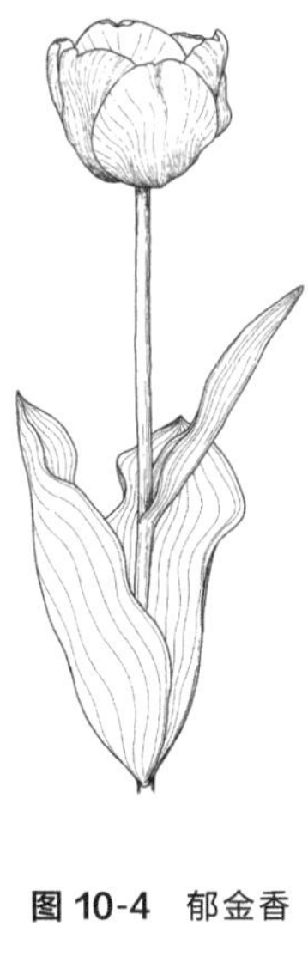

图 10-4　郁金香

(2) 品种分类

经过园艺家长期的杂交栽培，全世界已拥有 8000 多个品种。被大量生产的大约有 150 种，其中红色、黄色、紫色的品种最受人们欢迎。

1) 根据花期、花形、花色等特性分类　1987 年在荷兰举行的世界品种登录大会郁金香分会上，人们将郁金香分为 4 类 15 型。

① 早花类。包括单瓣和重瓣两种花型。单瓣主要栽培的品种如热恋（Burning love）、曙光（Early light）、戴安娜（Diana）等。重瓣主要品种有娃娃（Baby doll）、阿贝（Abba）、桃花（Peach blossom）等。

② 中花类。中花类郁金香品种通常在仲春至晚春之间开放，此类品种在 1917～1927 年随着孟德尔型和胜利型品种的培育成功而形成。1969 年品种分类名单中正式确立中花类品种，包括达尔文杂种型和胜利型。达尔文杂种型主要品种有日光（Lighting sun）、春之歌（Spring song）、检阅（Parade）等；胜利型主要品种有阿巴（Abra）、非洲皇后（African queen）等。

③ 晚花类。晚花类品种起初绝大多数为单瓣品种，重瓣品种自 17 世纪开始出现。主要有 7 种类型，包括单瓣晚花型（Single Late Group）、百合花型（Lily-flowered Group）、流苏花型（Fringed Group）、绿瓣型（Viridiflora Group）、伦勃朗型（Rembrandt Group）、鹦鹉型（Parrot Group）和重瓣晚花型（Double Late Group）。

2) 变种及杂种　主要包括考夫曼型（Kaufmaniana Group）、福斯特型（Foste riana）、格里氏型（Greigii）和其他原始种（Other Species）。

(3) 生态习性

郁金香喜凉爽湿润、避风向阳的环境。极耐严寒，地下鳞茎最低可耐－35℃低温。喜肥沃、疏松、富含腐殖质、排水良好的砂壤土，在黏土、贫瘠土中生长不良。

(4) 繁殖技术

郁金香的繁殖方法主要有播种繁殖、分球繁殖和组织培养繁殖。播种繁殖通常露地秋播，经冬季低温后萌发，超过 10℃发芽迟缓，25℃以上则不能发芽，播种后当年只形成一枚真叶，植株需经 4～6 年才开花。

分球繁殖，华北地区宜 9 月下旬至 10 月下旬进行，华东地区宜 9～10 月，较温暖地区可在 10 月下旬至 11 月上旬分栽子球。一般小球 2～3 年、大球 1 年才可培育成开花球。

(5) 栽培管理

郁金香适宜的种植时间因各地各年气候不同而不同，我国北方一般在 9 月下旬至 10 月定植。东北地区和西北地区温度下降的时间早些，应适当提前定植，华北地区可稍晚，北京市定植的时间一般在 10 月中下旬。定植过早，气候温暖，长出叶丛，越冬需加覆盖物才可避免受冻；定植过晚，生根不好，影响来年生长。种植时株行距视种球大小而定，一般为行距 15～25cm，株距 10～15cm，种植深度以 2 倍的鳞茎高度为宜。

郁金香对温度敏感，其鳞茎生根期自秋季至来年春季，最适生长温度为 6～9℃，超过 15℃则停止生长。栽植后需保持 8～10℃温度至少 3～4 周，可覆盖秸秆以保温湿。茎、叶生长期始于秋季，冬季土壤温度低于 4℃时停止，春季气温回升后继续生长。开花期适宜温度为 14～18℃，温度过高或湿度过低都会缩短花朵寿命。花朵凋谢后，进入鳞茎膨大增殖期，需控制温度不高于 20℃以促进鳞茎膨大。25℃以上生长缓慢，逐步进入休眠状态，休眠期内进行花芽与器官分化，不同品种最适温度略有差异。郁金香对光照的适应范围较广，但花朵通常在阳光充足时开放。

郁金香栽植后土壤不过分干燥则不用浇水，长期无雨时可适度增大湿度。生长旺盛季节喜冷凉湿润环境，空气相对湿度以保持在 60%～70%为佳。营养生长期间需追肥 4 次。第一次在幼苗出土后施用，以氮肥为主，用量为 10～15kg/亩，磷肥 6～10kg/亩。第二次追肥在现蕾期进行，施用量为氮肥 5～10kg/亩，钾肥 5～8kg/亩，磷肥 6～10kg/亩。第三次追肥在开花前进行，施用量为钾肥 10～15kg/亩，磷肥 6～10kg/亩。第四次追肥在开花后进行，用量与第三次相同。

（6）主要应用

郁金香品种繁多，花色丰富，是早春开花的重要球根花卉之一。在园林中常用来布置花坛、花境、主题花海等，还适宜庭院栽培和盆花栽培以供观赏。郁金香也可做切花。

10.2.5　大丽花

（1）形态特征

大丽花（*Dahlia pinnata Cav*），原产于墨西哥及危地马拉海拔 1500m 以上的山地。菊科大丽花属多年生球根草本植物（图 10-5）。地下部有巨大棒状块根。茎粗壮直立，平滑且多分枝。茎高 0.5～2m。单叶对生，少数品种叶轮生、互生或异对生，叶 1～3 回羽状全裂，裂片呈卵形或长圆状卵形。头状花序直立或下垂，舌状花 1 层或多层，有白色、红色或紫色；管状花为黄色。瘦果。花期 6～12 月，果期 9～10 月。

图 10-5　大丽花

（2）品种分类

大丽花栽培品种极为繁多，世界各地均有栽培，我国各地园林中也常见栽培，尤其以吉林省栽培为盛，吉林省是我国大丽花的栽培中心。品种分类有很多种方法，多数国家和地区常以植株高度、花茎大小以及花色、花型为主要依据进行分类，下面是我国几种主要的分类方法。

① 依据植株高度分为高型（株高约 2m）、中型（株高为 1～1.5m）和矮型（株高为 0.6～0.9m）。

② 依据花色分为红色系、橙色系、黄色系、白色系、粉色系、淡红色系、紫红色系以及复色系等。

③ 依据花型分为单瓣型、领饰型、托挂型、牡丹型、球型、小球型、装饰型、仙人掌型。

(3) 生态习性

大丽花喜湿润清爽、昼夜温差大、通风良好的环境。喜柔和充足的光照，短日照条件可促进花芽发育，长日照条件可促进分枝，增加开花数量，但延迟花的形成。土壤以富含腐殖质和排水良好的肥沃砂质壤土为宜，需要轮作。大丽花春天进行营养生长，夏末秋初转向生殖生长并开花。直至霜降地上部分开始枯萎，并进入休眠状态。块茎储藏温度以3～5℃为宜。

(4) 繁殖技术

大丽花的繁殖方式主要包括扦插、分株和播种。播种繁殖常用于花坛品种和育种工作。播种时间依据品种和地区差异有所不同，温床播种通常在3月中下旬，而露地播种则需在气温达到15℃左右时进行，播种后约7d出芽。扦插繁殖从早春到秋季均可进行，以3～4月成活率最高。

(5) 栽培管理

大丽花种苗不耐寒，春季栽培需在晚霜结束后气温稳定在8℃以上时进行，种植深度以根茎芽眼低于土面6～10cm为宜，栽种时可埋设支柱。盆栽适宜选用低矮中小花品种栽植，植株高度达30cm时，需立柱支撑。

大丽花生长期喜凉爽气候，忌高温闷热和霜冻，生长适宜温度10～25℃，夏季温度高于35℃时要喷水降温或庇荫通风，冬季低于0℃，容易发生冻害。早春为提早开花，可在大棚内栽培，白天气温保持在25℃左右，超过25℃必须通风降温，夜间在10℃以下时，就要提高大棚温度。大丽花是阳性花卉，每天保证6～10h的光照，而且要有4～6h的直射光才能花繁叶茂。

大丽花喜肥，生长期根据生长情况每半个月施1次10%左右的稀薄液肥，现蕾后改为每周1次，并喷施1～2次0.2%磷酸二氢钾，以促使花大而色艳。夏季半休眠期和开花期应停止施肥。若在8月初仅保留基部的芽，而其他实行重剪，在新芽抽出后的9月上中旬追施1次浓肥，在秋凉后还可开花繁茂。

(6) 主要应用

大丽花品种繁多，花色艳丽，花型多变，花期长，广泛应用于园林中，适宜用于花坛、花境，或庭院丛植。矮生品种可盆栽观赏。高型品种可做切花，是瓶插、花篮和花束制作的理想花材。

10.2.6 仙客来

(1) 形态特征

仙客来(*Cyclamen persicum*)，原产于地中海东部沿岸、希腊、叙利亚、黎巴嫩等地。报春花科仙客来属多年生草本植物（图10-6）。株高20～30cm。块茎呈扁球形。叶片呈心状卵圆形，边缘有细圆齿。花葶高15～20cm，花单生而下垂，花梗细长；花冠5深裂，基部连成短筒，花冠裂片呈长椭圆形向上翻转、扭曲，形如兔耳，有白色、粉红色、大红色、紫红色等各色，有些品种具有香气。蒴果。

图 10-6 仙客来

（2）种与品种

仙客来属植物约 20 种，变种和栽培品种较为丰富。

1）常见的同属其他栽培种

① 欧洲仙客来（*C. purpurascens Mill*），原产于欧洲高原，球茎呈圆形，叶片为绿色，带银色网状斑纹，可四季开花，花色多样。

② 非洲仙客来（*C. africanum Boisset Reuter*），原产于非洲，花色丰富，花期早，但极不耐严寒，是仙客来中叶子最大的种。

③ 地中海仙客来（*C. hederifolium Aiton*），分布于欧洲南部，耐寒，抗热性强，花小，淡玫红色，花期长。

④ 小花仙客来（*C. coum Mill*），分布于伊朗北部到黑海边等地，耐寒性强，冬季开花，花色从白色到红色不等。

此外，还有波叶仙客来（*C. repandumSihth*）、西西里仙客来（*C. cilicicum Boisset Heldr*）、希腊仙客来（*C. graecum Link*）等，它们各自具有独特的花色、叶形和生长习性，使得仙客来成为花卉市场中的一大亮点。

2）栽培品种分类　仙客来在各地均有栽培，在长期的人工栽培、自然选择条件下形成了大量的品种，但仙客来的品种分类至今没有统一的标准，现在一般根据花色、花型、杂交系列及开花方式等来分类。

① 根据花型分为皇冠型（此类型为仙客来标准花型）、平瓣型、洛可可型、大花型（为栽培品种的代表花型和重瓣型，多为不育类型）。

② 根据香气分为无香类、微香类、香类、浓香类和异香类。

③ 根据花色分为单色系、赤喉系、赤唇系、赤端系、赤斑系和绛条系，以及白色系、粉色系、浅红色系或淡红色系、水红色系、橘红色系、红色系、玫红色系、绛红色系和墨红色系等。

④ 根据花瓣形状分为平瓣类、狭瓣类、阔瓣类、齿瓣类、波瓣类、卷瓣类、皱瓣类、

旋瓣类和畸瓣类。

⑤ 根据花朵形状分为兔耳形、旋耳形、锦簇形、瑶团形、灯笼形、风车形和重瓣形等。

(3) 生态习性

仙客来喜温暖湿润、阳光充足的环境，在富含腐殖质的肥沃砂质壤土中生长得最好。耐寒性种间有差异，如欧洲仙客来（*C. europaium L.*）耐寒性强，小花仙客来耐寒性较差。

(4) 繁殖技术

仙客来生产中通常采用播种的方式繁殖。播种时间视品种、栽培条件以及预计开花的日期而定，一般都预定在元旦和春节开花上市。大花仙客来 9～10 月播种，播后 13～15 个月开花。中小花仙客来 1～2 月播种，播后 10～12 个月开花。仙客来种子发芽需要黑暗条件，空气相对湿度 80%～90%。适温下大约 30d 可以发芽，45～50d 出齐苗。

(5) 栽培管理

仙客来种植对温度、湿度、光照等条件的要求较为严格，加之仙客来的生长周期较长，播种苗从播种到开花需 9～15 个月，因此仙客来的种植管理尤其重要。

1) 移栽和上盆　当幼苗真叶长到 2 枚时，将小苗带基质移栽于营养钵中，保持球茎 2/3 埋入土中，生长点露出。移植后浇透水，遮阴 5～7d 缓苗。翌年小苗长至 5～6 枚真叶时，可移植到口径为 10cm 左右的盆中。移栽 2 周后开始每月施 2 次液体肥料，使叶片生长健壮。

2) 生长期　3～4 月气温转暖，仙客来发叶增多，宜换至口径 20cm 盆中。块状茎露出土面 1/3，此时外界温度以 10～20℃为宜，最佳的光照强度为 15000～25000lx。此时应加强水肥管理，每周或每 10d 补施 1 次浓度 0.1%的 N、K 元素营养液，同时定期用波尔多液或链霉素等喷洒，以预防病害发生。

3) 越夏期　越夏期要求环境温度尽量控制在 30℃以下，光照强度在 40000lx 以内，并提供适度的肥水管理，迫使仙客来进入非休眠状态度过越夏期。高温到来前每周可施 1 次稀薄液肥，高温期注意遮阴，加强通风等措施，降温并停止施肥。

4) 育成期　生长至 9 月，植株冠径已达 15cm 以上，须换盆至直径为 20～25cm 的盆钵中。每隔 7～10d 施 1 次肥，并适量控水，有利于花芽的形成。环境温度适宜在 10～20℃，光照强度在 30000lx 左右。此外，定期喷药，防治仙客来的病虫害。

5) 花期　现蕾期需给予充足的光照，光照强度 15000～30000lx，环境温度控制在 10～20℃之间，同时增施以磷肥、钾肥为主的营养液，水分供应要充足。花期停止追肥并控制浇水。

(6) 主要应用

仙客来花色鲜艳，花形别致，极具观赏价值。花期正值元旦、春节，能带来热烈、喜庆的气氛，是重要的冬春盆花和切花品种。

10.2.7 番红花

(1) 形态特征

番红花（*Crocus sativus*），别名藏红花、西红花，原产于巴尔干半岛、土耳其、喜马拉雅山，后引入欧洲。鸢尾科番红花属多年生球根草本植物（图 10-7）。球茎呈扁圆球形，外有黄褐色的膜质包被。叶基生，条形，边缘反卷。花 1～2 朵，淡蓝色、红紫色或白色，有香味。花期 9～11 月。蒴果。

图 10-7　番红花

（2）常见栽培种

番红花的同属植物约有 75 种，分布于欧洲、中亚及巴基斯坦等地，均具有美丽的花朵与袖珍的株态，是优良的小球根花卉，其中广泛栽培的品种为 *C. sativus*，俗称藏红花，其花柱上部供药用，在食品、香料、化妆、染色等方面有广泛的用途。园艺上根据花期不同主要分为春花种和秋花种。前者如春番红花（*C. vernus*）、黄番红花（*C. aureus*）、早番红花（*C. imperati*）、金番红花（*C. chrysanthus*）等。后者除番红花外，还有美丽番红花（*C. speciosus*）等。

（3）生态习性

番红花喜冷凉湿润、阳光充足的环境，也耐半阴，耐寒性强，能耐－10℃低温，忌高温和水涝，在温度 1～20℃范围内生长良好。宜生长在排水良好、腐殖质丰富的砂壤土中。番红花属秋植球根，夏季球茎休眠时花芽分化，花芽分化适温为 15～25℃。

（4）繁殖技术

番红花以分球繁殖为主，球茎寿命 1 年，即每年更新老球茎，新球于母球之上形成，秋季分栽新球附近的小球茎，2 年后可开花。本属有些种也可用播种的方法繁殖，采种后立即播种，实生苗 3 年后开花。

（5）栽培管理

番红花种球重量直接影响开花，6～10g 以下基本不开花，种球重量增加则花朵数增多。因此，种植前需严格分级，按重量（30g 以上、20～30g、10～20g、10g 以下）分类种植，并设立标牌以便于管理。栽植时间 9 月下旬至 11 月初均可，种植深度以 2～2.5 个球茎高度为宜，每亩实种株数 2.7 万株左右。种植后再覆一层土并撒上腐熟饼肥或氮磷钾复合肥。肥料与球茎要隔开，最后再盖一层土。

番红花种植后 25～35d 开始出苗，植株生长期适宜温度 2～19℃，温度低于－10℃时需要采取保温措施。番红花生长期应保持土壤湿润，出苗前可灌 1 次水，11 月中下旬，入冬前灌 1 次防冻水。植株营养生长期（1～3 月）每 15d 施 1 次液肥，3 月下旬起番红花进入生长旺盛阶段，每 10d 喷 1 次 0.2%磷酸二氢钾，连续 2～3 次，此时应注意经常松土除草，防止土壤板结和杂草丛生，以利球茎膨大。4 月中旬进入生长后期，应及时摘除多余侧芽，保留 1～3 丛大芽，以提高子球茎质量及产量。

（6）主要应用

番红花叶丛纤细，花姿优雅，花色丰富，具特异芳香，是点缀花坛和布置岩石园的好材料，也可盆栽或水养供室内观赏。

10.2.8 风信子

（1）形态特征

风信子（*Hyacinthus orientalis*），原产于欧洲南部地中海沿岸及小亚细亚一带。百合科风信子属多年生球根草本植物（图 10-8）。鳞茎呈球形或扁球形，有膜质外皮。基生叶 4～9 枚，带状披针形。花茎肉质，总状花序；小花 10～20 朵密生于上部，多横向生长，少有下垂，漏斗形；花色有蓝色、白色、紫色、黄色、红色等，单瓣或重瓣；原种为浅紫色，具芳香。蒴果。花期 3～4 月。

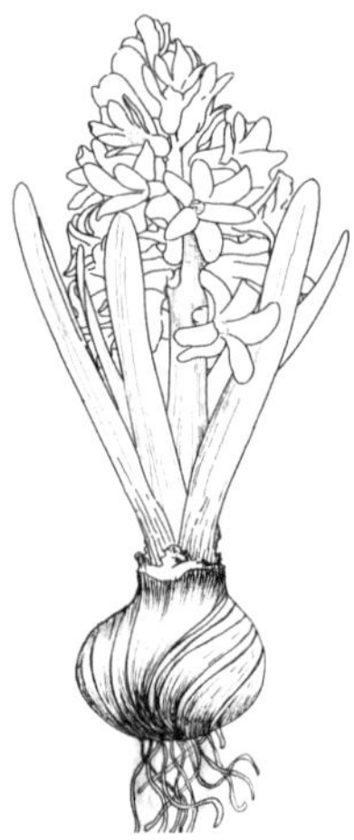

图 10-8 风信子

（2）品种分类

风信子的现代园艺栽培品种是野生种的变种。主要的野生种有西班牙风信子（*H. amethystimus* L.）、罗马风信子（*H. romanus* L.）、天蓝风信子（*H. azureus* Baker）等。主要的变种有罗马风信子（var. *albulusr*）、大筒浅白风信子（var. *praecox*）和普罗旺斯风信子（var. *provincialis*）3 个。

由于风信子系少数原种发展而来，因此品种间差异细微，难以分辨。风信子的园艺栽培品种很多，有 2000 多个，园艺上常分为荷兰系和罗马系两个系：

① 荷兰系：由荷兰改良培养出来的品系。目前很多园艺品种均属于本系。其特点是花序长、大，花朵也大。绝大多数每株只长 1 枝花葶，体势粗壮，花朵较大。

② 罗马系：由法国改良而成。鳞茎比前者略小，一球能抽生数枝花葶。多是变异的杂种，每株能着生二三枝花葶，体势幼弱，花朵较细。

上述两系中按花色分为白色、黄色、粉色、红色、蓝色、紫色等各类。按开花时间可分为早花品种、中花品种和晚花品种。

（3）生态习性

风信子喜凉爽湿润和阳光充足的环境，较耐寒，在长江流域可露地越冬，忌高温，喜肥，适合生长在疏松、肥沃、排水良好的砂质土壤中，忌积水。

风信子秋季生根，早春新芽出土，3 月开花，5 月下旬果熟，6 月上旬休眠且在休眠期进行花芽分化，分化适温 25℃左右，分化过程 1 个月左右。花芽分化后至伸长生长之前要有 2 个月左右的低温阶段，气温不能超过 13℃。风信子在生长过程中，鳞茎在 2～6℃低温时根系生长最好。芽萌动适温为 5～10℃，叶片生长适温为 10～12℃，现蕾开花期以 15～18℃最为宜。鳞茎的储藏温度为 20～28℃，最适温为 25℃，对花芽分化最有利。可耐受短时霜冻。

（4）繁殖技术

风信子主要采用分球的方式进行繁殖。将母球边缘的子球分离后进行栽植，培育 2～3 年即可开花。风信子不易产生子球，生产中常用刻伤法或挖孔法促进其结球，人工创伤时间以 6 月为宜。也可播种繁殖，宜随采随播，待其发芽出土后逐步增加光照并追施薄肥，翌年夏季进入休眠期后挖出小鳞茎，储藏于干燥凉爽处越夏，于秋凉后再重新栽种。播种繁殖需要 5～7 年才能开花。

（5）栽培管理

风信子在我国大部分地区能够作为早春重要花卉在园林中进行栽培观赏。种植时期一般在 10 月上旬至 11 月中旬，选阳光充足、背风向阳的缓坡地，取大规格种球，当地温下降到 10℃左右时下种。种植深度 8～10cm，北方寒冷地种植深度为 15～20cm，栽植前施足基肥，生长季节每半月浇施 1 次氮、磷、钾均衡的稀薄液肥，但要避免肥液污染叶面，以免引起叶部病害；花序伸出期追施以磷、钾为主的液肥。花后叶片变黄时起球，放通风处晾干，分级储藏。栽培地忌连作。风信子可水培，选择生长充分的鳞茎，于 10 月下旬至 11 月初将鳞茎置于玻璃瓶或浅盘中，以卵石或网格固定，浸水 3～6mm，置于暗处数日或用黑布遮盖容器促成生根。当根长至 3～4cm 时除去遮光布，每周换水，保持水面接触鳞茎底部，在室温下 2～3 个月开花。

（6）主要应用

风信子植株低矮整齐，花色丰富，花姿美丽，是早春开花的著名球根花卉之一，也是重要的盆花种类。适用于布置花坛、花境，也可作切花、盆栽或水养观赏。

10.2.9　香雪兰

（1）形态特征

香雪兰（*Freesia refracta*），原产于非洲南部好望角。鸢尾科香雪兰属多年生草本植物（图 10-9）。地下球茎呈圆锥形，外被棕褐色薄膜。基生叶 6～10 枚，剑形或条形，黄绿色。花茎直立，每朵花基部有 2 枚膜质苞片，苞片呈宽卵形或卵圆形，顶端略凹，花直立，淡黄色、黄绿色，有香味。蒴果。花期 4～5 月，果期 6～9 月。

（2）品种分类

香雪兰目前栽培的大花品种多为产于非洲南部的红花小苍兰的园艺变种和产于好望角的

图 10-9 香雪兰

小苍兰经过人工杂交改良的品种，以荷兰为主产国，同属约 20 种。常见栽培的还有以下 2 个变种：

① 白花小苍兰（var. *alba*），叶片与苞片均较宽；花大，纯白色，花被裂片大小近乎相等，花冠筒状，花筒渐狭，内部淡黄色。

② 鹅黄小苍兰（var. *Leichlinii*），植株矮小，叶片为阔披针形，4～5 枚，花宽短呈钟状；有铃兰般的香气；花大，鲜黄色，花被片边缘及喉部带有橙红色，一穗有花 3～7 朵。

另外，同属常见的栽培种还有红花香雪兰（*F. armstrongiis*），花茎强壮，多分枝，株高达 50cm；花筒部为白色，喉部为橘红色，花被片边缘为粉紫色。

香雪兰园艺品种非常丰富，花色多样，有白色、粉色、桃红色、淡紫色、紫红色、蓝紫色、黄色等。

（3）生态习性

香雪兰喜凉爽湿润与光照充足的环境，耐寒性较差，生长适宜温度为 18～23℃，越冬最低温度为 5～8℃。昼夜温差大，有利于生长发育，夜间温度以 10～15℃为宜，白天不能超过 20℃。花芽分化温度 5～10℃，花芽发育温度 10～18℃。短日照条件下有利于花芽分化。喜疏松、排水性良好、富含腐殖质的土壤。

（4）繁殖技术

香雪兰主要采用分球的方法进行繁殖。培育种球的方法是在夏季休眠期将子球挖起储藏，到 8 月上旬即可将子球分栽于花盆，栽后浇透水，10d 后即可发芽生长，经培育至翌年夏天可发育成种球。

（5）栽培管理

香雪兰栽培用的种球应选直径 1cm 以上的大球。香雪兰球根挖出后即处于暂时的休眠状态，在自然条件下越夏后种植，休眠即自行破除，开始发芽。打破种球休眠的措施有两种：一是将球根置于 30℃的高温条件下 3～4 周；二是用烟熏处理，也可以用烟熏和高温同时处理，即先用 30℃的高温处理 4h，再经烟熏处理后置于 25℃的条件下储藏 3 周即可。烟熏处理是利用秸秆等材料不完全燃烧产生的烟雾烟熏，每日处理 2～4h，连续处理 3d 即可。

高温和烟熏处理的种球，休眠破除的标志是种球基部出现发根纹络，此时可进行冷藏处理（满足春化作用，促进花芽分化和花芽伸长），10℃下低温保存约 35d，期间保持湿润环境。

香雪兰为秋植球根花卉，定植时间因栽培目的而异，露地栽培多在 9～10 月，而促成与抑制栽培则分别在 9 月上中旬至 11 月中下旬和 1～3 月进行。种植密度 80～110 株/m^2。栽植后至出芽前必须保持土壤湿润，现蕾后要适当控水，若植株生长较弱，在 2～4 枚叶时，可追施 1 次复合肥。花芽发育期追施磷钾肥，现蕾后可停止追肥。

香雪兰喜光照充足环境，忌烈日高温直射。但短日照处理（10h/d）有利于花芽分化，花芽分化完成后适当延长日照，有利提早开花。第 1 朵小花花蕾着色即将开放时可采收切花。

（6）主要应用

香雪兰花似百合，叶若兰蕙，花色素雅，玲珑清秀，香气浓郁，开花期长，是人们喜爱的冬季室内观赏花卉，也是重要的冬季、春季鲜切花。

10.2.10　马蹄莲

（1）形态特征

马蹄莲（*Zantedeschia aethiopica*），原产于埃及以及非洲南部的河流、沼泽地中。天南星科马蹄莲属多年生粗壮草本植物（图 10-10）。地下具块茎，褐色，肉质肥厚。叶基生，呈心状箭形或戟形，全缘。花梗顶端着生肉穗花序，花序外围的佛焰苞片颜色有白色、粉红色、黄色等，形似马蹄状，花有香气。浆果。

图 10-10　马蹄莲

（2）品种分类

马蹄莲同属植物有 8 种，常见栽培的有：

① 白马蹄莲（*Z. albomaculata*），又名银星马蹄莲，叶面上有银白色斑点，花期 7～

8月。

② 黄花马蹄莲（*Z. elliottiana*），叶面上有白色半透明状斑点，佛焰苞深黄色，花期5～6月。

③ 红花马蹄莲（*Z. rehmannii*），佛焰苞瘦小，粉色至红色，花期4～6月。

由以上3个品种杂交而成的还有粉红色、乳白色、黄色、鲜红色的品种。国内杂交种有紫星河、粉波、粉衬裙和红艳马蹄莲等新品种。

马蹄莲常见栽培的园艺品种有：

① 白梗马蹄莲，叶柄基部呈白绿色，花期早，花梗呈白色。

② 绿梗马蹄莲，叶柄基部呈绿色，开花较迟，块茎直径为5～6cm以上才能开花。佛焰苞端尖且向后翻卷，黄白色，体积较小。

③ 红梗马蹄莲，叶柄基部带有红晕，植株较为健壮，开花稍晚于白梗品种，佛焰苞较圆。

（3）生态习性

马蹄莲喜温暖湿润和阳光充足的环境。不耐寒，不耐干旱。种子发芽适温18～24℃，生长适温为15～25℃，夜间温度不宜低于13℃，若温度高于25℃或低于5℃，植株被迫休眠。忌空气干燥。冬季要求光照充足，夏季忌强光暴晒。马蹄莲喜水，生长期土壤要保持湿润，夏季高温期块茎进入休眠状态后要控制浇水。土壤要求肥沃、湿润、疏松、保水性能良好，pH 6.0～6.5。

（4）繁殖技术

马蹄莲一般采用分块茎法进行繁殖。9月初进行栽植。少量栽培的选大盆、深盆，每盆种7～8个块茎；做切花栽培的在栽培床上分球育苗，株行距10cm×20cm，球上覆土2～2.5cm。移栽的较大块茎在栽培1年后可变成开花球，而较小的块茎则需要2～3年才能进入花期。培育新品种可采用播种繁殖，春季、秋季皆可，播后7d左右可出苗。实生苗需培育3～4年才能开花。

（5）栽培管理

马蹄莲通常做切花栽培，也可盆栽或栽培于园林绿地中供观赏。切花栽培应选择疏松、肥沃、保水性能良好的土壤整地作畦，施足基肥。春季、秋季均可种植。株行距根据种球大小而定，通常在(20～25)cm×(25～35)cm之间，覆土5～6cm，定植后浇透水。马蹄莲定植后，若要促使其早开花，从6月下旬到8月下旬用遮阳网覆盖，遮光30%～60%。春季、秋季、冬季需要充足的阳光。

马蹄莲喜湿耐肥，浇水在种球下地后就进行，在出苗前每隔1d浇水1次，出苗后视土壤墒情7d浇水1～2次。当环境湿度比较高时，浇水时要注意避开叶片，以免洒到叶片上造成叶片腐烂。在室内栽培时应注意采取通风措施，保持内外空气流通。花开后减少浇水量，利于休眠。夏天高温时注意在植株周围洒水降温，进入休眠期后要减少水量，冬天降温后更应控制水量。马蹄莲整个生长期至少要施3次肥。第一次是基肥，有机肥、复合肥均可；第二次是追肥，苗高20～30cm时追施磷酸二氢钾液肥；第三次是在马蹄莲含苞时，施肥同第二次。施肥时注意肥水不要浇入叶柄，否则易造成块茎腐烂。

（6）主要应用

马蹄莲叶片翠绿，花苞洁白，形状奇特，是国际花卉市场上重要的切花之一。在园林中配植于水池或山石旁，挺秀雅致。

10.2.11 六出花

(1) 形态特征

六出花(*Alstroemeria* “*Hybrida*”),原产于南美洲的智利、秘鲁、巴西、阿根廷和中美洲的墨西哥地区。六出花科六出花属多年生球根草本植物(图 10-11)。高 0.8～1.5m,地下茎匍匐生长,具肥大块根。叶披针形至倒卵形,螺旋状着生。聚生伞形花序;花呈漏斗形,花被 6 裂,内、外轮各 3 枚;花色有白色、黄色、粉红色、红色等,内轮被片具深色条斑。花期 6～8 月。

图 10-11 六出花

(2) 品种分类

六出花属植物约有 50 个种,园艺栽培品种丰富。常见的栽培种有:

① 金黄六出花(*A. aurantiaca*),株高 50～100cm,花色为黄色至橙黄色,先端稍带绿色,有葡萄酒色条纹。着花 10～30 朵,主要用作切花栽培。

② 智利六出花(*A. chilensis*),株高 100cm 以上,花色为淡红色、红色或白色,花大。

③ 紫斑六出花(*A. haemantha*),株高近 1m。外轮花瓣为红色,内轮花瓣为橙红色,具深紫色条斑。也有白色变种。

④ 紫条六出花(*A. ligta*),株高约 70cm。外轮花瓣为淡紫色至红色,内轮花瓣带黄色并有紫色条纹。

其他常见栽培的还有淡紫六出花(*A. pelegrina*)、鹦鹉六出花(*A. pulchella*)、变色六出花(*A. versicolor*)等。常见栽培的园艺品种有纯黄六出花(花色为黄色)、橙色多佛尔(花色为深橙色)、深红六出花(花色为深红色)、粉花六出花(花色为淡红色或粉红色)等。

(3) 生态习性

六出花喜温暖湿润和阳光充足环境。怕炎热,耐半阴,不耐寒。生长适温 15～25℃,夏季超过 30℃植株进入休眠状态,冬季低于 5℃则易受冻。有些耐寒品种,冬季可耐－10℃低温,在 9℃或更低温度下也能开花。春化的有效低温为 5～13℃,在 5℃中经 4～6 周可以满足春化要求。长日条件下能促进开花，在 13～14h 日长下花枝数形成最多。

（4）繁殖技术

六出花通常采用分株、播种的繁殖方法，快繁时用茎尖组培。播种繁殖除杂交育种外，也用于切花生产。播种于头年 11 月至次年 2 月进行，播前浸种一夜可提早出芽，一般经 1 个月 0～5℃的自然低温，种子逐渐萌动，移至 15～20℃的条件下，约 2 周发芽率可达 80%以上。分株繁殖华北地区于 9 月中旬至 10 月上旬进行，分株时每段保留 2～3 个老芽为宜，栽植时将整个根系舒展地放在栽植穴内。切花栽培的株行距一般为 40cm×50cm。

（5）栽培管理

六出花定植时期早春 2～3 月或秋季 9～10 月均可，高畦栽培，株行距(30～40)cm×(50～60)cm。定植深度 7～15cm，栽后充分灌水，以促进莲座枝早期发育。六出花为强阳性植物，生长季节应有充足的光照，最适日照时数为每日 13～14h。冬季及早春自然光照不足，温室栽培需要补光。为节省能源，补光时间应选在植株已进入旺盛生长阶段，即有 3～4 个新芽长出土面时，每天补光 4～5h，直到自然光照达到 13h 左右为止。

六出花生长旺季应有充足的水分和较高的空气湿度，相对湿度控制在 80%～85%之间，冬季温度较低及花蕾出现后应注意控水。生长前期（定植后到侧芽大量萌发之前，一般为 10 月下旬至翌年 2 月下旬）不须追肥，生长旺盛期（2 月下旬至 3 月下旬）追施 1～2 次以氮肥为主的肥料，以促进植株营养生长。产花盛期（3 月下旬至 6 月上旬）应每隔 2～3 周追施 1 次氮磷钾肥，三者配比为 3∶1∶3，同时可每周用 2%的磷酸二氢钾根外追肥 1 次。夏季高温高热条件下，植株处于半休眠状态，注意减少施肥或不施肥。

六出花从莲座状枝发育成直立茎时须张网防止倒伏。早春在植株长至 40cm 时即应开始拉网，网孔 15cm×15cm，共 2～3 层。

（6）主要应用

六出花典雅富丽，适于花坛、花境应用。切花瓶插耐久。

10.2.12 石蒜

（1）形态特征

石蒜（*Lycoris radiate*），原产于中国和日本。石蒜科石蒜属多年生球根草本植物（图 10-12）。鳞茎近球形。叶基生，呈条形。顶生伞形花序有花 4～7 朵，花色为鲜红色；花被裂片呈狭倒披针形，强度皱缩和反卷，花被筒为绿色；雄蕊显著伸出于花被外，比花被长 1 倍左右。蒴果。花期 8～9 月，果期 10 月。

（2）品种分类

石蒜同属植物在全世界有 20 余种，中国有 15 种。常见栽培的有：

① 忽地笑（*L. aurea*）：鳞茎较大，直径 6cm，近球形。叶呈阔线形，粉绿色，花后开始抽生。花葶高 30～50cm，花大，黄色。花期 7～8 月。

② 中国石蒜（*L. chinensis*）：鳞茎呈卵球形，直径约 4cm。春季出叶，叶绿色，带状，顶端圆，中间淡色带明显。伞形花序着花 5～6 朵，花黄色。

③ 鹿葱（*L. squamigera*）：鳞茎呈阔卵形，直径达 8cm 左右。叶呈阔线形，淡绿色。花葶高 60～70cm，伞形花序着花 4～8 朵；花色为淡紫红色。花期 8 月。本种耐寒。春天萌芽抽叶，夏天叶枯开花。

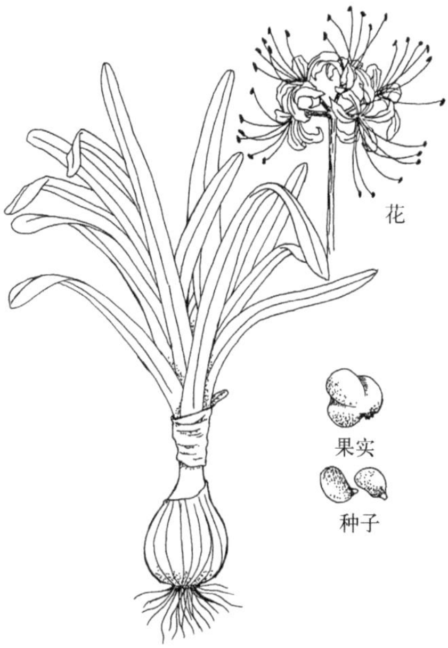

图 10-12　石蒜

④ 换锦花（*L. sprengeri*）：本种花形似鹿葱，但它的鳞茎较小，直径 2～3cm；早春出叶，狭带状，色较淡，蓝绿色。伞形花序有花 4～6 朵，花色为淡紫红色。花期 8～9 月。

⑤ 长筒石蒜（*L. longituba*）：本种花葶最高，达 60～80cm，花冠筒也是最长的，为 4～6cm，这是它的主要特点。其鳞茎呈卵状球形，直径约 4cm。伞形花序着花 5～7 朵，花大，白色。花期 7～8 月。

⑥ 乳白石蒜（*L. albiflora*）：鳞茎呈卵球形，春季出叶，花开时为乳黄色，渐变为白色。花期 7～8 月。

⑦ 玫瑰石蒜（*L. rosea*）：鳞茎近球形，直径约 2.5cm。秋季出叶，叶呈带状，顶端圆，淡绿色，中间淡色带明显。花茎高约 30cm，伞形花序有花 5 朵，花色为玫瑰红色。花期 9 月。

⑧ 香石蒜（*L. incarnata*）：鳞茎呈卵球形；早春出叶，带状，绿色，顶端渐狭、钝圆，中间淡色带不明显；花蕾为白色，初开时为白色，渐变为肉红色。花期 9 月。

（3）生态习性

石蒜野生于山林及河岸坡地，喜温暖湿润气候，生长适温 15～25℃，最高气温不宜超过 30℃，最低气温不宜低于 1℃。喜散射光，忌强光，耐旱，耐涝，病虫害较少。不择土壤，但以土层深厚、排水良好并富含有机质的壤土或砂质壤土为宜。

（4）繁殖技术

石蒜以分球繁殖为主，易结籽的种类也可用播种法繁殖。分球繁殖在休眠期取下母球附生的子球种植，1～2 年便可开花。通常石蒜一个母球每年能培育出 3～5 个新子球，自然繁殖率较低。为提高繁殖系数，可人工切割诱发产生愈伤组织，然后置于温度 21～30℃、相对湿度 85%～90%的环境下培养，可形成较多子鳞茎。诱发的子鳞茎单独种植后 3 年左右便可开花。播种繁殖一般只用于杂交育种。种子无休眠性，采种后应立即播种，20℃下 15d

后可见胚根露出，苗期可移植 1 次。实生苗从播种到开花需 4～5 年。

（5）栽培管理

石蒜虽喜阴湿，但也耐强光和干旱，不择土壤，适应性强，因此栽培简单，管理粗放。露地栽培南方温暖地区一般秋植，种植深度以土面覆盖种球颈部为宜，过深则次年不能开花。花蕾期加强水肥管理，但要注意浇水不能过多，以免引起鳞茎腐烂。花后及时剪除残花，叶片萌发时应追施薄肥一次。一般每隔 3～4 年崛起分栽一次。石蒜抗性强，几乎没有病虫害。

（6）主要应用

石蒜是优良的球根草本花卉，园林中常用于背阴处绿化，或作林下地被花卉，或进行花境丛植或山石间自然式栽植。

10.2.13 绵枣儿

（1）形态特征

绵枣儿（*Barnardia japonica*），天门冬科绵枣儿属多年生球根草本植物（图 10-13），鳞茎呈卵形或近球形，鳞茎皮为黑褐色。基生叶呈狭带状，柔软。总状花序顶生，密生小花，花呈钟形，具芳香；花有紫红色、粉红色、白色；花被片 6 枚。果呈近倒卵形。种子 1～3 粒，黑色，矩圆状狭倒卵形。花果期 7～11 月。

图 10-13 绵枣儿

（2）种与变种

绵枣儿属约 90 种，同属常见的栽培种主要如下。

① 二叶绵枣儿（*S. bifolia*）：鳞茎小，卵形。叶通常 2 枚。花茎高 10～30cm，花呈星形，蓝色。该种还有白色变种（var. *alba*）粉红色变种（var. *rosa*），具芳香。花期 2～3 月。

② 西伯利亚绵枣儿（*S. sibirica*）：鳞茎呈卵形，具紫色薄皮膜。叶基生，2～4 枚，宽线形。花茎高 10～12cm。总状花序着花 2～3 朵，蓝色或浅蓝色，有白色变种。花期 3～4 月。

③ 蓝绵枣儿（*S. nonscripta*）：鳞茎无被膜。花茎长 25～45cm，总状花序着花 6～15

朵，花呈钟形，有蓝色、紫色、红色等，具芳香。花期 4～6 月。

④ 聚铃花（*S. campanulata*）：鳞茎有被膜。叶基生。花茎与叶丛等长。总状花序着花 12 朵以上。花呈钟形，浅蓝色至深蓝色，亦有紫色、粉红色、白色等，有芳香。花期 5～6 月。聚铃花易结实，耐寒力强，易于栽培。

⑤ 地中海绵枣儿（*S. peruviana*）：鳞茎大，不规则卵形。叶基生，披针形，叶缘有白色细毛。花茎高 15～30cm。花序大，花呈杯状，密生，有花 50 朵以上；花为蓝色，有白色与紫色变种。花期 4～6 月。该种易结实。

另外，还有变种白绿绵枣儿（var. *albo-viridis*），株高 10～40cm。鳞茎呈卵形或球形。叶基生，狭带状。花直立，先叶抽出，总状花序，花数朵，具花梗，紫红色、粉红色至白色。

（3）生态习性

绵枣儿喜冷凉气候，耐寒性强。在温暖地区生长不良，花易败育。喜阳光充足的环境，亦耐半阴。对土壤要求不严，在疏松、肥沃、排水良好、富含有机质的土壤中生长得更好。栽培容易。绵枣儿属秋植球根花卉，夏季休眠，休眠期内花芽分化，秋季萌发，以簇状叶越冬，春季开花。

（4）繁殖技术

绵枣儿可采用种子进行繁殖，播种后 2～3 年开花，亦可用旁蘖分球繁殖，经 1～2 年开花。

（5）栽培管理

绵枣儿为秋植球根花卉，喜光照充足，亦耐半阴。生产上选择疏松透气、排水良好且富含腐殖质的土壤环境种植，种球种植深度为 8～10cm。园林地栽每 2～3 年起球一次即可，但应注意夏季球根休眠，宜保持土壤干燥，勿积水。地中海绵枣儿没有自然休眠期，但在夏季也需给予一定时期的控水干燥期。绵枣儿耐寒、耐旱性强，生长季节不需要特殊管理。

（6）主要应用

绵枣儿是良好的地被植物，可用于花坛、花境、岩石园、草坪等，也可盆栽观赏。

10.2.14　晚香玉

（1）形态特征

晚香玉（*Polianthes tuberosa*），别名夜来香、月下香，原产于墨西哥和南美洲。石蒜科晚香玉属多年生球根草本植物（图 10-14），高可达 1m。茎直立，不分枝。具块状的根状茎。基生叶 6～9 枚簇生，线形，顶端尖，深绿色；茎生叶较短，向上渐小呈苞片状。穗状花序顶生，小花成对着生，花为乳白色，具浓香。蒴果。花期 7～9 月。

（2）品种分类

晚香玉属植物约有 12 种，仅本种用于园艺栽培和利用，其他原种尚未栽培。园艺上主要栽培的品种有以下几种。

① 白珍珠（Albino），为芽变形成的单瓣品种，花为纯白色。

② 矮珍珠（Dwarf pearl），矮生品种。

③ 墨西哥早花（Mexican early bloom），单瓣，早生品种。周年开花，以秋季为盛。

④ 珍珠（Pearl），重瓣品种，花序短，着花多而密。花冠筒短。

图 10-14 晚香玉

⑤ 高重瓣（Tall double），大花重瓣品种，花茎长，宜制作切花。

⑥ 斑叶晚香玉（Uariegale），叶长而弯曲，具金黄色条斑，形态十分优美。

（3）生态习性

晚香玉喜温暖湿润、阳光充足的环境，生长适温 25～30℃。最低温度白天 14℃，晚间 2℃。不耐霜冻，生长期需要充足的水分，但忌水涝。较耐盐碱，对土质要求不严，对土壤湿度反应较敏感，喜肥沃、潮湿但不积水的黏质土壤。

晚香玉在其原产地无休眠期，为常绿草本，气温适宜则终年生长，四季开花，但夏季最盛。在我国作露地栽培时，因大部分地区冬季严寒，故只能作春植球根栽培。春季萌芽生长，夏、秋开花，冬季休眠（强迫休眠）。花芽分化于春末夏初生长时期进行，适温 20℃左右，但与球体营养状况有关，一般球重 11g 以上均能当年开花，球小则需培养 2～3 年才能开花。晚香玉自花授粉，但由于雌蕊成熟期晚于雄蕊，所以自然结实率很低。

（4）繁殖技术

晚香玉多采用分球的方法繁殖。春季分球，大、小子球分别种植。大球当年就可开花，供切花生产用的大子球直径宜在 2.5cm 以上。小球培养 2～3 年，养成直径 2.5cm 以上的种球方可开花。

（5）栽培管理

晚香玉的定植时间为 4 月中旬。种植深度通常以覆土后使顶芽露出土面为宜。大球株行距 20cm×20cm，每亩种植 23000～25000 个球。小球株行距 15cm×15cm，每亩种植 33000～35000 个球。栽培深度因目的不同而异。若为获得大球促开花则不宜覆土太深，以球顶稍微露出土面为宜；若为获得更多小子球则适宜深栽。正如谚语所说“深长球，浅长葶”。对于过于干燥的种球需要用冷水浸泡 2d 左右再行栽植。定植后浇透水，注意不要积水，以免烂球。以后要注意适时浇水施肥进行“蹲苗”，1 个月左右出芽，出苗后生长较快。植株生长进入旺盛期，宜勤浇水保持土壤湿润。晚香玉喜肥，一般栽植 1 个月后追施 1 次，抽葶前施 1 次，抽葶后施第 3 次肥，以磷钾肥（40%KH_2PO_4）为主。盛花以后再施 1 次腐熟的有机肥，以促进块茎生长。每次施肥后第 2 天要浇水并及时进行松土以利于养分的吸收。

晚香玉自栽种后 2～3 个月即可开花，单瓣品种当花序最下面有 1～2 朵花开放，重瓣品种花序最下面有 3～4 朵花开放时即可采收。切花采收后，仍应注意水肥管理，追肥 1 次，以磷钾肥为主，适量浇水，培育壮球。

（6）主要应用

晚香玉的花色润白如玉，花枝挺拔直立，香气馥郁，可种植在庭院、路旁及草坪等园林绿地中。同时也是重要的切花材料。

10.2.15　葱莲

（1）形态特征

葱莲（*Zephyranthes candida*），别名玉帘、葱兰，分布于南美洲各地。石蒜科葱莲属多年生球根草本植物（图 10-15）。鳞茎小。株高约 20cm。叶基生，狭线形，肥厚。花梗自叶丛抽出，花茎中空，花单生于顶端，苞片为红色膜质，花为白色，外面常带淡红色，花被片 6 枚。花期 7～10 月。蒴果。

图 10-15　葱莲

（2）品种分类

葱莲属植物约 70 种，常见的栽培种有：

① 韭莲（*Z. grandiflora*），又名红玉帘、风雨花。花为粉红色或玫瑰红色。花期 6～9 月。

② 黄花葱莲（*Z. citrina*），花为金黄色，西印度有分布。其与葱莲的杂交种花为乳黄色。

③ 阿塔马斯柯葱莲（*Z. atamasco*），大花种，花径 10cm，白色或粉红色。花期 2～4 月。

（3）生态习性

葱莲在原产地为常绿球根花卉，无明显休眠期，生性强健，喜肥沃土壤，喜阳光充足，耐半阴与低湿，宜生长在肥沃、带有黏性而排水好的土壤中。较耐寒，在长江流域可保持常绿，0℃以下亦可存活较长时间。在－10℃左右的条件下，短时不会受冻，但时间较长则可能冻死。葱莲极易自然分球，分株繁殖容易。

（4）繁殖技术

葱莲以分球繁殖为主，也可播种繁殖。分球繁殖一般在春季新叶萌发前崛起老株，将小鳞茎连同须根分开栽种，每穴2～3个，栽种深度以鳞茎顶露土为度，一般隔2～3年分球1次。播种繁殖于春季播种，葱莲种子细小，可用细砂混合撒播（种子和细砂按1∶2的比例混合），撒完种子后覆薄土。播种后约2周出苗，当苗高达到20cm以上时即可定植。

（5）栽培管理

葱莲为春植球根花卉，种前施足基肥，每穴种植3～4个鳞茎，覆土2～3cm。盆栽时每年结合分球换盆，换土、施基肥。春季、夏季为生长季，追施1～2次腐熟肥水，保持土壤湿润，夏季高温注意遮阴。秋后叶片枯萎，温暖地园林栽培不必每年挖起，可3～4年移栽一次。寒冷地入冬前挖出鳞茎，稍晾干后置通风处或砂藏，翌年春季可再行种植。

（6）主要应用

葱兰株丛低矮、终年常绿、花朵繁多、花期长，花色洁白，常用作花坛的镶边材料，也宜绿地丛植，最宜作林下半阴处的地被植物或于庭院小径旁栽植。

10.2.16 蛇鞭菊

（1）形态特征

蛇鞭菊（*Liatris spicata*），别名麒麟菊，原产于北美洲。菊科蛇鞭菊属多年生球根草本植物（图10-16），具匍匐茎或球茎，茎基部膨大呈扁球形，地上茎直立。单叶互生，基生叶呈线状或线状披针形。头状花序排列成密穗状；小花由上而下次第开放，总苞为紫色，有窄膜质边缘，管状花呈倒圆锥状钟形，花色为淡紫色、紫红色或纯白色。花期7～9月。

（2）品种分类

蛇鞭菊同属植物约40种，均为块茎、根茎类的多年生植物。常见的有以下品种。

① 糙叶蛇鞭菊（*L. aspera*）：株高90～150cm；叶片密集簇生，粗糙有毛；花为淡紫色，花期夏末至初秋。

② 细叶蛇鞭菊（*L. graminifolia*）：叶片稀疏，具白点；花为紫红色。

③ 堪萨斯蛇鞭菊（*L. pycnostachva*）：叶长10～30cm；茎有毛；花为亮紫色，花期仲夏至初秋。

④ 密穗蛇鞭菊（*L. pycnostachya*）：株高90～150cm；外观与蛇鞭菊相似，花为紫红色，花期7月。适合作切花材料和花境栽培。

⑤ 舌状蛇鞭菊（*L. ligulistylis*）：株高30～45cm；花为紫红色。可作盆栽或用于配置花坛。

⑥ 新星蛇鞭菊（*L. novae-angliae*）：株高30～90cm；花序着花20～85朵，花为紫红色。适合作切花材料和庭院栽培。

图 10-16 蛇鞭菊

我国常见的园艺栽培品种目前多以切花品种为主。如蓝鸟（Blue Bird），蓝紫色；佛维斯（Flo-ristan Weiss），白色，花序长达 90cm；小鬼（Goblin），深紫色，花序长 40～50cm；雪皇后（Snow Queen），白色，花序长约 75cm。

（3）生态习性

蛇鞭菊耐寒，喜阳光充足、气候凉爽的环境，生长适温为 18～25℃。耐水湿，耐贫瘠，喜肥，土壤要求疏松、肥沃、湿润、排水良好，以 pH 6.5～7.2 的壤土或砂壤土为宜。

（4）繁殖技术

蛇鞭菊多采用分球的方法繁殖，也可播种繁殖。播种繁殖 3～4 月或 8～9 月均可。播后种子 10～11d 即可出苗。实生苗第 2 年才能开花。分球繁殖常在春季萌芽前进行，一般 2～3 年分一次球。

（5）栽培管理

蛇鞭菊定植时间一般在 3～4 月或 8～9 月。自定植到开花需 80～100d。蛇鞭菊喜凉爽，不耐高温，温度超过 30℃，生长速度减慢，花茎容易弯曲、畸形。秋、冬温度低于 5℃，叶片开始枯黄，0℃左右时地上部分枯萎越冬。次年春季气温 10℃时，从块根上开始萌芽，长出新的茎叶。蛇鞭菊不耐阴，茎叶生长期至现蕾开花期，每天需 6h 直射光照，特别冬季棚室进行促成栽培，每天增加 3～4h 光照，对促进花蕾形成和开花十分有利。蛇鞭菊喜肥，除了要施足基肥外，生长期每半月施 1 次腐熟饼肥水或复合肥，在生长旺盛期对缺水敏感，需充分灌水以保持土壤湿润，冬季应控制浇水，否则极易导致烂根。

（6）主要应用

蛇鞭菊花形为鞭状，盛开时竖向效果鲜明，宜布置花境或植于篱旁、林缘，或庭院自然式丛植。蛇鞭菊也是重要的切花材料。

10.3 其他球根花卉

其他球根花卉详见表 10-1。

✣ 表 10-1 其他球根花卉

中文名称	拉丁学名	科属	观赏特性	繁殖	生长特性	主要应用
大岩桐	*Sinningla spectosa*	苦苣苔科苦苣苔属	株高 15～15cm；花色有红色、粉色、白色、紫色、复色等，大而美丽；花期 3～8 月，夏季盛花	播种、扦插	喜冬暖夏凉，忌阳光直射，生长适温为 18～24℃，宜疏松、肥沃、排水良好的壤土	盆栽、花境、花丛
嘉兰	*Gloriosa superba*	百合科嘉兰属	蔓性草本；花形奇特，花复色；花期 5～10 月	分株、播种	喜温暖湿润，忌强光照射，不耐旱，不耐寒，越冬温度 10℃ 以上，生长适温 17～25℃	用于篱笆、棚架、墙面等垂直绿化
花贝母	*Fritillaria imperalis*	百合科贝母属	株高 70～100cm；花形奇特，花色有鲜红色、橙黄色、黄色等；花期 5 月	分球、播种	喜凉爽湿润且向阳的环境，耐寒，冬季能耐 −10℃ 低温，春季发芽早。忌炎热干燥，宜疏松、肥沃、微酸性至中性砂质壤土	盆栽、林下地被、岩石园、庭院栽植等
蜘蛛兰	*Hymenocallis americana*	石蒜科蜘蛛兰属	株高 1～2m；花形奇特，花叶俱美，花为白色，芳香；花期 6～8 月	分球、播种	喜温暖湿润、光照充足。对土壤要求不严	花坛、花境、盆栽、切花
雪滴花	*Galanthus nivalis*	石蒜科雪滴花属	株高 10～30cm；叶丛秀雅；花垂悬，洁白似雪；花期 2～3 月	分球、播种	喜凉爽湿润，稍耐阴，耐寒（长江流域可露地越冬），在腐殖质丰富的土壤中生长良好	花丛、花境、庭院栽植
花毛茛	*Ranunculus asiaticus*	毛茛科毛茛属	株高 30～80cm；花色有红色、黄色、白色、复色等；花期 4～5 月	分球、播种	喜凉爽和阳光充足的环境，耐半阴。不甚耐寒，越冬需 3℃ 以上，忌炎热。夏季休眠。土壤以中性至微碱性、疏松、肥沃的砂质壤土为宜	盆栽、切花、花境、花丛
欧洲银莲花	*Anemone coronaria*	毛茛科银莲花属	株高 25～40cm；花色有白色、红色、粉色、蓝紫色等；花期 3～5 月	分球、播种	喜凉爽、阳光充足的环境，能耐寒，忌炎热。秋植球根，夏季休眠。宜肥沃、湿润、排水良好的稍黏质壤土	盆栽、花坛、花境、岩石园
大花美人蕉	*Canna generalis*	美人蕉科美人蕉属	株高 1～1.5m；叶片翠绿；花朵艳丽，花色有乳白色、淡黄色、橘红色、粉红色、大红色、紫红色和洒金色等；花期 7～9 月	分根	春植球根，喜温暖湿润和阳光充足，生育适温 25～30℃。不择土壤，以湿润、肥沃的疏松砂质壤土为好。稍耐水湿，畏强风	花坛、花境及庭院栽植
球根秋海棠	*Begonia tuberhybirda*	秋海棠科秋海棠属	株高 20～60cm；花大而美丽，具单瓣、半重瓣和重瓣，花色有白色、红色、橙色、黄色及复色等；花期 5～11 月	播种、分球、扦插	春植球根，喜温暖湿润，不耐寒，越冬需 10℃ 以上，忌酷热，生长适温为 18～22℃，宜疏松、肥沃、排水良好的微酸性土壤	盆栽、花坛、花境
姜花	*Hedychium coronarium*	姜科姜花属	株高 1～2m；花美丽，形似蝴蝶，白色，芳香；花期 8～12 月	分根、播种	春植球根，喜温暖湿润，稍耐阴，不耐寒，忌霜冻，生长适温为 20～25℃，宜土层深厚、疏松、肥沃且排水好的壤土	盆栽、切花、花境、花丛

续表

中文名称	拉丁学名	科属	观赏特性	繁殖	生长特性	主要应用
红花酢浆草	*Oxalis rubra*	酢浆草科酢浆草属	株高 10～30cm；伞形花序，红色、淡紫色至紫红色，花多叶繁；花期 3～12 月	分株	春植球根，喜向阳、温暖、湿润环境，耐旱，不耐寒，对土壤要求不严	花坛、花境、盆栽、疏林地被
百子莲	*Agapanthus africanus*	石蒜科百子莲属	株高 50～70cm；伞形花序着花 10～50 朵，花呈漏斗状，深蓝色或白色；花期 7～8 月	分株、播种	春植球根，喜温暖、湿润和充足的阳光，不耐寒，越冬温度 8℃ 以上。要求疏松、肥沃的微酸性砂质壤土	切花、盆栽、花坛及庭院栽植
大花葱	*Allium giganteum*	百合科葱属	株高 50～80cm；伞形花序，球状，硕大如头，花色为紫红色，色彩艳丽；花期春季、夏季	播种、分球	春植球根，喜凉爽和阳光充足的环境，忌湿热多雨，忌连作、半阴，生长适温 15～25℃，要求疏松、肥沃的砂质壤土	切花、花境、花丛及庭院栽植
秋水仙	*Colchicum autumnale*	百合科秋水仙属	花蕾呈纺锤形，开放时似漏斗，淡粉红色（或紫红色）；花期 8～10 月	播种、分球	秋植球根，喜冬暖夏凉气候，喜光照充足，但忌强光直射，耐寒，在疏松、肥沃且排水优良的砂质壤土中生长良好	疏林地被、花境、花丛，提取秋水仙碱
铃兰	*Convallaria majalis*	百合科铃兰属	株高 18～30cm；花为白色，似铃铛，芳香；秋季果为红色，花、果俱佳；花期 5～6 月，果期 7～9 月	分球	秋植球根，喜半阴、湿润环境，好凉爽，忌炎热干燥，耐严寒，要求富含腐殖质的壤土及砂质壤土	盆栽、花坛、花境、林下地被
火星花	*Crocosmia crocosmiflora*	鸢尾科雄黄兰属	株高约 50cm；叶呈线状剑形；圆锥花序，花呈漏斗形，花色有红色、橙色、黄色；花期 5～7 月	分球	秋植球根，喜充足阳光，耐寒。在长江中下游地区球茎露地能越冬。要求排水良好、疏松、肥沃的砂质壤土	花境、花坛、切花
网球花	*Haemanthus multiflorus*	石蒜科网球花属	株高约 90cm；伞形花序具多花，形似网球，花为红色；花期夏季	播种、分球	春植球根，喜温暖、湿润及半阴的环境，不耐寒，生长期适温 16～21℃，土壤以疏松的砂质壤土为宜	盆栽、切花、花坛、花境、花丛
龙头花	*Sprekelia formosissima*	石蒜科燕水仙属	株高 30～50cm；花冠为深红色；自然花期 5～6 月	分球、播种	不耐寒，喜温暖向阳的环境，一般作温室植物，栽培介质需富含纤维质的肥沃壤土，栽培得宜，一年中可开 5 次花	盆栽
虎眼万年青	*Ornithogalum caudatum*	百合科虎眼万年青属	株高 45～100cm；常绿；总状花序，花为白色；花期 6～8 月	分球、播种	秋植球根，喜阳光，耐半阴，不耐寒，好湿润环境，鳞茎夏季休眠	盆栽、林下地被

第 11 章

兰科花卉

11.1 概述

11.1.1 兰科花卉的范畴

兰科花卉是兰科观赏植物的总称，因形态、生理、生态都具有共同性和特殊性而成为很自然的一类花卉，是被子植物中仅次于菊科的一个大科，也是单子叶植物中最大的科。全世界有超过 730 个属和 2.5 万个种，另外还有 10 万余个园艺家培养出的杂交种和变种。原产于我国的有 166 个属 1000 种以上，南北均产，主要分布在云南省、海南岛和台湾省。目前栽培供观赏的有 2000 多种，仅是其中的一小部分，并引种了不少属、种。兰科植物广布于世界各地，主产于热带，约占总数的 90%，其中以亚洲最多，其次为中、南美洲。

11.1.2 兰科花卉形态特征

兰科植物均为多年生草本。茎直立、悬垂或少数攀缘；地生、附生及少数腐生。

(1) 根

根粗壮，无明显主次之分。无根毛，有菌根，菌根起根毛作用，是一种真菌。附生兰类根系大部分暴露在空气中，肥厚、粗壮，具有从空气中吸收水分及固着的功能。

(2) 茎

茎因种类不同有直立茎、根状茎和假鳞茎之分。地生种常具根茎或块茎，附生种常有假鳞茎及气生根。直立茎一般短缩；根状茎较细，索状；假鳞茎是变态茎，由根状茎上生出的芽膨大形成。地生种大多具有直立茎，而热带兰大多为根状茎和假鳞茎。

(3) 叶

叶基生或茎生，或厚而革质，或薄而软。附生种叶片的近基部常有关节，叶枯后自此处断落；腐生种叶退化为鳞片状，多肥厚革质，带状或长椭圆形。地生种一般为线形、带状或剑形。

(4) 花

花单生或呈穗状、总状、伞形或圆锥花序。花两性，绝大多数两侧对称，多数种的花美丽，有的具芳香，如春兰、秀丽卡特兰、香指甲兰等。花的组成一致，花被片 6 枚，两轮，外轮是 3 枚瓣化的萼片，内轮为 3 枚花瓣，其中中央一枚花瓣大而显著，有各种形态及更鲜明的色彩，称为唇瓣，基部延长为长短不同的距。花开放后，唇瓣总是位于向地面的一方，有利于昆虫“着陆”进行传粉。花序下垂的种类，如蝶兰属的许多种，花各部的位置正常，即唇瓣朝向花序轴的顶端，中萼片朝向花序轴基部。大多数属、种的花序直立，子房扭转 180°，致使唇瓣同样朝向地面，中萼片则转向上方。花序斜出呈弧形生长的种类，依各花所处位置的不同，子房做不同角度的扭转，均使唇瓣保持在下方的位置。中央萼片常直立，侧生两萼片或合二为一。雄蕊与花柱、柱头结合为一体，称蕊柱或合蕊柱，栽培上称“鼻”。雄蕊 1 枚，少数 2～3 枚，花粉粒多集合成花粉块，少数为四合花粉或单生。子房下位，较长，常被误认为花梗，多数子房 180°扭转，使花的各部上下颠倒。三心皮一室，侧膜胎座，胚珠极多，柱头三裂片，栽培时仅两裂片能育，不育裂片形成一舌状体称蕊喙，能分泌黏液黏着花粉块。

（5）果实和种子

果为蒴果，具极多数微小种子但发育不全，地生兰种子不具胚乳。

11.1.3 兰科花卉的分类

11.1.3.1 按生态习性分类

兰花按生态习性可分为地生兰类、附生兰类、石生兰类和腐生兰类。园艺栽培的主要种类为地生兰类和附生兰类。

（1）地生兰类

根生于土壤中，花序通常直立或斜向上生长，通常有块茎或根茎，部分有假鳞茎。多产于亚热带、温带和热带高山。地生兰类主要包括兰属（*Cymbidium*）、虾脊兰属（*Calanthe*）、杓兰属（*Cypripedilum*）、斑叶兰属（*Coodyera*）以及兜兰属（*Paphiopedilum*）等兰科花卉的多数种类。地生兰大多数种类原产于中国，因此又称为中国兰。地生兰具有一定的耐寒性。通常具有假球茎，叶呈线形，基生，花虽小，但具有浓香，是中国传统十大名花之一。主要种类有春兰、蕙兰、建兰、墨兰和寒兰五大类，有上千种园艺品种。地生兰类常用于盆栽观赏。

（2）附生兰类及石生兰类

又称为热带兰、洋兰。附着于树干、树枝、枯木、岩石表面或在石缝中生长。不耐寒，喜温暖、湿润的环境。花大，色艳，但大多没有芳香。花序弯曲或下垂，通常具假鳞茎和发达的气生根，储藏水分与养料，适应短期干旱。主要产于热带，适应热带雨林气候。例如，蜘蛛兰属、石斛兰属、万代兰属等。常用于盆栽观赏，也是优良的切花材料。

（3）腐生兰类

不含叶绿素，终年寄生在腐烂的植物体上生活。叶退化为鳞片状，常有块茎或粗短的根茎，如中药材天麻，靠蜜环菌取得养分。主要生长于海拔 700～1500m 的河边林下、马尾松林缘或开旷山坡上，分布于中国、尼泊尔等东亚和东南亚国家。

11.1.3.2 按产地地域分类

（1）中国兰

通常指兰属中一部分地生种，主要分布在中国各省。花小，具芳香。叶呈线形或剑形，叶态优美。

（2）洋兰

洋兰是相对于中国兰而言的。它兴起于西方，现已在世界各地广为栽培。洋兰涉及的种类十分广泛。早期主要指原产于热带、花大而色艳的附生兰类，如卡特兰。故有人常把洋兰和附生兰、热带兰等同起来。但随着兰花产业的发展，许多地生兰日益受到重视，栽培增多。由此，部分地生兰种类也列入洋兰的行列。因此，可把洋兰分成附生和地生两类。附生兰包括卡特兰属、石斛兰属、蕾丽兰属、指甲兰属及兰属的虎头兰类等。地生兰包括兜兰属、虾脊兰属、白及属、鹤顶兰属等。

11.1.3.3 按生长所需温度分类

栽培者习惯按兰花生长所需的最低温度将兰花分为3类。不同的属、种、品种都会有不同的温度要求，这种划分比较粗略，仅供栽培参考。

（1）喜凉兰类

多产于高海拔山区冷凉环境下，如喜马拉雅地区、安第斯山高海拔地带。它们不耐热，需一定的低温，生长适宜温度通常冬季最冷月夜温4.5℃，日温10℃；夏季夜温14℃，日温18℃。如齿瓣兰属、兜兰属的某些种、杓兰属、毛唇贝母兰等。

（2）喜温兰类

又称中温性兰类，原产于温带地区，种类很多，栽培的多数属都是这一类。生长适宜温度冬季夜温10℃，日温13℃；夏季夜温16℃，日温22℃。如兰属、石斛属、燕子兰属、多数卡特兰、兜兰属某些种及杂种、万带兰属某些种等。

（3）喜热兰类

又称热带兰，多数产于热带雨林中。不耐低温，生长适宜温度冬季夜温14℃，日温16～18℃；夏季夜温22℃，日温27C。如蝴蝶兰属、万带兰属的许多种及其杂种、兜兰属的某些种、兰属某些种、卡特兰的少数种等以及许多属间杂种等。

11.2 兰科花卉的生长发育特点

11.2.1 营养生长方式

兰科花卉有三种单轴分枝、合轴分枝和横轴分枝生长分枝方式。

（1）单轴分枝

以单轴方式生长和产生分枝。这一类分枝的种类不具根茎、块茎或假鳞茎。茎直立地上或少数攀缘，顶芽不断分生新叶与节继续向前生长，少分枝或从基部产生分蘖。花腋生。我国较常见的有指甲兰属、蜘蛛兰属、鸟舌兰属、火焰兰属、钻喙兰属、盆距兰属、万带兰属和假万带兰属等。

（2）合轴分枝

大部分兰花为合轴分枝。它们具根茎或假鳞茎。假鳞茎生一枚至多枚叶。假鳞茎形成后便不再生长，某些种顶端成花，由基部的一个或少数几个侧芽萌发出新根茎，以同样的方式产生新的假鳞茎形成合轴分枝。常绿类型的叶可存活几年，叶落后的假鳞茎称为后鳞茎。后鳞茎还可生活几年，为继续向前新生的假鳞茎提供养料与水分，最后皱缩干枯。合轴分枝式又根据花序着生的位置不同分为顶花合轴分枝及侧花合轴分枝两类。前者花序顶生，如卡特兰属、白及属、石豆兰属、虾脊兰属等，后者如兰属、石斛属、鹤顶兰属、堇花兰属、齿瓣兰属等。

（3）横轴分枝

有长短不等的根茎以合轴方式分枝，但不具假鳞茎。根茎先端出土成苗，花顶生。如杓兰属、兜兰属。

11.2.2 生长发育对环境条件的要求

（1）温度

兰花种类繁多，分布广泛，对温度的要求差异较大。具体对温度的要求见本章“按生长所需温度分类”部分内容。

（2）光照

兰科花卉多生于山林，喜散射光，耐阴性强。不同种类对光照的需求各异，如万代兰、卡特兰等需 50%～60%荫蔽度与长日照（14h 以上）才能开花，而蝴蝶兰、兜兰等则需 70%～90%的荫蔽度，日照长度 8～12h 才能开花。地生兰中春天开花的种类如春兰、春剑，荫蔽度宜控制在 70%～80%之间。夏、秋开花的种类如建兰、蕙兰等，荫蔽度宜控制在 60%～70%之间，墨兰生长期荫蔽度宜控制在 85%左右。总体而言，一般大叶的种类对光照时长和光照强度的需求高于小叶的种类；常绿的种类高于落叶的种类；高海拔地区的种类低于低海拔地区的种类。

（3）水分

兰花多生长在林中荫蔽处，喜湿忌涝。兰花在生长旺季空气相对湿度应在 70%左右；休眠期相对湿度在 50%左右。不同的兰花种类及品种对空气湿度的要求有差异，如地生兰类一般要求土壤水分 60%～70%，空气湿度 70%～80%，代表性的植物如杓兰属、兜兰属的大多数品种；大多附生兰类品种如指甲兰、卡特兰等在生长旺季空气相对湿度以 70%～90%为宜，冬季或旱季以不低于 50%为宜。水质对兰花生长很重要，基质浇水要注意用软水，水中的可溶性盐过高会造成兰花死亡。

（4）土壤

地生兰要求疏松透气、排水良好、富含腐殖质的中性或微酸性土壤。大多数兰花要求土壤 pH 5.5～7.0。地生兰适宜 pH 5.0～6.0。观赏栽培中，附生兰适宜 pH 6.0～7.0。附生兰类对基质的通气性要求很高，常用苔藓、水苔、椰壳、蕨根等作基质。

（5）空气

兰花生长需要清新洁净的空气，空气浑浊会影响兰花生长，尤其空气中的有毒气体一氧化碳、二氧化硫、尘埃等，当达到一定的浓度时就会严重影响植株生长。

11.2.3 兰科花卉的主要繁殖方式

兰科花卉主要采用播种、扦插、分株及组织培养（简称组培）四种繁殖方法。

11.2.3.1 播种繁殖

兰科植物的蒴果一般能产生大量极细小的种子，一个蒴果一般有 5×10^5～1.0×10^6 粒种子，种子极细小。兰科植物的果实成熟时，开裂并散发种子，这时的种子在形态和生理两方面均未成熟。它的外表有一层由少数细胞组成的种皮，种皮两端常延伸成短翅。内部无胚乳，胚也尚未分化发育，仅为一团未分化细胞，故称为裸种子。

种子寿命很短，散出的种子在室温下很快便丧失生命力，在干燥条件下冷储，可保存几周至几个月。在自然条件下，种子发芽率极低，需与一定的真菌共生，由真菌供给营养才能发芽。

播种繁殖主要用于新品种的选育。由于兰科易于种间或属间杂交，杂种后代又可用组织大量繁殖，故播种繁殖具有良好的商业价值。兰花种子因胚及胚乳在散落时均未发育，自身不带有营养物质，在自然条件下若无真菌参与便不能发芽。自 1922 年，Kundson 发现兰花种子能在经灭菌的含有糖及矿物质的琼脂培养基上正常发芽并生长至开花以来，兰花种子便在各种培养基中进行播种繁殖。最早的培养基是 Kundson 于 1923 年提出的配方 C，其成分见表 11-1，该配方成为兰花播种繁殖最常用的配方之一，也是其他配方的基础配方。

表 11-1 Kundson 配方 C

成分		含量
硝酸钙	$Ca(NO_3)_2 \cdot 4H_2O$	1g
磷酸二氢钾	KH_2PO_4	0.25g
硫酸镁	$MgSO_4 \cdot 7H_2O$	0.25g
硫酸铵	$(NH_4)_2SO_4$	0.50g
硫酸亚铁	$FeSO_4 \cdot 7H_2O$	0.25g
硫酸锰	$MnSO_4 \cdot 4H_2O$	0.0075g
琼脂		15g
蔗糖		20g
蒸馏水		1000mL

培养基的 pH 值对兰花种子发芽及幼苗生长也很重要，不同的属各有最适的范围，大多数属，如兰属、万带兰属等以 pH 5.0～5.2 为宜。播种后置于光照充足但无直射日光的室内发芽。多数兰花种子最适的发芽温度为 20～25℃，每天 12～18h 3000lx 的光照能满足良好发芽的要求，发芽时间因属而异，从几天到几周不等。兜兰属发芽较慢，需 1 个月以上。兰花播种繁殖的用具、操作方法及步骤与一般组培繁殖基本一致。

11.2.3.2 扦插繁殖

兰花扦插繁殖根据插穗的来源不同分为以下几种。

(1) 顶枝扦插

适用于具有长地上茎的单轴分枝种类，如万带兰属、蜘蛛兰属、火焰兰属等。剪取一定长度并带有 2～3 条气生根的顶枝作为插条，一般长度 7～10cm，带 6～8 枚叶。顶枝扦插不需苗床育苗，可采后立即栽插于大盆或地中，注意防雨、遮阴以及保持足够空气湿度即可。

(2) 分蘖扦插

适用于单轴分枝及不具假鳞茎的属，如万带兰属、火焰兰属、蜘蛛兰属等。当植株生长成熟后，剪去顶枝，母株基部的休眠侧芽易萌发或分蘖，逐渐生根成为幼株。当生长到具有 2～3 条气生根时，即可从基部带根切下作为插条繁殖。

(3) 假鳞茎扦插

适用于具假鳞茎的种类，如卡特兰属、石斛属等。剪取叶已脱落的鳞茎作为插条，插条可扦插于盛有水苔基质的浅箱中，注意保湿，置于室内温暖处，几周后即出芽生根。

11.2.3.3 分株繁殖

适用于合轴分枝具假鳞茎的种类，如卡特兰属、兰属、兜兰属、树兰属等。一般 3～4

年生的植株可以进行分株繁殖。通常普通种 3 年 1 次，名贵种 5 年 1 次。冬季、春季开花品种在秋末分株，夏季、秋季开花品种在新春分株。分株前，先使盆土略干，以使根系变软，在分株栽植时不易断根。

11.2.3.4　组培繁殖

组培繁殖目前已广泛应用于卡特兰属、兰属、石斛属、燕子兰属、火焰兰属、万带兰属及许多杂交属等的商品生产。外植体有茎尖、侧芽或花序等，但最常用的是茎尖。目前兰花的组织培养发展极为迅速，近 20 年来，已在兰科的 35 个属中取得不同程度的成就，克服了兰花繁殖上的困难，建立了兰花试管苗产业。不过，在兰科花卉种质资源保护以及兰花的扩大生产中，组培繁殖仍然是研究的热点和难点，本章后续部分涉及播种繁殖和组培繁殖时不再详述。

11.3　兰科花卉常见栽培种或属

11.3.1　春兰

（1）形态特征

春兰（*Cymbidium goeringii*），别名朵朵香、草兰等，原产于中国、朝鲜半岛、日本及东南亚部分地区。兰科兰属多年生常绿草本植物（图 11-1）。根肉质为白色，假鳞茎呈球形。叶 4～6 枚集生，狭线形，边缘有细齿。花单生，偶 2 朵并生，变种有多达 7 朵者；花葶从假鳞茎基部外侧叶腋中抽出，花茎直立，花色有浅黄绿色、绿白色、黄白色，常在萼片及花瓣上有紫褐色条纹或斑块；花具浓香。蒴果。花期 1～3 月。

图 11-1　春兰

（2）品种分类

春兰有 3 个变种，分别是：豆瓣兰、营草兰和春剑。

① 豆瓣兰（var. *serratum*）。叶长 40～90cm，宽 2～5mm，边缘具细齿，质地较硬。花单朵，极罕见 2 朵，通常无香气。

② 营草兰（var. *tortisepalum*）。叶长 30～65cm，宽 4～12mm，质地柔软，弯曲。花

2～5朵，花期12月至翌年3月。

③ 春剑（var. *longibracteatum*）。叶长50～70cm，宽1.2～1.5cm。花3～7朵，花期1～3月。

春兰园艺栽培品种甚多。根据春兰花被片的形态可将其分为梅瓣、荷瓣、水仙瓣、百合瓣、素心瓣、色花、畸形瓣共7种类型，每种花型都有一些著名品种。

(3) 生态习性

春兰喜温暖湿润和庇荫环境，耐寒，较耐干旱，忌酷热。在半阴半阳散射光照的环境下生长良好，夏季避免阳光直射。适宜选择排水良好、富含腐殖质的微酸性土壤。

(4) 繁殖技术

常进行分株繁殖和播种繁殖，也可用茎尖进行组培繁殖。分株繁殖宜在春季、秋季进行。春季在植株休眠期至新芽未出土以前为好，秋季在秋分到霜降这段时间进行为宜，此时兰花逐渐停止生长进入休眠状态，分株对其生长影响较小。

(5) 栽培管理

选择地势平坦、排水通畅、光照充足、通风良好、附近没有污染源的空旷场所建兰棚或温室进行栽培。春兰出瓶移栽最适时期为3～4月或9～10月，日平均气温稳定在15℃以上即可。栽培基质适地取材，常见的有腐叶土、泥炭土、碎木炭、碎砖粒等，实际使用时都以混合基质为多。将准备好的瓶苗定植于穴盘，保持空气相对湿度为75%～80%，散射光强度控制在1000～3000lx，每15d喷施1次75%百菌清1000倍液或4.8%代森锰锌1000倍液；3个月后每10d喷施1次水溶性复合肥（N∶P∶K配比为6∶7∶19）3000倍液，冬季减少喷施次数。组培苗培育一年即可移栽上盆。生产上常用口径15～18cm、高20～22cm的高筒素烧瓦盆栽培，使兰株的姿态更加优美。上盆养护之后每2～3年可换盆一次。

春兰生长最适温度为16～24℃，最高不超过30℃，最低不低于-4℃，生殖生长温度为8～18℃。冬季春兰需经过一段时间的低温处理，不然开花质量差，花芽出现之后，进入11～12月将春兰放置于0～8℃的环境下，经过30～35d的低温处理，其花梗在开花前才会伸长并正常开花。冬季至早春时节，可让春兰接受充分的光照，以促使花芽伸长并提早开花；仲春至初夏需遮阴，荫蔽度50%～60%；盛夏时节光照强烈，需提高荫蔽度至80%～90%；中秋之后应给予充足的光照，有利于花芽的发育，但仍要避免中午的强光照；进入冬季后则可全天接受阳光照射。

春兰耐旱忌涝，浇水应不干不浇，浇则浇透。在干燥的季节可进行叶面喷水，浇水水质以微酸性至中性（pH 5.5～6.8）为宜。春兰对肥料的要求不高，缓苗期可不用施肥，生长季节每隔10～15d施液肥1次，温度达30℃以上时要停止施肥，秋季随春兰生长速度放缓逐步减少施肥次数，在抽生出花葶以后基本上就不再施肥，直到第二年春季气温开始回升至16℃以上再恢复施肥。

(6) 主要应用

春兰叶姿优美，花香幽远，是早春重要室内盆花之一，常用于厅堂、客厅、书房点缀，也可栽植于庭院、假山旁，彰显古雅之趣。

11.3.2 蕙兰

(1) 形态特征

蕙兰（*Cymbidium faberi*），别名九子兰、夏兰等，分布于我国秦岭南北地区以及西南地区海拔 1000m 左右的林地下。兰科兰属多年生地生草本植物（图 11-2）。假鳞茎不明显。叶 5～9 枚，带形，直立性强，基部近对折，横切面呈“V”形；叶缘粗锯齿，叶薄革质，叶面粗糙，叶色苍绿。花葶从叶丛基部最外面的叶腋抽出；总状花序具 5～12 朵或更多花，花被多为淡黄绿色，唇瓣呈长圆状卵形，有紫红色斑，萼片常略短而宽；有浓香。蒴果。花期 3～5 月。

图 11-2 蕙兰

（2）品种分类

蕙兰栽培历史悠久，品种甚多。传统上通常按花茎和鞘的颜色不同将其分成赤壳、绿壳、赤绿壳、白绿壳等；在花形上也和春兰一样分成梅瓣、荷瓣、水仙瓣等类型；在花色上可分为彩心和素心。主要品种有大一品、程梅、温州素、上海梅、翠萼、送春、峨眉春蕙等。

（3）生态习性

蕙兰喜温暖半阴环境，较耐寒，喜湿忌涝。对温度的适应性比较强，但畏冷风、霜、雪袭击。生长适温为 12～25℃，冬季能耐 0～5℃低温。短期积雪覆盖也不影响兰株生长开花，相反若冬季温度过高，反而生长不良。适宜生长于排水良好、腐殖质丰富的山坡林地。

（4）繁殖技术

蕙兰常进行分株繁殖，一般结合换盆进行。分株时间以每年的 3～4 月或 9～10 月为宜。蕙兰还可以顶芽为外植体进行组培繁殖。

（5）栽培管理

蕙兰常作盆栽，也可地栽。栽培容器多用瓦盆，盆栽蕙兰一般 2～3 年换盆一次，每盆以栽 3～5 株苗为宜。栽后喷水，放室内半阴处。蕙兰喜洁净凉爽的环境，生长适宜昼温 18～25℃，夜间 12～15℃，温度高于 30℃或低于 0℃，植株生长缓慢或进入休眠状态，夏季高温达 35℃时停止生长，应注意遮阴和通风，可结合喷雾来降温达到安全越夏的目的。花芽分化适宜温度 12～13℃，但仍需经过一段低温（3～6℃，维持 3～5 周）才能进行花芽分化。因此，蕙兰在长江流域南部地区需冷室栽培，而北方地区需用低温温室。

充足的散射光有利于蕙兰植株生长，夏季、秋季每天可接受早晚光照 7～8h，夏季可接受早晨阳光3～4h，中午用遮阳网避强光。家庭栽培蕙兰时，冬季放置于阳台或窗台接受充足的阳光，中午光强时应拉上纱帘。生长期、开花期适当多浇水，休眠期少浇水，7～9月份要控制浇水量以利花芽分化。蕙兰在生长期需要充足的养分供给，以薄肥勤施为好，除开花前后和冬季不施肥外，在5～9月根据植株生长情况每隔2～3周施肥1次。无机化肥常用0.1%的尿素和0.1%的磷酸二氢钾溶液叶面喷洒或根施。有机肥作基肥混入土中。

(6) 主要应用

蕙兰株形典雅，叶色翠绿，花姿优美，不仅是盆栽观赏佳品，还可与山石、树桩组成盆景供观赏。在我国南方常用于布置兰园，或植于林下供园林观赏。

11.3.3 建兰

(1) 形态特征

建兰（*Cymbidium ensifolium*），别名秋兰、四季兰，分布于中国、日本和东南亚各国。兰科兰属多年生草本植物（图11-3）。假鳞茎呈卵球形。叶2～6枚，带形，有光泽，边缘有时有细齿。花葶从假鳞茎基部发出，直立；总状花序具3～13朵花；花常有香气，浅黄绿色，具紫斑；萼片近狭长圆形或狭椭圆形。蒴果。花期7～10月，有些品种从夏季到秋季开2～3次花，故又称为四季兰。

图11-3 建兰

(2) 品种分类

建兰栽培历史悠久，栽培品种众多。严楚江在《厦门兰谱》中将建兰分为彩心建兰和素心建兰两个变种。

1) 彩心建兰（var. *ensifolium*） 野生种多属此类。花葶多为淡紫色，花被有紫红色条纹或斑点。常见的品种有“银边建兰”“大青”“白梗四季兰”等。

2) 素心建兰（var. *suxin*） 多为栽培品种。花瓣、花萼、唇瓣均为纯色，花被无紫红色条纹或斑点。常见的品种有“观音素”“凤尾素”“龙岩素”等。

另外，与春兰类似，也根据花的形态分为荷瓣、梅瓣、水仙瓣、龙爪瓣、奇花、色花等，每种类型都有知名品种，如梅瓣的一品梅、荷瓣的君荷等。

(3) 生态习性

建兰生长适温 18～28℃，冬季温度 5～14℃，夏季白天温度应控制在 28℃，夜温应控制在 18℃左右。喜光但怕强光直射，在散射光下生长良好，具半阴性的特点。喜空气湿润，稍耐干旱。

(4) 繁殖技术

繁殖一般有分株繁殖、播种繁殖和组培繁殖。

(5) 栽培管理

建兰喜温暖、湿润环境，但温度超过 35℃无法形成花芽，温度低于 14℃时植株休眠，低于 5℃时植株生长停止，叶片和花容易产生黑斑点。建兰兰叶质地较厚，表面有角质层保护，消耗水分量不大。假鳞茎和肉质根能储藏一定水分，较耐旱。除发根期、发芽期及快速生长期需要较多的水分外，其他时间消耗水分较少，水分过多容易烂根，且易发生病害。当栽培基质表面出现干白现象时即可浇水。

建兰耐肥。春季，气温转暖，植株萌发，为促进植株营养生长，通常每 10～15d 施 1 次肥。叶面肥可用尿素：磷酸二氢钾为 2：1 的 1000 倍液，或兰菌王等。日均温为 20℃以上时，可灌根施无机肥或有机肥。生殖生长期间施肥宜淡不宜浓，薄肥勤施。春末夏初施促芽肥、夏末秋初施促花肥，施用的肥料可以是无机肥，也可以是有机肥。一般在晴天傍晚施用，第二天清晨再浇水，以防肥料浓度偏大对兰草造成损害。也可施用“过水肥”，即施肥前先浇水，待 5～10min 后再施肥，这样也不易造成肥害。开花前喷施 1 次磷酸二氢钾，有利花朵繁茂。秋末初冬、寒露至立冬期间兰花将转入休眠期，一般施干肥 1 次、液肥 2 次，以保证安全越冬，提高来春萌芽率。

(6) 主要应用

建兰株形雅致，花姿秀丽，花香幽远，是中国兰中的佳品。在我国南方可种植于庭院、台阶、花坛等处，也可用于布置专类园。盆栽点缀客厅、书房、窗台、案头等，极具雅趣。

11.3.4 墨兰

(1) 形态特征

墨兰（*Cymbidium sinense*），别名报岁兰、丰岁兰等。兰科兰属多年生地生草本植物（图 11-4）。根长而粗，假鳞茎呈椭圆形。叶丛生，3～5 枚，叶片呈带形，暗绿色，光滑，有光泽。花葶从假鳞茎基部发出，直立、较粗壮；总状花序具花 10～20 朵；苞片小，基部有蜜腺；萼片为淡褐色，呈狭长圆形或狭椭圆形；花色常为暗紫色或紫褐色而具浅色唇瓣，也有黄绿色、桃红色或白色的；一般有较浓的香气。花期 1～3 月，少数品种秋季开花。

(2) 品种分类

墨兰栽培历史悠久，品种较多。根据墨兰的花期、花色及叶色将其品种分为以下三大类。

1) 墨兰　原变种常分为秋花型和报岁型两类。秋花型，花期早，一般在 1～3 月开花。报岁型在春节前后开花。秋花型常见的品种有秋榜、秋香等；报岁型常见的品种有国香牡丹、小墨、徽州墨等。

2) 白墨　花为浅白色，无紫红色斑点或条纹，又称素心墨兰。栽培品种有仙殿白墨、软剑白墨、绿仪素、白凤等。

图 11-4 墨兰

3）彩边墨兰　叶片边缘有黄色或白色条纹。栽培品种有金边墨兰、锦旗等。

（3）生态习性

墨兰多生长于海拔 300～2000m 的林下、灌木林中或溪谷旁湿润但排水良好的荫蔽处，是典型的阴性植物。喜阴，忌强光。喜温暖，忌严寒。生长适温夏季 25～30℃，冬季 10～20℃，不耐低温，5℃以下的低温会产生冻害。

（4）繁殖技术

墨兰具有较粗壮的假鳞茎，因而常进行分株繁殖。分株的最佳时间为开花后 15～20d，此时兰株花芽和叶芽还没有萌发，且气温较高，分株后有利于兰根的愈合和生根。分株繁殖简单易行，但繁殖系数小，生产上常以顶芽为外植体采用组织培养方式进行繁殖。

（5）栽培管理

墨兰不耐寒冷，冬季兰棚内的温度最好不低于 5℃，否则会出现冻害。生长最适温度为 20～30℃，在夏、秋季节要通过遮阴和喷雾来降温。墨兰在散射光下生长良好。适宜光照强度 5000～10000lx。夏、秋季遮阴度要求达到 80%～90%。春季、冬季可以全光照或用黑色塑料遮阴网进行光照调节，遮阴度为 50%左右。墨兰喜湿怕干，生长期的空气相对湿度以 65%～85%为宜，冬季休眠期也应在 50%左右。墨兰施肥宜淡忌浓，勤施薄施。墨兰萌芽期（3～4 月），一般每 15d 施肥 1 次，用氮、磷、钾比例为 15∶15∶15 的 1000～1500 倍液喷施叶面，4 月份同时施用 14∶14∶14 高效缓释优质复合肥，每盆施放 3～5g（8～15 粒）即可。5～9 月是墨兰生长旺盛期，一般每 7d 施 1 次肥，7 月份同时施缓释肥，每盆 3～4g。9～11 月是花芽分化发育期，需要较多的磷肥、钾肥，以促进花芽分化。用磷酸二氢钾 1500 倍液，每 7～10d 施 1 次肥。12 月至次年 1 月，墨兰出花，停止施肥。

（6）主要应用

墨兰花姿秀丽，是重要的冬季盆花之一，常用于装点室内环境，或作为馈赠亲朋的主要礼仪盆花。

11.3.5 寒兰

（1）形态特征

寒兰（*Cymbidium kanran*），别名冬兰。兰科兰属多年生地生草本植物（图 11-5）。假鳞茎呈狭卵球形。叶 3～7 枚丛生，直立性强，带形，薄革质。花葶发自假鳞茎基部，直立，细而坚挺；总状花序疏生 5～12 朵花，花常为淡黄绿色而具淡黄色唇瓣，也有其他色泽，具浓烈香气；萼片近线形或线状狭披针形。蒴果。花期 11 月至翌年 2 月。

图 11-5　寒兰

（2）品种分类

1）根据花的颜色分类　主要分为：a. 青寒兰，花被为淡绿白色或黄绿色；b. 青紫寒兰，花被为青绿色，稍带紫色；c. 紫寒兰，花被为紫红色；d. 红寒兰，花被为红色中微带紫红色。

以青寒兰和红寒兰最为珍贵。如我国台湾省所产的素心寒兰，属青寒兰类型。素心寒兰数量甚少，价格十分昂贵，其名品为“寒香素”“广寒素”“寒山素”。红寒兰的名品为“日光”。

2）根据花期分类

① 春寒兰。本种为中国台湾省阔叶春兰与台湾省寒兰的自然杂交种。叶色深绿。花葶高 20～25cm，着花 1～2 朵，花径 5～6cm。花色为淡褐色或淡绿色，花具浓香。

② 夏寒兰。叶较宽而短。花葶高 30～50cm，着花 7～17 朵，花径 6～10cm。花期 5～9 月。夏寒兰可分为彩心和素心两类。彩心类品种如“墨神”“舞仙”。素心类品种如“黄鹤”“翠鹤”“玉燕”等。

③ 秋寒兰。秋寒兰的叶片与阔叶建兰较为相似，不同的是秋寒兰叶背较粗糙，叶侧脉沟明显，叶缘后卷，叶背中脉骨突出而有锐利感。花多为紫红色。

（3）生态习性

寒兰常野生在郁闭度较大的次生林带或混交林中，原产地年均温多在 15～22℃之间，不耐寒，喜温暖、湿润和半阴环境。要求较高的空气湿度，生长期空气相对湿度以 80%左右为宜。喜疏松、肥沃的微酸性壤土。

（4）繁殖技术

寒兰主要进行分株繁殖。春季 3～4 月花后或 9～10 月新兰株基本成熟时皆可。分株前 7d 最好少浇水，使盆土稍干，根系变软时分株可减少根系损伤。将叶丛密集的母株，分割成 3～4 株 1 丛，根部略加整理和修剪后上盆。

（5）栽培管理

寒兰是中国兰中耐寒力最差的种类。引种寒兰应根据寒兰产区的自然环境，创造适宜的条件。一般情况下，生长适温夏季为 26～30℃，当气温超过 30℃时，寒兰生长速度减慢，需通过遮阴和喷雾等措施调控温度，确保兰株正常生长。冬季温度 10～14℃最为合适，温度 0℃以下易造成冻害，应注意采取加温措施，避开严寒。寒兰对光照的要求少于建兰和蕙兰。在光照强的夏、秋高温季节，要特别注意用双层遮阴网遮阴，遮光度达 80%～90%。冬季、春季可以全光照养护。5 月中旬前可多晒阳光，9 月下旬花芽分化至开花期间，可在上午 9 点或下午 4 点后多照射阳光。

寒兰喜湿润。生长季节要保持白天 65%～75%、夜间不低于 80%的空气相对湿度。一般晚春每 8～15d 浇 1 次水，夏季晴天每 4～6d 浇 1 次水，秋季每 5～10d 浇 1 次水，冬季及早春常常 20 余天甚至 1 个多月不浇水。大多数寒兰耐肥能力差，施肥应以薄肥为主。施肥宜于 4～11 月寒兰生长期进行，每隔 10～15d 施 1 次肥，可用 0.1%的磷酸二氢钾、兰菌王等交替进行叶面施肥，新芽成长期可加施 0.1%的尿素，新苗成熟期再喷 2～3 次高钾肥促使假鳞茎增大。

（6）主要应用

寒兰叶态潇洒，花香纯正，开花正值元旦、春节，是居家装饰和节日馈赠亲朋的上佳选择。在南方，也可种植于庭院、假山、亭榭之间点缀园林景观。

11.3.6 蝴蝶兰

（1）形态特征

蝴蝶兰（*Phalaenopsis aphrodite*），原产于亚洲和大洋洲热带、亚热带地区。兰科蝴蝶兰属多年生常绿草本植物。蝴蝶兰为单茎性附生兰，气生根发达，茎很短，常被叶鞘所包（图 11-6）。叶片丛生，二列，稍肉质，常 3～5 枚或更多，叶呈椭圆形或长圆形。花序侧生于茎的基部，呈弓状；花序轴为紫绿色，呈回折状，常具数朵由基部向顶端逐朵开放的花，花大，无芳香。蒴果。花期长，以秋季、冬季开花为主。

图 11-6 蝴蝶兰

(2) 品种分类

蝴蝶兰属全世界原生种有70多种，我国有7种，但原生种大多花小不艳，作为商品栽培的蝴蝶兰多是人工杂交选育的品种。

① 常见的原生种有版纳蝴蝶兰（*P. mannii*）、滇西蝴蝶兰（*P. stobartiana*）、鹿角蝴蝶兰（*P. counu-cervi*）、美丽蝴蝶兰（*P. amabilis*）、桃红蝴蝶兰（*P. equestris*）、银斑蝴蝶兰（*P. schilleriana*）等。

② 园艺栽培上常根据花色和花径大小分类。蝴蝶兰花色丰富，根据其花朵颜色可以分为深红色系、黄色系、粉色系、白色系、紫色系和蓝色系等。蝴蝶兰花期一般较长，有些品种蝴蝶兰花朵的颜色随着开放时间的延长而发生变化，一般黄色系的蝴蝶兰花朵易出现褪色现象，由初开放时的黄色褪为白色。根据蝴蝶兰的花朵直径可将其分为大花型、中花型和小花型。花径在10cm以上的称为大花型蝴蝶兰，代表品种有白花V3；花径在7.5～10cm之间的称为中花型蝴蝶兰，代表品种有大辣椒、聚宝红玫瑰等；花径在7.5cm以下的称为小花型蝴蝶兰，代表品种有水晶、满天红、小男孩等。

(3) 生态习性

蝴蝶兰喜高温多湿、散射光及通风良好的环境，忌闷热和强光直射。种子萌发及进行组织培养的适宜温度为25～28℃，越冬温度不宜低于18℃，冬季10℃以下就会停止生长，低于5℃容易死亡。在岭南各地如要进行批量生产，必须要有防寒设施，实行保护性栽培。如果家庭小量种植，在遇冷时立即移入室内便可以安全过冬。喜通透性良好的弱酸性基质，常用水苔、树皮、椰壳、椰糠等。

(4) 繁殖技术

蝴蝶兰一般多采用组织培养和分株法进行繁殖。组培繁殖常用花梗腋芽作外植体进行原球茎的诱导，经试管育成幼苗移栽，大约经过两年便可开花。有些母株当花期结束后，有时花梗上的腋芽也会生长发育为子株，当它长出根时可从花梗上切下进行分株繁殖。其盆栽的基质采用水苔、浮石、桫椤屑、木炭碎等，或者直接把幼苗固定在树木上，让它自行附着生长。

(5) 栽培管理

从种苗厂家订购的瓶苗需要在栽培场所经过1～2周练苗方可定植。栽培基质以水苔为主，定植后经3～4个月培养，根系长满营养钵时可上盆栽植。蝴蝶兰喜温暖、湿润的环境，生长期以昼温23～30℃，夜温16～21℃为宜，夏季温度超过30℃时，蝴蝶兰处于半休眠状态，生长缓慢。缓苗期适宜的空气湿度为85%～95%，生长期75%～80%，通过浇水和喷雾维持，注意冬季浇水要待水温与室温相同时再浇，温度低于15℃时要严格控制浇水。浇水时要防止叶心积水，避免烂心导致植株死亡。

蝴蝶兰对钠盐敏感，肥水EC值（可溶性盐浓度）以0.6～0.8mS/cm为宜，刚出瓶小苗只需补水，约30d后有新根长出并有少量新根已达盆沿时，可开始施肥，施肥间隔5～10d，肥料氮、磷、钾配比以20∶20∶20为宜，苗期施肥时，肥料浓度应较低。随着幼苗的生长逐渐提高施肥浓度。生殖生长时期施肥氮、磷、钾比以10∶30∶20为宜。催花处理前多喷施磷酸二氢钾有利于花芽发育，花枝粗壮。施肥时以喷液肥为主，浓度为0.05%～0.1%，每7～10d施一次。

(6) 主要应用

蝴蝶兰花姿优美，花色丰富，为热带兰中的珍品，有“兰中皇后”之美誉，是世界上优良盆栽及切花花卉。

11.3.7 大花蕙兰

（1）形态特征

大花蕙兰（*Cymbidium hybrid*），原产于我国西南地区及印度、缅甸、泰国等高海拔地区。兰科兰属常绿多年生附生草本植物（图 11-7）。株高 40～100cm。假鳞茎膨大呈扁球形，较大。叶呈带状，6～8 枚，革质。根系较发达，肉质，圆柱状，粗壮肥大。花梗由兰头抽出，着花 6～12 朵，花大型，色艳，有白色、红色、黄色、绿色、紫色、紫红色等，不香或有丁香型香味。蒴果。在亚洲的热带和亚热带地区种植，花期一般在每年 11 月至次年 2 月。

图 11-7 大花蕙兰

（2）品种分类

大花蕙兰是兰科兰属中的大花附生种、小花垂生种以及一些地生兰经过多代人工杂交育成的庞大品种群。目前用来作杂交亲本的原生种约 20 种，主要是大花的附生类以及少量的地生类。

1）常见的原生种

① 独占春（*C. eburneum*）。附生兰类，花大，白色，唇瓣为白色并有黄色斑块。微有香气。为白花、粉红花品种的原始亲本之一。

② 文山红柱兰（*C. wenshanense*）。附生兰类，花大，不完全开放，有香气。萼片与花瓣为白色，是白花品种的原始亲本之一。

③ 美花兰（*C. insigne*）。地生或附生植物，花为白色，有淡粉红色晕，唇瓣为白色并有紫红色斑点，中央为黄色，是白花、粉红花品种的原始亲本之一。

④ 黄蝉兰（*C. iridioides*）。附生兰类，花大，有香气，萼片与花瓣为黄绿色，是黄色花和绿色花的亲本。

⑤ 碧玉兰（*C. lowianum*）。附生兰类，花大，萼片和花瓣为绿色或黄绿色，是绿花品种的亲本之一。

⑥ 多花兰（*C. floribundum*）。附生兰类，花小密集，花序着花 10～40 朵，一般无香

气；萼片与花瓣为红褐色或偶见绿黄色，唇瓣为白色且在侧裂片与中裂片上有紫红色斑点。原产于我国，是小花型大花蕙兰和垂花蕙兰的亲本之一。

⑦ 西藏虎头兰（*C. tracyanum*）。附生兰类，花大，直径达 13～14cm，有香气。花为黄绿色至橄榄绿色，唇瓣为淡黄色且具褐红色斑点，是黄花和斑点花的亲本之一。

⑧ 福兰（*C. devonianum*）。地生兰类，花小，着花 20～40 朵，花为绿色，上布紫色线条或斑点，唇瓣为红色且具褐色斑点。无香味。是当今垂花蕙兰的一个重要亲本，很多垂花蕙兰均有其血统。

2）根据花色分类　可分为红花系、粉红花系、橙黄色花系、白花系、黄花系、绿花系、斑点花系和变异奇花系等。

3）根据花期分类　可分为早花型、中花型和晚花型。

4）根据花枝的长向分类　可分为花梗直立型、花梗下垂型。花梗直立的称为大花蕙兰，花梗下垂的称为垂花蕙兰。

（3）生态习性

大花蕙兰为多年生常绿复茎类兰花，喜光照适宜、冬季温暖和夏季凉爽的环境。生长适温为 10～25℃，白天 25～28℃，夜间 10～15℃，有利于花蕾生长，花芽发育。在温度适宜的情况下，春季和秋季均可萌发新芽，通常每个假球茎上可萌发 2～4 个新芽，从新芽萌发至假球茎的成熟需 8～12 个月。

大花蕙兰在花芽形成初期需要较高的温度，但花芽的发育和成熟则需要有适当的低温，特别是夜晚以 10℃左右为宜，若温度低于 5℃，叶片呈黄色，花芽不生长，花茎不伸长，影响开花质量。若夜间温度高于 15℃，花芽会突然伸长，花茎柔软不能直立，形成的花蕾会提早凋谢。大花蕙兰从花芽形成至开花，需 4～6 个月的时间。

大花蕙兰在兰科植物中属喜光的一类。生长期间光照充足利于叶片生长、花茎形成和花芽生长发育。秋季多见阳光，有利于花芽形成与分化。冬季雨雪天增加辅助光，对开花极为有利。

（4）繁殖技术

大花蕙兰可用种子进行繁殖，也可采用组培繁殖和分株繁殖的方式进行繁殖。分株繁殖一般 2～3 年进行 1 次，分株在大花蕙兰休眠时进行，分株后的植株一般在 1～3 年才开花。

（5）栽培管理

栽培大花蕙兰常用的基质包括松树皮、水苔、碎砖块、泥炭土、木炭、蛭石等。组培瓶苗移栽时间以 3～7 月为宜，移栽前，先完全打开瓶盖，确保瓶苗在自然环境中适应 2～3d，再从瓶中移出栽培。光照对大花蕙兰的生长十分重要，冬季、春季，大花蕙兰可适当接受直射阳光，夏季、秋季光照强烈时应注意适当遮阳，一般以遮光 50%～60%为宜。生长期要求空气相对湿度 75%～85%，休眠期 50%左右，开花期以 55%～65%为宜。喜 pH 5.2～6.5 的微酸性水，对水中钙、镁等金属离子比较敏感。冬季每隔 3～5d 浇 1 次水，以基质稍偏干为宜，有利于大花蕙兰顺利越冬；春季浇水量应逐步增加；从初夏至秋季，每日浇 1 次水，到冬季再逐步减少。施肥应薄肥勤施，可以骨粉为基肥，多增加根外追肥，花后至来年花前应施足肥料，开花期和盛夏时可不施肥，开花前半年不宜施氮肥。通常在生长期每半月施肥 1 次，一般用浓度不超过 0.1%的等比氮磷钾水溶肥，或浓度 0.1%～0.3%的兰花专用肥，每 7d 喷洒 1 次。开花后的夏季和秋季需要追肥，用大花蕙兰专用缓释肥，每隔 2～3 月进行 1 次追肥，同时也可辅施经发酵腐熟处理过的有机肥。

大花蕙兰从中苗期开始，需进行适当疏芽，如 1 个球茎同时长出花芽和叶芽，应将叶芽摘除，避免影响花芽生长。最佳疏芽时间一般在 9～12 月，当芽长 5cm 时疏芽最为合适，采用对称留芽的方式最佳。

（6）主要应用

大花蕙兰植株挺拔，花大色艳，主要用作盆栽观赏。

11.3.8 卡特兰

（1）形态特征

卡特兰（*Cattleya hybrid*），原产于美洲热带地区。兰科卡特兰属多年生常绿附生草本植物。假鳞茎呈棍棒状或圆柱状。假鳞茎顶端着生 1 枚到多枚叶片，叶片与假鳞茎连接处有 1 个可发育成花的芽，形成假鳞茎 1 叶 1 花的发育模式。花单朵或数朵，着生于假鳞茎顶端；花色艳丽丰富，从纯白色至深紫色，也有各种过渡色、复色。蒴果。品种丰富，一年四季均有品种开花。

（2）品种分类

卡特兰属植物约有 75 个原种，杂交种近千种，品种数量已有数千种。

1）同属常见栽培的种

① 两色卡特兰（*C. bicolor*）。原产于巴西，每个花序着花 5～6 朵，花为铜绿色，唇瓣为玫瑰红色，花期 9～10 月。

② 大花卡特兰（*C. maxima*）。原产于哥伦比亚，每个花序着花 2～3 朵，花朵硕大，淡紫色，唇瓣甚大，呈鲜紫色带有黄色条纹，花期 7～8 月。

③ 橙黄卡特兰（*C. aurantiaca*），原产于墨西哥，花单朵，黄绿色，花大而有芳香，唇瓣为橙黄色，花期 4～5 月。

2）依据花色分类　可分为红色系、紫色系、黄色系、白色系、绿色系、白花红唇系、黄花红唇系、樱瓣花系和斑点花系共 9 大类。

3）依据花期分类

① 春季开花品种。花期 4～5 月。常见品种为三阳（Blc. Three Suns），花为绿色，唇瓣基部为深绿色，先端有一紫红色小斑块。

② 夏季开花品种。花期 6～9 月。常见品种有大帅（Blc. Purpre Ruey），花为紫色，基部有黄褐色斑块；阿基芬（Lc. Aqui Finn），花为粉红色。

③ 冬季及早春开花品种。花期 1～3 月。常见的品种有大眼睛（Blc. Hwa Yan Eye），花为紫色，唇瓣上有一对金黄色斑块，形似眼睛；司蒂芬（Lc. Stephen Oliver Fouraker），花为白色，唇瓣为紫红色，基部有一个黄色斑块；红玫瑰（Pot. Rebecca Merikel），花为红色。

（3）生态习性

卡特兰喜温暖、湿润的环境，忌炎热，喜半阴，怕强光直射。生长季节要求高湿环境。卡特兰对光、温均敏感，属短日性植物，既怕冷冻又需有一定的昼夜温差才能开花。越冬温度白天要在 20℃以上，夜间温度保持在 15℃左右，5℃以下容易受冻害死亡。某些品种在昼夜 21℃恒温下也不形成花，只有在一定低温及一定日数短日照下才能形成花。

（4）繁殖技术

卡特兰常用分株或组织培养法繁殖。春天新芽开始萌动时是分株繁殖的适宜时期。生长良好的植株 3～4 年分 1 次。组织培养时，可以采用未成熟的种子进行播种或切取健壮的新芽进行无菌培养、分割增殖。试管苗生长到 5cm 以上具 2～3 条根时即可进行移栽。

（5）栽培管理

卡特兰气生根发达，自然生长多暴露在林中空气中，根上具小孔，能吸收空气中的游离水分，栽培种常伸出基质暴露于盆外。栽培基质常用水苔、树皮、椰壳、蛇木屑等材料中的一种或几种混合。温室栽培生产中，卡特兰一年四季均可种植，但以每年的 9 月至次年 5 月为最佳时间。栽培时种苗根系不能太浅，也不能埋住假鳞茎头。栽培期间应注意保持空气湿润和通风，忌闷热。空气相对湿度以 80%～90%为宜，温度维持在适宜生长温度，一般要求不低于 15℃的最低夜温，白天温度 20℃以上。卡特兰花芽分化需要一定的低温，李春华等研究认为温室内日平均温度在 18～26℃较适宜花芽的生长发育。光照对卡特兰生长开花有重要影响，夏季宜遮阴 40%～50%，其他季节应有全光照。卡特兰在整个生长期，应薄肥勤施，施肥多用复合肥和缓释肥料，根据生长情况喷施叶面肥，施肥时忌空气污染，注意防止肥水污染叶片。

（6）主要应用

卡特兰花大色艳，花形奇特，花期长且品种繁多，与石斛、蝴蝶兰、万带兰并列为观赏价值最高的四大观赏兰类。可作盆栽观赏，也可作切花观赏。

11.3.9　石斛属

（1）形态特征

石斛属（*Dendrobium*）兰科植物主要分布于亚洲热带、亚热带地区。多年生附生常绿或落叶草本植物（图 11-8）。茎丛生，少有疏生在匍匐茎上的，直立或下垂。叶互生，扁平，圆柱状或两侧压扁。总状花序或有时伞形花序，直立，斜出或下垂，生于茎的中部以上节上，花数朵或数十朵，中萼片与花瓣近同形，唇瓣呈匙形，花色丰富。花期长，春季、秋季开花种甚多。

图 11-8　石斛

（2）品种分类

石斛属是兰科最大的属之一，全世界约有 1500 个种，中国是石斛属植物分布的北部边界地区，石斛属资源非常丰富。根据 *Flora of China* 记载，中国石斛属植物种类约 78 种，其中约 14 种为中国特有，包括河南石斛（*D. henanense*）、梵净山石斛（*D. fanjingshanense*）、海南石斛（*D. hainanense*）等。

1）同属常见的种

① 具槽石斛（*D. stuposum*）：茎直立，扁棒状，表面具纵条纹。叶纸质，数枚，互生于茎顶端，长圆形。总状花序下垂，密生少数至多数花；花为黄色，唇瓣呈囊状，中央有一条深红色或褐色斑。花期 6 月。

② 密花石斛（*D. densiflorum*）：茎粗壮，通常呈棒状或纺锤形，表面有纵棱。叶 3～4 枚，集生于茎顶端，革质，长圆状披针形，基部抱茎。总状花序下垂，密生许多花，花开展，萼片和花瓣呈淡黄色；唇瓣呈金黄色。花期 4～5 月。

③ 苏瓣石斛（*D. harveyanum*）：茎呈纺锤形，具 3～9 个节，表面有多数扭曲的纵条棱。叶革质，常 2～3 枚互生于茎的上部。总状花序纤细，下垂，疏生少数花，花为金黄色，花瓣具 3 条脉，边缘密生长流苏；唇瓣边缘具短流苏。花期 3～4 月。

④ 流苏石斛（*D. fimbriatum*）：茎近圆形，表面具槽。叶 2 列，近水平生长，花期无叶。总状花序下垂，着花 6～12 朵，黄色。花期 3～4 月。

⑤ 束花石斛（*D. chrysanthum*）：茎粗厚，下垂，圆柱形，不分枝，具多个节。叶二列多枚，卵状披针形，基部具鞘。花序呈伞状，侧生于有叶的茎上部节上，腋生；花为金黄色，有香气，唇瓣两侧各具 1 个血红色斑块。花期 9～10 月。

⑥ 鼓槌石斛（*D. chrysotoxum*）：茎直立，纺锤形，具 2～5 个节，具多条圆钝的棱，近顶端具 2～5 枚叶。叶革质，长圆形。总状花序近茎顶端发出，斜出或稍下垂；花质地厚，金黄色，稍带香气；花瓣具约 10 条脉；唇瓣颜色比萼片和花瓣深，近肾状圆形。花期 3～5 月。

⑦ 棒节石斛（*D. findlayanum*）：茎直立或斜立，不分枝，具数个节。叶革质，互生于茎的上部，披针形。总状花序；花为白色，先端为浅紫色；花瓣具 5 条脉；唇瓣先端为浅紫色，基部两侧具紫红色条纹；唇盘中央为黄色，密布短柔毛。花期 3 月。

⑧ 铁皮石斛（*D. officinale*）：茎直立，圆柱形。叶互生，纸质，基部有抱茎的鞘。总状花序生于老茎上部节间，花为白色，唇瓣喉部有紫红色斑块。花期 3～6 月。

⑨ 球花石斛（*D. thyrsiflorum*）：茎呈圆柱形，表面具纵棱。叶 3～4 枚，革质，基部有一短柄。总状花序下垂，有花 10～20 朵，花瓣为白色，唇瓣为黄色，密被茸毛。花期 4～5 月。

⑩ 细茎石斛（*D. moniliforme*）：茎直立，圆柱形，具多个节。叶数枚，二列，披针形或长圆形。总状花序 2 个至数个；花为黄绿色、白色或白色带淡紫红色；萼片具 5 条脉；唇瓣为白色、淡黄绿色或绿白色，带淡褐色或紫红色至浅黄色斑块。花期 3～5 月。

⑪ 报春石斛（*D. primulinum*）：茎下垂，棒状，不分枝。叶纸质，2 列互生。总状花序，花 1～3 朵生于老茎的节间；花瓣为紫红色，唇瓣为白色，有红色条纹，密被茸毛，边缘有不整齐的细齿。花期 3～4 月。

2）依据花期分类　可分为春石斛和秋石斛。春石斛花多生于节间，故又有节生花石斛之称，一般作盆花栽培；秋石斛的花形似纷飞的蝴蝶，因此又有蝴蝶石斛之称，为流行的切花。

（3）生态习性

石斛属植物是附生常绿或落叶草本，落叶类石斛多分布于高原山区，稍耐低温，每年生长季开始时从假鳞茎基部长出新芽，当年生长为新的假鳞茎，秋末进入休眠状态，通常第 2

年春季落叶后开花，老假鳞茎枯萎，称为春石斛类。常绿类石斛多分布于低海拔热带地区，无明显的休眠期，喜温暖湿润，不耐寒，光照充足有利于生长开花，花序从顶芽或附近的节上抽出，一个假鳞茎有时能连续数年开花，为秋石斛类。

石斛属植物均喜通风、空气湿润及排水良好的生长环境。

（4）繁殖技术

石斛属植物繁殖容易，常采用扦插或分株的方法进行繁殖，大量育苗时采用组培繁殖。

（5）栽培管理

石斛兰栽培常用的基质有锯木屑、水苔、树皮、木炭、椰糠、珍珠岩等。春石斛生长适温 18～26℃，冬季温度不宜低于 5℃，秋季入室不宜太早，应有一段 10℃左右的时期促进花芽分化。秋石斛生长要求高温，适宜生长温度 25～30℃，高于 35℃或低于 15℃生长停滞，低于 5℃易受冻害。大多数石斛对光照条件要求较高，特别是落叶类的春石斛比常绿类的秋石斛需要较强的光照。春石斛夏季、秋季需遮光 30%～40%，其他季节可以在充足的阳光下生长。秋石斛夏季、秋季需遮光 70%～80%，冬季、春季可不做遮光处理，但要保持通风良好。另外，石斛兰的生长发育还受到日照长短的影响。秋石斛需在短日照条件下才能形成花芽，而春石斛大多需要长日照才能形成花芽。石斛属兰花均喜湿润环境，空气相对湿度以 60%～80%为宜，生长期应及时浇水。秋石斛根系较耐旱，春石斛如基质过湿容易烂根，栽培环境应通风良好，浇水应使空气潮湿，基质干爽。石斛株丛大，生长迅速，需根据生长情况及时施肥，叶面肥和根部追肥同样重要。

（6）主要应用

石斛属植物花姿优美，花色艳丽，花型奇特，有较高的观赏价值和药用价值，常作盆栽观赏。

11.3.10 文心兰属

（1）形态特征

文心兰属（*Oncidium*）植物原产于美洲热带地区，广泛分布于巴西、美国、哥伦比亚、厄瓜多尔及秘鲁等国，我国中部和南部地区有分布。假鳞茎有卵圆形、纺锤形、圆形及扁圆形等，较肥大。叶片 1～3 枚，有薄叶种、厚叶种和剑叶种（图 11-9）。花色以黄色和棕色为

图 11-9 文心兰

主，另有白色、红色、黄色、橙红色等；花萼和萼片大小相等，花瓣与背萼也几乎相等或稍大；唇瓣通常三裂，或大或小，呈提琴状，在中裂片基部有脊状凸起物，脊上又有凸起小斑点，故又名瘤瓣兰。

（2）品种分类

文心兰全属有原种400余个，人工杂交的品种极多。

1）同属常见的原生观赏种

① 宽唇文心兰（*O. ampliatum*）：假鳞茎呈扁圆形，套叠生长。叶1～3枚生于茎端，质地厚硬。花小，金黄色，密生，花序长达1m，唇瓣较宽。原产于危地马拉和哥斯达黎加等地，生长于海拔600m以下的林中树上，花期春季。

② 鼠尾文心兰（*O. ceboll*）：假鳞茎细小。叶肉质，棒状。花序可长达1.5m，小花唇瓣为黄色，花瓣为深红色，有黄色条纹。原产于墨西哥至巴拉圭的中美洲地区，花期冬季、春季。

③ 同色文心兰（*O. concolor*）：丛生，假鳞茎呈卵形。叶2枚生于茎顶端。花序长约30cm，着花10余朵，花较大，花径约4cm，黄色，唇瓣顶端凹陷。原产于巴西，花期夏季。

④ 皱波文心兰（*O. crispum*）：假鳞茎较大，扁卵形。叶2～3枚生于茎端。花序可长达1m，花较大，花径可达8cm，褐红色；唇瓣为褐红色，具金黄色中心，有多个褐红色的瘤状突起。原产于巴西，花期几乎全年。

⑤ 满天星文心兰（*O. obryzatum*）：假鳞茎呈扁球形。顶生1～2枚叶。花序直立，小花密生，花为金黄色具褐色斑，唇瓣顶端凹陷，基部有多个瘤状突起。原产于美洲热带，花期夏季、秋季。

⑥ 金蝶兰（*O. papilio*）：假鳞茎呈扁球形，多个丛生。叶顶生，1枚，革质，绿色具紫红斑点。花序长达1m，花大，外形如蝶状；花瓣为深红色，有黄色横条纹；唇瓣为黄色，具褐红色斑点。原产于美洲，花期几乎全年。

⑦ 豹斑文心兰（*O. Pardinum*）：植株丛生，假鳞茎呈卵形。叶2枚，革质。花序长约40cm，花5～8朵，花瓣5枚，呈五角星状，黄色，上有深褐色或红色豹皮斑纹；唇瓣宽大，黄色，上部有深褐色或红色斑纹；花有香气。分布于墨西哥、洪都拉斯、危地马拉等中美洲地区，花期冬季、春季。

⑧ 华彩文心兰（*O. splendidum*）：具假鳞茎。叶呈长椭圆形，革质，上面为绿色，背面为紫褐色。总状花序从叶鞘间伸出，萼片及花瓣近等大，黄色带黄褐色块斑；唇瓣大，金黄色。原产于危地马拉、洪都拉斯及尼加拉瓜等中美洲地区，花期春季、夏季。

2）园艺品种　文心兰的杂交品种已成为世界上最重要的商品切花和盆栽兰花之一，常见的用作切花的杂交品种如金唇（*Onc. Boissiense*）、艾尔芬（*Onc. Hanana Elfin*）、罗斯（*Onc. Gower Romsey*）、苏南（*Onc. Shonan*）、达卡（*Onc. Taka*）、爪哇（*Onc. Java*）和金西（*Onc. Kinsei*）等开黄花者，它们花期长，几乎全年有花，盛开时满布枝头，花形似跳舞的小舞女而倍感优雅，是西洋式和中国式插花的优良花材。用作盆栽的如伊丽莎白（*Onc. Wilbur "Elizabeth"*）、红彩（*Onc. "Red Color"*）、秋叶（*Onc. "Autum Leaves"*）、金环（*Onc. "Golden Circl"*）等开红色花品种，装点家居厅堂，典雅优美。

（3）生态习性

文心兰大多数品种产于热带森林，属于中温性洋兰，喜温暖、湿润和半阴环境。一般厚叶型文心兰的生长适温为 18～25℃，冬季温度不宜低于 12℃，薄叶型的生长适温为 10～22℃，冬季温度不宜低于 8℃。

（4）繁殖技术

文心兰可利用组织培养进行快速繁殖，也可利用分株、分芽的方法进行繁殖，新品种繁育可采用无菌播种的方法进行繁殖。

（5）栽培管理

文心兰对环境因子的需求因品种不同而有很大的差异。大多数品种在 15～30℃之间能够生长良好；有些品种要放入 15℃以上的温室内过冬，10℃以下会影响生长；一些不耐低温的厚叶型品种，温度低于 12℃会枯死；也有一些品种如薄叶型迷你文心兰对环境温度的耐受力较强，生长适温 10～22℃，可承受 5～35℃的温度范围。一般而言，文心兰只能接受冬季的阳光直射，夏季需要适当遮光，遮光 50%～60%，春季、秋季遮光 30%～40%。文心兰与大多数洋兰一样都喜欢较高的空气相对湿度（60%～80%），生长期间注意保持通风良好和空气湿润。施肥以薄肥勤施为原则，一般以缓释肥为基肥，生长期根据植株生长情况适时施肥。

（6）主要应用

文心兰植株轻盈，花色丰富，花型奇特，是世界上重要的兰花切花和盆栽品种之一，适合于家居、厅堂装饰，也是加工花束、花篮的高档用花材料。

11.3.11 兜兰属

（1）形态特征

兜兰属（*Paphiopedilum*）植物分布于亚洲热带地区至太平洋岛屿，我国西南地区、华南地区也有分布。常绿多年生草本植物（图 11-10），茎极短。叶片革质，近基生，带形或长圆状披针形，绿色或带有红褐色斑纹。花葶从叶丛中抽出，花单生，花形奇特，唇瓣呈口袋形，侧生两枚花瓣狭而长，花瓣厚；背萼发达，有各种艳丽的花纹，位于唇瓣上方，两枚侧萼合生在一起，隐于唇瓣后方，花色丰富，花寿命长，花期长达 20～50d。

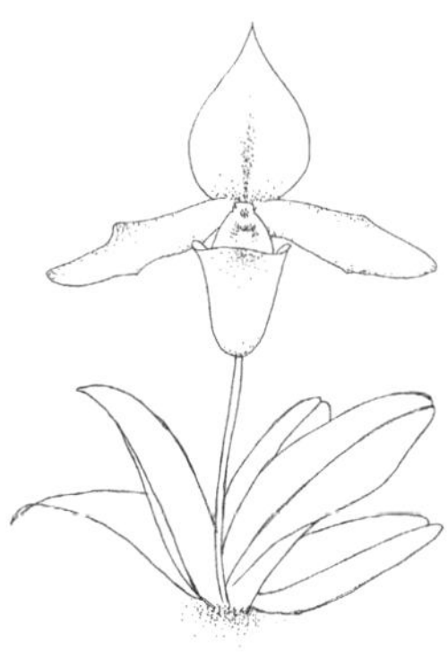

图 11-10 兜兰

（2）品种分类

兜兰全属约 70 种，我国有 18 种，产于西南地区至华南地区，全部可供观赏。许多野生种很早就被广泛引种栽培，目前也培育出许多园艺品种。常见的原生种有以下几种。

1）麻栗坡兜兰（*P. malipoense*） 原产于我国云南省、广西壮族自治区等地。斑叶种，叶面具网格状斑纹，叶背密布紫色斑点。花为黄绿色，有紫色斑点和条纹，花茎直立有毛，着花1～2朵，具芳香。花期12月至次年早春。

2）杏黄兜兰（*P. armeniacum*） 原产于我国云南省。斑叶种，叶呈长条状，叶背密布紫色斑点。花为金黄色，唇瓣为椭圆状卵形兜，蕊柱有红斑。花期4～5月。

3）同色兜兰（*P. concolor*） 原产于我国广西壮族自治区西部、贵州省和云南省东南部至西南部。斑叶种，叶片呈狭椭圆形至椭圆状长圆形，上面有深浅绿色（或有时略带灰色）相间的网格斑，背面具极密集的紫色斑点。花茎短，有花1～2朵，深黄色并均匀分布紫红色斑点，唇瓣呈长卵形兜状。花期5～6月。

4）硬叶兜兰（*P. micranthum*） 我国特有种，原产于广西壮族自治区西南部、贵州省西南部和云南省东南部。斑叶种，叶片坚革质。花葶直立，花单朵，花大，中萼片与花瓣通常为白色，有黄色晕和淡紫红色粗脉纹，唇瓣为白色至淡粉红色。花期3～4月。

5）卷萼兜兰（*P. appletonianum*） 产自我国海南省和广西壮族自治区南部，越南、老挝、柬埔寨和泰国也有分布。斑叶种，叶片呈狭椭圆形。花单朵，花为绿白色，具灰白色相间的条纹或紫黑色斑点，中萼片上部边缘内卷，基部边缘外卷。花期1～5月。

6）小叶兜兰（*P. barbigerum*） 产自我国广西壮族自治区、云南省、贵州省等地。绿叶种，叶片呈宽线形，叶背基部有紫色斑点。花为褐色，背萼为白色，中部为黄绿色。花期10～12月。

7）白花兜兰（*P. emersonii*） 产自我国广西壮族自治区和云南省等地。绿叶种，基部有红色斑点。花为白色，花瓣基部有紫色斑点，唇瓣为淡黄色。花期4～5月。

8）马氏兜兰（*P. mastersianum*） 原产于印度尼西亚。斑叶种，叶尖端边缘有细齿。花单朵，花瓣为紫色，有绿色条纹；背萼边缘为白色，中间为绿色，有数条紫色斑纹；唇瓣为褐色。花期5～7月。

（3）生态习性

兜兰为地生或半附生植物，生于林下溪边肥沃的石隙中，喜温暖、湿润及阴凉的环境。多数种类不耐寒。大部分原生种在原产地无明显休眠期，无假鳞茎，根系不发达，耐旱性差，喜湿好肥，基质和环境需保持湿润。

（4）繁殖技术

兜兰是洋兰中种子不易萌发的种类之一，无菌播种繁殖难度较大，至今少有比较成熟的方法，仍处于探索阶段。兜兰主要采用分株法进行繁殖，规模化种苗生产采用组培繁殖，目前已获得成功的品系有10多个，从组培苗到开花需要2～3年。

（5）栽培管理

兜兰栽培基质应疏松、肥沃，选择椰糠、树皮块、泥炭、水苔、蕨根等材料2～3种混合，各成分比例根据品种不同进行调整。兜兰产地不同，对栽培环境的要求也不同。一般热带地区的兜兰，喜高温高湿的环境，如国王兜兰（*P. rothschildianum*），生长适温20～30℃，一般不能低于13℃。亚热带低海拔地区生长的兜兰，喜温暖、湿润的环境，如卷萼兜兰，生长适温18～28℃，一般不能低于10℃。生长在亚热带高海拔地区的兜兰，耐寒性较强，可以忍受5℃左右的低温，如杏黄兜兰、麻栗坡兜兰等，生长适温16～26℃，一般不能低于5℃。

兜兰喜半阴环境，忌直射光，对光照的要求因种而异。一些生长在高山上的兜兰对光的需求相对较高，生长在雨林中的兜兰对光照的需求则相对较低。夏季光照较强时遮光 60%～80%的，春季、秋季遮光 50%～60%，冬季可不用遮光。阴雨天应打开遮阳网，让植株充分接受散射光。

兜兰没有明显的休眠期，根量少，不耐干旱，也不能长期过湿及积水，浇水宜见干就浇，浇则浇透。生于雨林的兜兰种类对湿度要求较高，在干热季节多次喷雾，以保持较高的空气湿度，冬季气温低，可减少浇水次数。另外，在花芽分化前，适当控水有利于花芽分化。兜兰喜肥，施肥应遵循薄肥勤施的原则。在营养生长阶段，可施用含氮、磷、钾的均衡肥料，施用浓度 1500 倍左右，待秋季花芽分化时，增施磷肥、钾肥，浓度以 1200～2000 倍为宜。另外，叶片大的种类比叶片小的种类需肥量会多些，可根据情况决定施肥量和施用比例。

(6) 主要应用

兜兰株形娟秀，花形奇特，花色丰富，花大色艳，是优良的盆栽观花植物。

第12章

室内花卉

12.1 概述

12.1.1 室内花卉的定义

室内花卉主要是指能适应室内环境条件，可长期栽植或陈设于室内的观赏植物。室内花卉种类繁多，有木本、草本、藤本，可观花，也可观叶、观果，是家居观赏与装饰的重要材料。室内花卉除了能够家居装饰观赏，为人们带来美好的享受之外，还能够吸收室内甲醛、二氧化硫等有害气体，起到净化室内空气的作用，对营造健康良好的居家生活环境具有重要意义。

12.1.2 室内花卉的分类

（1）根据室内花卉对光照需求不同分类

1）极耐阴　是室内花卉中最耐阴的种类，如蕨类植物、一叶兰、白网纹草、八角金盘、虎耳草等。在室内极弱光线下也能供较长时间观赏，适宜在离窗户较远的区域摆放。

2）耐半阴　是室内花卉中耐阴性较强的种类，如千年木、竹芋类、喜林芋、绿萝、凤梨类、常春藤、发财树、吊兰、文竹、龟背竹、合果芋等。适宜在有光照但无直射光或离有直射光的窗户较远的区域摆放。

3）中性　要求室内光线明亮，每天有部分直射光线，是较喜光的种类，如彩叶草、龙舌兰、鱼尾葵、散尾葵、鹅掌柴、长寿花、一品红、天门冬、仙人掌等。在东、西朝向的窗户附近或其他有类似光照条件的区域摆放。

4）阳性　要求室内光线充足，如变叶木、月季、短穗鱼尾葵、沙漠玫瑰、蒲包花、大丽花等。只适宜在室内短期摆放。

（2）根据观赏部位不同分类

1）观叶类　观叶类室内花卉主要观赏叶片的颜色和姿态，大多原产于热带雨林和亚热带地区，适合在室内较低的光照条件下生长，种类繁多，并且栽培管理简单。常见的观叶类室内花卉如散尾葵、袖珍椰子、花叶万年青、蕨类植物、绿萝、变叶木等。

2）观花类　观花类植物以观赏花的色彩或形态为主。常见的有杜鹃、米兰、月季、蒲包花、菊花等。

3）观果类　观果类植物以观赏果实的颜色、形态为主，常见的主要种类有金橘、佛手、珊瑚豆、乳茄等。

12.1.3 室内花卉的繁殖

室内花卉的繁殖可分为有性繁殖和无性繁殖，大部分室内花卉均采用无性繁殖，如扦插、分球、压条、分株等。但有些棕榈科植物无性繁殖有一定困难，要获得批量植株，只能用种子繁殖。有些室内花卉如榕树、沙漠玫瑰等，种子繁殖的实生苗根茎处膨大，具有特殊观赏价值，特意栽入浅盆中突出肥大的根茎部位，具有特殊的观赏价值，因此常采用播种法进行繁殖。

实际生产中在进行规模集约化生产时，常规育苗手段难以满足生产需要，需采用组织培养技术才能保证生产顺利进行。

12.1.4 室内花卉的栽培管理

（1）栽培容器

室内花卉以容器栽培为主。栽培花卉的容器既要兼顾观赏性，同时又要保证植物的正常生长发育。因植物种类和栽培用途不同，常用的容器按照构成的原料分为素烧泥盆、塑料盆、紫砂盆、陶盆、玻璃钢盆、金属盆、木桶、吊篮等，每类都有不同大小、样式和规格，可根据需要选用。

（2）室内花卉生产与管理

1）培养土配制　栽培基质要求疏松、透气，具有良好的保水、排水性能；有适宜的 pH 值，可溶性盐类含量低，还要有足够的养分，保肥能力强；无病虫害。室内花卉栽培中常用的基质有腐叶土（腐殖土）、泥炭土（黑土）、松针土、园土、河砂、泥炭藓、蕨根和蛇木、树皮、椰糠、锯末、稻壳类、珍珠岩、蛭石、煤渣等。各种基质材料各有利弊，应根据各种植物的特性及不同的需要选择不同栽培基质加以调配，做到取长补短。例如播种、种苗培育，以质地疏松、透气、保水持水性能良好的培养土为宜，施基肥或薄肥即可，大苗及成熟植株，则要求较致密的土质和较多的肥分。因此，配制培养土以满足花卉生长发育需求为原则。如播种用的培养土可采用腐叶土、园土、河砂按 5∶3∶2 比例混合而成。木本花卉在播种苗及扦插苗培育期间要求较多的腐殖质，大致的比例为腐叶土 4 份、园土 4 份、河砂 2 份。植株长大后，可适当减少腐叶土，增加园土。

2）盆栽技术　室内花卉盆栽技术包括上盆、换盆、转盆、倒盆和扦盆。详见第 6 章的 6.2.3 盆栽技术。

3）浇水　一般情况下，春季、夏季、秋季盆栽花卉生长旺盛，对水分需求大，同时，由于气温不断升高，叶面蒸发的水分不断增加，为了保持花卉正常的生理需要，就必须适时补充水分。浇水应遵循“见干就浇，浇则浇透”的原则。通常情况下夏季每天早晚要各浇 1 次水；冬季大多数室内花卉处于相对休眠期，可以每 5～7d 或更长时间浇 1 次水。

4）施肥　室内花卉栽培一般采用豆饼、粪干、厩肥等有机肥料作基肥，通常在配制培养土或上盆时施用，也可以选择缓释肥作基肥。花卉营养生长期注意追施氮肥、磷肥、钾肥，比例因植物种类不同加以调整，如观叶植物对氮肥需求大，施肥时氮肥要与复合肥轮用；花叶兼赏的花卉，如君子兰、大叶花烛、秋海棠等，在开花前应增施磷肥，施肥应薄肥勤施。一般生长期每7～10d施1次液肥，或用0.2%的磷酸二氢钾、0.1%～0.3%的尿素等进行叶面喷肥，采用科学配比配成的复合液肥则更好，也可根据花卉品种选用花卉专用肥。花期及休眠期不施肥，冬季气温降低，花卉生长缓慢，应停止施肥。

5）修剪整形　整形常用的方法有绑扎、做弯、诱引等，有时为了造型可设立各种形状的支架或多盆栽一起进行造型。修剪包括剪截、疏剪、剪梢与摘心、剥芽与剥蕾、摘果与疏果、摘叶等。

12.2 常见的室内花卉

12.2.1 蕨类植物

12.2.1.1 铁线蕨

（1）形态特征

铁线蕨（*Adiantum capillus*），广布于世界热带、亚热带地区。铁线蕨科铁线蕨属陆生中小型蕨类植物，常绿草本，株高15～40cm，根状茎细长横走，密被棕色披针形鳞片（图12-1）。叶薄革质，叶柄纤细，栗黑色，有光泽，叶片呈卵状三角形，浅绿色，中部以下二回羽裂，小扇形羽片斜，外缘全裂至深裂，不育叶裂片顶端钝圆，具细锯齿，叶脉扇状分叉。孢子囊群盖呈长形、长肾形或圆肾形，淡黄绿色。

图12-1　铁线蕨

（2）常见栽培种

铁线蕨广泛分布于世界各地，自寒温带到热带，尤以南美洲为最多，目前全属有200余种。我国现有30种，5个变种和4个变型，主要分布于温暖地区。常见栽培的还有鞭叶铁线蕨（*A. caudatum*）、扇叶铁线蕨（*A. flabellulatum*）、掌叶铁线蕨（*A. pedatum*）、团羽铁线蕨（*A. capillus-junonis*）、楔叶铁线蕨（*A. raddianum*）、荷叶铁线蕨（*A. nelumboides*）、细叶铁线蕨（*A. venustum*）等。

（3）繁殖技术

铁线蕨可分株繁殖和孢子繁殖。分株繁殖一般宜在早春新芽尚未萌发之前进行，结合换盆进行。孢子繁殖选用泥炭 3 份和碎砖屑 1 份混合，烈日暴晒或使用药剂消毒后放进浅盆，稍加压实，剪下成熟孢子的叶片，均匀将孢子撒播于浅盆内，不必覆土，盖上玻璃，浸盆法浇水，保持室温 20～25℃，约 30d 孢子发芽成为原叶体，待长满盆时，就可分栽。一般从播种至孢子体长出真叶需 2～3 个月，有 3～4 枚时可上盆。

（4）栽培管理

铁线蕨多生于阴湿斜坡山地和岩壁上，喜温暖、湿润和半阴环境。生长适温 17～28℃，以白天 21～26℃、夜间 10～15℃为宜，冬季要求 7℃以上，持续低温叶片会受冻。喜明亮的散射光，长期强光照射会使叶片枯黄，要求较高的空气相对湿度，以 70%～80%为宜。喜疏松、肥沃、排水良好的石灰质砂壤土，在微酸性至微碱性土壤中生长得较快，是我国暖温带、亚热带和热带气候区的钙质土和石灰岩的指示植物。每半月施腐熟饼肥水 1 次，或施用以氮肥为主的营养液，如可用花多多 3∶1∶1 和 2∶1∶1 交替进行，肥料浓度一般控制在 1000～1500 倍之间，幼苗期以 2000 倍液为宜。在生长期，发现枯叶要及时修剪，保持植株清新美观。

（5）主要应用

铁线蕨可应用于室内绿化装饰，或在庭院背阴处及林荫下做地被栽培。枝叶可制作插花和干燥花。

12.2.1.2 鸟巢蕨

（1）形态特征

鸟巢蕨（*Neottopteris nidus*），原产于热带、亚热带地区。中国海南省、云南省、台湾省等热带雨林中有分布。铁角蕨科巢蕨属多年生常绿草本植物（图 12-2）。株高 100～120cm。根状茎短，顶部纤维枝，分枝卷曲。叶呈辐射状丛生于根状茎顶部，中空，形似鸟巢；叶柄近圆柱形，基部有鳞片；叶片呈阔披针形，长约 100cm，宽 9～15cm，革质，两面光滑，锐尖或渐尖，全缘，叶两面为亮绿色。孢子囊群呈狭条形，着生在叶背中肋附近。

图 12-2 鸟巢蕨

（2）品种分类

鸟巢蕨的同属植物约有 200 种，我国有 10 余种。常见栽培的种和变种有：

① 皱叶鸟巢蕨（*N. nidus* var. *plieatum*）。一般株高 30～50cm，叶片较原种短，有波状皱纹。

② 矮生鸟巢蕨（*N. niduscv. Avis*），为园艺品种。叶片较原种短，为嫩绿色，有光泽，株形美丽，是极好的中小型盆栽观赏蕨。

③ 狭基鸟巢蕨（*N. phyllitidis*）。株高 40～50cm，叶片狭长，呈倒披针形，近肉质，上部宽约 5cm，自中部往下明显变狭，叶柄极短或近无柄。

（3）繁殖及主要栽培管理

主要进行分株繁殖和孢子繁殖，具体方法同铁线蕨；也可以进行组培繁殖，一般用顶生短茎、幼叶或孢子等作外植体，进行组培快繁。栽培方式包括地栽和盆栽。

1）地栽　鸟巢蕨常附生于热带雨林的树干上或岩石上，喜高温多湿，怕强光，较耐寒。宜半阴、多湿环境。生长适温为 20～30℃，低于 15℃时停止生长，越冬温度不低于 5℃，在高温多湿条件下终年可以生长。宜选用粗砂、泥炭、腐烂树皮各 1 份的混合栽培基质。定植密度 1～2 株/m^2，将种苗保持相等间距进行穴栽，定植后浇透水。之后注意保持基质湿润，见干即浇，尤其在天气干旱、空气相对湿度小的情况下，需要经常往植株上喷水。夏、秋季注意遮阳避光；冬季、春季适当让植株多接受一些直射阳光，有利于植株生长发育。对植株外围生有孢子囊群的老叶，应适当剪去，以利新叶片更好地生长。

2）盆栽　鸟巢蕨要选用蕨根、树皮块、苔藓和碎砖块作盆栽基质。使用前将基质浸透。如在温室中，也可直接栽种在假树或木段上。北方地区常年室内盆栽，春季、夏季、秋季要遮光 50%左右，冬季遮光 20%～30%。光线弱，叶片薄而宽，色鲜绿。生长季节应经常保持基质的潮湿和空气的湿度，干旱季节要向植株及其周围喷雾，但需要注意盆内不可积水和过于潮湿。生长季节每隔 7d 施 1 次稀薄液肥，冬季不施肥，夜间温度保持在 15℃以上，白天温度保持在 20℃以上。

（4）主要应用

鸟巢蕨可盆栽悬吊于室内，或地栽于热带园林树木下或假山岩石上。另外，它也是优良的切叶装饰材料。

12.2.1.3 肾蕨

（1）形态特征

肾蕨（*Nephrolepis auriculata*），别名蜈蚣草、圆羊齿等，肾蕨科肾蕨属，广布于世界热带各地或其邻近地区。在我国分布于西南地区、华南地区和华东南部地区。多年生常绿草本植物（图 12-3），附生或地生。株高 30～80cm，根状茎短而直立，上部具丛生的叶片，下

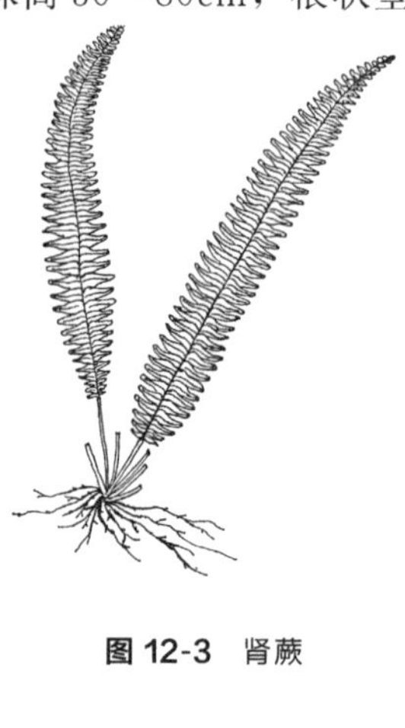

图 12-3　肾蕨

部具铁丝状匍匐茎。叶坚草质或草质，线状披针形或狭披针形，长 30～70cm，宽 3～5cm，先端短尖，一回羽状复叶，具羽片 45～120 对，互生。孢子囊群成 1 行位于主脉两侧，囊群盖呈肾形，褐棕色。

（2）品种分类

肾蕨为世界各地普遍栽培的观赏蕨类，该属全世界有 30 多种，我国有 5 种，分别为长叶肾蕨（*N. biserrata*）、毛叶肾蕨（*N. hirsutula*）、迷你肾蕨（*N. cordifolia*）、高大肾蕨（*N. exaltata*）和波士顿蕨（*N. exaltata* cv. *Bostoniensis*）。其中波士顿蕨有多个栽培品种，如皱叶波士顿蕨（cv. *Teddy Junior*）、细叶波士顿蕨（cv. *Crispa*）、密叶波士顿蕨（cv. *Bostoniensis Compacta*）、皱叶肾蕨（cv. *Fluffy Rume*）等。

（3）繁殖及栽培管理

肾蕨可进行孢子繁殖、分株繁殖和组培繁殖。

肾蕨的栽培管理比较粗放，对土壤要求不严，但在肥沃、疏松的微酸性土壤中生长良好，既可以地栽，也可以盆栽。

1）地栽　北方需温室地栽，南方可露地栽培，定植株行距 30cm×40cm。定植后遮光 70%左右，缓苗后，植株开始生长，此时遮光 50%左右即可。生长适宜温度 24～26℃，冬季温度不低于 5℃，但短时间能耐 −2～0℃低温，能耐 30～35℃高温。若周年切叶生产，温度应保持在 20～30℃之间。肾蕨喜明亮散射光，但也能耐较低的光照，忌阳光直射。肾蕨喜湿润土壤和较高的空气相对湿度。夏、秋季需充足浇水，保持土壤湿润，但不要积水。夏季高温期注意增加空气湿度。生长期每 10d 施 1 次以氮肥为主的稀释液肥，每 30d 左右向叶面喷施 1 次硫酸亚铁，使植株叶色翠绿，生长旺盛。

2）盆栽　肾蕨常用腐叶土、泥炭土、粗砂和珍珠岩等材料配制基质。盆底多垫碎瓦片和碎砖，有利于排水、透气。一般室内的温度都适于植株生长，冬天室温宜保持在 5℃以上。室内光线明亮，植株生长健壮，叶色漂亮。平时要保持盆土湿润。天气干燥时应经常向叶面喷水。生长季每个月施 1 次以氮为主的氮磷钾复合肥颗粒。当植株密生满盆时，应及时进行分株或换盆。生长期要随时摘除枯叶和黄叶，保持叶片清新翠绿。

（4）主要应用

肾蕨可应用于室内外景观营造，可作为插花的切叶花材和干花花材。

12.2.1.4　鹿角蕨

（1）形态特征

鹿角蕨（*Platycerium wallichii*），主要分布在非洲、亚洲、大洋洲和南美洲的热带、亚热带雨林中，我国云南省西南部也有分布。鹿角蕨科鹿角蕨属多年生附生草本植物（图 12-4），根状茎肉质肥厚，短而横卧，有淡棕色鳞片。叶 2 列，二型，基生不育叶（腐殖叶）宿存，厚革质，无柄，长宽近相等，均为 25～35cm。正常能育叶常成对生长，下垂，灰绿色，长 25～70cm，分裂成不等大的 3 枚主裂片，基部呈楔形，近无柄，通体被灰白色星状毛，叶脉粗而凸出。孢子囊散生于主裂片第一次分叉的凹缺处以下，孢子为绿色。

（2）品种分类

鹿角蕨全世界自然分布约 15 种，主要分布于世界热带地区，常组成热带雨林中的奇特景观。它们都有极高的观赏价值，同属常见的种主要有二叉鹿角蕨（*P. bifurcatum*）、美洲鹿角蕨（*P. andinum*）、银叶鹿角蕨（*P. veitchii*）、马达加斯加鹿角蕨（*P. madagascariense*）、三角

图 12-4 鹿角蕨

叶鹿角蕨（*P. stemaria*）、硬叶鹿角蕨（*P. hillii*）、冠状鹿角蕨（*P. coronarium*）、肾形鹿角蕨（*P. ellisii*）等；园艺栽培品种常见的有荷兰（Netherlands）、圣迭戈（SanDiego）、罗伯特（Robert）和齐森亨尼（Ziesenhenne）等。

（3）繁殖技术

鹿角蕨的繁殖方法有孢子繁殖、分株繁殖和组培繁殖。分株繁殖一般在 5～6 月进行。选择健壮的鹿角蕨分蘖苗，用利刃从母株上轻轻将小植株剥离后，将其放在附着蛇木的水苔或腐叶土上，注意不要覆盖住基部盾形蕨叶，然后绑缚盾形蕨叶使小植株固着在蛇木上，喷水保湿。

（4）栽培管理

鹿角蕨喜冷凉，生长适温视种类而异。如二歧鹿角蕨耐寒力强，可耐 3～5℃的低温，生长适温 10～18℃；长叶鹿角蕨比较不耐寒，生长适温 16～26℃，最低生长温度 13℃。喜潮湿、半阴环境，畏直射阳光。夏季室外养护，可吊放荫棚下，遮光 50%～70%，同时注意经常向叶面喷水，要避免烈日暴晒。冬季在长江流域以北地区需在室内或日光温室栽培。春季、夏季须充分浇水，保持较高的空气湿度。冬季休眠期内少浇水，基质略微湿润即可。

鹿角蕨栽植可将水苔、泥炭土与砂各 1 份混合使用，或用泥炭与珍珠岩以 3∶1 的比例混合。基质表面盖上苔藓，喷水保湿。施肥以液肥为主，不宜施用固体肥料。在生长活跃期间施 2～3 次液肥即可。从春季到晚秋可 1 个月左右施 1 次，冬季可延长至 1 个月或 2 个月施 1 次。

（5）主要应用

鹿角蕨适用于盆栽、壁挂、吊盆和插花，装饰书房、客室、窗台和阳台等，在热带地区作园林栽培，可呈现热带雨林的自然景观。

12.2.2 天南星科

12.2.2.1 花叶芋

（1）形态特征

花叶芋（*Caladium blcolor*），原产于南美洲热带地区，天南星科花芋属多年生草本植物（图 12-5）。具扁球形块茎，黄色，有膜质鳞叶。叶从块茎的芽眼上抽生，具长叶柄；叶呈大型盾状，先端渐尖，基部呈心形，纸质，暗绿色，叶面有红色、白色或淡黄色、橙色等各色透明或不透明的斑点或斑块。佛焰苞具筒，外部为绿色，内部为白绿色，喉部通常为紫色，苞片坚硬，尖端为白色，肉穗花序为黄色至橙黄色。浆果为白色。花期 4～5 月。

图 12-5　花叶芋

（2）品种分类

目前广泛栽培的花叶芋，大多是园艺杂交品种，而少数是植物学上的原种。栽培品种根据叶脉的颜色主要分为绿脉类、白脉类、红脉类三大类。

1）绿脉类花叶芋　常见的有“白鹭”（叶片为白色，主脉及边缘为绿色）、“白雪公主”（叶片为纯白色，脉及边缘为深绿色）、“洛德・德比”（叶片为玫瑰红色，主脉及叶缘为绿色）、“克里斯夫人”（叶片为白色，叶面具血红色斑纹）等。

2）白脉类花叶芋　常见的有“穆非特小姐”“主体”“乔戴”等栽培品种。“穆非特小姐”叶片为淡绿色，并具深红色小斑点，主脉为白色；“主体”的叶片具深红色斑块，中心为乳白色，叶缘为绿色，主脉为白色；“乔戴”叶片呈心形，叶脉为白色，叶缘为绿色，脉间具红色斑块。

3）红脉类花叶芋　常见的有“雪后”“冠石”“血心”“红色火焰”等栽培品种。“雪后”主脉为红色，叶片为白色；“冠石”主脉为橙红色，叶片为深绿色，叶面具白色斑点；“血心”主脉为深红色，叶片中心为玫瑰红色，外围为白色，叶缘为绿色；“红色火焰”的主脉为红色，叶子为玫瑰红色，中心为深紫红色，周围具白色斑纹。

（3）繁殖技术

花叶芋的繁殖方法主要有分株繁殖、种子繁殖、组培繁殖等，以分株繁殖为主。花叶芋由于雌雄异花，播种繁殖时一般要人工授粉才能得到较多种子。种子成熟后要立即播种，否则会影响发芽率。萌发适宜温度为 22～24℃，适宜相对湿度为 90%左右，同时要保持良好的通风条件。幼苗阶段叶片呈绿色，长大后逐渐出现彩色的斑纹。

（4）栽培管理

花叶芋喜欢半阴，忌强光直射。绿色和白色品种叶片薄，怕强光直射，注意遮光。红色品种遮光 40%～60%。花叶芋在一般情况下，植株生长的日温是 27～30℃，夜温是 17～21℃。温度低于 15℃时，生长旺盛的植株会受到寒害并进入休眠状态。能短期耐受 10℃低温。

花叶芋喜疏松、肥沃、排水良好的微酸性砂质土，通常在 4～5 月，将块茎取出，按块茎大小分级上盆，每盆栽 3～5 株，种植深度以不见块茎为度，一般在植后 10～15d 抽芽。栽植前可用少量骨粉或腐熟饼肥渣作基肥。春季、夏季为生长旺季，每隔 7～10d 施 1 次复合液肥，注意施肥浓度不能过高。同时要注意施肥时不要沾污叶片，以免焦叶。秋季增施磷钾肥促进块茎生长。春季、秋季保持盆土湿润，夏季除浇水要充足外，每天还需向叶面上喷水和地面上洒水 2～3 次，以利降温增湿，入秋浇水相应减少。待叶片全部枯落后，可将块茎取出，稍晾干后储藏在 8～21℃较干燥的砂土中，注意室内空气流通，不能淋雨和浇水。

(5) 主要应用

室内盆栽，巧置案头，极为雅致。在气候温暖地区可在户外栽培观赏。

12.2.2.2 花烛

(1) 形态特征

花烛（*Anthurium andraeanum*），别名安祖花、红掌，原产于南美洲热带地区。多天南星科花烛属多年生常绿草本植物（图 12-6）。株高 50～70cm，茎节短，直立。叶革质，长圆状椭圆形、长圆状披针形或卵圆形，长 20～30cm，宽 10～20cm，叶基呈凹心形，先端钝圆，掌状脉。肉穗花序，佛焰苞为深红色、橘红色、淡黄色。

图 12-6 花烛

(2) 品种分类

花烛属植物有 200 多种，其中有观赏价值的有 20 多种，同属常见的种有火鹤花（*A. scherzerianum*）、水晶花烛（*A. crystallinum*）、长叶花烛（*A. longifolium*）、掌叶花烛（*A. pedatoradiatum*）等。

常见园艺品种有“卫城”（Acropolis）、“高山”（Alpine）、“粉安挺克”（Antink pink）、“皇石”（Kingston）、“红星”（Red stars）、“红美丽”（Red beauty）等。

(3) 繁殖技术

花烛常用的繁殖方式有播种繁殖、扦插繁殖、分株繁殖和组培繁殖。播种繁殖，种子成熟后立即播，不需覆土。播种苗需培育 3～4 年才能开花。扦插繁殖时剪取带 1～2 个茎节具 3～4 枚叶的茎段作插穗，插入水苔中，待萌发新根后定植盆内。

(4) 栽培管理

花烛栽培包括切花栽培和盆花栽培。

1）切花栽培　花烛适宜在疏松、肥沃、排水良好的微酸性砂质壤土中生长。栽培基质可用草炭土、珍珠岩、松针土、花生壳、椰子壳等混合配制。一般用二年生苗，株行距 40cm×50cm，1000～1800 株/亩。花烛喜高温、多湿和半阴的环境，不耐干燥，忌积水。生长季节白天温度 20～25℃，夜间 16℃以上，空气相对湿度 80%～95%以上。一般冬季每周喷灌 1 次，夏季每天微喷 2 次，温度低于 12℃时停止喷雾，温度高于 35℃时采取降温措施。阳光强烈地区注意遮阴。施肥以追肥为主，以基肥为辅。基肥可用骨粉、饼肥等。追肥常常随浇水而施肥，每周用浓度 800mg/L 的复合肥液浇 1 次根，并用 MS 营养液稀释 100 倍喷洒叶面。

2）盆花栽培 用水苔、泥炭、腐叶土、陶粒、稻糠和树皮颗粒等 2～3 种配制混合基质。栽培管理同切花栽培，一般品种定植后栽培 9～12 个月开花。例如，保持高温和高湿条件，盆栽花烛可不断开花。

（5）主要应用

花烛可做切花，用于制作瓶插、花束、花篮等；矮生品种常做盆栽观赏，用于装饰厅堂、案几等处。

12.2.2.3 广东万年青

（1）形态特征

广东万年青（*Aglaonema modestum*），别名大叶万年青、井干草。天南星科广东万年青属，产于我国广东省、广西壮族自治区至云南省东南部海拔 500～1700m 的密林下，越南、菲律宾也有分布。多年生常绿草本植物（图 12-7），茎直立，株高 40～70cm。鳞叶草质，披针形，基部抱茎；叶片呈卵形或卵状披针形，深绿色。佛焰苞呈长圆披针形，肉穗花序长为佛焰苞的 2/3。浆果为绿色至黄红色。花期 5 月，果 10～11 月成熟。

图 12-7 广东万年青

（2）常见栽培种

同属常见的观赏种还有波叶亮丝草（*A. crispum*）、爪哇万年青（*A. costatum*）和斑叶万年青（*A. pictum*）等。

（3）繁殖及栽培管理

广东万年青常用分株和扦插法繁殖。盆栽要求疏松肥沃、排水良好的微酸性土壤。可用腐叶土、园土和少量河砂混合配制。生长适温为25～28℃，不耐寒，冬季需保持在10℃以上。温度过低，易受冻害。夏季高温季节注意遮阴，保持空气相对湿度70%～90%为宜。春季、秋季浇水要掌握见干见湿，冬季要节制浇水。春季、秋季每隔15～20d追施1次含氮、钾较多的液肥，盛夏季节一般应停止施肥。

(4) 主要应用

广东万年青盆栽适宜摆放在厅堂、书房、几案等处，别具热带风情，是优良的室内观赏花卉，也可用作插花配叶。

12.2.2.4 白鹤芋

(1) 形态特征

白鹤芋（*Spathiphyllum kochii*），原产于美洲热带地区，世界各地广泛栽培。天南星科苞叶芋属多年生常绿草本植物，株高40～60cm（图12-8）。具短根茎。叶呈长椭圆状披针形，有长尖，叶脉明显；叶柄长，基部呈鞘状。花葶直立，高出叶丛，佛焰苞直立向上，白色或绿色，甚为美观；肉穗花序呈圆柱状，较苞短，小花密生，白色，微香。花期5～8月。

图12-8 白鹤芋

(2) 品种分类

同属约30种。

① 常见同属观赏种：匙状白鹤芋（*S. cochlearispathum*）、多花白鹤芋（*S. f-loribundum*）、佩蒂尼白鹤芋（*S. patini*）。

② 园艺栽培常见品种：艾达乔（Adagio）、阿迪托（Ardito）、阿尔法（Alfa）、多米诺（Domino）、白公主（White Princess）、斯蒂芬（Stefanie）等。

(3) 繁殖技术

白鹤芋主要采用播种、分株和组培进行繁殖。播种繁殖时种子成熟后随采随播，播后覆盖细土。组培繁殖以白鹤芋的幼嫩花序、茎段、茎尖、叶片或顶芽为外植体。

(4) 栽培管理

白鹤芋属喜高温类植物，应在高温温室栽培。栽培基质要求疏松肥沃、排水良好，可将泥炭土、珍珠岩按3∶1比例混合，配制的基质要求EC值在0.7mS/cm左右，pH值在5.5

左右。盆栽时 2～4 株/盆，每个温室可放置 3500～4000 盆/1000m^2。种植好后淋透定根水，并在上盆种植后 1～2 周内喷施 1 次 1500 倍好生灵与浓度为 3000 倍的农用硫酸链霉素混合液防病。

白鹤芋忌强光直射，苗期光照控制在 5000～8000lx 为宜，成品期光照 10000～15000lx。夏季光照强烈，需遮阴 80%左右。此外，在养护过程中，盆苗的摆放不要太密，要根据苗的长势情况，及时调整。白鹤芋喜高温，生长适温 22～28℃，冬季白天以 25℃为宜，夜温以 14～16℃为宜，能耐 5℃左右的短期低温，冬季温度低于 5℃以下时，应及时使用加温设备进行加温。白鹤芋喜湿润环境，基质始终要保持湿润。春季一般 4～7d 浇 1 次水；夏季高温和秋季干燥时保持空气相对湿度在 50%以上，一般夏季每天早晚各浇 1 次水，秋季每隔 2～3d 浇 1 次水；冬季温度较低，一般 5～7d 浇 1 次水。白鹤芋对镁元素的需求量高，施肥时采用施液肥或固体肥料的方法给植株补充大量的镁。另外，还可喷施硫酸镁、硝酸镁或镁螯合物。

（5）主要应用

白鹤芋比较耐阴，开花时是很好的盆花，不开花时是优良的观叶植物。可用于客厅、卧室、办公室美化布置。

12.2.2.5　龟背竹

（1）形态特征

龟背竹（*Monstera deliciosa*），别名蓬莱蕉、龟背蕉。天南星科龟背竹属，原产于墨西哥，各热带地区多引种栽培供观赏。多年生常绿藤本植物（图 12-9）。具粗壮的肉质根，茎秆粗壮。成熟的叶片巨大，近椭圆形，表面具蜡质而光亮，浓绿色，叶背呈淡绿色，叶脉明显；幼叶无孔，成年叶主脉两侧有穿孔，叶周边羽状分裂，形似龟背。佛焰苞为淡黄色，肉穗花序着生于顶端叶腋处，白色。浆果。花期 8～9 月。

图 12-9　龟背竹

（2）常见栽培种

同属植物约 50 种，同属常见观赏种还有多孔龟背竹（*M. friedrichsthalii*）、洞眼龟背竹（*M. epipremnoides*）、翼叶龟背竹（*M. standleyana*）、斜叶龟背竹（*M. obliqua*）、窗孔龟背竹（*M. obliguavar*）、星点龟背竹（*M. Punctulata*）、孔叶龟背竹（*M. adansonii*）等。

（3）繁殖技术

龟背竹主要采用扦插繁殖、压条繁殖、播种繁殖。选取生长健壮的当年生侧枝为插穗，插条长 5～6cm，2～3 个节，插后保持温度在 25～27℃，25～30d 生根。压条繁殖于 4～8 月生长旺盛期进行，1 个月左右可生出生根。播种繁殖春季、夏季均可，种子随采随播，播种前用 40℃温水浸泡种子 10h。播种后温度保持在 20～25℃，相对湿度在 80％以上，一般 20～25d 发芽。

（4）栽培管理

龟背竹原产于墨西哥、美洲热带雨林中，常附生于雨林中的高大榕树上。喜疏松、肥沃、持水性能良好的微酸性壤土，生产上常以腐叶土或泥炭土为栽培基质，盆栽土通常用腐叶土：堆肥土：河砂按 3：3：4 混合配制。龟背竹喜高温高湿。生长适温 20～28℃，冬季温度幼苗期不低于 10℃，成熟植株短时间可耐 5℃低温，低于 5℃易发生冻害。当温度高于 32℃时生长停止。喜湿润环境。夏季需经常喷水，最宜空气相对湿度为 60％～70％。浇水应掌握宁湿勿干的原则。龟背竹是较耐肥的观叶植物，生长期每半月施 1 次肥。龟背竹是典型的耐阴植物，怕强光，畏干燥，可采用 60％～70％遮阳网进行遮阴。管理中还应注意修剪过密的藤茎，及时调整藤的分布。

（5）主要应用

龟背竹为大型观叶植物，适合作大盆栽或大型图腾柱，用于厅堂和会场。夏季置于庭院、池畔、石旁也很清幽雅致。

12.2.2.6 裂叶喜林芋

（1）形态特征

裂叶喜林芋（*Philodendron selloum*），别名春羽、春芋，原产于巴西、巴拉圭。天南星科喜林芋属多年生常绿植物（图 12-10）。茎木质化，高可达 150cm，有气生根。叶片长 60～90cm，宽 30～70cm，羽状分裂，羽片再次分裂。花单性，佛焰苞肉质，白色或黄色，肉穗花序直立，稍短于佛焰苞。花期 4～6 月。种子外皮为红色。通常盆栽春羽少见开花。

图 12-10 裂叶喜林芋

（2）常见栽培种

本属植物约 220 种以上，常见栽培观赏的还有心叶喜林芋（*P. cordatum*）、藤叶喜林芋

(*P. scandens*)、红苞喜林芋 (*P. erubecens*)、琴叶喜林芋 (*P. parduriforme*) 等。

(3) 繁殖技术

裂叶喜林芋常采用扦插繁殖、播种繁殖、分株繁殖和组织繁殖。扦插繁殖常用素砂或水苔作基质，插后 20～25d 生根。播种繁殖播种深度 2～3mm，10～15d 发芽，待苗高 5～6cm 后即可移栽。

(4) 栽培管理

裂叶喜林芋喜疏松、富含腐殖质的土壤。盆栽用园土、泥炭土、腐叶土等量混合配制。定植每盆一株。栽后盆土要保持均衡湿润，尤其在夏季高温期保持空气相对湿度 70%～80%，温度低于 15℃时，需减少浇水量，保持盆土不干燥开裂即可。生长适温为 18～28℃，15℃以下进入休眠期，越冬温度为 12～16℃，冬季室温保持 8℃以上即能安全过冬。裂叶喜林芋耐阴，怕强光，喜肥，定植时需施足基肥，生长期每半月宜施 1 次腐熟的稀薄液肥或观叶植物专用肥，也可给叶面喷施 0.2%尿素加 0.1%的磷酸二氢钾混合液，注意要少施氮肥，防止徒长。

(5) 主要应用

裂叶喜林芋常用于布置宾馆、饭店的大厅、室内花园、办公室及家庭的客厅或书房。在我国华南地区，还可栽种于大树干上，成为附生植物供观赏。

12.2.2.7　绿萝

(1) 形态特征

绿萝 (*Scindapsus pictus*)，原产于所罗门群岛，我国南方各地常见栽培。天南星科藤芋属多年生常绿藤本植物 (图 12-11)。茎蔓粗壮，长达数米，茎节处有气生根，能吸附性攀缘。单叶互生，卵心形或长卵形，叶片绿色有光泽，叶面上有不规则的黄色斑块或条纹，叶柄粗壮。佛焰状花序腋生，佛焰苞呈卵状阔披针形。常见栽培的有白金葛 (cv. *Marble Queen*)，叶片上具有明显的银白色斑块。

图 12-11　绿萝

(2) 繁殖及栽培管理

绿萝常采用扦插繁殖，成活率高。绿萝喜高温、高湿，耐阴性强，忌阳光直射，喜斜射光或散射光。生长适温白天 20～30℃，夜间 15～18℃。冬季温度不低于 10℃。相对湿度最好保持在 70%左右。土壤以肥沃、疏松的腐叶土和含腐殖质丰富的砂质壤土为佳。耐水湿，可水插，稍耐旱。小苗期不可多浇，生长旺盛期要充分浇水或喷雾。绿萝定根后即可施肥，此时氮、磷、钾比例相等，生长中期适当加大氮肥的用量，减少磷肥用量，促进叶片的生长，也可施浓度为 2.5%～3.0%且氮、磷、钾比例为 30∶10∶20 的复合肥料。

（3）主要应用

绿萝茎蔓细长下垂，常作柱式盆栽，用于各种室内装饰布置。也可以花瓶水养数月不凋。在温暖地区可用于庭院绿化，攀附于山石或树干上。还可作为插花衬叶。

12.2.3 凤梨科

12.2.3.1 果子蔓

（1）形态特征

果子蔓（*Guzmania lingulata*），原产于哥伦比亚、厄瓜多尔，我国南方各地常见栽培。凤梨科星花凤梨属多年生常绿草本植物（图 12-12）。株高 30～50cm。基生莲座叶丛生于短缩茎上，叶长达 40cm，宽约 4cm，全缘，亮绿色。伞房花序，苞片为鲜红色、玫红色、橙红色、黄色、紫色等。

图 12-12 果子蔓

（2）品种分类

同属植物有 120 余种，常见的栽培种有离花果子蔓（*G. dissitiflora*）、黄苞果子蔓（*G. musaica*）、红叶果子蔓（*G. sanguinea*）、垂苞果子蔓（*G. wittmackii*）等。

常见的栽培品种有不凋花（Amaranth）、阿蒂拉（Atilla）、红衣主教（Cardinale）、樱桃（Cherry）、火炬（Torch）等。

（3）繁殖及栽培管理

果子蔓常用分株、播种和组织培养方法进行繁殖。果子蔓基部叶腋处会产生多个吸芽，切割后伤口消毒晾干，吸芽沾取生根粉扦插，30～50d 生根。果子蔓播种苗或组培苗至开花需 14～20 个月。

果子蔓喜疏松、肥沃的酸性土壤。定植基质一般采用 90%进口泥炭+10%珍珠岩，基质 pH 5.5～6.5。生长最佳日温为 25～28℃，最佳夜温为 18～22℃。冬季温度低于 15℃时植株停止生长，低于 10℃时则易受冻害。空气相对湿度 60%～85%，同时莲座叶丛中不可缺水。苗期光强 15000～18000lx，成株光强 20000～25000lx。施肥应遵循“薄肥勤施”的原则，一般随水施肥。氮、磷、钾比例以 1∶0.5∶2 为宜，浓度应控制在 0.1%～0.2%之间，肥液 pH 5.5～6.0。注意禁用含有硼元素的肥料，防止果子蔓烧顶。

（4）主要应用

果子蔓可作盆花、高档切花，同时还是新春佳节馈赠亲朋好友的高雅礼品。

12.2.3.2 水塔花

（1）形态特征

水塔花（*Billbergia pyramidalis*），原产于巴西，我国有栽培。凤梨科水塔花属多年生附生常绿草本植物，茎极短（图 12-13）。叶莲座状排列，6～15 枚，阔披针形，鲜绿色，硬革质，边缘有细锯齿；叶基部抱合成筒形，可以储水而不漏，故名水塔花。穗状花序直立；苞片呈披针形至椭圆状披针形，粉红色至鲜橘红色；花瓣为红色，开花时旋扭。花盛开时如一把火焰，春季开花，花期 2～3d。

图 12-13 水塔花

（2）常见栽培种

同属植物有 50 余种，常见观赏种还有美叶水塔花（*B. sanderiana*）、狭叶水塔花（*B. nutans*）等。

（3）繁殖及栽培管理

水塔花一般采用分株繁殖。早春自株丛基部萌生许多新芽或蘖芽，待芽长到 8～10cm 时将新芽切下另行栽植。

水塔花原产于南美洲热带雨林中，附生于树干、岩石上，植株中心筒部蓄水，可供天干旱时使用。根系不发达，适宜盆栽和水培。盆栽时可用腐叶土 2 份、砂 1 份，再加少量过磷酸钙和堆肥混合配制培养土。喜明亮散射光，忌强光直射。生长温度以 20～28℃为宜，盛夏气温超过 30℃时适时通风降温；冬季温度降低至 10℃时植株开始休眠。生长旺期需水分较多，但切忌盆内积水，见干则浇。冬季休眠期，保持土壤略微湿润即可。夏季和干旱季节通过喷水保持较高的空气湿度。水塔花对肥料要求不高，一般每月施1次饼肥水即可，生长旺盛季节，约半个月还要施1次稀薄液肥，开花前增施1次磷酸二氢钾，花后及休眠期停止施肥。

（4）主要应用

水塔花株形似漏斗状，叶片青翠而有光泽，端庄秀丽；开花时从叶丛抽出红色火把状的花序，红花绿叶相衬，是花叶俱美的室内观赏花卉。

12.2.3.3 铁兰

（1）形态特征

铁兰（*Tillandsia cyanea*），原产于所罗门群岛，我国南方各地常见栽培。凤梨科铁兰属多年生附生常绿草本植物（图12-14）。株高15～30cm。叶放射状基生，无茎；叶呈条形，硬革质，叶片开展，几乎无叶筒，叶为墨绿色，基部有紫褐色条纹。分蘖芽较多。花茎稍短，不伸出叶丛。穗状花序呈椭圆形，扁平，苞片2裂，套叠，粉红色或红色；花小，为蓝紫色。花期秋季至翌年春季。

图12-14 铁兰

（2）常见栽培种

同属中观叶植物甚多，共有500多个原生种。常见栽培的还有紫花凤梨（*T. cyanea*）、歧花铁兰（*T. flobellata*）、长苞铁兰（*T. lindenii*）、圣诞铁兰（*T. imperialis*）、银叶小凤梨（*T. caputmedusae*）等。

（3）繁殖及栽培管理

铁兰常用分株的方法繁殖；也可用种子繁殖，5～6月播种，15～20d发芽，实生苗需3～4年才能开花；也可用侧芽组培繁殖。

铁兰喜温暖，生长适温20～32℃，冬季18～20℃，越冬最低温度10℃，能耐短期的5℃低温，空气相对湿度60%以上。喜疏松、肥沃、排水性良好的土壤，以腐叶土为佳。盆栽常用肥沃的腐叶土。在生长期需用喷淋法浇水，夏季高温季节避免强光直射。冬季保持盆土湿润即可，给予充足阳光。每半月施1次肥。室内栽培若高温和通风不良易受红蜘蛛和介壳虫危害，可用 40%乐果乳油 1500 倍液喷杀。

（4）主要应用

铁兰为小型观赏凤梨，其花苞奇特，花色艳丽，细叶飘逸，为优良的室内观叶、观花植物。

12.2.3.4 美叶光萼荷

（1）形态特征

美叶光萼荷（*Aechmea fasciata*），原产于巴西东南部。凤梨科光萼荷属多年生附生常绿草本植物（图 12-15）。株高 40～60cm。具短茎。叶丛呈莲座状，基部相互交叠卷成筒状，无柄，革质；叶片呈带状条形，绿色，有数条银白色横纹路。总花梗为淡红色；穗状花序有短分枝，花上部密集呈头状，深红色、红色或粉色；花序轴下部有多数苞片，革质，粉红色或桃红色；小花初开为蓝紫色，后变为桃红色。聚花浆果。夏季开花，观赏期 4～5 月。

图 12-15 美叶光萼荷

（2）品种分类

同属植物约 150 种。本种栽培种类较多，如“银边蜻蜓”凤梨（cv. *Albomarginata*）、“紫花蜻蜓”凤梨（cv. *Purpurea*）和“花叶蜻蜓”凤梨（cv. *Variegata*）等。同属观赏种常见的有：

① 珊瑚凤梨（*A. fulgens*），叶丛较松，绿色，圆锥花序，花小，为紫色，浆果为红色，其变种有多色珊瑚凤梨（var. *discolor*）。

② 兰紫凤梨（*A. samosepela*），叶缘几无锯齿，穗状花序，萼片成筒状连生于基部，花为蓝紫色。

（3）繁殖及栽培管理

常用播种或分株的方法繁殖，大量繁殖时用组培法。播种繁殖于 4～5 月采收成熟的种子播种，在 25～30℃下播种后 1～2 周可出苗。一般播种苗经培养 3 年才能开花。

美叶光萼荷喜排水良好、富含腐殖质和粗纤维的土壤。盆栽时多用腐叶土加少量河砂和基肥配制。生长旺盛期和开花期叶筒内应始终灌满水，保持盆土湿润，空气相对湿度 60%左右。春季、夏季、秋季遮光 50%～60%。冬季可不遮光。越冬温度，夜间为 12～15℃，白天在 20℃以上，温度低于 15℃时，叶筒内不宜储水。生长季节每 1～2 周施用 1 次液肥，通常用 0.2%的尿素加 0.1%的磷酸二氢钾混合液，冬季休眠期不施肥，少浇水。成熟植株只要环境温度在 20℃以上，可用乙烯利喷叶催花，约 2 个月后开花。

（4）主要应用

蜻蜓凤梨花苞奇特，挺立在叶筒之上，恰似出水芙蓉，极具观赏价值，为优良的室内盆栽植物。

12.2.4 竹芋科

12.2.4.1 花叶竹芋

（1）形态特征

花叶竹芋（*Maranta bicolor*），原产于巴西，我国广东省、广西壮族自治区等省（区、市）有栽培。竹芋科竹芋属多年生常绿草本植物（图 12-16）。高 25～40cm，基部有块茎。叶片呈长圆形、椭圆形至卵形，叶面为绿白色。夏季、秋季开花，花少，白色，有青紫色斑点和条纹，总状花序，花梗长 6～10cm；苞片 2～4 枚，披针形，每一枚苞片内有 3 对花。

图 12-16 花叶竹芋

（2）常见栽培种

本属植物约 23 种，常见栽培的有竹芋（*M. arundinacea*）、条纹竹芋（*M. leuconeura*）、红脉竹芋（*M. leuconeura* var. *erythroneura*）、白脉竹芋（*M. leuconeura* cv. *Kerchoviana*）等。

（3）繁殖及栽培管理

常用分株或扦插的方法繁殖，宜在春季进行。扦插可剪取 2～3 个节长的插穗插于砂床，约需 30d 生根。

花叶竹芋喜疏松、肥沃、持水性能良好的土壤。盆栽用腐叶土∶泥炭∶砂＝3∶2∶1 混合上盆。喜中等强度光照，夏季遮光 50%～60%。喜高温、多湿，空气相对湿度以 70%～80%为宜，不耐寒，生长适温为 18～30℃，18℃以上时叶面应喷水增湿，13℃以下停止生长。冬季应控制水分。旺盛生长季节，每 7～10d 施 1 次有机肥液，尤其喜氮肥，但需要薄肥勤施。

（4）主要应用

花叶竹芋植株小巧玲珑，叶片斑纹清新别致，是一种很雅致的室内观赏植物。我国华南地区常种植在庭院、公园的林荫下或路旁，装饰园林景观。

12.2.4.2 肖竹芋

(1) 形态特征

肖竹芋（*Calathea ornata*），原产于南美洲至中美洲热带地区，部分产于非洲以及大洋洲与印度尼西亚之间的群岛，生长于热带雨林。中国台湾省有引种，栽培供观赏。竹芋科肖竹芋属多年生常绿草本植物（图12-17）。茎直立，高可达3m。叶片呈椭圆形，顶端急尖，基部呈心形，成熟叶叶面为亮绿色，叶背为紫红色，幼叶具美丽的玫瑰红色或粉红色条纹，后变白。穗状花序呈卵形，花小，为紫色。

图12-17 肖竹芋

(2) 品种分类

同属植物约150种，常见栽培的有绒叶肖竹芋（*C. zebrina*）、孔雀竹芋（*C. makoyana*）、金花肖竹芋（*C. crocata*）、箭羽肖竹芋（*C. lancifolia*）、花叶肖竹芋（*C. lubbersiana*）等。此外还有“红羽”肖竹芋（*C. ornata* cv. *Roseo-Lineata*）、“丽白”肖竹芋（*C. picturata* cv. *Argentea*）、彩斑肖竹芋（*C. picturata* var. *vandenheckei*）等一系列栽培品种。

(3) 繁殖及栽培管理

常用分株或嫩枝扦插的方法繁殖。分株在春末夏初结合换盆进行，将生长过密的植株分成若干丛，每丛3～4条根茎，分切后立即上盆，置于阴凉处7d后移到光线充足处。夏季嫩枝扦插，选取基部带有2～3枚叶子的幼枝作插穗。用草炭土：河砂＝1：1或蛭石：珍珠岩＝1：1制作基质，保持湿润，5周左右生根。

肖竹芋喜疏松、肥沃、持水性能良好的微酸性砂壤土。盆栽用土用疏松、肥沃的腐叶土或泥炭土加珍珠岩和少量基肥配成。生长适温15～30℃，越冬温度10～15℃，空气相对湿度60%以上，高温干燥时，除浇水要充足外，还需每天叶面喷水或喷雾2～3次。生长旺季，每1～2周施1次稀薄液肥，以磷肥、钾肥为主。北方冬季、春季气候干燥，天气寒冷，通过增温、增湿来保持叶色清新光润。越冬期间控水禁肥，盆土宜稍干。肖竹芋忌阳光直射，夏季、秋季遮光70%～80%，冬季、春季遮光30%～50%。常见病害有叶枯病和叶斑病，可用波尔多液喷洒防治。虫害常见的有粉虱危害，可用25%亚胺硫磷乳油1000倍液喷杀防治。

(4) 主要应用

肖竹芋类是世界上著名的喜阴观叶花卉，广泛应用于园林绿化，宜片植或丛植，同时还是优良的室内盆栽观赏植物。

12.2.4.3 绒叶肖竹芋

(1) 形态特征

绒叶肖竹芋（*Calathea zebrina*），原产于巴西。竹芋科肖竹芋属多年生常绿中等大草本植物（图 12-18）。株高 50～100cm。叶 6～20 枚，长椭圆形，长 45cm，宽 16cm，叶面为淡黄绿色至灰绿色，中脉两侧间黄绿色条纹，并有鹅绒状光泽；幼叶叶背为浅灰绿色，老叶叶背为淡紫红色，两面均无毛。头状花序呈卵形，苞片覆瓦状排列；花冠为蓝紫色或白色。花期 6～8 月。

图 12-18 绒叶肖竹芋

(2) 繁殖及栽培管理

主要用分株法和组织培养法进行繁殖。盆栽基质可用腐叶土加 20%的珍珠岩及适量骨粉配制的培养土，忌黏重土壤。生长适温 18～25℃。越冬温度低于 13℃，夏季温度超过 35℃，植株茎叶停止生长或死亡。生长季节保持盆土湿润，但忌盆内积水，空气相对湿度 70%～80%。每 1～2 周追施 1 次氮、磷结合的液体肥料。冬季控水禁肥。天鹅绒竹芋喜半阴环境，生长季光强 10000～20000lx。

(3) 主要应用

绒叶肖竹芋为世界上著名喜阴观叶花卉，宜盆栽美化客厅、居室、书房。植物大型，叶片优美，高雅大方，富丽堂皇，是深受人们喜爱的观叶花卉。

12.2.5 棕榈科

12.2.5.1 袖珍椰子

(1) 形态特征

袖珍椰子（*Collinia elegans*），原产于墨西哥北部和危地马拉。棕榈科袖珍椰子属常绿小灌木（图 12-19）。茎细长直立，不分枝，深绿色，有环纹。叶羽状全裂，裂片 20～40 枚，镰刀形，深绿色，革质，有光泽。雌雄异株，肉穗花序直立，有分枝，花小，黄绿色，呈小球状。果为橙红色。花期 3～4 月，果期秋后。

图 12-19　袖珍椰子

（2）常见栽培种和品种

同属常见的观赏种和栽培种还有禾叶椰子（*C. seifiizil*）、匍匐椰子（*C. stolonifera*）、美丽袖珍椰子（*C. elegans* cv. *Bella*）、玲珑椰子等。

（3）繁殖及栽培管理

常采用播种或分株的方法进行繁殖。播种繁殖宜随采随播或混湿砂储藏，种子发芽适温 24～26℃，袖珍椰子种子发芽慢，90～100d 发芽，次年春天可分苗上盆种植。分株繁殖宜在冬末春初进行，将母株旁的蘖芽切开，每个花盆中植入 3～4 株，浇透水置于散射光下养护。

袖珍椰子盆栽将腐叶土、山泥土、腐殖土、肥塘泥按 3∶2∶2∶3 比例混合堆积腐熟，消毒过筛后使用，也可将珍珠岩、蛭石、泥炭土等比例混合使用。生长适温 20～30℃，最低不能低于 10℃。春季、夏季、秋季应遮光 50%～70%。生长期间保持土壤湿润，空气相对湿度 80%左右。袖珍椰子对肥料要求不高，施肥以氮肥为主，在苗期、春秋生长季节追施 3～4 次稀薄肥。肥料中的氮、磷比例为 1.5∶1.2。

（4）主要应用

袖珍椰子四季翠绿，株型玲珑优美，娇小可爱，耐阴性强，是优良的室内观叶植物，适用于布置客厅、书房、会议室等。

12.2.5.2　棕竹

（1）形态特征

棕竹（*Rhapis excelsa*），产自我国南部至西南部，日本亦有分布。棕榈科棕竹属常绿丛生灌木（图 12-20）。株高 2～3m，地下部主根粗壮，具肉质须根系和不定芽。茎呈圆柱形，无分枝。叶掌状深裂，革质，裂片 4～10 枚或更多，宽线形或线状椭圆形，叶缘有锐利锯齿。穗状花序，总花序梗及分枝花序基部各有 1 枚佛焰苞包着，密被褐色弯卷茸毛，小花着生在分枝上；花为黄色，无花梗。花期 6～7 月。

（2）种与变种

本种常见的栽培变种为斑叶棕竹（var. *variegata*），高仅 50cm 左右，干较粗，掌状叶

图 12-20 棕竹

深裂成几个小叶片，小叶上浓绿色和金黄色条斑相间，异常美丽。同属常见栽培的种还有细棕竹（*R. gracilis*）、矮棕竹（*R. humilis*）、粗棕竹（*R. robusta*）、丝状棕竹（*R. filiformis*）等。

（3）繁殖及栽培管理

棕竹常用播种法和分株法繁殖。棕竹种子千粒重约 210g，有短休眠期，发芽不整齐。播种前用 30～35℃温水浸种 2d，播于腐叶土和河砂等量混合的基质中，30～60d 发芽，发芽率 60%左右。分株繁殖一般在 4 月下旬结合换盆进行，从盆中取出生长茂盛的植株，分割茎干和地下匍匐茎，每丛保留 3 干以上，分切时少伤根，不伤芽。

棕竹喜温暖、湿润、半阴和通风良好的环境，不耐寒，生长适温 25～30℃，冬季室温不得低于 5℃，怕暑热。喜半阴，怕阳光暴晒，要求较高的空气湿度和土壤湿度。喜富含腐殖质的微酸性砂质壤土。盆栽时用腐叶土、园土加河砂或珍珠岩等量混合，加少量基肥作盆土。一般 2～3 年换盆 1 次。半阴下生长最佳，夏季、秋季遮光 50%左右，冬季、春季可不用遮光。生长旺季（5～9 月）每 2 周施 1 次以氮肥为主的稀薄液肥，施肥时加入适量的硫酸亚铁，叶片会更加青翠浓绿，盆土以湿润为宜，但不能积水。秋季、冬季适当减少浇水量。棕竹生长若通风不良易发生虫害（蚧壳虫和蚜虫）。若少量发生，可用 1000 倍氧化乐果液防治。

（4）主要应用

棕竹叶色青翠，株形优美，姿态潇洒，是优良的室内观叶植物。温暖地区也可露天种植于庭院、假山石旁、湖边等处，极具热带风情。

12.2.5.3 散尾葵

（1）形态特征

散尾葵（*Chrysalidocarpus lutescens*），原产于马达加斯加，我国南方常见栽培。棕榈科散尾葵属常绿灌木至小乔木（图 12-21）。高 2～5m，秆丛生，光滑，黄绿色，有环纹。叶羽状全裂，披针形，黄绿色，被蜡质白粉。圆锥花序生于叶鞘之下，金黄色。果实略为陀螺形或倒卵形，鲜时为土黄色，干时为紫黑色。花期 4～6 月。

图 12-21　散尾葵

（2）常见栽培种

散尾葵属植物约 20 种，主产地为马达加斯加，中国引入栽培的只有散尾葵（*C. lutescens Wendl*）1 种，广西壮族自治区、广东省及其沿海岛屿、台湾省等地常栽培于庭院、宅旁等地供观赏。

（3）繁殖及栽培管理

散尾葵常用播种法和分株法进行繁殖。温室播种多在春季、夏季、秋季进行。选用新鲜饱满、健壮、无病虫害的种子，在 50～60℃温水中浸种，播种于基质（椰糠 35%＋炭粉 35%＋塘泥 10%＋河砂 10%＋鸡粪 10%）中，注意基质中不能掺入无机肥，否则会导致不出苗或出苗后死亡。保持温度 21～24℃，空气相对湿度 80%左右，10～14d 发芽。分株繁殖一般在春末夏初结合换盆进行，选基部分蘖多的植株分割成数丛，每丛 2～3 株。分栽后置于阴凉处养护，保持温度 20～25℃，并经常向叶面喷水，保持较高空气湿度，培育 1～2 年后即可成景供观赏。

散尾葵商品生产通常于温室中盆栽，上盆或换盆一般在 4 月上、中旬进行。盆栽可用腐叶土 4 份＋砂子 1 份＋腐熟有机肥 2 份混合即可。散尾葵喜湿，生长期保持盆土湿润，空气相对湿度以 70%～80%为宜，干旱季节和冬季要向植株及其周围浇水。5～10 月是散尾葵生长旺盛期，每月应施肥 1～2 次，以氮肥为主，以磷肥、钾肥为辅，并配合施用腐熟饼肥等有机花肥。散尾葵喜温暖，适宜生长温度为 18～30℃，高温下需要经常喷水降温以及保持良好的通风。冬季温度在 10℃以上，5℃左右易受冻害。散尾葵喜半阴环境。

（4）主要应用

散尾葵株形优美，姿态潇洒，耐阴性强，在热带地区多作观赏树栽种于草地、树荫、宅旁；北方地区主要用于室内盆栽观赏，是布置客厅、餐厅、会议室或阳台等处的高档盆栽观叶植物。

12.2.6　百合科

12.2.6.1　吊兰

（1）形态特征

吊兰（*Chlorophytum comosum*），原产于南非，中国各地有栽培。百合科吊兰属多年生常绿草本植物（图 12-22）。根状茎短，根稍肥厚。叶基生，条形，绿色或有黄色条纹。花葶从叶丛抽出，细长，常变为匍匐枝下垂；花为白色，常 2～4 朵簇生，排成疏散的总状花序或圆锥花序。蒴果。花期 5 月。

图 12-22 吊兰
（图片来源于中国农业百科全书：观赏园艺卷）

（2）品种分类

同属常见的观赏种有宽叶吊兰（*C. capense*）、狭叶吊兰（*C. chinese*）、小花吊兰（*C. laxum*）、西南吊兰（*C. nepalense*）等。

本种常见的栽培品种有：

① 金心吊兰（cv. *Picturatum*），叶中心具黄色纵条纹。

② 金边吊兰（cv. *Marginatum*），叶缘为黄白色。

③ 银心吊兰（cv. *Vittatum*），叶中心具白色纵条纹。

④ 银边吊兰（cv. *Variegatum*），叶缘为白色。

（3）繁殖及栽培管理

吊兰常用扦插法、分株法进行繁殖。喜温暖、湿润气候条件，较耐旱，不耐寒也不耐暑热，怕强光，适宜在半阴环境中生长。生长适温 15～25℃，温度超过 30℃则停止生长，叶片常常发黄干尖。冬季室温保持 12℃以上，植株可正常生长，抽叶开花，低于 5℃，则易发生冻害。喜排水良好、疏松、肥沃的砂质壤土。盆栽时可选用由腐叶土 3 份、园土 4 份、砂土 3 份配制而成的基质，上盆后浇透水，置阴凉处养护 7d 即可进行正常养护管理。生长期间盆土经常保持湿润，北方地区空气干燥，应经常向叶面及周围地面喷水。生长旺季，每 7～10d 施 1 次肥，可施用以氮肥为主的稀薄花肥或饼肥水，宜薄肥勤施；但对金边、金心等花叶品种，应少施氮肥，以免花叶颜色变淡。吊兰怕强光，温室栽培夏季、秋季宜遮光 60%～70%，冬季、春季可不用遮光。吊兰萌芽力强，生长快，易长满盆，每 1～2 年应换一次盆。

（4）主要应用

吊兰叶型美丽清秀，花葶低垂，姿态优美，常作居室内悬挂装饰供观赏，也可用于室外廊下、窗前，装点山石、崖壁等处，进行园林布景，有“空中花卉”之称。

12.2.6.2 文竹

（1）形态特征

文竹（*Asparagus plumosus*），原产于非洲南部，我国各地常见栽培。百合科天门冬属多年生常绿蔓性草本植物，高可达几米（图 12-23）。幼茎纤细，老茎半木质化，绿色。叶状枝通常每 10～13 枚成簇，纤细，鲜绿色，状似羽毛。花通常每 1～4 朵腋生，白色，有短梗，略有香味。浆果。花期 6 月。

图 12-23 文竹

（2）常见栽培种

同属常见栽培的还有天门冬（*A. densiflorus*）、蓬莱松（*A. myriocladus*）、狐尾武竹（*A. densiflorus* cv. *Myers*）等。

（3）繁殖及栽培管理

文竹可以播种繁殖和分株繁殖，以播种繁殖为主。果实成熟后，可采收即播，也可砂藏，待来年春天 3～4 月份播种。保持温度 20℃左右，播种后约 1 个月就会发芽。分株繁殖宜在春季换盆时进行，用利刃将丛生的茎和根分成 2～3 丛，使每丛含有 3～5 枝芽，然后分别种植上盆。分栽后浇透水，置于半阴处养护即可。

文竹喜富含腐殖质、排水良好、疏松、肥沃的砂质壤土，盆栽基质可用 50%腐叶土＋20%园土＋20%砂＋10%腐熟厩肥＋适量的磷肥、钾肥配制而成。不耐寒，生长适温 15～25℃，冬季室温不宜低于 10℃，5℃以下会受冻死亡。夏季若室温超过 32℃，则生长停止，叶片发黄。对光照条件要求较严格，不能常年荫蔽，夏季忌阳光暴晒，适宜光强 27000～49000lx。不耐干旱，忌积水，加强通风。生长期间盆土要求见湿见干，施肥不宜多，以氮、钾薄肥为主，以防徒长。我国南方温暖地区可露地栽培。文竹的茎具有攀缘性，自身生长可以到达几米，生产上为了保持更高的观赏价值，要适当修剪。

（4）主要应用

文竹姿态秀丽，叶状枝开展如云片，宜作室内居家绿化装饰，也可作切叶与花艺配制，极具观赏性。

12.2.7 龙舌兰科

12.2.7.1 富贵竹

（1）形态特征

富贵竹（*Dracaena sanderiana* cv. *Virecens*），原产于加利群岛及非洲和亚洲热带地区。

棕榈科散尾葵属常绿灌木，本种是银边富贵竹的芽变品种（图 12-24）。株高 1m 以上，植株细长，直立不分枝。叶呈长披针形，互生，薄革质，浓绿色。伞形花序有花 3～10 朵生于叶腋或与上部叶对花，花被 6 枚，花呈冠钟状，紫色。浆果。

图 12-24 富贵竹

（2）常见栽培种

同属常见栽培的有金边富贵竹（*D. sanderiana* “*Gold edge*”），叶缘为金黄色；银边富贵竹（*D. sanderlana* var. *virescens*），叶缘为乳白色。

（3）繁殖及栽培管理

繁殖常采用扦插繁殖，只要气温适宜，整年都可进行。一般剪取 8～10cm 带 3 个节的茎段插于砂床中，浇透水，保持温度在 20～25℃范围内，25～35d 发根。

富贵竹多为盆栽，也可水培。喜温暖，不耐寒。生长适温为 20～28℃，夏季要注意通风降温，冬季室温最好能保持在 12℃以上，越冬温度不低于 5℃。夏季、秋季有烈日时遮光 70%左右。生长季节保持土壤湿润，并常向叶面喷水或洒水，以增加空气的湿度；冬季要注意防寒、防霜冻，减少浇水。富贵竹喜肥，一般以复合肥为主，苗期可施 1 次追肥，用量以 15～20kg/亩为宜；生长旺季，每隔 15～20d 施 1 次氮磷钾复合肥。

（4）主要应用

富贵竹叶色翠绿，似竹非竹，寓意吉祥，多用于家庭瓶插或室内盆栽观赏。

12.2.7.2 香龙血树

（1）形态特征

香龙血树（*Dracaena fragrans*），别名巴西铁，原产于非洲西南部，中国南方有栽培。龙舌兰科龙血树属常绿灌木或乔木（图 12-25）。高可达 6m。茎为灰褐色，幼枝有环状叶痕。叶多聚生于茎顶端，无柄，质坚有光泽，长椭圆状披针形，长 30～90cm，绿色。顶生圆锥花序，花瓣 6 枚，黄绿色，极芳香。浆果呈球形，黄色。

（2）品种分类

香龙血树园艺品种较多，常见栽培的有：

① 金边香龙血树（cv. *Victoria*），叶片边缘为金黄色。

图 12-25　香龙血树

② 金心香龙血树（cv. *Massangeana*），叶片中心为金黄色条纹。

③ 银边香龙血树（cv. *Lindeniana*），叶片边缘为乳白色。

同属植物 40～50 种，常见栽培的还有星点木（*D. godseffiana*）、虎斑龙血树（*D. goldieana*）、"彩虹"龙血树（cv. *Tricolor Rainbow*）、"银线"龙血树（*D. deremensis* cv. *Warneckii*）等。

（3）繁殖及栽培管理

香龙血树可采用扦插和播种的方法进行繁殖。扦插繁殖于 5～6 月选用成熟健壮的茎干，截成 5～10cm 一段，扦插于素砂床，保持室温 25～30℃、空气相对湿度 80%和日照 50%～60%的条件，30～40d 能发根，50d 可直接盆栽。播种繁殖需在老龄植株上采种，春季播种。播种苗需多年才能成株。

香龙血树喜阳光充足和高温多湿环境；生长适宜温度为 18～28℃，北方温室盆栽冬季温度需保持在 5℃以上，喜湿忌涝。露地栽培在夏季阳光直射时，需遮光 40%～50%，以免灼伤叶片。室内盆栽选择富含腐殖质、排水良好、疏松、肥沃的砂质壤土。要放置在明亮处，光线不足会导致叶片褪色；生长旺期，每半月施 1 次磷钾肥和 0.1%～0.2%稀释氮肥，并保持土壤湿润，冬季温度低于 13℃时停止施肥；整个生长期需要通风良好，保持空气相对湿度在 80%以上。香龙血树耐修剪，可通过修剪来控制植株高度和造型。

（4）主要应用

香龙血树植株挺拔，叶片油绿青翠，极富热带情调，大中型植株布置于厅堂、会议室、办公室等公共场所，颇具异国情调；小型盆栽作居家绿化装饰，点缀书房、客厅等地，给人以幽雅宁静之感。

12.2.7.3　巨丝兰

（1）形态特征

巨丝兰（*Yucca elephantipes*），别名象脚丝兰、荷兰铁、无刺丝兰，原产于北美洲墨西哥、危地马拉等地。龙舌兰科丝兰属常绿乔木，高可达 1m（图 12-26）。茎粗壮，基部可膨大为近球状，少分枝，表皮粗糙，褐色或灰褐色，在原产地直径可达 30cm。叶呈螺旋状聚生于茎顶，无柄，厚革质，剑状披针形。老株夏季、秋季能开花，花为乳白色。

（2）繁殖及栽培管理

巨丝兰常用扦插的方法繁殖。扦插在整个生长季均可进行，但以春季、秋季为好。扦插

图 12-26 巨丝兰

时剪取 10～30cm 的芽，待伤口稍晾干后基部蘸上黄泥浆，扦插于干素砂中，保持气温 27℃左右，空气相对湿度 85%左右，30d 左右即可生根，新叶长出后即可移植。

巨丝兰对土壤的要求不严，但以疏松而富含腐殖质的壤土为宜。盆栽可将园土、腐叶土和河砂等量混合作为培养土。生长季保持盆土湿润即可。喜通风、稍干爽、阳光充足的环境。最适光强为 54000lx 左右，在炎热夏季需遮光 50%～60%。生长适温 18～25℃，冬季 5℃以上可以安全越冬。巨丝兰对肥料要求不高，春季生长加速时，每 2 周施用 1 次以氮肥为主的复合肥料，肥料中 $N:P_2O_5:K_2O$ 比例为 3∶1∶2；夏季高温，忌施浓肥；秋季要施用几次均衡的肥料；温度低于 15℃的时候，不要再施肥。栽培中最严重的病害是由盾壳霉属真菌引起的叶斑病，可喷布百菌清或代森锌防治。

（3）主要应用

巨丝兰生性强健，株形优美，叶坚挺翠绿，同时能吸收多种有害气体（如 HF、Cl_2、NH_3 等），是室内外绿化装饰的理想材料。小型盆栽可放置在居室、会议室等处装饰环境；大株型盆栽置于厅堂、走廊等处，可营造严肃庄严的氛围。

12.2.7.4 朱蕉

（1）形态特征

朱蕉（*Cordyline terminalis*），别名千年木，分布于我国南部热带、亚热带地区，印度东部至太平洋诸群岛也有分布。现各地广泛栽培。龙舌兰科朱蕉属常绿灌木或小乔木，高可达 3m（图 12-27）。茎直立，少有分枝。叶密生于茎端，具长柄，叶柄基部抱茎；叶呈剑形或阔披针形至长椭圆形，革质，绿色或带紫红色、粉红色斑纹。圆锥花序生于上部叶腋，花为淡红色至紫色。浆果。花期春末夏初。

（2）品种分类

同属约 15 种，常见栽培的种有香朱蕉（*C. australis*）、剑叶朱蕉（*C. stricta*）、绿玉蕉（*C. indivisa*）等。

朱蕉栽培变种很多，常见栽培的变种有：

1）圆叶朱蕉（var. *rainbow*） 叶宽，阔卵圆形，老叶为深绿色，叶缘为红色，新叶为淡红色或黄绿色。

图 12-27 朱蕉

2）亮叶朱蕉（cv. *Alchlaka*） 叶呈阔披针形至长椭圆形，新叶为亮红色，成叶颜色多样，叶缘为艳红色。

3）锦朱蕉（var. *amabilis*） 叶较宽，幼叶为深绿色，有光泽，后出现白色或叶缘为白色，并带有桃红色晕。

4）三色朱蕉（cv. *TrIcolour*） 叶斜向上聚生于枝顶，叶面纵生绿色、黄色、红色三色纵条纹。

5）斜纹双色朱蕉（cv. *Baptistii*） 叶为深绿色，有淡红色及黄色条斑。

（3）繁殖技术

朱蕉常用扦插、压条和播种的方法繁殖。嫩枝扦插于 3～5 月进行，选取生长健壮的嫩枝，剪成长 8～10cm 的枝，每段至少保留 3～4 个节，插入河砂中，置阴凉处养护，保持温度 24～26℃，空气相对湿度 70%～75%，插后 30～40d 生根并萌芽，当新枝长至 4～5cm 时盆栽。压条繁殖于 5～6 月选取健壮的主茎，距顶端 20cm 处环剥，用湿泥炭土或湿润苔藓盖住，并用塑料薄膜缠绕包成泥球。保持温度 20℃以上，约 40d 后发根，60d 后剪下另行栽植。播种繁殖常用浅盆点播，发芽适温为 24～27℃，播后 14～15d 发芽，苗高 5～6cm 时可移栽上盆。

（4）栽培管理

朱蕉对土壤要求不严，喜疏松、肥沃、保水力强的腐殖土，也能在瘠薄的砂土中生长。不耐盐碱，在酸性土中生长不良。盆栽以疏松、肥沃、富含有机质的钙质壤土为佳，喜欢充足的阳光，在全光照或半阴条件下均能正常生长，但烈日下叶色较差，最适光强 32000～37000lx，温室栽培 6～9 月宜遮阴 50%左右，露地栽培需搭遮阴棚。生长适温 18～25℃，低于 5℃，叶片易受冻伤，10℃以上可安全越冬。生长期间每 15d 追施 1 次肥料，施肥 N∶P_2O_5∶KCl＝3∶1∶2，冬季停止施肥。春末到秋季是生长旺季，需水较多，水分供给要充足，浇水应遵循“不干不浇，浇则浇透”的原则，不使盆土过干或过湿，冬季低温时要控制水分，保持盆土略湿润即可。

（5）主要应用

朱蕉姿态优雅，叶色丰富，是优良的观叶植物，我国南方常用于布置花坛、花境，也适合在草坪上、路缘以及庭院角隅处种植，北方宜室内盆栽观赏。朱蕉叶子也是插花、花饰的优良切叶材料。

12.2.8 大戟科

12.2.8.1 一品红

(1) 形态特征

一品红(*Euphorbia pulcherrima*),原产于中美洲,广泛栽培于热带和亚热带。大戟科大戟属常绿或半常绿灌木(图 12-28),茎光滑直立,高 1～4m,有乳汁。叶互生,卵状椭圆形至披针形,边缘全缘或波状浅裂。茎下部叶片为绿色,全缘或有浅裂;茎上部叶片狭窄,苞片状,开花时叶为红色,变种有白色、粉色等。花小,无花被,着生于杯状的花序内。蒴果。花期 10 月至翌年 4 月。

图 12-28 一品红

(2) 品种分类

一品红的园艺品种很多,在分类上,根据茎的高矮分为高型和矮型;根据自然花期分为早花种、中花种和晚花种;根据苞片的颜色大致分为红苞、粉苞、白苞。一品红常见栽培的有:

① 一品粉(cv. *Rosea*),苞片为粉红色。

② 一品黄(cv. *Lutea*),苞片为淡黄色。

③ 一品白(cv. *Alba*),苞片为白色。

④ 重瓣一品红(cv. *Plenissima*),顶部总苞下叶片和瓣化的花序,形成多层的瓣化瓣,重瓣状,呈红色,观赏价值较高。

(3) 繁殖技术

一品红以扦插繁殖为主,在温室中春季、夏季均可进行。剪取 1 年生中下部粗壮的枝条 10～15cm,剪口用草木灰消毒,以防白色乳汁流出,待剪口稍干后扦插在砂床或盆内,保持温度 20～30℃,空气相对湿度 80%～90%,约 30d 生根,养护 1 个月后即可移栽。

(4) 栽培管理

盆花栽培基质多采用专用泥炭与珍珠岩按 4∶1 比例混合制作,pH 值为 5.5～6.5。一品红喜光照充足、温暖、湿润的环境,温室栽培温度以白天 25～30℃、夜间 18～22℃为宜,低于 15℃时需采取措施加温，并适当降低空气湿度；高于 32℃则需要降温，增加空气湿度。一品红为短日照植物，日照 10h，快速生长期光强 25000～50000lx，夏季高温炎热时遮光 70%左右。水分管理遵循“见干见湿、浇则浇透”的原则，忌积水。一品红喜肥，在营养生长期以氮肥、钾肥为主，花芽分化至苞片转红期氮肥、磷肥、钾肥均衡施用，花期需增加磷、钾含量，适当减少氮的含量。一般 7d 施 1 次肥。一品红生长快，为使株形优美，还应适时摘心，一般上盆定植约 20d 后进行第 1 次摘心，保留 3 个侧枝；待侧枝长到 10～15cm 时进行第 2 次摘心，此时选留 2 个二级侧枝使株形丰满周正。

（5）主要应用

一品红颜色鲜艳，观赏期长，开花时正值圣诞节、元旦节，盆栽布置室内环境可增加喜庆气氛；南方暖地可露地栽培，美化环境。

12.2.8.2　变叶木

（1）形态特征

变叶木（*Codiaeum variegatum*），原产于亚洲马来半岛至大洋洲，现广泛栽培于热带地区，我国南部各省（区、市）常见栽培。大戟科变叶木属常绿灌木（图 12-29）。高达 2m 以上，全株具乳状液体，茎直立，多分枝。单叶互生，条形至矩圆形，全缘或分裂，扁平、波状或螺旋状扭曲；叶片常具白色、黄色、红色、紫色花纹或斑块。总状花序腋生；花小，雄花花瓣为白色，雌花无花瓣，花盘环状。蒴果。花期 5～6 月。

图 12-29　变叶木

（2）品种分类

同属常见栽培的观赏种有长叶变叶木（f. *ambiguum*）、复叶变叶木（f. *appendiculatum*）、角叶变叶木（f. *cornutum*）、螺旋叶变叶木（f. *crispum*）、戟叶变叶木（f. *lobatum*）、阔叶变叶木（f. *platyphyllum*）等。

变叶木园艺品种丰富，有 500 多个，常见栽培的品种有黑皇后（Black Queen）、艾斯汤小姐（Mrs. Iceton）、绯红（Revoluturn）、飞燕（Interuptum）、鸿爪（Graigii）、莫纳・利萨（Mona Lisa）、晚霞（Show Girl）、布兰克夫人（Mad. Blanc）、奇异（Exotica）、金太阳（Gold Sun）等。

（3）繁殖技术

变叶木常进行扦插繁殖和压条繁殖。变叶木小叶系品种多进行扦插繁殖。室外扦插在夏季高温（6～8月）时进行最好，温室栽培则一年四季均可繁殖，选用1年生半木质化枝条顶端长约10cm的枝，保留1～2枚叶，切口有乳汁，可蘸些草木灰再插入消毒好的河砂或珍珠岩中，置于散射光环境中，保持基质湿润、温度25～28℃、空气相对湿度80%～90%，20～25d生根，35～40d后盆栽。

大叶系变叶木品种多采用压条法。通常在6～7月进行。选取变叶木距基部20cm左右半木质化枝条，在枝条基部环剥，再用水苔或泥炭包扎固定，保持培养土湿润，温度27℃左右，约20d开始愈合生根，2个月后即可从母株上剪下栽盆。

（4）栽培管理

变叶木对土壤要求不严，以土层深厚、黏重、肥沃、偏酸性的土壤为好。温室盆栽可采用黏质壤土、腐叶土、河砂按6∶3∶1的比例混合配制，生长期间应给予充足水分，忌积水，每天向叶面喷水以保持较高湿度。大多变叶木品种冬季处于半休眠状态，此时盆土要保持稍干燥。

变叶木不耐寒，生长适温20～32℃。冬季温度不宜低于15℃。若温度降至10℃以下，叶片会脱落。变叶木喜强光，光强27000～35000lx。施肥以复合肥为主，N∶P_2O_5∶KCl以1∶1∶1为宜，生长旺季每2～3周施复合肥1次即可，冬季停止施肥。

（5）主要应用

变叶木的叶形多变，叶色丰富，是观叶植物中的佼佼者。华南地区多用于公园、绿地和庭院美化，在长江流域及北方地区均作盆栽观赏，用来装饰房间、点缀案头和厅堂，以及布置会场，其枝叶还是插花理想的配叶。

12.3 其他常见室内观叶植物

其他常见室内观叶植物见表12-1。

表12-1 其他常见室内观叶植物

中文名称	拉丁学名	科属	主要形态特征	繁殖	生态习性
皱叶椒草	*Peperomia caperata*	胡椒科草胡椒属	株高约20cm，植株簇生；叶呈圆心形，叶面浓绿，叶背灰绿；穗状花序为草绿色，花梗长15～29cm，使花穗突出植株外，花、叶俱佳	扦插、分株	喜温暖、湿润、半阴环境
圆叶椒草	*Peperomia obtusifolia*	胡椒科草胡椒属	株高20～30cm；茎圆，具淡绿色带紫红色斑纹；叶互生，倒卵形或长椭圆形，叶端近平截或钝圆，叶基渐狭；穗状花序，花小，绿白色	分株、扦插	喜温暖、湿润环境，忌阳光直射，喜半阴、怕霜冻
西瓜皮椒草	*Peperomia argyreia*	胡椒科草胡椒属	茎短丛生；叶柄为红褐色；叶呈卵圆形，尾端尖；叶脉由中央向四周辐射，主脉有8条，浓绿色，脉间为银灰色，状似西瓜皮	分株、扦插	喜温暖、湿润、半阴环境，夏季避免阳光直射和高温
冷水花	*Pilea cadierei*	荨麻科冷水花属	株高约70cm，茎密布线形钟乳体；叶纸质，卵形或卵状披针形；花雌雄异株，黄绿色	扦插、分株、播种	喜高温、高湿环境
红网纹草	*Fittonia verschaffeltii*	爵床科网纹草属	株高5～20cm，匍匐状蔓生；叶十字对生，卵形或椭圆形，叶面密布红色网脉，为主要观赏性状	扦插、分株	喜高温、阴湿环境

续表

中文名称	拉丁学名	科属	主要形态特征	繁殖	生态习性
金脉单药花	*Aphelandra squarrosa*	爵床科 单药花属	叶对生，长椭圆形，深绿色，叶脉黄色；顶生穗状花序，黄色；花期夏季、秋季	扦插	喜高温、多湿环境，不耐寒
红点草	*Hypoestes phyllostachya*	爵床科 枪刀药属	株高约 50cm；叶呈长圆形至狭卵圆形，深绿色，具火红色的脉纹和斑点；花冠为浅紫色，冠筒狭窄、弯曲、喉白色，具深红色的斑纹	扦插、播种	喜温暖、湿润、半阴环境
紫背万年青	*Rhoeo spathacea*	鸭跖草科 紫背万年青属	株高约 50cm；叶互生，无柄，长圆状披针形，叶面为深绿色，叶背为紫色；伞形花序，花为白色；花期 5～8 月	播种、扦插、分株	喜温暖、湿润环境，不耐寒，耐瘠，对光照适应性强
白雪姬	*Tradescantia sillamontana*	鸭跖草科 鸭跖草属	植株丛生，高 15～20cm；茎肉质；叶互生，绿色或褐绿色；茎、叶被有浓密的白毛；花小，淡紫粉色，着生于茎的顶部，花瓣中间有一条白色纵纹；花期夏季	扦插、分株	喜温暖、湿润环境和充足散射光，耐半阴和干旱，不耐寒
吊竹梅	*Zebrina pendula*	鸭跖草科 吊竹梅属	蔓性草本；叶呈长卵形，互生，叶色多变，绿色带白色条纹或紫红色，叶背为淡紫红色；花小，玫瑰紫；花期 6～8 月	扦插、分株	喜温暖、湿润环境，要求强光但不直射
花叶艳山姜	*Alpinia zerumbet* "Variegata"	姜科 山姜属	植株可达 3m；叶披针形，有金黄色纵斑纹；花小，白色，顶端为粉红色；花期 4～6 月	分株	喜高温、多湿环境，不耐寒，怕霜雪，喜明亮或半遮阴环境
虎尾兰	*Sansevieria trifasciata*	龙舌兰科 虎尾兰属	叶基生，5～6 枚丛生，剑形，硬革质，有白绿色和深绿色相间的横带斑纹，边缘为绿色；总状花序，花为淡绿色或白色；花期 11～12 月	分株、扦插	喜温暖、湿润环境，耐干旱，喜光又耐阴。对土壤要求不严
姬凤梨	*Cryptanthus acaulis*	凤梨科 姬凤梨属	无茎，多匍匐枝；叶丛生呈莲座状，叶缘呈波浪状，有小锯齿，叶色为褐绿色，叶背有白粉；花小，白色；花期 6 月	吸芽、扦插	喜高温、多湿和充足阳光，耐干旱，适应性强
海芋	*Alocasia macrorrhiza*	天南星科 海芋属	植株高大，茎粗壮；叶大，为盾形；佛焰苞为黄绿色，肉穗花序稍短于佛焰苞，棒状；花期夏季	扦插、分株、播种	喜温暖、潮湿和半阴的环境，不耐寒，要求明亮散射光
黑叶观音莲	*Alocasia amazonica*	天南星科 海芋属	叶呈箭形盾状，先端尖锐；叶缘有 5～7 个大牙齿形缺刻，主脉三叉状，侧脉直达缺刻；叶为浓绿色，叶脉为银白色，叶背为紫褐色	分株	好温暖、潮湿和半阴环境，不耐寒，气温 15℃以下休眠
合果芋	*Syngonium podophyllum*	天南星科 合果芋属	茎节具气生根，攀附他物生长；叶片呈两型性，幼叶薄而呈戟形，老叶呈 5～9 裂的掌状叶，叶片上常生有各种白色斑纹；叶片形态和色泽、斑纹的变化因品种而异；佛焰苞为浅绿色或黄色	扦插	对光照适应性强，喜高温、多湿和半阴环境
雪铁芋（金钱树）	*Zamioculcas zamiifolia*	天南星科 雪芋属	株高 30～50cm；羽状复叶自块茎顶端抽生，小叶对生或近对生，卵形，全缘，厚革质，先端急尖，有光泽；佛焰苞为绿色，反卷，肉穗花序为黄白色；花期冬季、春季	扦插	喜高温、高湿，耐阴性强
紫鹅绒	*Gynura aurantiana*	菊科 三七草属	草本，株高 50～100cm；全株被紫红色茸毛；叶互生，卵形，具粗牙齿，叶柄有狭翅；头状花序顶生，花为黄色或橙黄色；花期 4～5 月	扦插	喜温暖向阳，不耐寒，不耐旱，忌阳光直射

续表

中文名称	拉丁学名	科属	主要形态特征	繁殖	生态习性
花叶木薯	*Manihot esculenta* "Variegata"	大戟科 木薯属	多年生草本或落叶灌木状；叶互生，掌状裂叶，3～7裂，背面为粉绿色；叶片为绿色，各裂片中部有不规则黄色斑块；叶柄为红色	扦插、播种	喜温暖和阳光充足，不耐寒，怕霜冻，耐半阴
虎耳草 （金丝荷叶）	*Saxifraga stolonifera*	虎耳草科 虎耳草属	常绿草本；植株矮小，丝状匍匐茎，茎顶端常生幼株；叶基生，心状圆形，肉质，表面为深绿色，有网状脉纹，背面为紫红色；花小，白色；花期夏季	分株	喜温暖环境，耐阴、耐湿
鹅掌柴	*Schefflera octophylla*	五加科 鹅掌柴属	乔木或灌木，分枝多，枝条紧密；掌状复叶，小叶5～8枚，卵状椭圆形，叶片为浓绿色，有光泽；花小，数朵，白色，有香气	扦插、播种	喜温暖、湿润及半阴环境，忌强光直射，不耐寒
常春藤	*Hedera helix*	五加科 常春藤属	茎具气生根，附着他物攀缘；叶互生，二型性，不育枝上叶为戟形，全缘或3裂，花枝上叶为披针形，全缘；伞形花序顶生，花为淡绿白色，具芳香	扦插、分株、压条	耐寒力较强，不耐高温酷暑，喜荫蔽环境
孔雀木	*Dizygotheca elegantissima*	五加科 孔雀木属	树干和叶柄均有乳白色斑点；叶互生，掌状复叶，小叶披针形，9～11枚，有深粗锯齿状缺刻，叶脉为褐色	扦插	喜温暖、湿润环境，不耐寒，略喜光，不耐强光直射
橡皮树	*Ficus elastica*	桑科榕属	乔木，叶厚革质，长椭圆形至椭圆形，先端短尖，全缘，浓绿色，有光泽，具短而粗壮叶柄；幼芽为红色，具苞片	扦插、压条	喜温暖、多湿、阳光充足和通风良好的环境，稍耐干燥
细叶榕	*Ficus microcarpa*	桑科榕属	乔木，有细弱悬垂的气生根；单叶互生，叶形多变，椭圆形、卵状椭圆形或倒卵形，全缘，先端钝尖	扦插、播种	喜温暖、湿润，耐阴，不耐旱
短穗鱼尾葵	*Caryota mitis*	棕榈科 鱼尾葵属	乔木，二回羽状复叶，全裂，裂片似鱼鳍，灰绿色	播种、分株	喜高温、强光、湿润环境，耐阴，耐干旱，具有一定的耐寒力
软叶刺葵 （美丽针葵）	*Phoenix roebelenii*	棕榈科 刺葵属	灌木，茎单生或丛生；叶羽状全裂，稍弯曲下垂，裂片为狭条形，较柔软，2列，近对生，先端长尖，基部内折；肉穗花序生于叶腋间，雌雄异株	播种、分株	喜高温、较强光强，但忌阳光直射
马拉巴栗	*Pachira aquatica*	木棉科 瓜栗属	乔木，枝条轮生，掌状复叶，小叶5～7枚，长椭圆形至倒卵形	播种、扦插	喜温暖、湿润；喜光，耐阴；耐旱；不耐寒，越冬温度要求8℃以上
斑叶露兜树	*Pandanus veitchii*	露兜树科 露兜树属	灌木，叶簇生枝顶，剑状披针形，叶缘及叶背中脉有锐刺，叶边缘有黄色至银白色斑纹	播种、分株	喜光及高温、多湿环境，耐旱，耐湿
酒瓶兰	*Nolina recuruata*	龙舌兰科 酒瓶兰属	乔木，茎基部膨大成球形，极像酒瓶；叶着生于茎顶部，线形，全缘反卷，拱形弯曲，革质，暗绿色	播种	喜高温、湿润和散射光充足环境，耐寒力较强

第 13 章

仙人掌类与多浆植物

13.1 概述

13.1.1 多浆植物的概念及分类

13.1.1.1 多浆植物的概念

多浆植物又称多肉植物，意指具肥厚多汁的叶、肉质茎或根的植物。广义的多浆植物指茎、叶特别粗大或肥厚，含水量高，并在干旱环境中有长期生存力的一群植物。它们多生长于热带、亚热带干旱、半干旱或一年中有一段时间干旱的地区，具有发达的薄壁组织用以储藏水分，其表皮角质或被蜡层，表皮气孔少而且经常关闭，根系不发达，大多数属浅根系植物；它们之中相当一部分的代谢形式与一般植物不同，多在晚上较凉爽潮湿时气孔开放，吸收二氧化碳并通过 β-羧化作用合成苹果酸，白天高温时气孔关闭，不吸收二氧化碳而靠分解苹果酸放出二氧化碳供光合作用使用。

常见栽培的多浆植物多分属于仙人掌科、番杏科、大戟科、景天科、百合科、萝藦科、龙舌兰科和马齿苋科等。

13.1.1.2 多浆植物的分类

多浆植物种类繁多，全世界有 10000 余种，分属 40 多个科。大多为多年生草本或木本植物，少数为一二年生草本植物。若栽培得当，其寿命都比较长；一二年生多浆草本植物在它完成生活周期枯死前，也会从株茎基部萌发新芽繁育后代，形成新的植株。

由于科属种类不同，多浆植物植株个体在形态、大小、生活习性等方面差异很大，因而分类也不同。

（1）依据植株形态特点分类

依据植株形态特点可将多浆植物分为以下 4 类（鲁涤非，2006）。

1）仙人掌型　茎粗大或肥厚，肉质多浆，内含丰富的储水组织，常变态为块状、球状、柱状等，绿色，叶片很少或叶片退化成针刺状，茎代替叶进行光合作用。主要代表植物是仙人掌科植物，另外大戟科大戟属、夹竹桃科豹皮花属等也属于此类植物。

2）肉质茎型　该类植物除具有明显的肉质地上茎外，还有叶片进行光合作用。储水组织茎、叶中均有分布，茎无棱，也不具棘刺。代表性植物如木棉科的猴面包树、大戟科的佛肚树、景天科的玉树等。

3）观叶型　叶高度肉质化，储水组织大量分布在叶片中，叶既是主要的储水与光合器官，也是观赏的主要部分。而茎的肉质化程度较低，部分种类的茎部稍呈木质化。景天科、番杏科、百合科和龙舌兰科植物多属于此类，常见的有佛甲草、芦荟、生石花、鹿角海棠、龙舌兰等。

4）尾状植物型　该类植物通常基部膨大成大型块茎，是植株吸收水分和养分的重要器官。由块茎上抽出一条至多条常绿或落叶的细茎，叶常肉质化。这一类型常见于番杏科、西番莲科、萝藦科等多浆植物中，如番杏科的姬红小松、萝藦科的吊金钱等。

（2）依据原产地生长季节不同分类

多浆植物依据原产地生长季节不同，可分为以下3类。

1）夏型种　主要指在夏季生长、冬季休眠的种类。如陆生类型仙人掌属、龙舌兰科龙舌兰属、大戟科大戟属等，在冬季温度低于8～10℃时呈休眠或生长停滞状态。

2）冬型种　主要指冬季生长、夏季高温休眠的种类。如番杏科的生石花属、景天科的银波锦属等。

3）中间型　此类型指比冬型种耐热、比夏型种耐寒的多浆植物，其生长期主要是春季、秋季，在夏季高温高热期生长停滞，冬季冷凉期虽然无明显生长，但也未进入冬眠状态。

13.1.2　多浆植物的生长习性

（1）耐旱性强

为了适应干旱环境，减少水分的蒸腾，生长在热带或亚热带干旱地区的多浆植物以景天酸代谢（crassula-cean acid metabolsim，CAM）进行光合作用，即夜间气孔打开吸收CO_2，在PEP羧化酶催化下，形成草酰乙酸，再还原成苹果酸并储于液泡中。白天气孔关闭，苹果酸由液泡转入叶绿体中脱羧释放CO_2。以这种方式代谢的植物称为景天代谢途径植物（CAM植物），如百合科、景天科、番杏科、凤梨科、大戟科的许多植物属于此类植物。

（2）生殖繁育特点

多浆类植物的开花年龄与植株大小存在一定相关性。一般大型的植物种类达到开花的年龄较长；矮小型种类达到开花的年龄较短。一般种类在播种后3～4年就可开花；有的种类到开花年龄需要20～30年或更长的时间，如金琥一般在播种30年后才开花。大多数多浆类植物在原产地是借助昆虫或飞鸟等进行传粉结实的，其中大部分种类都是自花授粉不结实的，需进行人工辅助授粉才易获得种子。

13.1.3　多浆植物对环境条件的要求

多浆植物分布地域广泛，包括南美洲、北美洲、南非、亚洲及大洋洲的大部分由沙漠、半沙漠、草原等干热环境所组成的地区，环境复杂，气候类型多样，因而多浆植物对环境条件的要求也较为复杂多变。

（1）温度

大部分多浆植物原产于热带，除少数原产于高山的种类外，生长需要较高的温度，生长最低温度18℃，最适温度为25～35℃。越冬温度因种类而异，多数在干燥休眠情况下能忍耐6～10℃的低温，喜热的种类不能低于12～18℃。原产于北美洲高海拔地区的仙人掌，在完全干燥的条件下能耐轻微的霜冻。原产于亚洲山地的景天科植物耐寒力较强。

（2）光照

原产于沙漠、草原等干热地区的多浆植物，生长旺季要求光照适宜。冬季低温休眠期，在干燥、弱光条件下易安全越冬。原产于热带雨林的附生型仙人掌，要求散射光，忌强光直射，冬季不休眠，应给予足够的光照。一些典型的短日性多浆植物，如长寿花、蟹爪兰等，必须经过一定时间的短日照才能正常开花。

（3）水分

多浆植物大多具有明显的生长期与休眠期。生长期需要足够的水分，才能迅速生长、开花、结果；休眠期需水很少，依靠体内储存的水分维持生命，因此在整个休眠期可不用浇水，保持土壤干燥更有利于植株安全越冬。多浆植物在整个生长期根部都不能积水，否则容易导致植株烂根死亡。人工栽培水分管理以 pH 5.5～6.5 为宜。

（4）土壤

原产于沙漠地区的多浆植物，其原产地土壤多由砂和石砾组成，具有良好的通气、排水性能，pH 5.5～6.9。附生类多浆植物的栽培基质除需要良好的排水、透气性能外，还需富含有机质并保持湿润才有利于植株生长。

（5）养分

与其他绿色植物一样，欲使植株生长良好，需合理施肥。一般生长期每 1～2 周施液肥 1 次，宜薄肥勤施，浓度 0.05%～0.2%，注意施肥时不沾在茎、叶上。休眠期不施肥。

13.2　常见的多浆植物

13.2.1　仙人掌科

仙人掌科（Cactaceae）植物分布于热带及亚热带地区，以墨西哥最多，中国南部海边及西南地区特殊环境有野生。共 150 属约 2000 种，中国有 1 属 2 种，市场上多数为引种栽培的仙人掌。多年生肉质草本、灌木或乔木，地生或附生。根系浅，开展，有时具块根。茎直立、肉质，有柱状、球状、叶状等多种形态。叶常无。花两性，整齐或不整齐，常大形美丽，花被有时具管状部分，花萼、花瓣分化明显或不明显，雄蕊多数，子房下位，1 室，3 个至多个侧膜胎座，胚珠多颗。浆果肉质，常具黏液。

本科植物外形奇特，常见栽培观赏的有仙人掌属（*Opuntia*）250 种，几乎全产于美洲。中国有仙人掌（*O. dillenii*）和普通仙人掌（*O. vulgaris*）。其他引入栽培观赏的属有蟹爪兰属（*Zygocactus*）、昙花属（*Epiphyllum*）、令箭荷花属（*NopaLxochia*）、山影掌属（*Cereus*）、量天尺属（*Hylocereus*）、仙人球属（*Echinopsis*）等。

13.2.1.1　金琥

（1）形态特征

金琥（*Echinocactus grusonii*），别名象牙球，为仙人掌科金琥属植物。原产于墨西哥中部干燥、炎热的热带沙漠地区。多年生肉质草本，茎呈圆球形，高可达 1.3m，直径 80cm 或更大。球顶密被金黄色茸毛。有显著棱 21～37 条，棱沟宽且深。刺座大，密生辐射状金黄色硬刺。花着生于球茎顶部，钟形，黄色。花期 6～10 月。

（2）同属常见种及变种

同属植物约16种，常见栽培的还有太平球（*E. horizonthalonius*）、大龙冠（*E. polycephalus*）等。栽培变种有白刺金琥（*E.* var. *albispinus*）、短刺金琥（*E.* var. *intermedius*）等稀有品种。

（3）繁殖及栽培管理技术

金琥以播种繁殖为主，亦可于生长季切去球顶生长点，促发子球供扦插或嫁接，砧木用量天尺。金琥习性强健，喜温暖干燥、阳光充足的环境，宜肥沃、透水性好的砂壤土。生长适温20～30℃，夏季气温超过35℃或冬季气温低于10℃时进入休眠状态，越冬温度8～10℃。栽培容易，盆栽土壤可用等份的粗砂、壤土、腐叶土、少量石灰质材料及适量有机肥混合配成。金琥喜光，春季、秋季、冬季可全天置于阳光下，但夏季光照强烈、气温超过35℃时，中午前后应遮光，避免强光灼伤球茎。春季、夏季是金琥的生长旺季，生长迅速，需适时浇水和施肥，注意浇水不能向球的顶部及嫁接部位喷水，以免积水腐烂。生长季每月施1～2次以氮、磷、钾为主的稀薄液肥，休眠季节无需施肥。

（4）主要应用

金琥色泽碧绿，姿态似球且被金黄色硬刺，开花美丽，是点缀专类园或室内装饰的佳品，极受人们喜爱。

13.2.1.2 绯牡丹

（1）形态特征

绯牡丹（*Gymnocalycium mihanovichii* var. *friedrichii* cv. *Hibotan*），别名红牡丹、红球、红灯，仙人掌科裸萼球属多年生草本植物。植株呈扁球形，直径3～5cm，球体为橙红色、粉红色、紫红色或深红色。具棱8条，棱上有凸出的横脊。成熟球体群生子球。刺座小，无中刺，辐射刺短或脱落（图13-1）。花着生在顶部的刺座上，漏斗形，粉红色。花期夏季。

图13-1 绯牡丹

（2）常见栽培品种

常见的栽培品种除绯牡丹外，还有一些品种或变型，如黄体绯牡丹（cv. *Aurea*）、绯牡丹锦（var. *friedrichii Werderm*）等。此外，还有橙红色系、深红色系、玫瑰红色系和带黄斑、褐斑系等园艺良种。球体一般嫁接在量天尺、仙人柱、一般仙人球等球体上。

（3）繁殖及栽培管理

绯牡丹没有叶绿素，繁殖主要采用嫁接繁殖。一般在 5～6 月进行，砧木可选择绿色的量天尺、仙人球等。嫁接时以气温保持在 20～25℃为宜。绯牡丹喜温暖干燥、阳光充足，阳光直射色彩鲜艳，但在夏季高温时应适当遮阴，并使其通风。生长适温 20～25℃，越冬温度不可低于 8℃。盆栽可用腐叶土、泥炭土和少量砂土配制培养基质。生长旺季每 10d 左右施 1 次腐熟饼肥。耐干旱，浇水不宜过多，以能维持盆土湿润为宜。

（4）主要应用

绯牡丹栽培容易，管理简单，植株小巧玲珑，颜色绯红艳丽，惹人喜爱，常作盆栽观赏，是点缀阳台、窗台、案几的佳品。

13.2.1.3 蟹爪兰

（1）形态特征

蟹爪兰（*Schlumbergera truncata*），别名蟹爪莲、仙指花，原产于巴西。仙人掌科蟹爪属附生性灌木。无叶。茎无刺，多分枝，常悬垂，老茎木质化，稍圆柱形，幼茎及分枝均扁平，茎节扁平，两侧有粗锯齿。花单生于茎节顶端，花瓣两侧对称张开反卷，呈粉红色、紫红色、深红色、淡紫色、橙黄色或白色，花萼一轮，基部呈短筒状，顶端分离。浆果。花期 9 月至翌年 4 月。

（2）常见种及品种

常见栽培的品种有白色花系的圣诞白、多塞、吉纳、雪花，黄色花系的金媚、金幻、剑桥，橙色花系的安特、弗里多，紫色花系的马多加，粉色花系的卡米拉、麦迪斯托和伊娃等。同属常见的种还有罗素蟹爪兰（*S. russelliana*）、钝棱蟹爪兰（*S. obtusangula*）等。

（3）繁殖及栽培管理

蟹爪兰以扦插繁殖和嫁接繁殖为主，春季扦插易生根。嫁接多采用量天尺或生长厚实的仙人掌作砧木，春季、秋季嫁接均可。蟹爪兰原产于南美洲的巴西，常附生于树上或潮湿山谷，喜温暖、湿润、半阴的环境。夏季要避免烈日暴晒和雨淋，冬季要求温暖和光照充足。生长适温为 18～30℃，开花适温为 10～15℃，越冬温度为 10℃以上。喜肥沃、疏松、富含腐殖质、排水透气良好的微酸性轻壤土。生长期间可施用稀薄液肥，入秋后到开花前要肥水不断，秋凉后放阳光充足处，茎节过密者可适当疏剪。蟹爪兰属短日照植物，在每天日照 8～10h 的条件下 2～3 个月后可开花。出现花蕾后，盆土不宜太干，否则易落蕾。花蕾初形成时，应酌减浇水，水分过多也易导致落蕾。

（4）主要应用

蟹爪兰株形优美，花朵艳丽，耐半阴，是一种理想的冬季室内观赏盆花。

13.2.1.4 仙人掌

（1）形态特征

仙人掌（*Opuntia stricta*），又名霸王树、火掌等。原产于墨西哥及南美洲热带地区，我国于明末引种，南方沿海地区常见栽培。仙人掌科仙人掌属丛生灌木，高 1～3m。上部分枝呈倒卵状椭圆形或近圆形，边缘呈不规则波状，绿色至蓝绿色，无毛；刺为黄色，有淡褐色横纹，坚硬。花呈辐状，绿色；萼状花被片呈宽倒卵形至狭倒卵形，黄色。浆果。花期 6～12 月。

（2）常见种与变种

仙人掌属植物约 250 种，原产于美洲热带至温带地区。常见的观赏种有梨果仙人掌

(*O. ficus-indica*)、胭脂掌（*O. cochinellifera*）、黄毛掌（*O. mocrodasys*），以及变种白毛掌（*O. microdasys* var. *alpispina*）、褐毛掌（*O. basilaris*）、棉花掌（*O. leucotricha*）、绿仙人掌（*O. vulgaris*）、仙人镜（*O. phaeacantha*）等。

（3）繁殖技术

仙人掌多用扦插、嫁接的方式繁殖。在母株上切取茎节的一段以及新生的仔球和不定芽，放在通风处晾干后插于清洁干燥的黄砂中，保持温度20～30℃，20～30d生根。嫁接常以量天尺为砧木，在春天植株开始生长时到夏初嫁接最好。

（4）栽培管理

仙人掌喜高温、阳光充足，怕涝。一般用排水良好的砂质土栽培。生长适温为18～30℃，昼夜温差大有利于植株生长。夏季气温超过38℃时，植株休眠。冬季则应至少维持不低于5℃的室温，以免出现冻害。维持仙人掌生长的最低光强为2500lx，最适光照在10000lx以上，夏季休眠时遮光50%左右。夏季、冬季休眠期少浇水，以保持盆土稍湿润，不过度干燥即可，生长季节（4～6月），浇水应见湿见干，不干不浇。生长旺季每周追施1次稀薄饼肥水，现蕾开花前，追施1次含氮、磷、钾的稀薄肥水，可使花开得更大更艳，并可延长花期。休眠期不施肥。

（5）主要应用

仙人掌姿态奇特，开花艳丽，可盆栽装饰室内，也可群植在专类园、植物园等地，展现美丽的热带风光。

13.2.1.5 山影拳

（1）形态特征

山影拳（*Cereus pitajaya*），别名仙人山，原产于阿根廷、巴西、乌拉圭一带。仙人掌科天轮柱属多浆植物。株高0.3～2m，变态茎颜色为浅绿色至暗绿色，刺座螺旋状排列，有8～9枚褐色刺。花单生于刺座上部，花呈大型喇叭状或漏斗形，白色、粉色或红色，夜开昼闭，一般20年以上的植株才能现蕾开花。花期夏季。果为红色或黄色，种子为黑色。主要原种有神代柱（*C. hildmannianus*）、秘鲁天轮柱（*C. perwianus*）等。

（2）繁殖及栽培管理

山影拳多用扦插的方法繁殖，春季、秋季均可，插穗切下后要等切口干燥后再插，插后保持盆土略湿润即可生根成活。山影拳喜阳光充足、温暖干燥的环境。适宜生长于排水良好的砂质壤土。生长适温15～32℃，33℃以上和7℃以下时均进入休眠状态。忌寒冷霜冻，越冬温度在10℃以上。生长季要求光照充足、通风良好。若遇高温闷热及通风不良时，易受红蜘蛛危害。山影拳喜干燥，怕雨淋，生长季节每周浇水1次，冬季不干不浇。适宜空气相对湿度为40%～60%。一般不需施肥，只在每年换盆时施少量的骨粉或腐熟的饼肥作基肥，每月可施1次0.2%的硫酸亚铁溶液，促使植株色泽翠绿。

（3）主要应用

山影拳形似山石，却又葱郁茂盛，富有生机，惹人喜爱，是布置室内及专类园的观赏佳品。

13.2.1.6 令箭荷花

（1）形态特征

令箭荷花（*NopaLxochia ackermannii*），又名孔雀仙人掌、孔雀兰，原产于墨西哥及哥伦比亚。仙人掌科令箭荷花属多年生肉质草本植物，为附生类型的仙人掌类植物（图 13-2）。株高 0.5～1m，分枝多，变态茎扁平呈令箭状，绿色，刺座在圆齿缺刻处，无刺或具短细刺。花着生于茎两侧刺座中，大型喇叭状，呈紫红色、粉红色、黄色、白色等，每朵仅开 1～2d。浆果。花期 3～6 月。

图 13-2 令箭荷花

（2）同属常见种

本属植物共 4 种，常见栽培的有小朵令箭荷花（*N. phyllan-thoides*），变态茎较窄，花朵小而多，粉红色。

（3）繁殖技术

令箭荷花以扦插繁殖、嫁接繁殖为主。选择 2 年生健壮枝条，剪成 10～15cm 茎段，放阴凉通风处晾 2～3d，插于湿砂中，置阴凉处养护，保持温度 15～25℃，约 1 个月可生根。嫁接一般用量天尺或仙人掌作砧木，采用劈接法。嫁接苗长势较旺，通常翌年即可开花。

（4）栽培管理

令箭荷花喜温暖、湿润、阳光充足、通风良好的环境，较耐旱。喜肥沃、疏松、排水良好、含腐殖质较多的酸性土壤。生长适温 20～28℃，花芽分化适温 10～18℃，冬季气温不能低于 6℃，夏季不能高于 37℃。盆土不干不浇，春季、秋季可每周浇 1 次透水。夏季需置于半阴处，并保持较高的空气相对湿度，休眠期保持盆土稍湿润即可。冬季少浇水。令箭荷花喜肥，生长季每 15～20d 施用腐熟液肥 1 次，出现花蕾后可增施 1 次磷肥、钾肥，以使花大色艳。

（5）主要应用

令箭荷花花色丰富，花香袭人，深受人们喜爱，是优良的室内盆栽观赏花卉。

13.2.1.7 鼠尾掌

（1）形态特征

鼠尾掌（*Aporocactus flagelliformis*），又名金钮，原产于墨西哥。仙人掌科鼠尾掌属多年生肉质草本植物（图 13-3）。茎在原产地长可达 2m，粗 1.5～2cm，扭状下垂，绿色。刺座排列紧密，辐射刺 10～20 根，红色至黄褐色。花呈漏斗状，粉红色，昼开夜闭。花期

4～5 月。浆果。

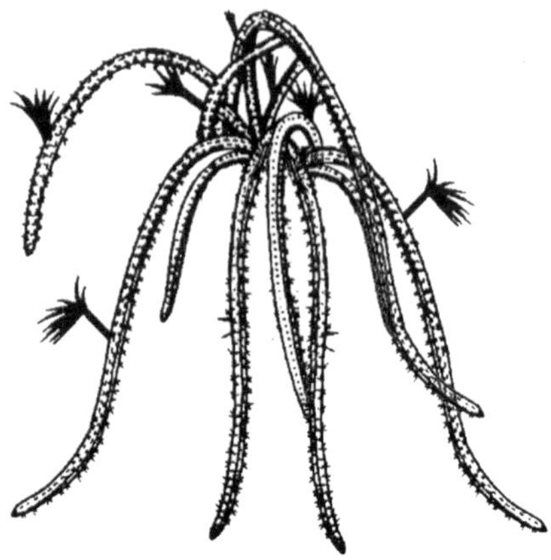

图 13-3 鼠尾掌

（2）同属常见种

同属植物 7 种，均产于墨西哥，常见栽培的还有康氏鼠尾掌（*A. conzatii*）、鞭形鼠尾掌（*A. flagriformis*）、细蛇鼠尾掌（*A. leptophis*）等。

（3）繁殖技术

鼠尾掌多采用扦插和嫁接的方法繁殖。生长期剪取顶端变态茎，插穗长 15～20cm，待剪口稍干燥后插入砂床，50～60d 生根。嫁接宜在春末夏初进行，采用较高仙人掌作砧木，以便养成悬垂株形，取鼠尾掌变态茎 6～8cm 作接穗，接后约 2 个月愈合。

（4）栽培管理

鼠尾掌喜温暖、湿润、光照充足的环境，不耐严寒，耐干旱。喜疏松、肥沃、排水良好的砂质壤土。生长季节，需保持盆土湿润，并保持较高的空气湿度。夏季高温时节需适当遮阴，冬季需阳光充足，减少浇水，温度不低于 10℃。鼠尾掌需肥不多，生长期间追施 1～3 次稀薄饼肥水。

（5）主要应用

鼠尾掌茎纤细飘逸，花色鲜艳，姿态有趣，可全年盆栽观赏，适合室内装饰，也可悬吊栽培。

13.2.1.8 昙花

（1）形态特征

昙花（*Epiphyllum oxypetalum*），又名月下美人，原产于墨西哥及中美洲、南美洲的热带森林，中国广泛栽培。仙人掌科昙花属附生肉质灌木。高 2～6m，老茎呈圆柱状，木质化。分枝数多，扁平，披针形至长圆状披针形，绿色。花单生于枝侧的小窠，漏斗状，夜间开放，白色，芳香。浆果。花期 6～9 月。

（2）常见种及品种

昙花属植物共 21 种，在长期的栽培过程中利用昙花等作亲本已选育出 3000 多个园艺品种，花色有浅黄色、玫瑰红色、橙红色等。同属常见栽培的还有待宵孔雀（*E. hookeri*）、姬月下美人（*E. pumilum*）、锯齿昙花（*E. anguliger*）、月兔（*E. crenatum*）、黄萼昙花（*E. laui*）。

（3）繁殖技术

昙花可扦插繁殖，也可播种繁殖，播种繁殖实生苗开花需 4～5 年。扦插在生长季进行，选取 2 年生健壮、肥厚叶状茎作插穗，长 15～20cm，待切口稍干燥后插入干净的砂床，基质含水量保持 60%左右，室温保持 18～24℃，插后 20～30d 生根。

（4）栽培管理

昙花喜温暖、湿润、半阴的环境。耐旱，忌强光。在疏松的砂质壤土中生长良好。生长适温 18～25℃，越冬温度 10℃以上，5℃以下和 35℃以上进入休眠状态。生长期间给予充足的光照。夏季生长季节要保持土壤湿润和较高的空气湿度，冬季可不浇水。昙花喜肥，盆栽时，以骨粉作基肥。生长季节每半个月施 1 次复合肥，也可施腐熟的有机肥。若养护得当，每年可开花 2～3 次，冬季停止施肥。

（5）主要应用

昙花花形优美，花色洁白，芳香怡人，加之夜间开花，花开 4～5h，故有“昙花一现”之说，我国南方暖地可露地种植，其他地区多作盆栽，适用于点缀客厅、阳台等，是优良的观茎、观花花卉。

13.2.2 其他科多浆植物

13.2.2.1 燕子掌

（1）形态特征

燕子掌（*Crassula. portulacea*），别名玉树，原产于南非南部。景天科青锁龙属常绿多浆小灌木，原产地株高可达数米，茎粗肉质，具明显的节，老茎木质化，多分枝，小枝为褐色。叶肉质，对生，绿色光亮润泽，卵圆形。老株春季开花，花为粉红色。

（2）常见种及变种

同属植物常见栽培的还有景天树（*C. arborescens*）、神刀（*C. falcata*）、一串连（*C. rupestris*）和绿塔（*C. pyramidalis*）等。

（3）繁殖技术

多采用扦插的方法繁殖，四季均可进行，通常于生长季节剪取生长充实的嫩枝，剪成 8～10cm，稍晾干后插于砂床中。还可进行叶插，切取生长充实、肥厚的叶片，稍晾干后插于蛭石或砂床中，保持潮润，温度 20℃左右，1 个月左右即可生根发芽。

（4）栽培管理

燕子掌习性强健，喜温暖、干燥和阳光充足的环境。怕强光而耐半阴，散射光条件下生长良好。喜肥沃、排水良好的砂壤土，忌土壤过湿。耐贫瘠，常年不施肥仍能很好地生长。耐干旱但不耐寒，生长适温为 15～25℃，越冬温度不得低于 7℃。

（5）主要应用

燕子掌植株挺拔秀美，茎叶碧绿油亮，四季常青，十分清雅别致，常作盆栽，装饰书桌、窗台、茶几、案头，点缀居室环境或庭院。

13.2.2.2 石莲花

（1）形态特征

石莲花（*Echeveria secunda*），别名玉蝶、石莲掌、莲花掌，原产于墨西哥，中国已广泛栽培。景天科石莲花属多年生常绿肉质草本。茎极短，具匍匐枝。叶呈莲座状生于短茎之上，倒卵形，先端有小尖，肥厚多汁，淡绿色，有白粉。花梗自叶丛中抽生，总状聚伞花序，花小，淡红色，春季开花。

(2) 常见种及变种

同属栽培的种类还有紫莲（*E. rosea*）、大叶石莲花（*E. gibbiflora*）、锦晃星（*E. pulvinata*）等。

(3) 繁殖技术

石莲花常采用扦插的方法繁殖。石莲花基部易生蘖株，秋季剪取小莲座叶盘，稍晾干后扦插，约 20d 生根。也可叶插，取下健壮的叶片，晾 1～2d 后插入苗床，以后保持湿润，2～3 周叶基部可生根并长出新芽。

(4) 栽培管理

石莲花喜温暖、干燥和阳光充足的环境。不耐寒，耐半阴和干旱，怕积水和烈日暴晒。生长适温 18～25℃，冬季不低于 5℃。生长期以干燥环境为好。可每月施肥 1 次，以保持叶片翠绿。石莲花植株容易老化，一般 2～3 年需更新一次。

(5) 主要应用

石莲花株型美观，形如莲花，养护容易，适合家庭盆栽观赏，布置于几案、阳台等处效果独特。

13.2.2.3 长寿花

(1) 形态特征

长寿花（*Kalanchoe blossfeldiana*），别名圣诞伽蓝菜、寿星花，原产于非洲马达加斯加岛。景天科伽蓝菜属多年生肉质草本植物（图 13-4）。株高 10～30cm，全株光滑无毛。叶交互对生，肉质，卵圆形，叶片上半部具圆齿或呈波状，下半部全缘，深绿。圆锥状聚伞花序顶生，直立，花序长 7～10cm。单株有花序 6～7 个，小花密集，花瓣 3～5 枚，花色有红色、黄色、白色等。花期 12 月下旬至次年 4 月。

图 13-4 长寿花

(2) 常见种及品种

长寿花是伽蓝菜属矮生性状较强的园艺杂交品种，根据花色又可分成不同色系的品种。

同属植物约 200 种，常见栽培的还有玉海棠（*K. flammea*）、江户紫（*K. marmorata*）等。

（3）繁殖技术

长寿花通常用扦插、播种的方式繁殖。种子发芽适温 21℃，播种到开花需 6～10 个月。扦插繁殖从小苗长出至开花需 3～4 个月，于春季、秋季剪取带 3～5 枚叶的茎段，插于砂床中，浇水后覆上薄膜，保持温度 15～20℃，插后约 15d 生根。

（4）栽培管理

长寿花喜温暖、湿润、阳光充足的环境，耐旱，不耐寒。生长适温 15～25℃，低于 10℃时停止生长。适宜生长于疏松透气的砂壤土中。日光温室栽培，若要春节开花，通常春季扦插，秋初定植于花盆中。生长期每月施 1～2 次复合肥或有机液肥，夏季遮阴降温，秋季加强肥水管理。霜降后最低温度 15℃，此时临近开花追施磷钾肥。长寿花是典型的短日照植物，一般经 2d 的短日照时间（11～11.5h/d）就可诱导花芽分化，生产上结合上市时间控制植株光照时长，可实现花期调控。

（5）主要应用

长寿花植株小巧玲珑，株型紧凑，叶片翠绿，花朵密集，是冬季、春季理想的室内盆栽花卉。

13.2.2.4 熊童子

（1）形态特征

熊童子（*Cotyledon tomentosa*），别称绿熊、熊掌，原产于南非。景天科银波锦属多年生小型肉质草本植物，株高 15～25cm，叶对生，倒卵状球形，肥厚，绿色，表面密生白色短茸毛，顶部叶缘有缺刻，酷似“熊掌”。花为红色，花期夏末秋初。斑锦品种熊童子锦，叶片上镶嵌有黄色或白色斑块，具黄色斑的称为黄锦，具白色斑的称为白锦。

（2）繁殖技术

繁殖主要采用扦插的方法，在生长季剪取健壮、长 5～7cm 枝梢作插穗，剪口稍干燥后再插入砂床，插后 20～25d 生根，30d 即可上盆栽植。

（3）栽培管理

熊童子喜温暖、干燥、通风良好和阳光充足的环境。耐干旱，怕水湿，不耐寒，生长适温 18～30℃，越冬温度 10℃，低于 5℃易受寒害。栽培以疏松透气的砂质壤土为宜。生长季节保持盆土稍湿润，结合浇水每月施肥 1 次。冬季植株休眠，减少浇水次数，盆土以保持稍干燥为宜，停止施肥。熊童子怕高温闷热，夏季温度超过 30℃时，减少浇水，加强通风，适当遮阴。

（4）主要应用

熊童子植株小巧可爱，造型奇特，惹人喜爱，常作为奇趣盆栽观赏。

13.2.2.5 鹿角海棠

（1）形态特征

鹿角海棠（*Astridia velutina*），原产于南非。番杏科鹿角海棠属肉质灌木。高约 30cm，分枝多，节间明显，老枝为褐色。叶交互对生，基部稍联合。叶呈肉质，光滑，半月形，具三棱，叶端稍狭，被细短茸毛，绿白色。花顶生，单出或数朵同生，有短梗，花径约 4cm，白色或粉色。花期冬季。同属观赏种还有赫氏鹿角海棠（*A. herrei*）。

（2）繁殖技术

常用播种或扦插的方法繁殖。播种常在春季进行，发芽适温 18～20℃，播后约 10d 发芽。扦插以春季进行为好，选取健壮的茎节，剪成 8～10cm 长，插于砂床，约半个月后生根。

（3）栽培管理

鹿角海棠喜温暖，耐干旱。宜栽植于肥沃、疏松、排水良好的砂质壤土中。春季生长期盆土保持稍湿润，保持一定的空气湿度。夏季高温时节呈休眠或半休眠状态，此时放阴凉处并减少浇水。秋季植株恢复生长，每半个月施 1 次肥，冬季生长较旺，并开始开花，若室温保持在 15～20℃，适当浇水，可不断开花。

（4）主要应用

鹿角海棠枝繁叶茂，冬季开花，盆栽点缀室内，生机盎然，亦可作吊挂悬篮栽培，观赏效果更佳。

13.2.2.6 美丽日中花

（1）形态特征

美丽日中花（*Mesembryanthemum spectabile*），又名龙须海棠、松叶菊，原产于非洲南部。番杏科松叶菊属多年生常绿肉质草本或亚灌木（图 13-5）。株高 30～50cm。茎丛生，基部稍木质化。叶对生，肉质，长圆锥形，绿色。花单生于枝顶，花大；苞片呈叶状，对生；花萼 5 深裂；花瓣多数呈线形，基部稍连合，形似菊花，有红色、橙色、黄色及白色等颜色。蒴果。花期 5～8 月。

图 13-5 美丽日中花

（2）常见种及变种

同属常见栽培观赏的还有心叶日中花（*M. cordifolium*）、冰叶日中花（*M. crystallinum*）、食用日中花（*M. edule*）、弯叶日中花（*M. uncatum*）。

（3）繁殖技术

美丽日中花以扦插繁殖为主，多于春季、秋季进行，结合修剪进行扦插。也可播种繁殖，春天播种，出苗容易。

（4）栽培管理

美丽日中花喜温暖、阴凉通风的环境，忌高温、多湿、强光直射。生长适温 18～28℃，越冬温度不宜低于 5℃。在疏松、肥沃、排水良好的砂质壤土上生长良好。生长季节（春季、初夏、秋季）土壤微微湿润即可，6～8 月气温高，植株进入半休眠状态，此时应控制浇水，并适当遮阴，加强通风，冬季、春季低温时浇水也不宜过多，保持土壤稍干燥。定植时施用适量基肥，生长旺季每月追施 2～3 次富含磷、钾的稀薄液肥。喜强光，每日需 6h 以上的日光照射。

（5）主要应用

美丽日中花花大色艳、茎叶匍匐柔嫩，常作盆栽或吊盆观赏，是理想的盆栽多肉观花植物。也可在园林绿地中花坛、花境、草坪或坡地成片布置，景观效果极佳。

13.2.2.7　霸王鞭

（1）形态特征

霸王鞭（*Euphorbia neriifolia*），别名火殃簕，原产于印度东部干旱、炎热、阳光充足的地区。大戟科大戟属乔木或灌木，株高 2m。茎粗 2～4cm，小枝为绿色，具 5 条棱脊。叶呈肉质，倒卵形，浅绿色，落叶。茎叶含白色乳汁，有毒。花单性，聚伞花序着生于节间凹陷处，花序总苞为绿色，花小，黄褐色。蒴果。花期 2～4 月。

（2）常见种及变种

同属常见种有彩云阁（*E. trigona*）、松球掌（*E. globosa*）、布纹球（*E. obesa*）、光棍树（*E. tirucalli*）等；变种有麒麟角（var. *cristata*）。

（3）繁殖技术

霸王鞭多用扦插的方法繁殖，室内扦插四季均可。剪取生长充实的茎段，涂草木灰后晾晒数日，待剪口稍干后，插于素砂土中。插后放半阴处养护，不浇水，稍喷雾，保持盆土湿润，保持温度 20～25℃，约 40d 生根。

（4）栽培管理

霸王鞭喜温暖、干燥、阳光充足的环境，耐干旱、炎热，畏寒，生长适温 25～30℃，越冬温度 12℃以上，适宜在排水良好的砂质壤土中栽培。生长旺季，植株叶片大量长出，盆土应见干见湿，休眠季植株叶片脱落后则要控制浇水，盆土以不过度干燥为宜。霸王鞭喜肥，定植时施用适量基肥，生长旺季每隔 2～3 周追施 1 次稀薄液肥。

（5）主要应用

霸王鞭在我国北方地区多作盆栽观赏，也可种植于温室中体现热带沙漠景观；南方暖地可露地栽培于园林绿地以美化环境，因茎上有刺常栽培作绿篱分隔空间。

13.2.2.8　树马齿苋

（1）形态特征

树马齿苋（*Portulacaria afra*），又称马齿苋树或小银杏木，原产于南非干旱地区。刺戟木科马齿苋树属多年生肉质灌木或小乔木。株高 0.9～1.2m，原产地高达 4m。老茎为淡褐色，嫩茎为绿色。叶片对生，倒卵状三角形，质厚肉多。花小，淡粉色。花期春末夏初。同属常见栽培应用的还有斑叶树马齿苋（*Portulacaria afra* "*Variegata*"）。

（2）繁殖技术

树马齿苋进行扦插繁殖，生长期均可进行，但春季、秋季扦插效果最好。选取一年生健壮茎枝，剪成长 10～15cm 茎段，待剪口晾干后，插入干净的湿砂中，20～30d 生根。

（3）栽培管理

树马齿苋喜高温、干燥和阳光充足的环境，耐半阴，耐干旱。生长适宜温度 18～25℃，越冬温度 10℃，低于 5℃，叶片会大量脱落。宜栽植于排水良好的砂质壤土中。生长期应有充足的阳光，但夏季高温时可适当遮光，并注意通风。浇水做到“不干不浇，浇则浇透”，避免盆土积水。生长期每 15～20d 施 1 次液肥或复合肥。冬季停止施肥，控制浇水。

（4）主要应用

枝软可曲，叶姿可爱，作盆栽或盆景，以观叶、观姿为主。

13.2.2.9 吊金钱

（1）形态特征

吊金钱（*Ceropegia woodii*），别名爱之蔓，原产于南非，我国各地引种栽培。夹竹桃科吊灯花属多年生肉质草本。茎细长，平卧或蔓延下垂，节间长 2～8cm，节上生根。叶肉质对生，宽卵圆形或心形，叶面为绿色，有白色叶脉。花通常 2 朵在一花梗上，腋生，粉红色或浅紫色。蓇葖果。花期 5～10 月。同属植物约 160 种，常见栽培的有双叉吊金钱（*C. dichotoma*）、薄云（*C. stapeliaeformis*）等。

（2）繁殖技术

吊金钱可用分株、压条、扦插的方法繁殖，也可利用叶腋间滋生的块状肉芽种植，用各种方法繁殖都容易成活。

（3）栽培管理

吊金钱喜温暖向阳、气候湿润的环境，耐半阴，怕炎热，忌水涝。要求疏松、排水良好、稍为干燥的土壤。生长适温 18～25℃，越冬温度不得低于 10℃。夏季气温较高，生长缓慢或停止生长。春季、夏初及秋末是其生长季节，期间浇水要见干见湿，结合浇水每半月施 1 次稀薄液肥。冬季气温低，停止施肥并控制浇水。喜阳光充足，在半阴条件下也能生长良好。冬季低温时节，叶片在直射日光下会变成紫褐色，随着气温回升，叶色会逐渐恢复正常。

（4）主要应用

吊金钱茎蔓柔软纤细，常作悬挂盆栽观赏，花、叶、姿俱佳，是优良的室内垂挂观赏植物。

13.2.2.10 沙漠玫瑰

（1）形态特征

沙漠玫瑰（*Adenium obesum*），又名天宝花，分布于非洲肯尼亚、坦桑尼亚地区，夹竹桃科沙漠玫瑰属多浆灌木或小乔木。株高 3～4m。茎基部膨大似球形或圆锥形。老枝呈灰褐色，幼枝呈绿色。单叶互生，具短柄，全缘，倒卵形或椭圆形。伞形花序顶生，花小，呈阔喇叭形，花径 5～7cm，花冠先端 5 裂，粉红色或紫色等，喉部为白色。蓇葖果。花期夏季、秋季。

（2）常见种与品种

同属约 15 种，常见栽培观赏的有索马里沙漠玫瑰（*A. Somalense*）；变种多花沙漠玫瑰（var. *multiflorum*）。常见栽培品种有皱叶沙漠玫瑰（Crispifolia）、斑叶沙漠玫瑰（Variegata）等。

（3）繁殖技术

沙漠玫瑰以播种繁殖为主，每年 4～5 月进行，发芽适温 21℃。亦可采用扦插、嫁接等方法育苗，扦插可于 5～7 月进行。

（4）栽培管理

沙漠玫瑰喜高温、干旱、阳光充足的气候，不耐荫蔽，忌涝，不耐寒，生长适温 18～30℃，越冬温度不宜低于 10℃。喜疏松透气、排水良好、富含钙质的砂质壤土。我国华南地区可露地栽培，其他地区盆栽观赏。沙漠玫瑰喜偏干的土壤环境，在阳光充足的条件下生长良好。旺盛生长季增加浇水量，冬季植株进入休眠状态，控制浇水。对肥料需求不高，定植时可适量施用基肥，生长季节施 1～2 次稀薄液肥即可。

（5）主要应用

沙漠玫瑰树形苍劲，根茎奇特，花色艳丽，盆栽可装饰室内阳台、窗台等处。华南地区可地栽布置庭院、园林绿地等。

13.2.2.11　大花犀角

（1）形态特征

大花犀角（*Stapelia grandiflora*），别名海星花、臭肉花，原产于南非，世界各国多有栽培。夹竹桃科犀角属多年生肉质草本，株高 20～30cm，茎呈四角棱状，棱边有齿状突起及短茸毛，灰绿色。叶退化成短茸毛针状。花从嫩茎基部长出，1～3 朵，大型，花冠 5 裂，星形，淡黄色，开花时发出腐肉般的臭味。蓇葖果。花期 7～8 月。

（2）同属常见种

同属植物约 100 种，常见栽培的还有国章（*S. variegata*）、王犀角（*S. nobilis*）等。

（3）繁殖技术

大花犀角多用扦插法繁殖。温室栽培一年四季均可，但最好避开雨季，选择成熟的枝条切成 8～10cm 的茎段，晾干乳汁后，插于素砂土中，保持温度 20～25℃，10～15d 即可生根。也可播种繁殖，常 4～5 月进行，发芽适温 25～28℃，播后 5～6d 萌发，苗高 2～3cm 时可上盆。

（4）栽培管理

大花犀角习性强健，耐旱也耐半阴，喜光照充足、高温和干旱的环境，生长适温 18～30℃，越冬温度 8℃以上。宜在肥沃、排水良好的砂质土中生长。大花犀角生长迅速，新栽苗当年就可长成密丛。春季、秋季为生长季，要充分浇水，每半月左右施 1 次稀薄液肥。盛夏高温植株休眠或半休眠，要控制肥水。冬季温度以保持 10～12℃为宜，充分见光并保持盆土稍干燥。生长季节宜半阴环境，如直射阳光太强，则肉质茎呈现红色。

（5）主要应用

大花犀角肉质茎挺拔刚健，形如犀牛角，花形奇特，宛如海星，常作盆栽观赏。或于户外岩石间隙栽植。

13.2.2.12　笹之雪

（1）形态特征

笹之雪（*Agave victoriae-reginae*），又名皇后龙舌兰、鬼脚掌，原产于墨西哥。天门冬科龙舌兰属多年生草本植物。植株无主茎，株幅 40cm。基生莲座状叶丛，肉质，植株叶片可达 100 多枚；叶先端细，三棱形，绿色，有不规则的白线条。圆锥花序顶生，花小，淡黄绿色，30 年左右的植株才能开花，花序高达 4m。花期夏季、秋季，通常花后植株枯死。在栽培条件下不见结果。

（2）常见种及变种

同属植物约 300 种，常见栽培的还有雷神（*A. potatorum* var. *perschaffeltii*）、金边龙舌兰（*A. americana* var. *marginata*）、金心龙舌兰（*A. americana* cv. *Mediopicta*）、剑麻（*A. sisalana*）等。

（3）繁殖技术

笹之雪多采用分株的方法繁殖，结合换盆掰取分蘖长出的幼株进行分栽，分株繁殖系数低，若有种子来源，可播种繁殖。

（4）栽培管理

笹之雪习性强健，喜阳光充足和温暖干燥的环境，耐干旱，稍耐半阴和寒冷，怕水涝。生长适温 18～24℃，冬季越冬温度不低于 5℃。盆栽要求排水良好且含有适量石灰质的砂壤土，生长期应保持盆土稍湿润，每半个月左右施 1 次肥。夏季高温炎热时，应加强通风降温，适当遮阴，以避免烈日暴晒引起叶面灼伤。冬季控制浇水，停止施肥。

（5）主要应用

笹之雪叶片排列紧凑，叶色浓绿，叶上具不规则的白色纵线，甚为美丽，是多肉植物中的观叶佳品，常作盆栽观赏。

13.3 其他常见多浆植物

其他常见多浆植物见表 13-1。

表 13-1 其他常见多浆植物

中文名称	拉丁学名	科属	形态特征
虎刺梅	*Euphorbia milii*	大戟科 大戟属	灌木，高约 2m，茎、枝有棱，具黑刺；叶片长在新枝顶端，倒卵形，绿色；花为红色；花期冬季
鲨鱼掌	*Gasteria verrucosa*	百合科 鲨鱼掌属	叶二列套叠状基生，叶厚而硬，表面具白色硬质小突起；花被基部为红色，上端为绿色
条纹十二卷	*Haworthia fasciata*	百合科 十二卷属	株幅 5～7cm；叶基生，排列呈莲座状，叶片呈三角状披针形，渐尖，稍直立，上部内弯，叶面扁平，叶背凸起，绿色，具较大的白色疣状突起，排列呈横条纹；总状花序为绿白色
霸王鞭	*Euphorfobia antiquorum*	大戟科 大戟属	乔木或灌木，高可达 2m，小枝为绿色，直径 2～4cm，常有 5 条棱脊，脊上具褐色短刺；叶肉质，长 5～8cm
佛肚树	*Jatropha podagrica*	大戟科 麻风树属	常绿小乔木，高 30～150cm，茎基部膨大，肉质；叶数枚生于顶端，有长柄，叶片盾状着生，轮廓近圆形至阔椭圆形，3～5 浅裂
仙人笔	*Kleinia articulata*	菊科 千里光属	高 30～50cm，茎直立，肉质，棒状而成节，绿色，被白粉；叶扁平，羽状分裂，有长柄；头状花序顶生，白色而带红晕，直径约 1.2cm
翡翠珠	*Kleinia rowlernus*	菊科 千里光属	茎细弱，匍匐或悬垂；叶近球形，直径约 1cm，鲜绿色，具半透明线条，先端有尖头；花为白色，腋生
四海波	*Faucaria tigrina*	番杏科 肉黄菊属	叶十字交互对生，基部联合，先端呈三角形，叶缘和叶背龙骨突表皮硬膜化，大部分叶面有肉齿，叶缘有肉质粗纤毛；花大无柄，花色以黄色为多

续表

中文名称	拉丁学名	科属	形态特征
生石花	*Lithops* spp.	番杏科 生石花属	茎极短，变态叶两枚，肉质肥厚，对生联结而成倒圆锥体，颜色有淡灰棕色、蓝灰色、灰绿色、灰褐色等；花由顶部中间的一条小缝隙长出，为黄色或白色，一株通常只开 1 朵花，午后开放，傍晚闭合，可延续 4～6d
银毛球	*Mammillaria gracilis*	仙人掌科 乳突球属	球单生，直径 4～6cm，由基部生多个子球，球面密被刺及白色长毛；花小，黄白色
松霞	*Mammillaria prolifera*	仙人掌科 乳突球属	丛生，单个球体呈圆筒状，直径 3～4cm，高 4～6cm，暗绿色；疣状突起呈圆形；刺座无毛，疣突腋部密生短绵毛；周刺 40～60 枚，刚毛状，长 0.6～1cm，白色；中刺 5～9 枚，稍粗，暗黄色；小花呈漏斗状，黄白色；果实为红色
量天尺	*Hylocereus undatus*	仙人掌科 量天尺属	茎三棱形，长 3～6m，多分枝，通常 60～80cm 为一节，以气生根附着于树干、石岩或墙壁上，无刺；花大，长约 30cm，直径 40cm，白色
鸾凤玉	*Astrophytum myriostigma*	仙人掌科 星球属	植株单生，初呈球状，长大后呈柱状；球体呈圆形至卵圆形，具 3～9 条棱；棱上刺座无刺，有褐色绵毛；球体为灰白色，密被白色星状毛或小鳞片；花朵着生在球体顶部的刺座上，漏斗形，黄色或有红心
黄毛掌	*Opuntia ycrodasys*	仙人掌科 仙人掌属	茎节为黄绿色，小窝密节着生；花被金黄色钩毛，夏季开淡黄色花；冬季气温最好不低于 7℃
仙人球	*Echinopsis tubiflora*	仙人掌科 仙人球属	球体为暗绿色，具棱 11～12 条，刺锥状，黑色，长 1～1.5cm；花着生于球体侧方，大型喇叭状，白色，长 24cm，直径 10cm
龟甲牡丹	*Ariocarpus fissuratus*	仙人掌科 岩牡丹属	疣状突起表面龟裂并有小疣；花为白色至浅红色，直径 3～4cm
岩牡丹	*Ariocurpus retusus*	仙人掌科 岩牡丹属	疣状突起无龟裂，被白粉
星球	*Astrophytum asterias*	仙人掌科 星球属	植株无刺，茎呈扁球形，常有 8 条钝圆棱；花为黄色，长约 2cm
般若	*Astrophytum ornatum*	仙人掌科 星球属	高可达 95cm，有 7～8 条棱，长约 2cm，尖具刺；花为柠檬黄色，直径约 7cm
葫芦掌	*Chamaecereus silvestris*	仙人掌科 丽花球属	小型，匍匐生长，因多分枝而成丛生长；分枝易脱落，6～9 条棱，有短刺；花单生于茎侧小窝上，长约 6cm，鲜红色，初夏开放
大芦荟	*Aloe arborescens* var. *natalensis*	百合科 芦荟属	有明显近木质地上茎，高可达 2m，盆栽者常矮小；叶呈线状披针形，边缘有多数齿刺，花为红色
落地生根	*Bryophyllum pinnatum*	景天科 落地生根属	下部为羽状复叶，上部为单叶，叶为灰绿色，边缘有粗齿
佛甲草	*Sedum lineare*	景天科 景天属	茎高 10～20cm；3 叶轮生，少有 4 叶轮生或对生的，叶呈线形，基部无柄；聚伞花序顶生，花小，黄色；花期 5～6 月
八千代	*Sedum pachyphyllum*	景天科 景天属	小灌木状，高 20～30cm，多分枝；叶片松散地簇生于分枝顶部，棒状，表面光滑，稍向上内弯，顶端钝圆较基部稍细，叶色为灰绿色或浅蓝绿色

第14章

水生花卉

14.1 概述

14.1.1 水生花卉的概念

水生花卉泛指生长于水中、沼泽或湿地的具有观赏价值的植物，其根、茎、叶中多具有相互贯穿的通气组织，以利于在水生环境下满足植株对氧的需要。一般来说，缓慢流动的水体有利于水生花卉生长，但也有少数种类需生长在流速较大的溪涧或泉水边，如豆瓣菜（*Nasturtium officinale*）、苦草（*Vallisneria natans*）等。除某些沼生植物可在潮湿地生长外，大多要求水深相对稳定的水体条件。

大多数水生花卉喜欢光照充足、通风良好的环境，但菖蒲、石菖蒲等水生花卉能耐半阴环境。水生花卉栽培基质大多需富含有机质，在肥分不足的基质中生长不佳。

水生花卉因其原产地不同而对水温和气温的要求不同。其中较耐寒者如荷花、睡莲、千屈菜等可在我国北方地区露地栽培生长，而王莲等原产于热带地区的水生花卉则需高温环境，在我国大多数地区需行温室栽培。

14.1.2 水生花卉的分类

根据水生花卉对水分要求的不同，可将其分为以下4种类型。

(1) 挺水类

植株茎、叶挺出水面，根扎于水下泥土中，开花时花枝、花朵离开水面，是水生花卉中重要的观赏类型。不同种类花卉对水深的适应性不同，深者可达1～2m，浅至沼泽地，如水葱（*Schoenoplectus taber-naemontani*）、水竹芋（*Thalia dealbata*）、水烛（*Typha angustifolia*）等花卉属于此类。

(2) 浮水类

浮水花卉根生于泥中，叶片漂浮在水面上或略高出水面，花开时近水面。浮水植物对水深的适应性较挺水植物要好。如睡莲（*Nymphaea. tetragona*）适宜的水深一般为0.8m；芡实（*Euryale ferox*）适宜的水深可达1.5m；茶菱（*Trapella sinensis*）、荇菜（*Nymphoides peltata*）也在1m左右；菱（*Trapa bispinosa Roxb.*）作为浮叶植物其水深适应性可达 3m，当植株长到一定程度时可以断根成为漂浮植物，不受水深限制。

（3）漂浮类

根系漂于水中，叶完全浮于水面，水的深浅不影响其正常生长发育，可随水漂移，在水面的位置不易控制。属于这一类型的主要有凤眼莲（*Eichhornia crassipes*）、水鳖（*Hydrocharis. dubia*）、大薸（*Pistia stratiotes*）等。

（4）沉水类

该类花卉根扎于泥中，茎叶沉于水中，是净化水质或布置水下景观的素材。属于这一类的有狐尾藻（*Myriophyllum verticillatum*）、金鱼藻（*Ceratophyllum demersum*）、苦草（*Vallisneria natans*）、竹叶眼子菜（*Potamogeton wrightii*）等。

14.2 常见的水生花卉

14.2.1 荷花

14.2.1.1 形态特征

荷花（*Nelumbo nucifera*），别名芙蓉、芙蕖等，原产于我国南北各省，苏联（现俄罗斯）、朝鲜、日本、印度、越南，以及亚洲其他南部地区和大洋洲均有分布。睡莲科莲属多年生水生草本植物。根状茎横生，肥厚，节间膨大，内有通气孔道。叶呈圆盘形，盾状，全缘稍呈波状，叶面光滑，绿色，被白粉。花单生，两性，萼片 4～5 枚，绿色，花蕾高出叶面，芳香；花瓣为红色、粉红色或白色，花期 6～9 月。花后膨大的花托称为莲蓬。坚果，俗称莲子。

14.2.1.2 品种分类

莲属植物共两个种，我国原产一种，即中国莲，另一种为美洲黄莲（*N. pentapetala*）。中国荷花品种资源丰富，传统品种 200 个以上，近年通过园艺工作者的研究，不断有新品种涌现，据《中国荷花品种图志》（2005）分类标准，共分为 3 系 6 群 16 类及 48 型。

（1）中国莲系

1）大株型群

① 少瓣类：花瓣 20 枚以内。分为 4 型，即红莲型、粉莲型、白莲型和复色莲型四型。

② 重瓣类：花瓣 51 枚以上。分为 4 型，即红莲型、粉莲型、白莲型和复色莲型四型。

③ 重台类：花重台。只有 1 型，即红台莲型。

④ 千瓣类：花瓣 800 枚以上，分为 2 型，即千瓣红莲型和粉莲型。

2）小株型群

① 少瓣类：花瓣 20 枚以内，分为 4 型，即红莲型、粉莲型、白莲型和复色莲型。

② 半重瓣类：花瓣 21～50 枚，分为 4 型，即红莲型、粉莲型、白莲型和复色莲型。

③ 重瓣类：花瓣 51 枚以上。分为 4 型，即红莲型、粉莲型、白莲型和复色莲型。

④ 重台类：分为 4 型，即红莲型、粉莲型、白莲型和复色莲型。

（2）中国莲亚种莲系

1）大株型黄莲群　下分 1 类 1 型，即黄莲类、少瓣黄莲型。

2）小株型黄莲群　下分 1 类 1 型，即黄莲类、少瓣黄莲型。

(3) 中美杂种莲系

1) 大株型莲群

① 少瓣类：分为 2 型，即黄莲型和复色莲型。

② 重瓣类：只有 1 型，即黄莲型。

2) 小株型莲群

① 少瓣类：分为 5 型，即红莲型、粉莲型、白莲型、黄莲型和复色莲型。

② 半重瓣类：分为 4 型，即红莲型、白莲型、黄莲型和复色莲型。

③ 重瓣类：分为 3 型，即白莲型、黄莲型和复色莲型。

④ 重台类：分为 4 型，即红莲型、粉莲型、黄莲型和复色莲型。

另外，中国荷花根据其栽培目的可分为花莲、藕莲和子莲 3 种类型。

14.2.1.3 繁殖技术

荷花可播种繁殖或分藕繁殖。播种繁殖主要用于培育新品种，分藕繁殖可保持品种特性，在园林中常用。莲子是长寿种子，无自然休眠期，可随采随播。选取饱满的种子，将莲子凹陷的一端破一小口，之后将其放入清水中浸种催芽，每天换水 1 次，温度保持在 20℃左右，约 7d 后萌芽，长出 2 枚小叶时便可单株栽植。若池塘直播，也要先破头，然后撒播在水深 10～15cm 的池塘泥中，7d 后萌发，1 个月后浮叶出水成苗。实生苗一般 2 年可开花。

分株（藕）繁殖于春季选取带有顶芽和保留尾节的藕段作种藕。池栽或大田栽植，往往繁殖和栽培同时进行，一般采用整枝主藕作种藕。藕莲用量 250kg/亩，子莲用量 170～200kg/亩，花莲种植较灵活，一般 $1m^2$ 种 1 枝藕。栽植前，应将泥土翻整并施入基肥。栽植时，顶芽朝上，与地面呈 20°～25°方向将其插入泥中 10～15cm 深，保证顶芽、侧芽全盖住，只留尾节露出泥面。

14.2.1.4 栽培管理

喜相对稳定的平静水域，水深以 0.15～1.2m 为宜，水深超过 1.5m 不长立叶，不能正常生长，水深达 1.8m 时，大多数品种会死亡。但也有个别品种在水深达到 3m 时还能正常生长。荷花对失水十分敏感，休眠期也不能失水，栽培泥土长期干旱会导致其死亡。

荷花喜热，耐高温。春季气温升至 15℃时开始萌芽，生长最适温度为 22～32℃，夏季开花，能耐 40℃高温，入秋气温降至 15℃后进入休眠状态，整个生育期 160～190d，地下茎能耐短期－7～0℃低温。从萌芽至开花需 2～3 个月。荷花喜光，生长期需要全光照环境，在强光下生长发育快。对土壤要求不严，喜肥沃、富含有机质的轻黏土，对磷肥、钾肥要求多，pH 6.2。湖塘植荷，土层厚度宜在 20cm 以上。对含有酚、氰等污染物的水敏感。栽培荷花应保证有充足的基肥，通常以有机肥为主，若土质肥沃，全年可不追肥，但若生长不良，应施追肥，追肥以磷钾肥为主，辅以氮肥，施肥掌握薄肥多施的原则，切忌污染叶片。

14.2.1.5 主要应用

荷花花大色丽，清香四溢，出淤泥而不染，深受文人墨客及大众的喜爱。它是重要的水景花卉，也是插花的好材料。

14.2.2 睡莲

(1) 形态特征

睡莲（*Nymphaea alba*），别名子午莲、水百合等，原产于北非和东南亚的热带地区，以及欧洲和亚洲的温、寒带地区。睡莲科睡莲属多年生水生花卉。地下具块状根茎，粗短。叶丛生，具细长叶柄，浮于水面，心状卵形或卵状椭圆形，全缘，无毛，叶面光亮浓绿，叶背为暗紫色。花单生于花梗顶端，漂浮于水面。花萼基部呈四棱形，萼片 4 枚，革质，宿存。花瓣为白色，宽披针形、长圆形或倒卵形。浆果。花期 6～8 月。

(2) 同属常见种

睡莲属植物有 40 多种，我国原产的有 7 种以上。本属尚有许多种间杂种和栽培品种。通常根据抗寒能力将其分为以下两类。

1) 不耐寒类　原产于热带地区，在我国温带以北地区不能正常越冬。常见栽培的主要有埃及白睡莲（*N. lotus*）、南非睡莲（*N. capensis*）、蓝睡莲（*N. caerulea*）、厚叶睡莲（*N. crassifolia*）等。

2) 耐寒类　原产于温带或寒带。耐寒性强，均为白天开花类。常见栽培的有雪白睡莲（*N. candida*）、白睡莲（*N. alba*）、香睡莲（*N. odorata*）等。

(3) 繁殖技术

睡莲常播种和分株进行繁殖。睡莲的种子采收后需在水中储藏，干燥种子丧失发芽力。播种繁殖于 3～4 月将种子放在装水的容器中，置于 25～30℃温箱中催芽，每天换水，2 周左右萌发，当长出幼根时即可移植到温室的水中，水深以淹没幼叶 1cm 为度。当天气转暖，水温上升到 18℃左右时转入室外栽培。露天池塘栽培者应将池水放尽，播种后覆土 0.5～1cm，随苗的长高而升高水位。

分株繁殖在春季进行，选择健壮长有新芽的根状茎切成小段，每段带 2～3 个节，平栽于池中，保持地下茎新芽与土面平行，栽好后稍晒太阳后再加水，初时水宜浅，不宜深，当气温升高、新芽开始萌动时，再加深水位，以不超过 30～40cm 为宜。

(4) 栽培管理

睡莲喜光照充足、通风良好、水质清洁的环境。对土质要求不严，但喜富含有机质的黏土，pH 6～8。生长季节池水深度以不超过 80cm 为宜。耐寒类型 3 月下旬至 4 月上旬萌发，4 月下旬或 5 月上旬孕蕾，6～8 月开花，10 月以后进入枯黄休眠期，可在不冰冻的水中越冬。不耐寒类型则应保持水温在 18～20℃以上。生长期要及时清除残花残叶，施肥多采用基肥，生长旺季视生长情况施用追肥。大面积种植时，可直接栽于池中，小面积栽植时可先植入盆中再将盆置于水中。

(5) 主要应用

睡莲花大色艳，是点缀水景的重要材料，同时睡莲的根能吸收水中的铅、汞及苯酚等有毒物质，有良好的净化水质的功能。

14.2.3 王莲

(1) 形态特征

王莲（*Victoria amazornica*），原产于南美洲热带水域，睡莲科王莲属多年生宿根水生植物（图 14-1）。具直立短茎，基部须根发达。叶浮于水面，幼叶卷曲呈锥状，逐渐伸展变成圆形，成年叶直径达 1～2.5m，叶表面绿色、光滑、无刺，叶背为紫红色，网状叶脉上具长硬刺，叶缘垂直向上。花两性，单生，初开时为白色，香气浓郁，翌日为粉红色至深红色，花瓣反卷。花期 7～9 月，果期 9～12 月。

图 14-1 王莲

（2）同属常见种

同属植物还有巴拉圭王莲（*V. cruziana*）、特里克王莲（*V. trickeri*）、紫叶王莲（*V. regalis*）等。

（3）繁殖技术

王莲一般采用播种繁殖。温暖地区冬末春初播种，将种子置于 30～35℃水池中催芽，水深 5～10cm。待长出锥形叶、根长约 3cm 后上盆，放置于水面下 2～3cm 处，注意生长点不能埋入盆土中。之后随小苗长大逐次换盆，离水面的距离也随之加深到 15cm 左右。叶片生长至 20～30cm 时便可定植。

（4）栽培管理

王莲喜高温高湿、光照充足、水质清洁的环境。气温低于 20℃时，生长停滞；气温 8℃左右，受寒死亡。在水温 18～30℃、气温 30～35℃的炎热夏季，植株生长迅速，开花茂盛。喜肥沃、富含有机质的栽培基质，栽培时基质以 50cm 以上厚度为佳，水深不宜超过 1m。一般栽植 1 株需水池面积 30～40m^2，水深 0.8～1m。定植前应将水池消毒，并在池内设 1.5m^3 以上种植槽，槽内填由塘泥和腐熟的有机肥混合而成的培养土，水温 25～30℃，pH 6.5～7.5。定植时动作要快，生长点不能埋入土中，一般 4 月定植，6 月可开花。生长期应保证充足的光照和较高的温度，室内栽培夏季温度过高时加强通风，保持空气相对湿度 80%左右。生长旺季，施追肥 1～2 次，可用充分腐熟的麻渣加适量尿素、磷酸二氢钾和硫酸亚铁制成直径 8cm、高 20cm 的棒肥，分期塞入种植槽边缘，入秋后停止施肥。王莲花谢后果实就会沉入水中生长，可用尼龙袋套住以防种子散失，经 7～8 周后成熟，王莲种子不耐干藏，要将其存放在清水或湿砂中储藏。

（5）主要应用

王莲叶形硕大奇特，花大色艳，香气袭人，深受人们喜爱，是美化水面的良好材料。

14.2.4 千屈菜

（1）形态特征

千屈菜（*Lythrum salicaria*），别名水柳、蜈蚣草等，原产于欧亚温带地区。千屈菜科千屈菜属多年生草本植物，株高 30～100cm（图 14-2）。地下根茎粗壮，地上茎直立，茎四棱，多分枝。单叶对生或 3 枚轮生，披针形，全缘，无柄。穗状花序顶生，花两性，小花密生；花萼呈筒状，花瓣 6 枚，紫红色。花期 7～9 月。有紫色、大花、桃红色、毛叶等变种。蒴果。

图 14-2 千屈菜

（2）品种分类

同属常见栽培观赏的还有绒毛千屈菜（var. *tomentosum*）、帚枝千屈菜（*L. virgatum*）等。

（3）繁殖技术

千屈菜可用播种、分株或扦插法繁殖。千屈菜种子一般于 8 月陆续成熟，无休眠期，自然落种或在母株周围于当年秋季就能萌发出小苗。播种多在春季 3～4 月进行，保持基质湿润，温度 20℃左右，10～15d 种子可发芽，当年即可开花结实。分株繁殖一般在 4 月进行。将根从掘出，分成 4～5 个芽为一丛重新栽植，极易生根。扦插繁殖于 6～7 月进行，从母株上剪取 7～10cm 的嫩枝作插穗，插于湿砂中，扦插深度 2～3cm，遮阴，保持基质湿润，空气相对湿度 70%～80%，温度 20～25℃，10d 左右即可生根。

（4）栽培管理

千屈菜耐寒，喜强光，喜水湿，在浅水中生长最好，对土壤要求不严，耐盐碱，在深厚、富含腐殖质的土壤上生长良好。千屈菜生性强健，管理相对容易。若栽植于一般露地，需光照充足，通风良好，只要土壤不过干，即可收到良好效果。宜浅水栽植，生长前期地表湿润即可，开花期可逐渐增加水深，一般在 10cm 左右。如土壤过干或浸水过深则生长不良，花序短小，观赏效果差。

（5）主要应用

千屈菜植株清秀，花朵繁茂，花序长，花期长，是水景中优良的竖线条材料。最宜在浅水岸边丛植或池中栽植，也可作花境材料及切花材料。

14.2.5 水竹芋

（1）形态特征

水竹芋（*Thalia dealbata*），别名再力花、水莲蕉，原产于美国南部和墨西哥热带地区。竹芋科水竹芋属多年生草本挺水植物，植株高 1～2.5m，全株附有白粉（图 14-3）。具块状根茎，根系发达，根茎上密布不定根。叶基生，4～6枚，卵状披针形至长椭网形，浅灰绿色，边缘为紫色，叶全缘。穗状圆锥花序，小花10朵左右，花色有紫色、红色、黄色、粉色等。蒴果。花期夏季。

图 14-3 水竹芋

(2) 繁殖技术

水竹芋主要采用分株繁殖和播种繁殖。分株宜在春季、夏季进行，从母株根茎上割下带2～3个芽的根茎分栽即可。也可进行播种繁殖，一般以春播为主，也可即采即播。播后保持基质湿润，发芽温度16～21℃，约15d后发芽，苗期宜潮湿或浅水淹没基部。

(3) 栽培管理

水竹芋喜欢光照充足、温暖水湿、通风良好的环境。不耐寒，不耐旱，耐瘠薄，耐半阴，在微碱性的土壤中生长良好。最适温度为20～30℃，低于10℃植株停止生长，能耐短期-5℃低温，气温低至0℃时地上部分逐渐枯死，地下部根状茎可在泥里安全越冬。水竹芋露地栽植一般要求保持较浅水位或只保持泥土湿润，待萌芽长叶后再逐渐提高水位，水深适宜60cm以下。容器栽培时，分株在春季、夏季、秋季均可进行，分栽后的7d左右，带叶栽植的应做适当的遮光处理。生长旺季应注意追肥，追肥以复合肥为主。

需要特别注意的是，水竹芋根系发达，繁殖能力强，入侵风险大，稍有不慎它就会侵占其他植物的生长空间，因此，在园林中栽培水竹芋特别要注意其种子传播和根茎蔓延的风险，采取硬物隔绝、清除蔓延根茎、在种子成熟前采收等措施防止入侵风险。

(4) 主要应用

水竹芋株型美观，花期长，常用于水景栽培观赏，其根系能富集水体中重金属污染离子，对水体有较好的净化作用。

14.2.6 黄菖蒲

(1) 形态特征

黄菖蒲（*Iris pseudacorus*），别名黄花鸢尾、菖蒲鸢尾，原产于欧洲，我国各地广泛栽培。鸢尾科鸢尾属多年生宿根草本植物（图14-4）。株高60～100cm。具粗壮根状茎，黄褐色。基生叶呈宽剑形，灰绿色；茎生叶短且窄。花葶着花3～5朵，苞片3～4枚，绿色；花为黄色，外花被裂片卵圆形或倒卵形，基部有褐色斑纹；内花被裂片倒披针形，稍直立，淡黄色。花期 5～6 月。

图 14-4　黄菖蒲

（2）同属常见种

本属植物有 300 多种，中国有 45 种。多数种类花朵美丽，栽培容易，在露地花卉或切花生产中占有重要的地位。我国园林中常见栽培观赏的种还有花菖蒲（*I. ensata*）、溪荪（*I. sanquinea*）、燕子花（*I. laevigata*）、马蔺（*I. lactea* var. *chinensis*）、德国鸢尾（*I. germanica*）等。

（3）繁殖技术

黄菖蒲可播种繁殖，种子随采随播，发芽适温 18～24℃，保持基质湿润，一般 20d 左右开始发芽，1 个月后出齐苗，即可移栽。播种苗 2～3 年开花。也可分株繁殖，春季或秋季均可进行。将老株根茎挖出，用快刀分割分栽即可，注意分割的块茎以带 2～3 个芽为宜。

（4）栽培管理

黄菖蒲喜阳光充足的水湿环境，适宜生长在 30cm 以下水流缓慢的浅水水域，水深超过 1m 时不能正常生长。不耐旱，耐寒，耐瘠薄。生长适温 15～30℃，冬季能耐－15℃低温，长江流域冬季叶片不全枯。露地栽植时，宜栽植于池畔及水边，株行距 25cm×30cm，种植深浅依土质各异，7～8cm。土壤要求微酸性，栽植前施以硫铵、过磷酸钙、钾肥等作基肥，并与土壤充分混合。盆栽时先要在盆底施基肥，再装入培养土，中间挖穴栽植，栽后覆土，保持湿润或浅水。沉水盆栽栽植同普通盆栽，不同之处是将盆沉入池水中，水面高出盆面 10～15cm。

（5）主要应用

黄菖蒲叶片翠绿，叶丛秀丽，花金黄艳丽，花姿优美，似蝴蝶飞舞，惹人喜爱，观赏价值极高，是水边绿化的优良材料，同时花、叶还可作切花材料。

14.2.7　梭鱼草

（1）形态特征

梭鱼草（*Pontederia cordata*），原产于北美洲，中国广为分布。雨久花科梭鱼草属多年生挺水草本植物，株高 0.8～1m。地下茎粗壮，黄褐色。叶丛生，光滑，倒卵状披针形，深绿色。穗状花序顶生，小花密集，200 朵以上，蓝紫色带黄斑点，花葶直立，常高出叶面。坚果。花期 5～10 月。

(2) 品种分类

梭鱼草根据花色分为蓝花系、白花系和紫花系三种类型。常见栽培的还有白花梭鱼草（*P. cordata* var. *alba*）、剑叶梭鱼草（*P. lanceolata*）等。

(3) 繁殖技术

梭鱼草可采用分株法和播种法进行繁殖。播种繁殖一般在春季进行，发芽适温 21～24℃，播后 10～15d 发芽。分株在春季、夏季均可进行，将梭鱼草的地下茎挖出，去掉老根茎，切成具 3～4 个芽的小块分栽即可。

(4) 栽培管理

梭鱼草喜温暖湿润、光照充足的环境，喜肥，怕风，不耐寒，在静水或水流缓慢的水域中均可生长，适宜水深 20cm 以下。生长适温 18～35℃，越冬温度不宜低于 5℃，北方地区盆栽可室内越冬。梭鱼草喜湿、喜肥，生长期需保证水肥充足，若条件适宜，可在短时间内覆盖大片水域。

(5) 主要应用

梭鱼草叶色翠绿，叶片潇洒，串串紫花在翠绿叶片的映衬下别样美丽，可用于园林湿地、水边、池塘绿化，也可盆栽观赏。

14.2.8 萍蓬草

(1) 形态特征

萍蓬草（*Nuphar pumilum*），别名黄金莲、萍蓬莲。原产于中国南北各省，日本、欧洲北部及中部也有分布。睡莲科萍蓬草属多年生浮水草本植物（图 14-5）。根状茎肥厚粗壮，横卧水底淤泥中。浮水叶纸质或近革质，宽卵形或卵形，全缘，基部开裂呈心形，叶面绿色，光亮润泽；沉水叶薄而柔软，卷曲，无毛。花两性，单生于叶腋，圆柱状花茎挺出水面；萼片 5～6 枚，革质，黄色，花瓣状；花瓣 10～20 枚。浆果。花期 5～7 月。

图 14-5 萍蓬草

(2) 同属常见种

萍蓬草属全世界约 25 种，中国约 5 种。常见观赏的种有贵州萍蓬草（*N. bohai*）、台湾萍蓬草（*N. shimadai*）、日本萍蓬草（*N. japonicum*）、美国萍蓬草（*N. advena*）等。

（3）繁殖技术

萍蓬草以分地下茎繁殖和分株繁殖为主。地下茎繁殖在 3～4 月进行，将带主芽的块茎切成 6～8cm，带侧芽的块茎切成 3～4cm，栽植即可。分株繁殖常在生长期（5～7 月）进行，用利刃切取带主芽或有健壮侧芽的地下茎，留出心叶及几枚功能叶，保留部分根系进行分栽，在营养充足条件下，新栽植株能够很快进入生长阶段，当年即可开花。

（4）栽培管理

萍蓬草喜温暖湿润、阳光充足的环境，稍耐阴，对土壤要求不严，在土质肥沃略带黏性的土壤中生长良好。生长适宜水深 30～60cm，最深不宜超过 1m。生长适温 15～32℃，温度降至 12℃以下停止生长。江南地区通常 3 月下旬开始萌芽，4 月上旬叶浮出水面，4 月下旬开花，5～8 月为盛花期，7～9 月为结果期，10 月下旬～11 月为叶黄期，后进入休眠期。萍蓬草较耐寒，长江以南可露地越冬，不需防寒。在北方冬季需保护越冬，休眠期温度保持在 0～5℃即可。

池塘栽植，宜选择向阳、通风良好的区域，一般单株占水面 2～3m^2，1 次栽种后，只要保证 30～60cm 水位，不使池水干涸或水过深将其淹死，可自然繁殖生长，不需年年栽培。如为盆栽，在春分前后翻盆换土，并添加基肥即可，管理较为简单。

（5）主要应用

萍蓬草初夏开放，花色金黄，花形奇特，叶色碧绿，为观花、观叶水生植物，多用于池塘、湖泊水景布置，也可盆栽于庭院、假山石前，都能产生很好的观赏效果。

14.3 其他常见水生花卉

其他常见水生花卉见表 14-1。

表 14-1 其他常见水生花卉

中文名称	拉丁学名	科属	类型	形态特征	繁殖与栽培	园林应用
水葱	*Schoenoplectus tabernaemontani*	莎草科 藨草属	挺水	株高 50～100cm；聚伞花序，黄褐色；花期 5～8 月	播种繁殖、分株繁殖，喜温暖，耐寒，浅水	浅水、水边或盆栽栽植
东方香蒲	*Typha. orientalis*	香蒲科 香蒲属	挺水	株高约 1m；叶呈条形；穗状花序，暗褐色，圆柱状，雌雄花序相连，雄花与下部雌花序间常有一叶状包分隔；花期 5～7 月	播种繁殖、分株繁殖，喜温暖湿润及潮湿环境，浅水	水边或浅水中栽植
黄花蔺	*Limnocharis flava*	花蔺科 黄花蔺属	挺水	株高 0.3～0.5m；叶丛生，叶片呈卵形至近圆形；伞形花序顶生，浅黄色；花期 7～9 月	播种繁殖、分株繁殖；喜温暖湿润、通风良好的环境，不耐寒，浅水	水边栽植；盆栽
鸭舌草	*Monochoria vaginalis*	雨久花科 雨久花属	挺水	株高≤0.5m；叶形和大小变化较大，由心状宽卵形、长卵形至披针形；顶生总状花序，蓝色；花期 7～9 月	播种繁殖；喜温暖湿润、光照充足的环境，浅水	水边、沼泽、浅水造景；盆栽

续表

中文名称	拉丁学名	科属	类型	形态特征	繁殖与栽培	园林应用
雨久花	*Monochoria korsakowii*	雨久花科 雨久花属	挺水	株高0.5～0.9m；基生叶纸质，卵形至卵状心形，茎生叶基部抱茎成宽鞘；顶生总状花序，花大，蓝色；花期7～9月	播种繁殖；喜光照充足、通风良好的环境，稍耐荫蔽，浅水	水边、浅水栽植造景；盆栽，切花
慈姑	*Sagittaria sagittifolia*	泽泻科 慈姑属	挺水	株高50～100cm；叶呈箭形；顶生圆锥花序，白色；花期7～9月	分球繁殖、播种繁殖；喜温暖湿润、背风的环境，浅水，忌连作	水面、岸边；盆栽，观叶为主
风车草	*Cyperus alternifolius*	莎草科 莎草属	挺水	株高0.4～1.6m；叶退化呈鞘状；20枚叶状苞片呈螺旋状排在茎顶端，扩散呈伞状；聚伞花序，花为白色；花期6～7月	播种繁殖、分株繁殖；喜温暖阴湿，耐阴，也耐旱；浅水、沼泽地、山石旁	浅水、山石旁造景；盆栽
泽泻	*Alisma Plantago- aquatica*	泽泻科 泽泻属	挺水	株高0.5～1.0m；沉水叶呈条形或披针形，挺水叶呈宽披针形；顶生复总状花序，小花稠密，白色、粉红色或浅紫色；花期7～8月	分株繁殖、播种繁殖；喜温暖、通风良好的环境；浅水	水边栽植；盆栽，花叶俱美
花叶芦竹	*Arundo Donax* var. *versicolor*	禾本科 芦竹属	挺水	株高0.5～1.5m；叶片扁平，弯垂，灰绿色，具白色纵条纹；圆锥花序顶生，花枝细长，花小，白色；花期9～10月	喜阳光，喜温暖湿润；耐水湿；不耐寒	水边丛植、片植；盆栽；花序可作切花
水生美人蕉	*Canna glauca*	美人蕉科 美人蕉属	挺水	株高1～1.5m；叶披针形，蓝绿色；顶生总状花序，有红色、黄色、粉色等多种颜色；花期7～10月	播种繁殖、块茎分割繁殖；喜温，喜光，怕强风，不耐寒，浅水	湿地、浅水栽植；盆栽；花序可作切花
芡实	*Euryale ferox*	睡莲科 芡实属	浮水	株高约0.3m；沉水叶呈箭形或椭圆形，浮水叶革质，椭圆状肾形或圆形；花单生于叶腋，花瓣多枚，紫色；花期7～8月	播种繁殖；喜温暖、喜光，1～3m深水或浅水	水面造景
莼菜	*Brasenia schreberi*	莼菜科 莼菜属	浮水	株高0.5～1.0m；浮水叶互生，盾状，椭圆状长圆形；花小，单生于叶腋，暗紫色；花期6～9月	分株繁殖、冬芽繁殖；喜温暖、光照充足、水质清洁的水面，水深30～60cm	水面造景
浮叶眼子菜	*Potamogeton natans*	眼子菜科 眼子菜属	浮水	浮水叶革质，少数，卵形或矩圆状卵形，沉水叶呈半圆柱状线形；穗状花序顶生，黄绿色；花期6～8月	播种繁殖、分株繁殖；喜温暖、水湿和阳光充足的环境，耐寒，耐半阴，池塘、沼泽、浅水	静水面或缓流水域造景
皱叶波浪草	*Aponogeton cripus*	水蕹科 水蕹属	沉水	株高30～60cm；叶基生，呈莲座状排列，具波浪状皱边，深绿色；穗状花序圆柱状，花小，白色	匍匐茎繁殖；喜温暖，喜光，怕低温	水族箱造景

续表

中文名称	拉丁学名	科属	类型	形态特征	繁殖与栽培	园林应用
金鱼藻	*Ceratophyllum demersum*	金鱼藻科 金鱼藻属	沉水	全株为深绿色，茎细长，叶 4～12 枚轮生，裂片线形；花单生，花小不显	种子自播繁殖或分株繁殖；喜清澈水体，生长与光照密切相关	净化水体；水族箱造景
网草	*Aponogeton madagascaliensis*	水蕹科 水蕹属	沉水	株高 0.7m 以上；叶为绿色至褐色，长带形至长椭圆形，具相互交错网状叶脉；穗状花序，粉红色至淡黄色；花期春季	分块茎繁殖；喜温暖，怕严寒，喜中等强度光照	水族箱造景
皇冠草	*Echinodorus amazonicus*	泽泻科 皇冠草属	沉水	株高 40～60cm；叶基生呈莲座状排列，椭圆状披针形；花为白色；花期 6～9 月	匍匐茎或根茎子株、花茎茎芽繁殖；喜温暖，怕严寒，喜中度光	水族箱造景
黑藻	*Hydrilla verticillata*	水鳖科 黑藻属	沉水	茎呈圆柱形；叶 3～8 枚轮生，线形；花单性，白色；花果期 5～10 月	播种繁殖或扦插繁殖；喜温暖，耐寒，喜光照充足	浅水水下绿化；水族箱造景
苦草	*Vallisneria natans*	水鳖科 苦草属	沉水	无直立茎，有纤细匍匐枝；叶基生，线形或带形，绿色或略带紫红色；雌雄异株，雄花多朵，极小，雌花单生，浮于水面；花期夏季、秋季	播种繁殖或分株繁殖；喜温暖，稍耐寒；耐阴	水下绿化；水族箱造景
茨藻	*Najas marina*	茨藻科 茨藻属	沉水	植株纤长柔软，叶呈线形；花小；花期夏季	种子自繁；静水，易栽培	净化水质；水族箱造景
槐叶苹	*Salvinia natans*	槐叶苹科 槐叶苹属	漂浮	茎细长横走；三叶轮生，叶呈长圆形或椭圆形	孢子繁殖、茎断体分株繁殖；喜温暖，怕严寒，怕强光	水面圈养；水族箱造景
田字苹	*Marsilea quadrifolia*	苹科 苹属	漂浮	根茎细长横走；具 4 枚倒三角形小叶，呈十字形，外缘为半圆形	以根状茎或孢子繁殖；喜温暖，不耐寒	浅水、沼泽地造景
荇菜	*Nymphoides peltata*	龙胆科 荇菜属	漂浮	茎细长；叶互生，椭圆形；伞形花序腋生，花冠为黄色	播种繁殖或分株繁殖；喜阳光充足，耐寒	浅水水域造景
凤眼莲	*Eichhornia crassipes*	雨久花科 凤眼莲属	漂浮	叶基生，卵形，光亮鲜绿，叶柄中部膨胀成葫芦状气室；短穗状花序，着花 6～12 朵，紫堇色，瓣心有鲜黄腺点；花期夏季	分株繁殖；喜温暖、阳光充足的环境	静水水面造景，注意防止蔓延；盆栽，切花
大薸	*Pistia stratiotes*	天南星科 大薸属	漂浮	有匍匐茎和长的不定根；叶呈莲座状，倒卵形，叶色鲜绿；花小，绿色；佛焰苞为绿白色；花期夏季、秋季	分株繁殖；喜高温高湿，不耐严寒	静水水面造景
水鳖	*Hydrocharis dubia*	水鳖科 菱属	漂浮	株高约 0.2m；叶呈圆形至肾形，表面为深绿色，背面为晕红紫色；雌雄同株，雌花为白色、蓝色	播种繁殖或分株繁殖；喜温暖，喜光，稍耐寒，喜阳光充足，耐半阴	叶形奇特，花小，具野趣，宜静水水面造景
欧菱	*Trapa natans*	千屈菜科 菱属	浮水	浮水叶互生，叶片呈广菱形；花小，单生于叶腋，花瓣 4 枚，花为白色；花期 7～9 月	喜充足的光照，耐寒、耐热，喜相对平静的水面	水面造景

参考文献

［英］克里斯托弗·布里克尔．2005. 世界园林植物与花卉百科全书［M］．郑州：河南科学技术出版社．

［日］内海修一著．裕载勋，赵士杰译．1981. 保护地园艺［M］．北京：农业出版社．

柏玉平，王朝霞，刘晓欣．2016. 花卉栽培技术［M］．北京：化学工业出版社．

包满珠．2011. 花卉学［M］．3 版．北京：中国农业出版社．

北京林业大学花卉教研室．1995. 花卉识别与栽培图册［M］．合肥：安徽科学技术出版社．

北京林业大学园林学院花卉教研室．1999. 中国常见花卉图鉴［M］．郑州：南科学技术出版社．

北京林业大学园林学院花卉教研室编．1990. 花卉学［M］．北京：中国林业出版社．

曹春英．2001. 花卉栽培［M］．北京：中国农业出版社．

曾宋君．2010. 昙花的栽培及其同属种类介绍［J］．花卉，(9)：19-20.

车代弟．2009. 园林花卉学［M］．北京：中国建筑工业出版社．

陈发棣，房伟民．2016. 花卉栽培学［M］．北京：中国农业出版社．

陈发棣，郭维明．2009. 观赏园艺学［M］．2 版．北京：中国农业出版社．

陈俊愉，程绪珂．1990. 中国花经［M］．上海：上海文化出版社．

陈俊愉．2001. 中国花卉品种分类学［M］．北京：中国林业出版社．

陈秀兰，孙叶，顾永华 2012. 中国兰花栽培与鉴赏［M］．北京：化学工业出版社．

陈雅君，毕晓颖．2010. 花卉学［M］．北京：气象出版社．

程金水，刘青林．2010. 园林植物遗传育种学［M］．2 版．北京：中国林业出版社．

程进升．2000. 冬季盆花日光温室生产技术［M］．北京：中国农业出版社．

储吴樾，张往祥，范俊俊．2018. 观赏海棠花期性状与有效积温的关系［J］．福建农林大学学报（自然科学版），47（2）：153-159.

董丽．2003. 园林花卉应用［M］．北京：中国林业出版社．

傅书遐．2002. 湖北植物志［M］．武汉：湖北科学技术出版社．

傅玉兰．2003. 花卉学［M］．北京：中国农业出版社．

高俊平，姜伟贤．2000. 中国花卉科技二十年［M］．北京：科学出版社．

高俊平．2002. 观赏植物采后生理与技术［M］．北京：中国农业大学出版社．

葛红英，江胜德．2003. 穴盘种苗生产［M］．北京：中国林业出版社．

观赏园艺卷编辑委员会．1996. 中国农业百科全书：观赏园艺卷［M］．北京：中国农业出版社．

国家林业和草原局生态保护修复司，中国花卉协会编委会．2022. 2022 年全国花卉产销形势分析报告［R］．北京：国家林业和草原局生态保护修复司，中国花卉协会．

胡绪岚．1996. 切花保鲜新技术［M］．北京：中国农业出版社．

蹇小勇，梁小明．2018. 春兰北方栽培技术［J］．农业科技与信息，(22)：26-27.

金波．2005. 世界名花鉴赏图谱［M］．郑州：河南科学技术出版社．

鞠志新，邓慧静，樊慧敏．2016. 花卉学［M］．北京：化学工业出版社．

阚婷婷，汪冲，郑志仁，等．2021. 基因编辑技术在花卉育种中应用的研究进展［J］．上海师范大学学报（自然科学版），50（1）：50-56.

李本华，严再蓉，黄蔚，等．2019. 附生兰的栽培方法［J］．农技服务，36（2）：54-56.

李春华，李天，李柯澄．2015. 卡特兰盆花温室周年生产［J］．中国花卉园艺，(24)：30-35.

李春华，李天，李柯澄．2016. 白鹤芋温室规模化生产［J］．中国花卉园艺，(18)：28-31.

李史峰．2006. 中国通史（珍藏版）［M］．上海：上海辞书出版社．

李式军，郭世荣．2011. 设施园艺学［M］．2 版．北京：中国农业出版社．

李式军．2002. 设施园艺学［M］．北京：中国农业出版社．

李天来．1999. 日光温室和大棚的设计与建造［M］．沈阳：辽宁科学技术出版社．

李先源．2007. 观赏植物学［M］．重庆：西南师范大学出版社．
李枝林．2009. 鲜切花栽培学［M］．北京：中国农业出版社．
李宗艳，林萍．2014. 花卉学［M］．北京：化学工业出版社．
廖飞勇，覃事妮，王淑芬．2012. 植物景观设计［M］．北京：化学工业出版社．
刘常富，陈玮．2003. 园林生态学［M］．北京：科学出版社．
刘东焕，赵世伟，郭翎．2010. 玉簪品种资源的分类整理及品种优选［C］．2010北京园林绿化新起点．
刘海涛．2001. 花卉栽培基础［M］．广州：广东人民出版社．
刘会超，王进涛，武荣花．2006. 花卉学［M］．北京：中国农业出版社．
刘金海，王秀娟．2009. 观赏植物栽培［M］．北京：高等教育出版社．
刘清涌，吴森源．2005. 建兰［M］．北京：中国林业出版社．
刘庆华．2003. 花卉栽培学［M］．北京：中央广播电视大学出版社．
刘晓东，张彦妮．2006. 花卉繁殖技术［M］．哈尔滨：东北林业大学出版社．
刘燕．2004. 园林花卉学［M］．北京：中国林业出版社．
刘长江，陈俊愉．1996. 中国农业百科全书观赏园艺卷［M]. 北京：农业出版社．
刘智慧．1998. 1994年—1996年全球花卉贸易概况［J］．台湾花卉园艺，6.
龙雅宜．2003. 园林植物栽培手册［M］．北京：中国林业出版社．
卢建国．2004. 花卉学［M］．南京：东南大学出版社．
鲁涤非．2006. 花卉学［M］．北京：中国农业出版社．
罗中岭．1994. 当代温室气候与花卉［M］．北京：中国农业科学技术出版社．
吕萍，陈跃，王筠竹，等．2020. 春兰规范栽培技术简介［J］．南方农业，14（4）：36-41.
孟繁静．2000. 植物花发育分子生物学［M］．北京：中国农业出版社．
闵天禄．2000. 世界山茶属的研究［M］．昆明：云南科技出版社．
潘远智．2021. 园林花卉学［M］．重庆：重庆大学出版社．
日本食品流通系统协会编．1992. 中日食品流通开发委员会译［M］．北京：中国商业出版社．
尚爱芹．2005. 安祖公司花烛属植物盆栽指南［J］．中国花卉园艺，（4）：12-16.
石爱萍，刘克峰．2010. 花卉生产与应用技术［M］．北京：气象出版社．
宛成刚，赵九州．2018. 花卉学［M］．4版．上海：上海交通大学出版社．
王国夫．2018. 园林花卉学［M］．杭州：浙江大学出版社．
王奎玲．2018. 花卉学［M］．北京：化学工业出版社．
王莲英，秦魁杰．2000. 中国传统插花艺术［M］．北京：中国林业出版社．
王云山，康黎芳．2000. 仙客来栽培技术［M］．北京：金盾出版社．
韦三立．2001. 花卉贮藏保鲜［M］．北京：中国林业出版社．
魏钰．2006. 花境设计与应用大全［M］．北京：北京出版社．
吴应祥，等．1981. 温室工作手册［M］．北京：科学出版社．
武朝菊．2020. 马蹄莲栽培管理［J］．中国花卉园艺，8-34.
谢国文．2002. 园林花卉学［M］．北京：中国农业科学技术出版社．
杨大华．2006. 中国寒兰［M］．北京：中国农业出版社．
杨先芬．2005. 花卉文化与园林观赏［M］．北京：中国农业出版社．
义鸣放．2000. 球根花卉［M］．北京：中国农业大学出版社．
苑兆和．2008. 大丽花［M］．济南：山东科学技术出版社．
岳桦．2000. 礼仪鲜花［M］．哈尔滨：黑龙江科学技术出版社．
张福墁．2001. 设施园艺学［M］．北京：中国农业出版社．
张建甫．2000. 中国花卉拍卖制度研究［D］．北京：中国农业大学．
张金政，龙雅宜．2003. 世界名花郁金香及其栽培技术［M］．北京：金盾出版社．
张君艳．2014. 天水地区香雪球的花坛栽培技术［J］．黑龙江农业科学，（10）：171.
张启祥．2001. 园林植物种植设计［M］．北京：中国建筑工业出版社．

赵庚义 . 2000. 花卉育苗技术手册 [M] . 北京：中国农业出版社 .

赵鸿钧 . 1980. 塑料大棚园艺 [M] . 北京：科学出版社 .

赵世伟 . 2006. 园林植物种植设计与应用 [M] . 北京：北京出版社 .

中国花卉协会编委会 . 2021. 中国花卉产业发展报告 [R] . 北京：中国花卉协会 .

中国花卉协会编委会 . 2022. 2021 年全国花卉进出口数据分析报告 [R] . 北京：中国花卉协会 .

中国科学院中国植物志编辑委员会 . 1980. 中国植物志（第十四卷）[M] . 北京：科学出版社 .

周静，张惠强 . 2022. 小国家、大市场——从荷兰花卉产业发展经验看产业组织化水平提升 [J] . 中国改革，5：59-62.

朱根发，徐晔春 . 2011. 名品兰花鉴赏金典 [M] . 长春：吉林科学技术出版社 .

图 7-1　花丛花坛

图 7-3　肖像花坛

图 7-4　文字花坛

图 7-5　动物造型花坛

图 7-6　实物造型花坛

图 7-9　双面观花境

图 7-10　对应式花境

图 7-19 镶嵌式及悬垂式

图 7-20 组合式

图 7-21 瓶栽式